U0365503

零起点 TensorFlow 与量化交易

何海群 著

電子工業出版社
Publishing House of Electronics Industry
北京·BEIJING

内 容 简 介

Python 量化回溯、TensorFlow、PyTorch、MXNet 深度学习平台以及神经网络模型，都是近年来兴起的前沿科技项目，相关理论、平台、工具目前尚处于摸索阶段。

TensorFlow 是近年来影响最大的神经网络、深度学习平台，本书从入门者的角度，对 TensorFlow 进行了介绍，书中通过大量的实际案例，让初学者快速掌握神经网络和金融量化分析的基本编程，为进一步学习奠定扎实的基础。

本书中的案例、程序以教学为主，且进行了高度简化，以便读者能够快速理解相关内容，用最短的时间了解 Python 量化回溯的整个流程，以及数据分析、机器学习、神经网络的应用。

本书仅仅作为入门课程，具体的实盘策略，有待广大读者通过进一步深入学习 TensorFlow、PyTorch 等新一代深度学习平台来获得。最重要的是，广大的一线实盘操作人员需要结合专业的金融操盘经验，与各种神经网络模型融会贯通，构建更加符合金融量化实际应用的神经网络模型，从而获得更好的投资回报收益。

图书在版编目（CIP）数据

零起点 TensorFlow 与量化交易 / 何海群著. —北京：电子工业出版社，2018.4
（金融科技丛书）
ISBN 978-7-121-33584-6

Ⅰ. ①零… Ⅱ. ①何… Ⅲ. ①人工智能－算法－研究 Ⅳ. ①TP18

中国版本图书馆 CIP 数据核字（2018）第 019875 号

策划编辑：黄爱萍
责任编辑：葛　娜
印　　刷：三河市良远印务有限公司
装　　订：三河市良远印务有限公司
出版发行：电子工业出版社
　　　　　北京市海淀区万寿路 173 信箱　邮编：100036
开　　本：787×980　1/16　印张：27.5　字数：506 千字
版　　次：2018 年 4 月第 1 版
印　　次：2018 年 4 月第 2 次印刷
定　　价：99.00 元

凡所购买电子工业出版社图书有缺损问题，请向购买书店调换。若书店售缺，请与本社发行部联系，联系及邮购电话：（010）88254888，88258888。

质量投诉请发邮件至 zlts@phei.com.cn，盗版侵权举报请发邮件至 dbqq@phei.com.cn。

本书咨询联系方式：（010）51260888-819，faq@phei.com.cn。

推　荐　序

AlphaGo 与柯洁的黑白大战，因为对阵的一方是中国顶级围棋高手柯洁，所以引起国人的高度关注。利用百度搜索引擎输入 AlphaGo，一度可以得出 7000 多万条搜索结果，这远远高于其他热门词条。

事实上，AlphaGo 只是 Google 拥有的两套人工智能系统中的一套。它是 Google 2014 年收购的 DeepMind 的人工智能系统，专注于棋赛开发。Google 的另外一套人工智能系统就是本书介绍的 TensorFlow 系统。

在 TensorFlow 等人工智能系统出现之前，计算机所做的事情往往是简单重复的。计算机会按照人类编好的既定程序，简单重复、按部就班地运行，没有超越人类事先为其设定的思维边界。

计算机与人类的大脑相比，根本的区别在于不具备学习和创新能力。

计算机顶多也就是记忆的信息多，重复计算的速度快，不受情绪的影响等。但是，在 TensorFlow 等人工智能系统出现之后，计算机所做的事情除简单重复运行之外，更重要的是其具备了一定的自我学习和创新能力。

TensorFlow 等人工智能系统使得计算机在一定程度上能够自主学习，自我提高，总结过去的经验，汲取以往的教训，具备一定的创新性。这一点在 AlphaGo 与柯洁对垒的 3 场棋局的结果中不难看出。

这正是以 AlphaGo 和 TensorFlow 为代表的人工智能系统区别于以往任何计算机技术的关键所在，也是 TensorFlow 被称为互联网以来唯一的"黑科技"项目的原因。

具备了一定的自我学习和创造能力的人工智能系统的出现，将对经济系统的各个领域产生重大影响。笔者有着超过 20 年境内外金融行业从业经历，将从一个侧面分享人工智能对金融领域的影响。

从整个金融业的历史沿革来看，这大致经历了 4 个阶段：纯人工阶段、单机电脑阶段、互联网（含移动互联网）阶段和人工智能阶段。

随着每个阶段的渐次演进，提供金融服务一方的人力成本投入在逐渐减少，提供金融服务的效率在提高；对于接受金融服务的一方来说，金融服务的可获得性，以及便捷程度在逐渐增加，金融服务越来越围绕着人进行，以人为中心的全方位的社会经济服务体系正在形成。

在金融服务体系中，银行服务、证券服务、保险服务等的内部界限开始变得模糊，金融服务与其他非金融的社会经济服务之间的界限开始变得不清。

特别是金融业进入人工智能阶段之后，人工智能系统将接受金融服务一方的身份特征数据、交易数据和行为数据等大数据，进行实时分析和动态跟踪，以远低于人工成本的成本，为每个人建立一个基于生命周期的综合金融模型，对每个人未来的金融行为进行预测，自动为他们提供账户资金管理、货币兑换、证券买卖、保险购买、购房购车计划、旅行休闲、子女教育、养老规划等方面的金融建议和授权代理操作，并将模型预测结果与实际情况相比对，自主学习和修正模型，以便更加贴合接受金融服务一方的真实金融意图，使得人工智能模型的预测建议和人的实际金融行为无限接近。

由此人类将从日常繁杂的各种金融交易中解放出来，投身到更需要自己或自己更感兴趣的方面。

展望未来，人工智能的应用前景无限美好；探寻当下，人工智能在世界各地的各行各业方兴未艾。

千里之行，始于足下。何海群先生的《零起点 TensorFlow 与量化交易》是有志于人工智能领域的 IT 人士的一块敲门砖和铺路石。

祝愿人工智能在华夏大地生根发芽，开花结果。

梁　忠

梁忠：中国人民大学财政金融系博士，曾任里昂证券 CLSA 分析员；瑞银证券 UBSS 董事，财富管理中国研究部主管；瑞士信贷（香港）有限公司中国研究部董事；瑞信方正证券执行董事，研究部主管，具有 20 年国际顶级金融机构从业经历。

前　言

感谢梁忠先生在百忙之中为本书撰写序言。以 TensorFlow 为代表的神经网络，被视为自互联网以来唯一的“黑科技”，无远弗届，无分行业领域，对社会各界从上至下带来彻底的颠覆与革命。

梁忠先生作为非 IT 领域的学者、专家，从第三方角度，冷静地观察这场数字革命，同时向更多的大众介绍这场革命的火花，推动行业变革，功莫大焉。

随着类似于 Titanic 数据集案例、梵高画风等一系列，基于 TensorFlow 等神经网络、深度学习项目的不断涌现，未来的各个学科都会结合人工智能（AI），进行新的学术重组。

“Python 量化三部曲”

“Python 量化三部曲”包括：

- 《零起点 Python 大数据与量化交易》（入门课程）
- 《零起点机器学习与量化交易》（重点分析 SKLearn）
- 《零起点 TensorFlow 与量化交易》（重点分析 TensorFlow）

此外，还有几部补充作品：

- 《零起点 Python 足彩大数据与机器学习实盘分析》
- 《零起点 Python 机器学习快速入门》

- 《零起点 TensorFlow 快速入门》
- 《MXNet 神经网络与量化交易》
- 《Plotly 可视化数据分析》

本书是《零起点 TensorFlow 快速入门》的后续之作，原本是 TopQuant.vip 极宽量化培训课程高级班的教学课件，为了节省篇幅，删除了 Python 基础教程，以及 SKLearn、TensorFlow 等机器学习方面的入门内容。没有经验的读者，建议先阅读《零起点 Python 机器学习快速入门》《零起点 TensorFlow 快速入门》，再开始本书的学习，这样会收到事半功倍的效果。

本书是目前较好的 TensorFlow 神经网络与量化分析入门教程：

- 无需任何理论基础，全程采用 MBA 案例模式，懂 Excel 就可看懂本书。
- 独创的逆向式课件模式，结合 TensorBoard 可视化系统，案例、图表优先，层层剖析。
- 系统介绍 TensorFlow 在金融量化领域的具体应用，提供多组配套案例。
- 全套神经网络股票趋势预测、股票价格预测案例源码。
- TDS 金融数据集的创建与使用。
- 三位一体的课件模式：图书+开发平台+成套的教学案例，系统讲解，逐步深入。

本书采用独创的黑箱模式、MBA 案例教学机制，结合大量的经典案例，介绍 TensorFlow 系统和常用的深度学习算法、神经网络模型，以及它们在量化分析当中的具体应用。

进一步学习

读者如有兴趣可以进一步学习"Python 量化三部曲"的内容，以及《零起点 Python 足彩大数据与机器学习实盘分析》。

机器学习、人工智能、金融量化，它们的基本原理是相通的，本质上都是数据分析。对于"Python 量化三部曲"的读者而言，本书也有很大的价值，特别是对于

第一部入门课程的读者。

Python 量化回溯与 TensorFlow、PyTorch、MXNet 等神经网络深度学习平台，都是近年来兴起的科技前沿领域，有关的理论、平台、工具目前还处于摸索阶段。“Python 量化三部曲”图书和 TopQuant.vip 极宽智能量化系统，只是在这些领域的起步阶段，作为入门教程，抛砖引玉。

本书中的案例、程序以教学为主，进行了很多简化，以便大家能够快速理解相关内容，用最短的时间，了解 Python 量化回溯的整个流程，以及数据分析、机器学习、神经网络在这些领域的应用操作技巧。

神经网络、深度学习在量化实盘当中的应用，是目前全世界都在研究的顶尖课题，当前尚未有很好的模型与应用案例。

本书仅仅作为入门课程，具体的实盘策略，有待广大读者通过进一步深入学习 TensorFlow、PyTorch、MXNet 等新一代深度学习平台来获得。

最重要的是，还有待广大的一线实盘操作人员结合专业的金融操盘经验，与各种神经网络模型融会贯通，构建更加符合金融量化实际应用的神经网络模型，从而获得更好的投资回报。

网络资源

为避免版本冲突，建议本书的读者下载 zwPython 2018m1 版本的软件和最新版本的《零起点 TensorFlow 与量化交易》配套课件程序，作为配套学习课件。配套程序的下载地址是 http://www.broadview.com.cn/33584。

使用其他 Python 运行环境如 Linux、Mac 平台的读者，请尽量使用 Python 3.5 和 TensorFlow 1.1 版本，并自行安装所需的其他模块库。

此外，需要注意的是，读者在运行书中案例时得到的结果，可能与本书略有差别，甚至多次运行同一个案例的结果也会有所差异，这属于正常情况。因为 TensorFlow 等深度学习系统，内部都使用了随机数作为种子数，用于系统变量初始化等操作，每次分析的起点或者中间参数都有所不同。

本书的案例程序已经做过优化处理，不需要 GPU 显卡，全部支持单 CPU 平台。不过，为了提高运行效率，笔者建议尽量使用 NVIDA 公司最新一代的 GPU 显卡。

目前是大数据、人工智能+时代，在这样的时代，计算力=生产力。

与本书相关的网络资源如下。

- 网站：http://www.TopQuant.vip　http://www.ziwang.com。
- 网盘地址：http://pan.baidu.com/s/1jIg944u。
- 极宽量化 QQ 群：总群，124134140；QQ 2 群，650924099；QQ 3 群，450853713。
- 技术 Blog：http://blog.sina.com.cn/zbrow。
- 字王 Git 项目总览：https://github.com/ziwang-com/，包括：字王 4k 云字库、zwPython、zwpy_lst。

与本书相关的程序和数据下载，请浏览网站：TopQuant.vip 极宽量化社区，在网站的“下载中心”有最新的程序和数据下载地址。

本书在 TopQuant.vip 极宽量化网站设有专栏，若对本书、人工智能和机器学习有任何建议，请在网站专栏或 QQ 群留言，我们会在第一时间进行反馈和答复。

TopQuant 极宽量化网站“资源中心”的网址：

http://www.topquant.vip/?p=56

http://ziwang.com/

致谢

本书的出版要特别感谢电子工业出版社的黄爱萍和葛娜编辑，感谢她们在选题策划和稿件整理方面做出的大量工作。

同时，在本书创作过程中，极宽开源量化团队和培训班的全体成员，提出了很多宝贵的意见，并对部分课件程序做了中文注解。

特别是吴娜、余勤、邢梦来、孙励、王硕几位成员，为极宽开源量化文库和

TopQuant 极宽量化开源软件编写了文档，并在团队成员管理方面做了大量工作，为他们的付出表示感谢。

何海群（字王）

TopQuant.vip 极宽量化开源组 • 创始人

2018 年 2 月 14 日

轻松注册成为博文视点社区用户（www.broadview.com.cn），扫码直达本书页面。

- **下载资源**：本书所提供的示例代码及资源文件均可在 下载资源 处下载。
- **提交勘误**：您对书中内容的修改意见可在 提交勘误 处提交，若被采纳，将获赠博文视点社区积分（在您购买电子书时，积分可用来抵扣相应金额）。
- **交流互动**：在页面下方 读者评论 处留下您的疑问或观点，与我们和其他读者一同学习交流。

页面入口：http://www.broadview.com.cn/33584。

目　　录

第 1 章　TensorFlow 概述 ········ 1
1.1　TensorFlow 要点概括 ········ 2
1.2　TensorFlow 简化接口 ········ 2
1.3　Keras 简介 ········ 3
1.4　运行环境模块的安装 ········ 4
1.4.1　CUDA 运行环境的安装 ········ 4
案例 1-1：重点模块版本测试 ········ 5
案例 1-2：GPU 开发环境测试 ········ 8
1.4.2　GPU 平台运行结果 ········ 9
第 2 章　无数据不量化（上） ········ 12
2.1　金融数据源 ········ 13
2.1.1　TopDat 金融数据集 ········ 14
2.1.2　量化分析与试错成本 ········ 15
2.2　OHLC 金融数据格式 ········ 16
案例 2-1：金融数据格式 ········ 17
2.3　K 线图 ········ 18
案例 2-2：绘制金融数据 K 线图 ········ 19
2.4　Tick 数据格式 ········ 22
案例 2-3：Tick 数据格式 ········ 23

2.4.1 Tick 数据与分时数据转换 25
案例 2-4：分时数据 25
2.4.2 resample 函数 26
2.4.3 分时数据 26
2.5 离线金融数据集 29
案例 2-5：TopDat 金融数据集的日线数据 29
案例 2-6：TopDat 金融数据集的 Tick 数据 31
2.6 TopDown 金融数据下载 33
案例 2-7：更新单一 A 股日线数据 34
案例 2-8：批量更新 A 股日线数据 37
2.6.1 Tick 数据与分时数据 40
案例 2-9：更新单一 A 股分时数据 40
案例 2-10：批量更新分时数据 43
2.6.2 Tick 数据与实时数据 45
案例 2-11：更新单一实时数据 45
案例 2-12：更新全部实时数据 48
第 3 章 无数据不量化（下） 51
3.1 均值优先 51
案例 3-1：均值计算与价格曲线图 52
3.2 多因子策略和泛因子策略 54
3.2.1 多因子策略 54
3.2.2 泛因子策略 55
案例 3-2：均线因子 55
3.3 “25 日神定律” 59
案例 3-3：时间因子 61
案例 3-4：分时时间因子 63
3.4 TA-Lib 金融指标 66
3.5 TQ 智能量化回溯系统 70
3.6 全内存计算 70
案例 3-5：增强版指数索引 71

案例 3-6：AI 版索引数据库……73
3.7 股票池……77
案例 3-7：股票池的使用……77
3.8 TQ_bar 全局变量类……81
案例 3-8：TQ_bar 初始化……82
案例 3-9：TQ 版本日线数据……85
3.9 大盘指数……87
案例 3-10：指数日线数据……88
案例 3-11：TQ 版本指数 K 线图……89
案例 3-12：个股和指数曲线对照图……92
3.10 TDS 金融数据集……96
案例 3-13：TDS 衍生数据……98
案例 3-14：TDS 金融数据集的制作……102
案例 3-15：TDS 金融数据集 2.0……105
案例 3-16：读取 TDS 金融数据集……108
第 4 章 人工智能与趋势预测……112
4.1 TFLearn 简化接口……112
4.2 人工智能与统计关联度分析……113
4.3 关联分析函数 corr……113
4.3.1 Pearson 相关系数……114
4.3.2 Spearman 相关系数……114
4.3.3 Kendall 相关系数……115
4.4 open（开盘价）关联性分析……115
案例 4-1：open 关联性分析……115
4.5 数值预测与趋势预测……118
4.5.1 数值预测……119
4.5.2 趋势预测……120
案例 4-2：ROC 计算……120
案例 4-3：ROC 与交易数据分类……123
4.6 n+1 大盘指数预测……128

4.6.1 线性回归模型……128

案例 4-4：上证指数 n+1 的开盘价预测……129

案例 4-5：预测数据评估……133

4.6.2 效果评估函数……136

4.6.3 常用的评测指标……138

4.7 n+1 大盘指数趋势预测……139

案例 4-6：涨跌趋势归一化分类……140

案例 4-7：经典版涨跌趋势归一化分类……143

4.8 One-Hot……145

案例 4-8：One-Hot 格式……146

4.9 DNN 模型……149

案例 4-9：DNN 趋势预测……150

第 5 章 单层神经网络预测股价……156

5.1 Keras 简化接口……156

5.2 单层神经网络……158

案例 5-1：单层神经网络模型……158

5.3 神经网络常用模块……168

案例 5-2：可视化神经网络模型……170

案例 5-3：模型读写……174

案例 5-4：参数调优入门……177

第 6 章 MLP 与股价预测……182

6.1 MLP……182

案例 6-1：MLP 价格预测模型……183

6.2 神经网络模型应用四大环节……189

案例 6-2：MLP 模型评估……190

案例 6-3：优化 MLP 价格预测模型……194

案例 6-4：优化版 MLP 模型评估……197

第 7 章 RNN 与趋势预测……200

7.1 RNN……200

7.2 IRNN 与趋势预测 ······201
案例 7-1：RNN 趋势预测模型 ······201
案例 7-2：RNN 模型评估 ······209
案例 7-3：RNN 趋势预测模型 2 ······211
案例 7-4：RNN 模型 2 评估 ······214

第 8 章 LSTM 与量化分析 ······217

8.1 LSTM 模型 ······217
8.1.1 数值预测 ······218
案例 8-1：LSTM 价格预测模型 ······219
案例 8-2：LSTM 价格预测模型评估 ······226
8.1.2 趋势预测 ······230
案例 8-3：LSTM 股价趋势预测模型 ······231
案例 8-4：LSTM 趋势模型评估 ······239

8.2 LSTM 量化回溯分析 ······242
8.2.1 构建模型 ······243
案例 8-5：构建模型 ······243
8.2.2 数据整理 ······251
案例 8-6：数据整理 ······251
8.2.3 回溯分析 ······262
案例 8-7：回溯分析 ······262
8.2.4 专业回报分析 ······268
案例 8-8：量化交易回报分析 ······268

8.3 完整的 LSTM 量化分析程序 ······279
案例 8-9：LSTM 量化分析程序 ······280
8.3.1 数据整理 ······280
8.3.2 量化回溯 ······284
8.3.3 回报分析 ······285
8.3.4 专业回报分析 ······288

第 9 章　日线数据回溯分析 ……293
9.1　数据整理 ……293
案例 9-1：数据更新 ……294
案例 9-2：数据整理 ……296
9.2　回溯分析 ……307
9.2.1　回溯主函数 ……307
9.2.2　交易信号 ……308
9.3　交易接口函数 ……309
案例 9-3：回溯分析 ……309
案例 9-4：多模式回溯分析 ……316
第 10 章　Tick 数据回溯分析 ……318
10.1　ffn 金融模块库 ……318
案例 10-1：ffn 功能演示 ……318
案例 10-2：量化交易回报分析 ……330
案例 10-3：完整的量化分析程序 ……343
10.2　Tick 分时数据量化分析 ……357
案例 10-4：Tick 分时量化分析程序 ……357
总结 ……371
附录 A　TensorFlow 1.1 函数接口变化 ……372
附录 B　神经网络常用算法模型 ……377
附录 C　机器学习常用算法模型 ……414

1 第1章 TensorFlow概述

TensorFlow 是谷歌公司推出的一个划时代的神经网络、深度学习开发平台。TensorFlow 是一个庞大的系统，结构复杂，功能强大。如图 1-1 所示是 TensorFlow 项目的 Logo。

TensorFlow 是谷歌发布的第二代机器学习系统，是一个利用数据流图（Data Flow Graphs）进行数值计算的开源软件库。数据流图中的节点（Node）代表数学运算操作；边（连线，Edge）表示节点之间相互流通的多维数组，即张量（Tensor）。

图 1-1　TensorFlow 的 Logo

TensorFlow 具有灵活的架构：

- 可以让用户将计算部署在台式机、服务器或者移动设备的一个或多个 CPU 上，而且无须重写代码。
- 系统内置自动求导（Auto-differentiation）算法，可用于各种基于梯度的神经网络模型中。
- 通过灵活的 Python 接口，在 TensorFlow 中表达算法模型将更为简单。

TensorFlow 最初是由 Google Brain（谷歌大脑）团队开发出来的，目的是用于进行机器学习和深度神经网络的研究，但该系统的通用性使其广泛应用于多个领域中。

目前 Google 内部已大量使用与 TensorFlow 相关的 AI（人工智能）技术，包括 Google App 的语音识别、Gmail 的自动回复、Google Photos 的图片搜索等功能。

1.1 TensorFlow要点概括

为了让广大初学者，特别是金融量化、数据分析领域的非 IT 人员，能够快速掌握 TensorFlow 的全貌，我们特意对 TensorFlow 的要点进行了简单概括，如下所示。

（1）TensorFlow 是一个神经网络、人工智能开发平台，内置了 TensorBoard 可视化智能数据分析软件。

（2）TensorFlow 有两种分析（预测）模式，即数值分析（回归）和数据分类。

（3）TensorFlow 有三大简化常用接口，分别是 TFLearn、TensorLayer 和 Keras。

无论神经网络模型的形态如何变化，结构如何复杂、抽象，其目的就是预测与分类。

无论 TensorFlow 的形态如何复杂，我们只需要使用简化的工程 API 接口，直接调用即可。

1.2 TensorFlow简化接口

TensorFlow 功能强大，使用灵活，能够根据数据流图实现多种专业的神经网络模型。但在 TensorFlow 功能强大的背后，需要用户熟悉神经网络模型理论知识，通晓 TensorFlow 各种复杂的算法。

为方便用户操作，在发布 TensorFlow 的同时，谷歌采用了多种措施来降低 TensorFlow 的学习难度，简化用户接口。

此外，第三方也基于 TensorFlow 系统，推出了多种简化版本的 TensorFlow 接口，其中比较有名的有：

- Keras，专业深度学习框架，其设计参考了 Torch，用 Python 语言编写，是一个高度模块化的神经网络库，支持 GPU 和 CPU。Keras 2 与 TensorFlow 的兼容性得到进一步强化。此外，新版本的 TensorFlow 也内置了 Keras 模式的 API 接口。
- TensorLayer，基于 TensorFlow 开发的深度学习与强化学习库。它提供了高级别的深度学习 API，不仅可以加快研究人员的试验速度，也能够减少实际开发当中的重复工作。TensorLayer 非常易于修改和扩展，这使它可以同时用于机器学习的研究与应用。
- TFLearn，一个模块化和透明的深度学习库，构建在 TensorFlow 之上。它为

TensorFlow 提供了高层次的 API，目的是便于快速搭建试验环境，同时保持对 TensorFlow 的完全透明和兼容性。

在这三者当中，Keras 是老牌的深度学习架构，后端同时支持多种系统，比如 Theaon、TensorFlow、PyTorch 等。

TensorLayer 是最新的 TensorFlow 简化接口，其发展迅猛，源码架构简单，只有一个源码文件夹。但是 TensorLayer 封装的神经网络模型较少，而且对于 summary 日志数据支持不灵活，只能是 log 目录，无法自定义。

本书将重点介绍以上三种简化 API 接口的案例，让更多的初学者能够快速上手 TensorFlow 这个强大专业的神经网络、深度学习架构。

由于 TensorFlow 发展很快，以上几种简化 API 接口的更新也非常频繁，经常出现版本冲突。为了尽量避免这种情况，不影响大家的实际编程，我们会对以上程序接口进行二次封装，统一采用 Top-AI（TAI）极宽版本的 AI 函数接口。

熟悉了 TensorFlow 简化接口后，大家再进一步学习 TensorFlow 底层函数时会更加轻松，也会更加容易理解相关的算法模型。

1.3　Keras简介

本书尽量以 Keras 简化接口为主，也会适当调用 TFLearn、TensorLayer、sklearn 等系统的工具函数，这些都是常用的编程模式。

本书以 Keras 简化接口为主，主要基于以下几个原因。

- Keras 后端同时支持 Theaon、TensorFlow、PyTorch、MXNet、CNTK 等多种深度学习、神经网络系统。
- Keras 模型结构简单、清晰，特别适合初学者和非专业人员使用，对于金融量化、数据分析从业人员而言，是首选的入门教程。
- Keras 2 与 TensorFlow 高度融合，TensorFlow 内部也提供了 Keras 兼容模式的接口。
- Keras 2 内置的贯序模型（Sequential）、函数模型（Functional）结构，可以与 TensorFlow 的数据流图运算、PyTorch 的函数运算完美对应。

虽然 Keras 使用简单、方便，但其也存在一些缺点，主要表现为：

- 运行速度慢，同样的模型比 TensorFlow 等编程慢 1 倍左右。

- 系统封闭，不便于优化模型内部参数。

笔者认为，这两点对于非专业人员，特别是金融量化行业的人员而言，不是主要问题。

对于运行速度慢这个问题，可以通过增加硬件设备来解决。神经网络更多的是借助于 GPU 等加速卡进行运算的，而且 Keras 2 和 TensorFlow 等系统本身也在不断优化运行速度。通常初学者可以直接使用现有的神经网络模型，而不需要自己进行底层参数优化。

1.4 运行环境模块的安装

TensorFlow和配套的GPU开发环境的安装及配置需要一系列的步骤，非常烦琐，在此我们只是简单介绍 CUDA 运行环境的安装。

1.4.1 CUDA 运行环境的安装

安装 CUDA 运行环境，一路选择默认设置，按回车键就可以了。安装成功后，CUDA 8 的目录结构如图 1-2 所示。

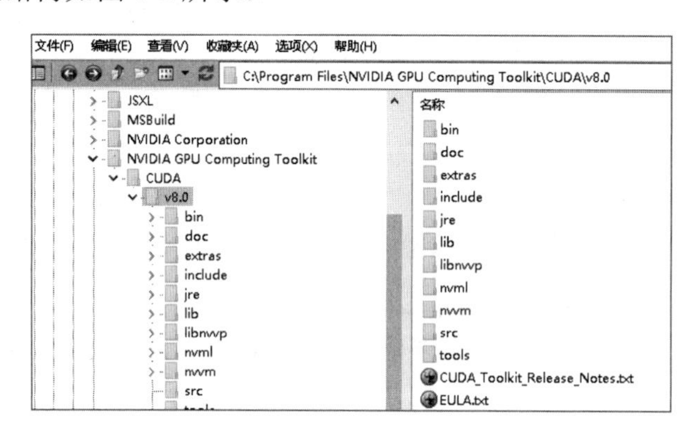

图 1-2 CUDA 8 目录结构

安装完毕后，进入 DOS 命令窗口，运行如下命令：

```
nvcc -V
```

如果 CUDA 8 安装成功，则会输出如下信息：

```
nvcc: NVIDIA (R) Cuda compiler driver
Copyright (c) 2005-2016 NVIDIA Corporation
Built on Mon_Jan__9_17:32:33_CST_2017
Cuda compilation tools, release 8.0, V8.0.60
```

在上面命令中，nvcc 是 NVIDIA 开发的编译器工具，通过命令行选项可以在不同阶段启动不同的工具完成编译工作，其目的在于隐藏复杂的 CUDA 编译细节。

参数-V 要大写，可以显示 nvcc 工具的版本信息，通常用于检查 CUDA 开发环境是否安装成功。

案例 1-1：重点模块版本测试

案例 1-1 文件名是 kc101ver.py，主要用于测试重点模块版本。

案例 1-1 的源码很简单，需要注意的是源码头部的 import 语句(用于导入模块)。

```
import tensorflow as tf
import tensorlayer as tl
import keras as ks
import nltk

import pandas as pd
import tushare as ts
import matplotlib as mpl
import plotly
import arrow

#import tflearn
tflearn = tf.contrib.learn
```

前面的 import 语句用于导入常用的模块。请注意模块的缩写字符，以及最后两行语句：

```
#import tflearn
tflearn = tf.contrib.learn
```

TFLearn 模块有两种导入方式。严格说来，第二种方式不是标准的导入模块命令，而是一种别名方式，是长变量名称的缩写。

这是因为 TFLearn 本身是 TensorFlow 系统内置的第三方模块，目前也有独立版本的 TFLearn 模块，不过两者的源码并非完全同步，笔者在测试 tf-gpu 1.2rc1 和 tflearn 0.31 时就发现有版本冲突问题。

为了程序的兼容性，通常采用以下方式：

```
tflearn = tf.contrib.learn
```

案例 1-1 的核心代码也很简单，就是输出相关模块的版本号。

```
#1
print('\n#1 tensorflow.ver:',tf.__version__)

#2
print('\n#2 tensorlayer.ver:',tl.__version__)

#3
print('\n#3 keras.ver:',ks.__version__)

#4
print('\n#4 nltk.ver:',nltk.__version__)

#5
print('\n#5 pandas.ver:',pd.__version__)

#6
print('\n#6 tushare.ver:',ts.__version__)

#7
print('\n#7 matplotlib.ver:',mpl.__version__)

#8
print('\n#8 plotly.ver:', plotly.__version__)

#9
print('\n#9 arrow.ver:',arrow.__version__)
```

```
#10
print('\n#10 tflearn.ver:')
```

需要注意的是，在上面代码中使用的版本显示命令是：

```
.__version__
```

这虽然不是标准的 Python 语法，但是一种潜在的约定，也被称为魔法语句。

其对应的输出信息是：

```
Using TensorFlow backend.
#1 tensorflow.ver: 1.3.0
#2 tensorlayer.ver: 1.6.1
#3 keras.ver: 2.0.7
#4 nltk.ver: 3.2.4
#5 pandas.ver: 0.20.3
#6 tushare.ver: 0.8.7
#7 matplotlib.ver: 2.0.2
#8 plotly.ver: 2.0.15
#9 arrow.ver: 0.10.0
#10 tflearn.ver:
```

需要注意第一条输出信息：

```
Using TensorFlow backend.
```

此输出信息表示使用 TensorFlow 作为后端程序，这是使用 import 语句导入 Keras 模块时自动输出的信息。这条信息只在第一次运行程序时出现，大家可以多运行几次看看效果。

此外，还需要注意最后一条输出信息：

```
#10 tflearn.ver:
```

TFLearn 没有版本号，这是因为 TFLearn 模块不支持相关的版本命令。

TFLearn 原本是 TensorFlow 内置的模块，所以没有加入相关的版本语句，即使我们采用 import 语句导入独立的 TFLearn 模块，也无法显示相关的版本号。

案例 1-1 测试了 TensorFlow 结合金融工程、量化回溯、数据分析等项目应用时常用的 Python 模块版本，其中：

- TensorFlow 是神经网络、深度学习开发平台。
- TFLearn、Keras、TensorLayer 是 TensorFlow 的简化接口。
- NLTK 是语义分析模块。
- Pandas 是新一代数据分析神器。
- Plotly 是新一代互动型数据可视化绘图神器。
- Arrow 是新一代优雅、简洁的时间模块。
- Matplotlib 是经典的绘图模块。
- TuShare 是国内股票数据的采集模块。

以上模块和对应的版本，我们均已集成在 zwPython 2017m10 版本当中，使用 Mac、Linux 等平台或者其他 Python 开发环境的用户，请自行安装升级以上模块，并注意其版本号。

在安装升级相关模块时，请注意其所依赖的模块软件，特别是在手动升级独立的安装包时更要注意。

数字货币量化项目的数据接口部分，建议使用 Github 项目网站上的 CCXT 模块库，该模块库提供了近百个主流的数字货币交易所 API 接口，包括数据下载、程序化交易，TopQuant.vip 极宽量化网站也有相关的介绍。

案例 1-2：GPU 开发环境测试

案例 1-2 文件名是 kc102gpu. py，主要用于测试 Python 的 GPU 开发环境是否安装成功。

因为 TensorFlow 模块本身兼容 CPU、GPU 平台，因此没有 GPU 卡的用户也可以运行本案例，只是输出数据略有不同。

案例 1-2 的主要源码如下：

```
import tensorflow as tf

#------------------
#1
print('\n#1')
cfig=tf.ConfigProto(log_device_placement=True)
hello = tf.constant('Hello, TF!')
```

```
print('tf.__version__:',tf.__version__)

#2
print('\n#2')
sess = tf.Session(config=cfig)
dss=sess.run(hello)
print(dss)

#3
print('\n#3')
a = tf.constant(11)
b = tf.constant(22)
ds2=sess.run(a + b)
print(ds2)

#4
print('\n#4')
a = tf.constant([1.0, 2.0, 3.0, 4.0, 5.0, 6.0], shape=[2, 3], name='a')
b = tf.constant([1.0, 2.0, 3.0, 4.0, 5.0, 6.0], shape=[3, 2], name='b')
c = tf.matmul(a, b)
sess = tf.Session(config=tf.ConfigProto(log_device_placement=True))
ds3=sess.run(c)
print(ds3)

#5
print('\n#5')
sess.close()
```

以上源码涉及部分 TensorFlow 编程技术，初学者无须了解细节，只要能够运行就行。

1.4.2　GPU 平台运行结果

在正常情况下，对于 GPU 平台，案例 1-2 的主要输出信息如下：

```
#1
tf.__version__: 1.3
```

```
#2
b'Hello, TF!'

#3
33

#4
[[ 22.  28.]
 [ 49.  64.]]
```

请注意 TensorFlow 的版本号是 1.3，如果读者使用的 TensorFlow 模块版本不同，其版本号也会有所差异。

版本号不是案例 1-2 的重点，我们的目的是检测 Python 语言的 GPU 开发环境，需要在命令行运行案例 1-2。

需要注意的是，必须通过 py35 或者其他对应版本目录下的命令行程序：

```
WinPython Command Prompt.exe
```

进入 Python 命令行，这是因为需要绑定 Pyhton 运行环境，而不能直接使用 Windows 平台的 DOS 命令行工具，以免出错。

为了简化操作，防止出错，我们把案例 1-2 文件 kc102gpu.py 复制一份放到 scripts 目录下，文件名改为 gpu01.py。scripts 是 zwPython、winPython 启动内置的 DOS 命令行程序时默认的启动目录。

此外，我们还建立了一个 bat 批命令程序，文件名是 gpu_tst.bat，内容很简单，只有一行命令：

```
python  gpu01.py
```

这样，我们直接运行 gpu_tst.bat 批命令程序即可。

其他 Python 环境的用户，或者采用传统方式的用户，进入命令行窗口后，运行以下命令即可：

```
python  gpu01.py
```

如果正确运行，系统将会输出如下类似信息：

```
E:\tf_demot>python gpu01.py
I c:\tf_jenkins\home\workspace\release-win\device\gpu\os\windows\
tensorflow\stream_executor\dso_loader.cc:135] successfully opened CUDA
```

```
library cublas64_80.dll locally
    I c:\tf_jenkins\home\workspace\release-win\device\gpu\os\windows\
tensorflow\stream_executor\dso_loader.cc:135] successfully opened CUDA
library cudnn64_5.dll locally
    I c:\tf_jenkins\home\workspace\release-win\device\gpu\os\windows\
tensorflow\stream_executor\dso_loader.cc:135] successfully opened CUDA
library cufft64_80.dll locally
    I c:\tf_jenkins\home\workspace\release-win\device\gpu\os\windows\
tensorflow\stream_executor\dso_loader.cc:135] successfully opened CUDA
library nvcuda.dll locally
    I c:\tf_jenkins\home\workspace\release-win\device\gpu\os\windows\
tensorflow\stream_executor\dso_loader.cc:135] successfully opened CUDA
library curand64_80.dll locally
    I c:\tf_jenkins\home\workspace\release-win\device\gpu\os\windows\
tensorflow\core\common_runtime\gpu\gpu_device.cc:885] Found device 0 with
properties:
    name: GeForce GTX 1080
    major: 6 minor: 1 memoryClockRate (GHz) 1.873
    pciBusID 0000:02:00.0
    Total memory: 8.00GiB
    Free memory: 6.66GiB
    ......
```

如图 1-3 所示是输出信息的窗口截图。

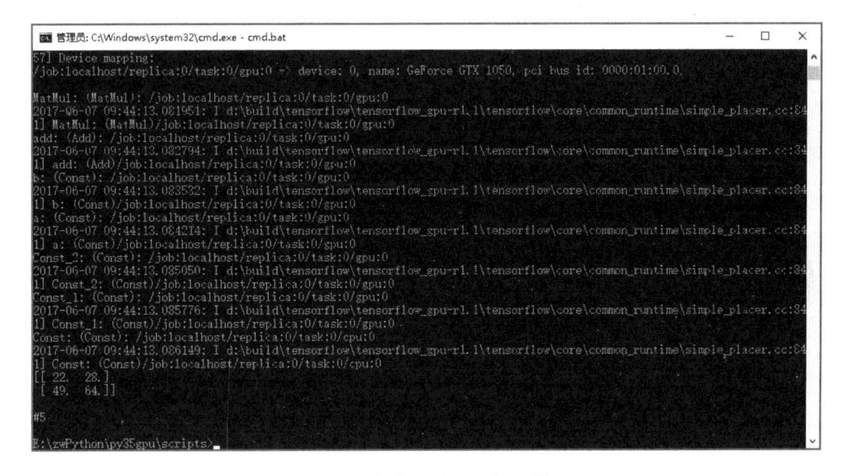

图 1-3　输出信息的窗口截图

请注意输出信息当中的 gpu 字样，它表示程序运行在 GPU 设备当中。

第 2 章

无数据不量化（上）

“无兄弟不篮球”，可能是近年来最成功的体育营销案例，情怀、奋斗、活力、品牌……交织成一曲完美的战歌。

如图 2-1 所示是“无兄弟不篮球”的宣传海报。

图 2-1 “无兄弟不篮球”宣传海报

同样，无数据不量化，量化的核心就是对历史数据的回溯分析。

回溯分析的基础，就是对历史数据进行多角度、多层面分析，从中总结、提取内在的规律，从而制定相应的策略。

从本章开始，我们会通过一个个完整的案例介绍常用的 TensorFlow 神经网络模型和算法程序，并结合具体的金融数据、量化分析应用进行讲解。

为统一规范数据，本章先通过几个具体案例介绍一些金融数据源，以及相关的数据格式、工具软件函数的使用。

2.1 金融数据源

目前国内大部分金融数据源都是收费的，主要有恒生、通联、万德等。基于数据的准确性和实时性，实盘操作一般使用的都是收费的金融数据源，费用每月 2000 元至数万元不等，具体和用户订购的服务项目有关。

基于成本因素，不做高频交易的非机构用户、中小私募投资机构、个人投资者通常使用的都是免费金融数据源。

国内免费的金融数据源主要分为以下几类。

- 财经网站：和讯、东方财富、证券之星、中金在线、中国证券网、金融界、凤凰财经、财经网、中国经济网、雪球财经、同花顺、新浪财经、搜狐财经、腾讯财经、网易财经等。
- 股票软件（客户端）：大智慧、同花顺、腾讯操盘手、腾讯自选股、Wind 资讯股票专家、益盟操盘手、大智慧手机炒股、通达信、东方财富通、MT4 等。
- 专业的 API 接口：财经网站的免费 API、股票软件网站的免费 API、TuShare 等第三方免费数据软件。

对于 Python 量化用户而言，一般收费的金融数据源有 Python 版本的接口软件和模块库，可以直接使用。

在免费的金融数据源方面，国际上通用的是 Yahoo 财经、谷歌财经，以及从 Pandas 数据软件独立分拆的 DataRead 数据接口。

Yahoo 的股票接口原来也是一种非常理想的选择，但后来 Yahoo 公司被收购，新公司逐渐关闭了 Yahoo 财经的数据接口服务，这不能不说是开源领域的一大遗憾。

相对而言，谷歌财经虽然起步较晚，但依靠谷歌公司的庞大实力，以及在开源领域的活跃角色，逐渐成为新一代的免费金融数据源。

国内用户用得较多的免费的数据接口就是 TuShare。TuShare 是基于 Python 的开源金融数据软件，起初使用的是新浪财经数据接口，从 2017 年开始，由于用户增多，服务器压力过大，新浪对用户下载进行了限制，一般连续下载 15 分钟就会中断用户连接，需要休息一段时间后才能继续下载。

新版本的 TuShare 开始逐渐使用新设计的 k 函数接口，服务器端使用腾讯财经数据，在速度方面有了很大提升。

对于数字货币项目而言，建议使用 CCXT 模块库，该模块库采用“All-in-One”一站式数字货币万能 API 接口，目前支持 90 多个数字货币交易所，包括币安、ZB、火币等国内用户常用的数字货币交易所。项目网址是：https://github.com/ccxt/ccxt。

CCXT 可以说是“神器级”的数字货币万能 API 接口模块库，不仅支持的交易所众多，而且支持 JavaScript、Python、PHP 等多种编程语言。

更多的介绍请大家浏览《CCXT：神器级的数字货币万能 API 接口》，网址为：http://www.topquant.vip/?p=394。

2.1.1 TopDat 金融数据集

TopDat 金融数据集，原名 zwDat 金融数据集，是 Top 极宽量化开源团队于 2016 年发布的 Tick 级别的大型开源金融数据集。

TopDown 金融数据下载程序，原名 zwDown，是专门用于下载 A 股历史数据和实盘数据的开源程序。

TopDat 金融数据集不仅提供了大量的国内 A 股、美股等历史数据，还提供了配套的 TopDown 金融数据下载程序和源码，并定期进行数据更新。

TopDat 金融数据集通过不断积累和发展，目前已经收纳了以下数据。

- 美股日线数据。
- A 股日线数据。
- A 股 Tick 数据，总量高达 160GB。
- 外汇、黄金、白银 Tick 级别的历史分笔数据包。
- BTC（比特币）等数字货币历史数据包。
- tfbDat 足彩数据包，国内首个足彩领域的开源大数据项目，收录了近 7 万场足球比赛的基本数据，以及 200 多万条赔率数据。
- TDS 金融 AI 模型训练数据集，多种规格的神经网络模型训练、测试、验证金融数据集。

本书的案例程序基本上都是基于TopDat金融数据集的，大家可以在Top极宽网站的下载中心免费下载TopDat。

新版本的TopDat金融数据集对数据结构、目录组织进行了优化，强化了国内A股数据和Tick数据、分时数据的支持。主要优化如下。

- zDat金融数据根目录改名为：/zdat/。注意，必须是根目录。
- A股目录：cn/day/。
- A股指数目录：cn/xday/。
- A股索引参数文件目录：inx/。
- A股分时目录：min/。
- A股Tick目录：tick/。
- A股实时数据目录：real/。

大家在使用TopDat金融数据集时，一定要把zDat设置为根目录，并且尽量和zwPython在同一块硬盘上。

本书案例文件默认和zDat根目录在同一块硬盘上。如果出现数据读取错误或者空数据，通常有如下两个原因。

- zDat不是根目录。
- zDat与当前用户源码没有位于同一块硬盘上。

2.1.2 量化分析与试错成本

在一线实盘分析时，在上百种投资策略当中，有一两种真正有效的策略，就非常不错了。

对于传统的投资分析，为了提高时效性，通常在初步评估、模拟盘测试后，再用小批量资金进行实盘测试。但是实盘测试时间短，资金规模小，即使是有经验的金融分析师，对相关结果也很难做到精准评估，只能作为投资参考。

而量化分析最重要的手段之一——回溯分析，就是通过历史数据，回溯测试相关策略，再根据结果判定策略的好坏。假如有100种投资策略，通过历史数据进行回溯分析，通常发现有90种策略都是没有价值的，或者在特殊时期才有价值。

从这个角度来看，量化分析给投资者带来的第一个直接收益就是：降低了90%的试错成本；反过来说，提高了10倍的潜在投资回报收益。

2.2 OHLC金融数据格式

国际上，股票、期货等金融数据采用的都是 OHLC 数据格式，这也是全球金融行业通用的标准。但是在具体的细节上，各个数据源略有不同。

本书使用的 zDat 金融数据集是通过 TuShare 数据软件下载的。

对于具体的数据下载实现，老版本的 TuShare 使用的是 get_h_data 函数，其返回值如下。

- date：交易日期（index）。
- open：开盘价。
- high：最高价。
- close：收盘价。
- low：最低价。
- volume：成交量。
- amount：成交金额。

在新版本的 TuShare 中，保留 get_h_data 函数只是为了兼容老版本程序，作者推荐使用新的 get_k_data 函数，即我们俗称的 k 函数接口。

get_k_data 函数使用的是腾讯数据源，在速度、稳定性方面都有所增强。它融合了 get_hist_data 和 get_h_data 两个接口的功能，既方便获取日、周、月的低频数据，也可以获取 5、15、30 和 60 分钟等分时数据。同时，还可以轻松获得上市以来的前后复权数据。

get_k_data 函数的返回值如下。

- date：日期和时间。低频格式，YYYY-MM-DD；高频格式，YYYY-MM-DD HH:MM。
- open：开盘价。
- close：收盘价。
- high：最高价。
- low：最低价。
- volume：成交量。
- code：证券代码。

案例 2-1：金融数据格式

现在，我们通过具体的案例来介绍 TopDat 金融数据集的使用，以及相关的金融数据格式。

案例 2-1 文件名为 kc201_zdat.py，其主要代码如下：

```
pd.set_option('display.width', 450)
#---------------


fss='data/600663.csv'
df=pd.read_csv(fss,index_col=0)
print(df.tail())
```

下面进行分析。

第 1 行代码：

```
pd.set_option('display.width', 450)
```

这行代码用于设置 Pandas 选项参数，就是将 Pandas 数据输出宽度设置为 450。以免输出时数据列过多出现换行情况，影响美观。

关于 Pandas 的 set_option 命令的细节，请大家自己查询相关文档。

运行案例 2-1 程序，对应的输出信息如下：

```
                open    high      low     close       volume
date
1994-01-07      4.400   4.455     4.327   4.391       53383.72
1994-01-06      4.344   4.529     4.316   4.400       98823.97
1994-01-05      4.200   4.378     4.104   4.352       69982.39
1994-01-04      4.026   4.211     3.998   4.204       54842.36
1994-01-03      3.913   4.022     3.867   3.986       43822.57
```

从输出信息我们可以看到，TopDat 金融数据集的数据格式包括以下几个字段。

- date：时间，日线指日期。
- open：开盘价。
- high：最高价。
- low：最低价。
- close：收盘价。

- volume：成交量。

除 Tick 数据外，不同金融数据源的日线数据、分时数据基本上都是采用以上数据格式，但是需要注意一些细节方面的差异。

- 这里我们采用的是新版本的 TuShare 数据格式，没有 amount（成交金额）字段。
- 不同的金融数据源，其字段名称的大小写不同，有的是全部大写、小写，有的是首字符大写。
- 有些数据源，如 Yahoo 财经数据会有 adj_close 字段，表示复权收盘价。
- OHLC 字段顺序有所不同，在不同程序间交换数据时需要注意。

虽然案例 2-1 很简单，但它也是实盘操作当中一个很基础的工具程序，大家在使用新的金融数据源时，无论是股票期货、黄金外汇还是数字货币，都可以参考本案例，查看数据源的字段构成。

2.3 K线图

K 线图又称蜡烛图，是最常用的金融行情图形，如图 2-2 所示。

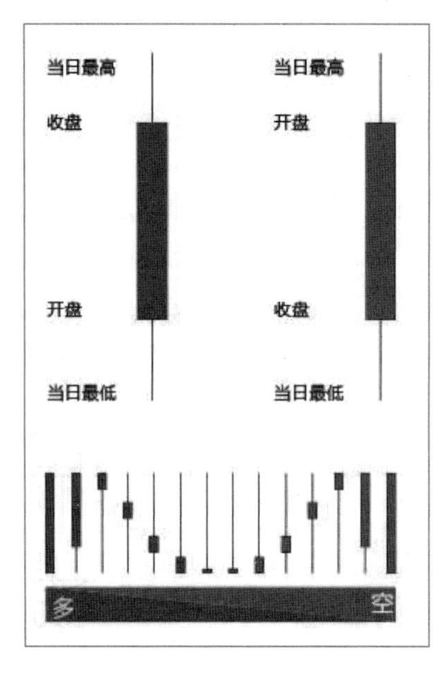

图 2-2 K 线图

K 线图和 OHLC 数据看起来简单，但具体编程非常烦琐，常用的绘图模块如 Plotly、Matplotlib 等都集成了 OHLC 数据和 K 线图的绘制函数，大家直接调用即可。

案例 2-2：绘制金融数据 K 线图

案例 2-2 文件名为 kc202_zd_dr.py，介绍如何使用最新的 Plotly 绘图模块，绘制基于 Web 的动态交互式 K 线图。

案例 2-2 程序很简单，下面我们采用分组的模式进行讲解。

首先讲解程序头的 import 部分代码。

```
import pandas as pd
import plotly as py
import plotly.figure_factory as pyff
#from plotly.tools import FigureFactory as pyff

import zsys
import ztools as zt
import ztools_str as zstr
import ztools_draw as zdr
import zpd_talib as zta
```

在 import 部分代码中，需要注意的是：

```
import plotly.figure_factory as pyff
#from plotly.tools import FigureFactory as pyff
```

上面代码使用的是 Plotly 2.0 版本以后的新语法，其中被注释掉的代码是老版本的格式。这可能是因为在实际编程当中，plotly.figure_factory 模块使用得较多，新版本特意将它从 plotly.tools 模块中抽取出来，以简化编程代码。

接下来的几条 import 语句，用于导入 TopQuant 极宽量化系统中的模块。zwPython 已经集成到 Python 开发环境当中，对于其他的 Python 平台，特别是 Mac、Linux 平台的用户，在使用前请把 TopQuant 源码路径加入开发平台搜索路径当中，或者把 TopQuant 源码全部放入当前项目的工作目录下，然后使用 import 即可直接导入。

下面介绍主流程代码。第 1 组代码如下：

```
#1 预处理
pd.set_option('display.width', 450)
pyplt=py.offline.plot
```

通常，第 1 组代码都是用来设置数据、变量以及程序运行环境的。

这里用于设置程序运行环境，其中 Pandas 的 set_option 选项设置命令前面已经介绍过，这里不再重复。

看下面这条命令：

```
pyplt=py.offline.plot
```

使用 pyplt 缩写代替 py.offline.plot 包，既方便编程，也方便梳理代码的运行逻辑。

在有些编程语言中，这被称为 alias（别名）。不过，并不是所有编程语言都支持这种模式的。

这里也体现了 Python 语言的灵活与强大。事实上，Python 不仅可以采用类似的变量赋值模式，设置别名；还可以用变量代替函数名称，甚至函数本身，作为参数变量，传递给其他函数。

这样的灵活设计大大方便了程序员的自由发挥，TopQuant 极宽量化系统中的数据预处理函数 DataPre、策略函数 Strategy 都采用这种编程技巧。

第 2 组代码如下，主要用来设置参数，读取输入数据。

```
#2
xcod='600663'
fss='data/'+xcod+'.csv'
df=pd.read_csv(fss,index_col=0)
df=df.sort_index()
print('\n#2,df.tail()')
print(df.tail())
```

读取股票代码为 600663 的股票日线数据。为方便起见，本案例的股票数据被直接存放在 data 数据目录下，在进行实盘分析时，需要使用实际的数据源文件路径名称。

使用 Pandas 的 read_csv 命令读取数据，并按 index（索引）进行排序，本案例是按日期排序的，然后输出尾部数据，便于查看字段结构和相关信息。

第 2 组代码对应的输出信息如下，还是经典的 OHLC 数据格式。

```
#2,df.tail()
```

```
                open    high    low     close   volume
date
2017-09-04      24.26   24.40   24.20   24.27   25418.0
2017-09-05      24.20   24.28   23.91   24.00   35635.0
2017-09-06      23.88   24.00   23.64   23.71   38661.0
2017-09-07      23.70   24.02   23.70   23.84   24343.0
2017-09-08      23.72   24.00   23.68   23.76   23190.0
```

第 3 组代码如下，主要是根据所读取的数据绘制股票的 K 线图。

```
#3
print('\n#3,plot-->tmp/tmp_.html')
hdr,fss='K 线图-'+xcod,'tmp/tmp_.html'
df2=df.tail(100)
zdr.drDF_cdl(df2,ftg=fss,m_title=hdr)
```

为了简化程序，我们调用的是 TopQuant 极宽量化系统中的 drDF_cdl 函数，用于绘制 K 线图。

drDF_cdl 函数实际使用的是 Plotly 绘图模块，有兴趣的读者可以自己查看相关的函数源码，这里不再展开。

因为读取的是股票的全部日线数据，这样图形会非常密集，影响效果，所以在本案例当中使用了一个小技巧：

```
df2=df.tail(100)
```

通过 df2 变量，只使用最后 100 条数据，这也是排序后最近 100 天的日线数据，符合一般的实盘分析要求。

当然，大家也可以使用 Pandas 的 head 命令，读取最前面的数据。大家可以自己修改源码，看看其中的差异。

第 3 组代码对应的输出信息很简单，就是生成图形文件名称：tmp/tmp_.html。

```
#3,plot-->tmp/tmp_.html
```

程序默认会自动调用浏览器，打开所生成的图形文件。如果程序运行后没有自动调用浏览器打开图形文件，大家可以在 tmp 目录下手动打开相关的 HTML 文件。

如图 2-3 所示是所打开的图形文件的效果图，即 K 线图。

在图 2-3 中，主体部分是传统的 K 线图，下部的条形图对应成交量，用鼠标在图形上移动，就会出现对应的 OHLC 数据及成交量数据。

Plotly 生成的图形不是传统的 JPG、BMP 等位图格式，而是基于 JavaScript 的交互式函数动态 Web 图形。

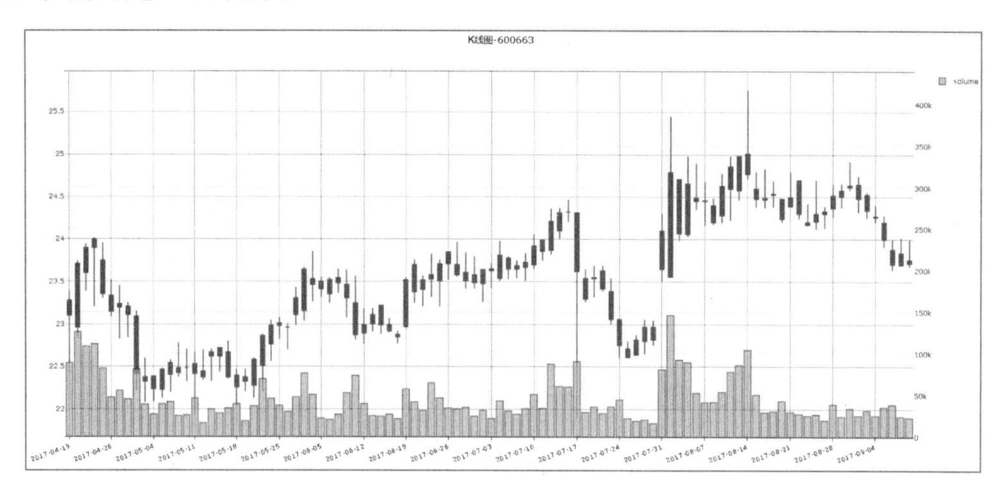

图 2-3　K 线图

2.4　Tick数据格式

Tick 数据（Tick Data），是指每一只股票的每一笔交易的数据。

由于每个市场的规定不同，在有的市场中，Tick 数据是单位时间的交易快照，如国内期货市场，所用的 Tick 数据就是每秒两次的快照。

Tick 图又称闪电图、点线图，是指在期货交易市场中每一笔交易所显示的图形。Tick 图主要用于日内超短线炒作，基本上无技术指标可言，主要靠炒手的盘感。

不同的数据源 Tick 数据略有不同，本节案例使用的 Tick 数据，是基于 TopDat 金融数据集，采用国内常用的 TuShare 数据软件下载的。

具体而言，就是调用 TuShare 中的 get_tick_data 函数，其返回值说明如下。

- time：时间。
- price：成交价格。
- change：价格变动。
- volume：成交手。
- amount：成交总金额（元）。
- type：买卖类型（买盘、卖盘、中性盘）。

目前 TuShare 新版本中的 get_k_data 函数没有集成 Tick 数据下载，老版本的 Tick 数据下载函数使用的依然是新浪服务器，下载会受到屏蔽，无法用于实盘分析。需要使用实时 Tick 数据的用户，请寻找其他的数据接口。

案例 2-3：Tick 数据格式

案例 2-3 文件名是 kc203_tick.py，主要介绍如何查看 Tick 数据的字段格式，以及如何绘制 Tick 数据的价格曲线图。

下面我们分组对案例程序进行讲解。

第 1 组代码如下，按照惯例，进行初始化处理。

```
#1 预处理
pd.set_option('display.width', 450)
pyplt=py.offline.plot
```

第 2 组代码如下：

```
#2
fss='data/002645_2016-09-01.csv'
df=pd.read_csv(fss,index_col=False)
df=df.sort_values('time')
print('\n#2,df.tail()')
print(df.tail())
```

这组代码与前面的案例有如下不同之处。

- 没有使用 xcod 股票代码变量，而是直接使用了文件名。其实股票代码还是存在的，隐含在文件名当中，在本案例中股票代码是 002645。
- 文件名中包含了日期，这也是 Tick 数据的一种习惯。为了提高效率，在实时的 Tick 数据中通常没有日期数据，需要自己合成。关于这一点，大家在下载 Tick 历史数据时需要特别注意。
- 在 read_csv 函数中使用了 index_col=False 模式，表示不使用索引列。
- 因为没有索引列，所以无法使用 sort_index 索引排序函数，改为直接根据列字段名称进行排序，使用的是 sort_values 函数。
- 最后是输出数据尾部，查看数据内部的字段等基本情况。

第 2 组代码对应的输出信息如下：

```
#2,df.tail()
       time  price change  volume  amount  type
4  14:56:48  24.12     --      13   31356   buy
3  14:56:51  24.13   0.01       7   16891  sell
2  14:56:54  24.11  -0.02      30   72330  sell
1  14:57:00  24.11     --       0       0  sell
0  15:00:03  24.11     --     241  581436  sell
```

注意其中的字段名称，和前面介绍的 TuShare 中的 get_tick_data 函数完全一致，这是因为本案例中的 Tick 数据来自 TopDat 金融数据集，主要是使用 TuShare 抓取的。

第 3 组代码如下：

```
#3
print('\n#3,plot-->tmp/tmp_.html')
hdr,fss='Tick 数据价格曲线图','tmp/tmp_.html'
df2=df.tail(200)
zdr.drDF_tickX(df2,ftg=fss,m_title=hdr,sgnTim='time',sgnPrice='price')
```

绘制 Tick 数据的价格曲线图。为了简化代码，本案例中没有直接使用 Plotly 的绘图函数，而是调用 TopQuant 绘图模块中的 zdr.dr_tickX 函数。

此外，为了使画面美观，本案例只使用最后的 200 组数据进行绘图，如图 2-4 所示。

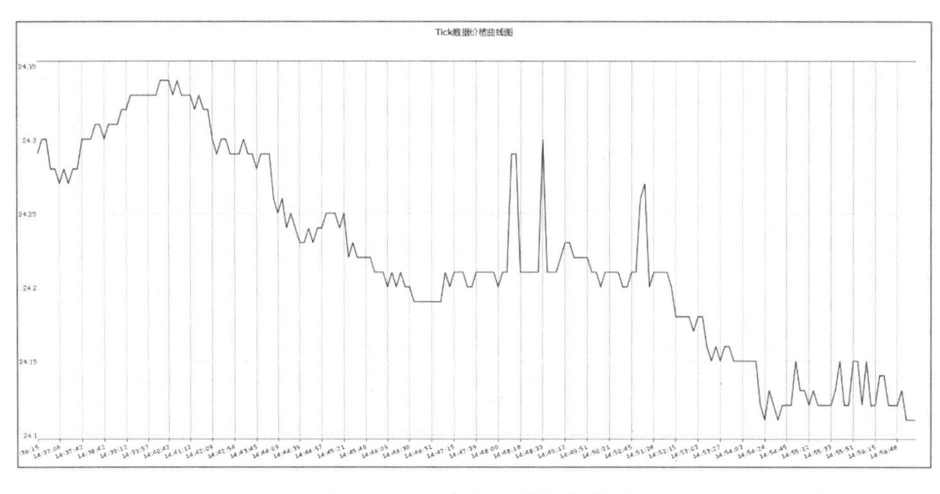

图 2-4　Tick 数据的价格曲线图

从图 2-4 可以看出，Tick 数据的价格曲线图是很简单的线条图，不是 K 线图当中的蜡烛图格式。这是因为在每一时刻，Tick 数据只有价格数据，没有 OHLC 数据。

不过，有些金融数据源给出的不是直接的 Tick 原始数据，而是快照，这种数据其实是经过转换后的分时数据，有的也提供了 OHLC 数据字段。

2.4.1 Tick 数据与分时数据转换

Tick 数据虽然是最接近实盘的原始数据，但是使用起来很不方便，其存在以下两个问题。

- 数据过多，目前活跃个股的 Tick 数据每天有 5000~10000 条，不利于分析。
- 缺乏统一的时间戳，不便于与其他股票、指数进行多品种对比分析。

正是因为如此，在进行实盘分析时，通常使用的都是经过转换后的分时数据。常见的分时数据有 1 分钟、5 分钟、15 分钟、30 分钟、60 分钟数据。

随着高频交易、量化分析的深入，也有人开始尝试研究秒级的分时数据。

案例 2-4：分时数据

案例 2-4 文件名为 kc204_tick2min.py，主要介绍如何通过程序，把 Tick 数据转换为分时数据，以及如何绘制分时数据的价格曲线图。

下面我们分组对案例程序进行讲解。

第 1 组和第 2 组代码与案例 2-3 相同，这里省略，不再贴出代码。

第 3 组代码如下：

```
#3
df1min=ztq.tick2x(df,ktim='1min')
print('\n#3 @1min\n',df1min.tail());
```

调用 TopQuant 量化软件的 tick2x 函数，将 Tick 数据转换为分时数据。

分时数据的转换编程相对比较烦琐，不过 Pandas 内部集成了重新采样函数 resample，大大简化了相关的函数编程。

2.4.2 resample 函数

tick2x 函数位于 ztools_tq 模块的核心部分，使用的就是 Pandas 的 resample 函数，有兴趣的读者可以直接查看相关源码。

在 resample 函数接口参数中，ktim 表示时间频率。常用的时间频率符号有：

- A，year
- M，month
- W，week
- D，day
- H，hour
- T，minute
- min，minute
- S，second

在 ktim 参数中，代表分钟的符号有两个，即：

- T，minute
- min，minute

2.4.3 分时数据

第 3 组代码的输出如下，是转换后的 1 分钟分时数据。

```
#3 @1min
                     open   high   low    close  volume   amount     xtim time
2017-07-11 14:54:00  24.15  24.15  24.11  24.15  127.0    308936.0   2017-07-11 14:54:00
2017-07-11 14:55:00  24.13  24.15  24.12  24.15  312.0    752630.0   2017-07-11 14:55:00
2017-07-11 14:56:00  24.15  24.15  24.11  24.11  204.0    492110.0   2017-07-11 14:56:00
2017-07-11 14:57:00  24.11  24.11  24.11  24.11  0.0      0.0        2017-07-11 14:57:00
2017-07-11 15:00:00  24.11  24.11  24.11  24.11  241.0    581436.0   2017-07-11 15:00:00
```

本案例使用的是老版本的 Tick 数据，带有 amount 成交总金额字段，不影响使用。

第 4 组代码如下，也是生成 1 分钟分时数据，不过 ktim 参数使用的是“1T”。

```
#4
df1T=qt.tick2x(df,ktim='1T')
print('\n#4 @1T\n',df1T.tail());
```

下面是第 4 组代码的输出信息。

```
#4 @1T
                     open   high   low    close  volume  amount    xtim time
2017-07-11 14:54:00  24.15  24.15  24.11  24.15  127.0   308936.0  2017-07-11 14:54:00
2017-07-11 14:55:00  24.13  24.15  24.12  24.15  312.0   752630.0  2017-07-11 14:55:00
2017-07-11 14:56:00  24.15  24.15  24.11  24.11  204.0   492110.0  2017-07-11 14:56:00
2017-07-11 14:57:00  24.11  24.11  24.11  24.11  0.0     0.0       2017-07-11 14:57:00
2017-07-11 15:00:00  24.11  24.11  24.11  24.11  241.0   581436.0  2017-07-11 15:00:00
```

第 3 组和第 4 组代码生成的输出信息都是 1 分钟分时数据，只是它们使用的参数不同，输出数据却完全相同。

第 5~7 组代码如下，用于生成其他参数的分时数据。

```
#5
df1D=qt.tick2x(df,ktim='1D')
print('\n#5 @1D\n',df1D.tail());

#6
df30s=qt.tick2x(df,ktim='30S')
print('\n#6 @30S\n',df30s.tail());

#7
df15min=qt.tick2x(df,ktim='15min')
print('\n#7 @15min\n',df15min.tail());
```

对应的输出信息如下：

```
#5 @1D
            open  high   low    close  volume  amount    xtim
time
2017-07-11  24.3  24.45  24.01  24.11  15424   37425434  2017-07-11

#6 @30S
                     open   high   low    close  volume  amount    xtim time
2017-07-11 14:55:30  24.12  24.15  24.12  24.15  66.0    159225.0  2017-07-11 14:55:30
```

```
2017-07-11 14:56:00  24.15  24.15  24.12  24.14  88.0    212341.0   2017-07-11 14:56:00
2017-07-11 14:56:30  24.12  24.13  24.11  24.11  116.0   279769.0   2017-07-11 14:56:30
2017-07-11 14:57:00  24.11  24.11  24.11  24.11  0.0     0.0        2017-07-11 14:57:00
2017-07-11 15:00:00  24.11  24.11  24.11  24.11  241.0   581436.0   2017-07-11 15:00:00

#7 @15min
                     open   high   low    close  volume  amount     xtim time
2017-07-11 14:00:00  24.22  24.32  24.22  24.26  522.0   1267710.0  2017-07-11 14:00:00
2017-07-11 14:15:00  24.28  24.35  24.28  24.32  1144.0  2782613.0  2017-07-11 14:15:00
2017-07-11 14:30:00  24.32  24.34  24.23  24.24  1045.0  2538851.0  2017-07-11 14:30:00
2017-07-11 14:45:00  24.25  24.30  24.11  24.11  2315.0  5627057.0  2017-07-11 14:45:00
2017-07-11 15:00:00  24.11  24.11  24.11  24.11  241.0   581436.0   2017-07-11 15:00:00
```

需要注意的是第 5 组代码的输出信息——只有一条数据。这是因为在本案例中，使用的只是一天的 Tick 数据，在进行实盘分析时，一般需要先合成 Tick 数据，然后再转换成分时数据。

第 8 组代码如下，用于绘制分时数据 K 线图。

```
#8
print('\n#8,plot-->tmp/tmp_.html')
hdr,fss='15 分钟分时 K 线图','tmp/tmp_.html'
df2=df15min.tail(200)
zdr.drDF_cdl(df2,ftg=fss,m_title=hdr)
```

这里使用的是 15 分钟分时数据，K 线图如图 2-5 所示。

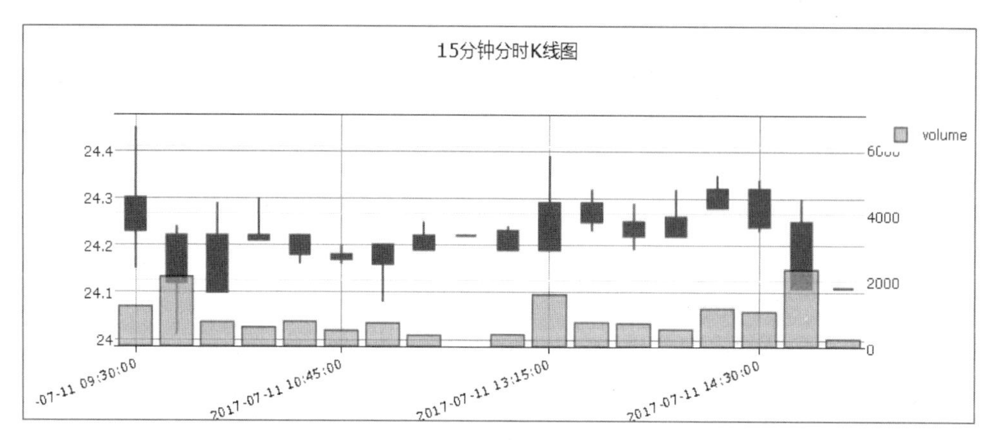

图 2-5　分时数据 K 线图

2.5 离线金融数据集

回溯分析，通常需要使用大量的历史数据，如果是日线数据，按常规需要最近 3~5 年的数据，分时数据一般也需要最近 1~2 年的数据。

这些数据再乘以股票、金融产品的品种，则规模庞大，因此，为了提高分析效率，通常都会把历史数据下载到本地。

使用 TopDat 金融数据集有很多好处，其中最大的好处就是无须自己准备数据源，直接通过股票代码调用历史数据即可。

TopDat 金融数据集的目录结构如图 2-6 所示。

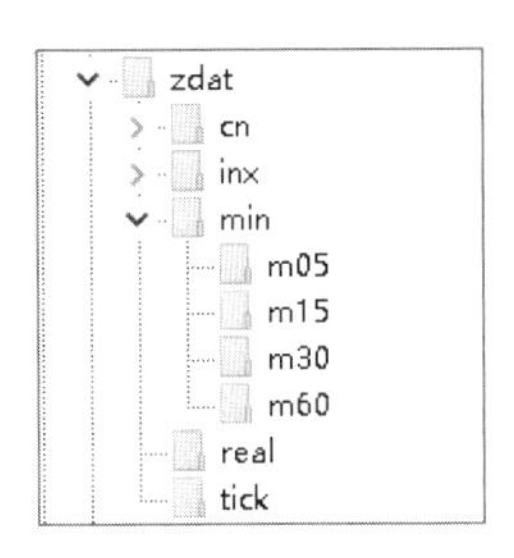

图 2-6　TopDat 金融数据集的目录结构

- zdat，数据根目录，建议与 zwPython、TopDown 下载程序放在同一块硬盘中。
- cn，A 股日线数据。
- cn/day，股票日线数据。
- cn/xday，指数日线数据。
- inx，常用指数，股票代码参数目录。
- min，分时数据，包括 5、15、30、60 分钟分时数据。
- real，实时数据目录。
- tick，分笔数据，按月建立子目录。

案例 2-5：TopDat 金融数据集的日线数据

案例 2-5 文件名是 kc205_zday.py，主要介绍如何调用 TopDat 金融数据集中的 A 股日线数据，并绘制对应的 K 线图。

案例程序很简单，我们还是采用分组的方式进行讲解。

下面介绍主流程代码。第 1 组代码如下，用于设置数据、变量，以及程序的运用环境。

```
#1 预处理
pd.set_option('display.width', 450)
pyplt=py.offline.plot
```

第 2 组代码如下，主要是设置参数，读取输入数据。

```
#2
xcod='600663'
rdat0='/zdat/'
rDay=rdat0+'cn/day/'
fss=rDay+xcod+'.csv'
df=pd.read_csv(fss,index_col=0)
df=df.sort_index()
print('\n#2,df.tail()')
print(df.tail())
```

读取股票代码为 600663 的股票日线数据。注意，本案例中的股票实际数据是保存在 zdat 目录下的，zdat 必须为根目录。

使用 Pandas 的 read_csv 函数读取数据，并按照索引进行排序，在本案例中是按照日期进行排序的。然后输出尾部数据，便于查看字段结构和相关信息。

第 2 组代码对应的输出信息如下，还是经典的 OHLC 股票数据格式。

```
#2,df.tail()
                open    high    low     close   volume
date
2017-09-04      24.26   24.40   24.20   24.27   25418.0
2017-09-05      24.20   24.28   23.91   24.00   35635.0
2017-09-06      23.88   24.00   23.64   23.71   38661.0
2017-09-07      23.70   24.02   23.70   23.84   24343.0
2017-09-08      23.72   24.00   23.68   23.76   23190.0
```

第 3 组代码如下，主要是根据所读取的数据绘制股票 K 线图。

```
#3
print('\n#3,plot-->tmp/tmp_.html')
```

```
hdr,fss='K 线图-'+xcod,'tmp/tmp_.html'
df2=df.tail(100)
zdr.drDF_cdl(df2,ftg=fss,m_title=hdr)
```

绘制最近 100 组数据的 K 线图，如图 2-7 所示。

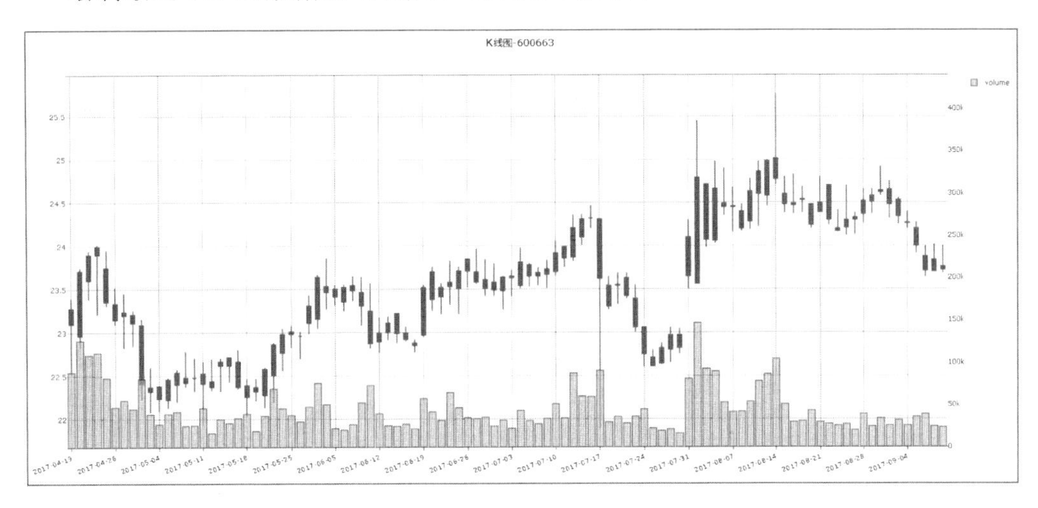

图 2-7　日线数据 K 线图

案例 2-6：TopDat 金融数据集的 Tick 数据

案例 2-6 文件名是 kc206_ztick.py，主要介绍如何调用 TopDat 金融数据集的 Tick 数据，并绘制价格曲线图。

本案例需要下载 Tick 数据包，完整的 Tick 数据包解压缩后约为 160GB。

下面我们分组对案例程序进行讲解。

第 1 组代码如下，进行初始化处理。

```
#1 预处理
pd.set_option('display.width', 450)
pyplt=py.offline.plot
```

第 2 组代码如下：

```
#2
xcod='600663'
```

```
rdat0='/zdat/'
rDay=rdat0+'tick/2016-11/'
fss=rDay+xcod+'.csv'
fss='dat/002645_2016-09-01.csv'
df=pd.read_csv(fss,index_col=False)
df=df.sort_values('time')
print('\n#2,df.tail()')
print(df.tail())
```

设置数据源地址，使用的是 zdat 数据。需要注意的是，因为 Tick 数据量太大，所以采用每月一个子目录、每天一个独立 Tick 数据文件的方式。这样做虽然占用了更多的硬盘空间，但大大方便了编程，可以直接调用 Pandas 的 read_csv 函数。

分月保存 Tick 数据还有一个好处，就是便于数据维护，如果某个 Tick 数据文件出了问题，用户只需下载当月的数据即可；同理，开源组也只需每个月定期发布最新的 Tick 数据。

第 2 组代码对应的输出信息如下：

```
#2,df.tail()
       time  price change  volume  amount  type
4  14:56:48  24.12     --      13   31356   buy
3  14:56:51  24.13   0.01       7   16891  sell
2  14:56:54  24.11  -0.02      30   72330  sell
1  14:57:00  24.11     --       0       0  sell
0  15:00:03  24.11     --     241  581436  sell
```

第 3 组代码如下，用于绘制 Tick 数据价格曲线图。

```
#3
print('\n#3,plot-->tmp/tmp_.html')
hdr,fss='Tick 数据价格曲线图','tmp/tmp_.html'
df2=df.tail(200)
zdr.drDF_tickX(df2,ftg=fss,m_title=hdr,sgnTim='time',sgnPrice='price')
```

为了简化代码，本案例中没有直接使用 Plotly 的绘图函数，而是调用了 TopQuant 绘图模块中的 zdr.drDF_tickX 函数。

此外，为了使画面美观，本案例只使用最后的 200 组数据进行绘图，如图 2-8 所示。

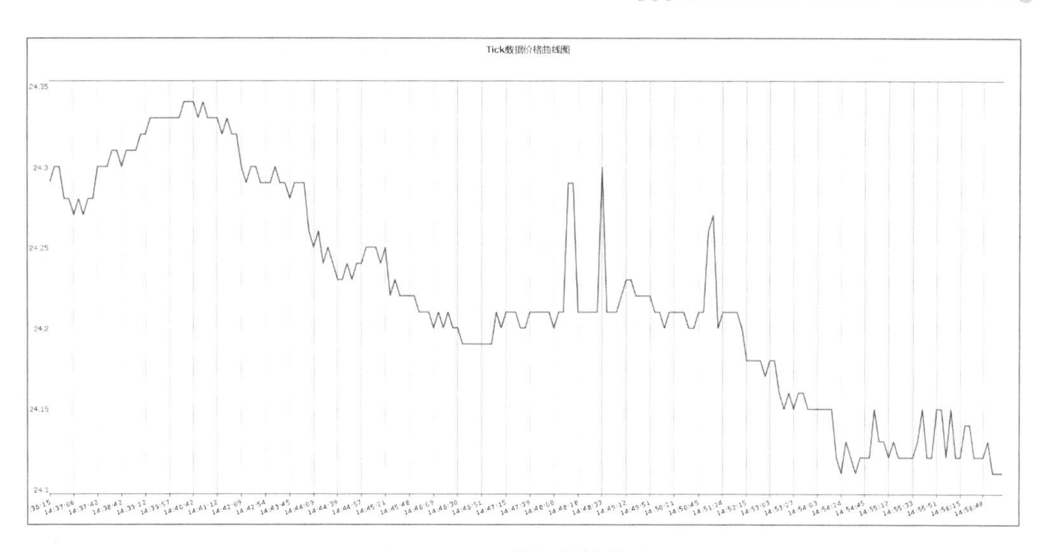

图 2-8　Tick 数据价格曲线图

2.6　TopDown金融数据下载

TopDown 极宽 A 股数据下载程序，原名为 zwDown，是专门用于下载 A 股历史数据和实盘数据的开源程序。

使用时，最好把 TopDown 程序复制到 zdat 数据目录下，同时，zdat 和 zwPython 应位于同一块硬盘中，并保证硬盘有 10GB 以上的空闲空间。

用户下载最新 A 股数据，可以使用以下程序，在下载前请自行更新 TuShare 到最新版本，使用新的数据服务器，速度会快很多。

- tdown_cnSTK.py，股票日线数据下载程序。
- tdown_real.py，股票实时数据下载程序。
- tdown_cnSTK_inx.py，指数日线数据下载程序。
- tdown_cnSTK_base.py，股票基础数据下载程序，包括股票代码、分类，新数据保存在 tmp 目录中，请大家自己复制到/zdat/inx/、/zdat/top_down/inx/目录中。
- tdown_cnMin.py，股票分时数据下载程序，默认是 5 分钟分时数据。TuShare 新版本中的 k 函数接口使用腾讯服务器，只能提供最近 40 天左右的分时数据，需要每个月定时更新。
- tdown_cnTick.py，股票 Tick 数据下载程序。在 TuShare 新版本中下载 Tick 数据

还是使用原来的新浪服务器，会定时屏蔽下载数据，所以实盘分析意义不大，仅供学习演示。

TopDown 提供了一组 MTrd 高速下载程序，可使下载速度提高 10～16 倍。

MTrd 包括一个 Python 程序和两个批命令程序。

- mcn100.bat，主程序，最好通过 zwPython 的 WinPython Command Prompt.exe 程序进入 DOS 命令行，然后再调用。
- mcn010.bat，MTrd 下载批命令子程序。
- mtrd010.py，MTrd 下载 Python 子程序。

MTrd 默认使用 Python 3.62 版本，其他 Python 版本的运行环境请参考 mcn010.bat，修改 Python.exe 程序的实际路径。

下面我们通过具体案例来介绍以上程序的具体应用，以及金融数据的下载与更新，包括用户自定义的股票池数据的更新。

案例 2-7：更新单一 A 股日线数据

案例 2-7 文件名是 kc207_tdown_cnSTK01.py，根据用户指定的代码更新单只股票的日线数据。

第 1 组代码如下：

```
#1 设置数据目录
#rss=zsys.rdatCN
rss='tmp/'
print('rss:',rss)
```

为了防止覆盖 TopData 数据，我们使用 tmp 临时目录保存数据文件。其对应的输出信息是：

```
rss: tmp/
```

系统默认的 A 股日线数据目录是/zdat/cn/day/，如果使用自定义的数据目录，则可以修改 zsys.py 模块中的对应代码。

第 2 组代码如下，用于设置股票代码，下载数据。

```
#2 设置股票代码，下载数据
```

```
code='603315'
df,fss=zddown.down_stk010(rss,code,'D')
df=df.sort_values(['date'],ascending=True);
print('\nfss,',fss)
print('\ndf')
print(df.tail())
```

下载数据是通过 ztools_datadown 模块的 down_stk010 函数完成的，该函数的 API 接口定义如下：

```
def down_stk010(rdat,xcod,xtyp):
    ''' 中国A股数据下载子程序
    【输入】
        xcod，股票代码
        rdat，数据文件目录
        xtyp (str)，K 线数据模式，默认为 D，日线
            D=日，W=周，M=月；5=5 分钟，15=15 分钟，30=30 分钟，60=60 分钟 '''
```

down_stk010 函数可以根据指定的股票代码下载最新的日线数据，自动进行合并、去重等数据清理工作，并保存到数据文件中。

在第 2 组代码中，如下代码根据 date 时间字段按升序对数据进行排列，最新下载的数据排在最后面。

```
df=df.sort_values(['date'],ascending=True);
```

第 2 组代码对应的输出信息是：

```
fss, tmp /603315.csv

df
          date        open    high         low     close    volume
4    2017-09-04      16.60   16.88        16.45   16.78    14806.0
3    2017-09-05      16.73   17.12        16.63   16.96    24535.0
2    2017-09-06      17.07   17.20        16.83   17.01    16636.0
1    2017-09-07      17.09   17.15        16.75   16.76    16716.0
168   2017-09-08     16.73   18.44        16.72   18.44    106858.0
```

第 3 组代码如下，用于绘制 K 线图。

```
#3 绘制 K 线图
print('\ndf2x.tail()')
df.index=df['date']
df2=df.tail(60)
hdr,fpic='K 线图·日线数据-'+code,'tmp/tmp_.html'
print('\nfpic,',fpic)
print('\ndf2')
print(df2.tail())
zdr.drDF_cdl(df2,ftg=fpic,m_title=hdr)
```

其中，如下代码用于设置 index（索引）字段，采用 date（日期）作为索引。

```
df.index=df['date']
```

如下代码用于截取最后也就是最新的 60 组数据，日线数据大约是两个月的周期，用于绘制 K 线图。

```
df2=df.tail(60)
```

第 3 组代码对应的输出信息是：

```
df2x.tail()

fpic, tmp/tmp_.html

df2
                    date        open    high    low     close   volume
date
2017-09-04          2017-09-04  16.60   16.88   16.45   16.78   14806.0
2017-09-05          2017-09-05  16.73   17.12   16.63   16.96   24535.0
2017-09-06          2017-09-06  17.07   17.20   16.83   17.01   16636.0
2017-09-07          2017-09-07  17.09   17.15   16.75   16.76   16716.0
2017-09-08          2017-09-08  16.73   18.44   16.72   18.44   106858.0
```

在默认情况下，运行程序后会自动调用浏览器，打开对应的 K 线图文件 tmp/tmp_.html，如图 2-9 所示。

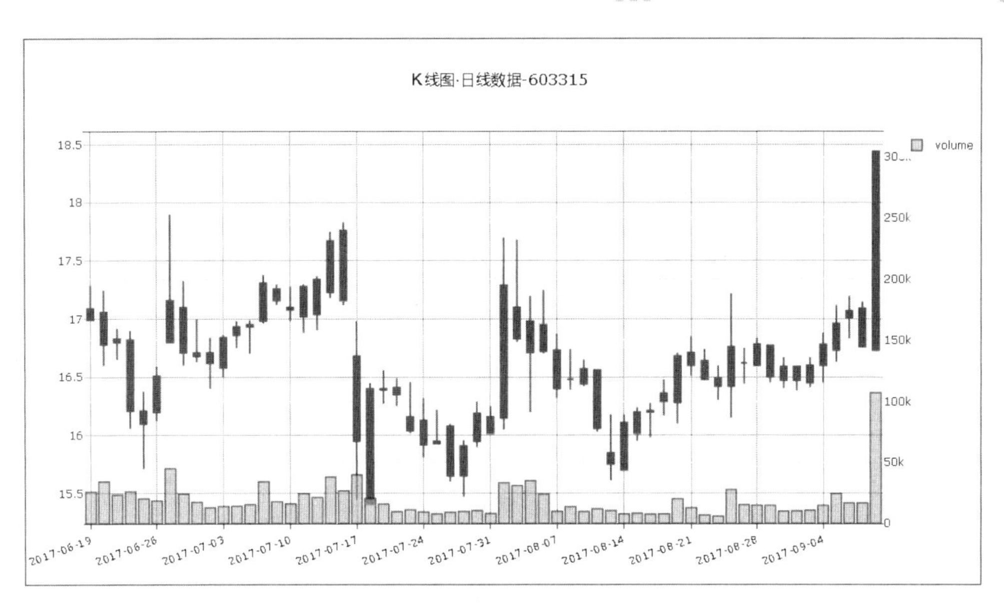

图 2-9　K 线图（日线数据）

案例 2-8：批量更新 A 股日线数据

案例 2-8 文件名为 kc208_tdown_cnSTK.py，批量更新 A 股日线数据。其实本案例源码与 TopDown 下载程序中的 tdown_cnSTK.py 基本一样，只是为了学习的需要，把全部股票代码列表文件 stk_code.csv 换成了自定义的股票池索引文件 stk_pool.csv。

虽然是批量更新程序，但是比案例 2-7 更新单一股票数据的程序还要简单，只有两组代码。

```
#1 设置数据目录
rss=zsys.rdatCN
print('rss:',rss)

#2 设置股票池，批量更新数据
#finx='inx\\stk_code.csv';
finx='data/stk_pool.csv';
zddown.down_stk_all(rss,finx,'D')
```

第 1 组代码用于设置数据目录；第 2 组代码用于设置股票池，批量更新 A 股日线数据。

在第 2 组代码中，如下代码用于设置票池。

```
#finx='inx\\stk_code.csv';
finx='data/stk_pool.csv';
```

在 TopDown 下载程序中，使用的是 stk_code.csv 文件，更新全部股票数据；而在实盘分析中，为了加快速度，往往只更新股票池中所包含的股票数据。

本案例使用的是 stk_pool.csv 文件，其内容如图 2-10 所示。

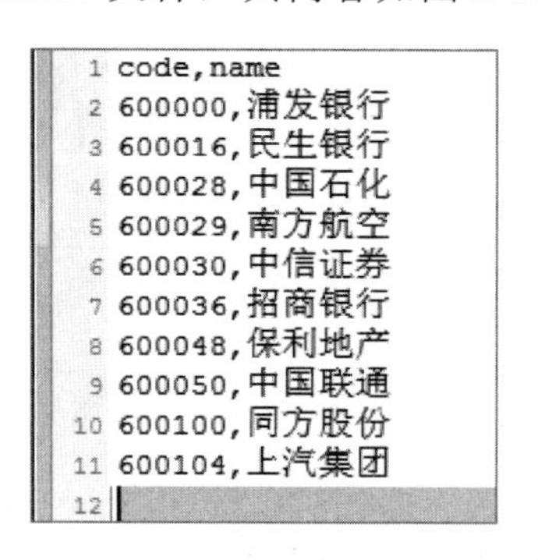
```
1 code,name
2 600000,浦发银行
3 600016,民生银行
4 600028,中国石化
5 600029,南方航空
6 600030,中信证券
7 600036,招商银行
8 600048,保利地产
9 600050,中国联通
10 600100,同方股份
11 600104,上汽集团
12
```

图 2-10　股票池索引文件

- 股票池索引文件，采用标准的 CSV 数据格式。
- 只有 code 是有用的字段。
- 股票代码必须是 6 位字符串格式。

运行程序，输出信息如下：

```
rss: /zDat/cn/day/
data/stk_pool.csv
 0 / 10 code, 600000
        True /zDat/cn/day/600000.csv , 2017-09-08
 1 / 10 code, 600016
        True /zDat/cn/day/600016.csv , 2017-09-08
 2 / 10 code, 600028
        True /zDat/cn/day/600028.csv , 2017-09-08
 3 / 10 code, 600029
        True /zDat/cn/day/600029.csv , 2017-09-08
 4 / 10 code, 600030
        True /zDat/cn/day/600030.csv , 2017-09-08
```

```
 5 / 10 code, 600036
        True /zDat/cn/day/600036.csv , 2017-09-08
 6 / 10 code, 600048
        True /zDat/cn/day/600048.csv , 2017-09-08
 7 / 10 code, 600050
        True /zDat/cn/day/600050.csv , 2017-09-08
 8 / 10 code, 600100
        True /zDat/cn/day/600100.csv , 2017-04-20
 9 / 10 code, 600104
        True /zDat/cn/day/600104.csv , 2017-09-08
```

如下信息表示股票池数据更新的进度，具体的更新数据，请大家打开相关的股票数据文件查看。

```
8 / 10 code, 600100
        True /zDat/cn/day/600100.csv , 2017-04-20
```

比如在如上信息中：

- 8/10，8 代表文件更新进度；10 代表股票池股票总数。
- 600100，表示当前更新的股票代码。
- True，表示存在数据文件，从文件当中的最后日期开始追加数据；如果为 False，则表示数据文件不存在，从 A 股建市时即 1994-01-01 日期开始下载数据。
- /zdat/cn/day/600100.csv，表示数据文件名。
- 2017-04-20，表示数据文件最后的日期，本次更新从该日期开始追加。

对于停牌、退市的股票，没有新数据下载，大家可以自己更新股票池索引文件，或者 stk_code.csv 文件。

对于新上市的股票，用户可以在 stk_code.csv 文件中人工添加股票代码，但要注意相关的格式。

如果批量更新指数日线数据，则直接运行 TopDown 下载程序中的 tdown_cnSTK_inx.py 程序即可。与股票数据不同，指数数据只有几十种，每次都是全部更新，有关细节，大家可以直接浏览程序源码。

如果有新的指数发布，大家可以在指数代码文件 inx_code.csv 中添加相关的指数代码。

2.6.1 Tick 数据与分时数据

随着独立计算速度的提高，以及大数据、人工智能、神经网络等新一代技术的推广，传统的日线数据已经不能满足量化分析的实盘需要，越来越多的机构和个人开始使用 Tick 数据和分时数据作为分析数据源。

虽然早期的 TopDat 金融数据集也提供了 Tick 分笔数据，但是基于实盘分析的考虑，大家应用更多的是分时数据。

理论上，Tick 数据更加接近一线原始交易数据，但在实盘分析当中，相比分时数据，Tick 数据存在以下不足。

- 数据量太大，一天的 Tick 数据比二十年的日线数据还多。同样的时间周期，Tick 数据的规模是日线数据的上千倍、分时数据的数百倍，远远超出了目前的运算能力。
- 冗余数据太多，99%都是无效冗余信息。
- 没有统一的时间戳，无法进行横向对比和深度统计分析。

因此，在实盘分析中，即使是有条件使用 Tick 数据的机构，往往也会先把 Tick 数据转换为分时数据，再进行二次分析。

案例 2-9：更新单一 A 股分时数据

案例 2-9 文件名为 kc209_tdown_cnMin01.py，根据用户指定的代码更新单只股票的分时数据。下面我们分组讲解案例程序。

第 1 组代码如下：

```
#1 设置参数、数据目录
#rs0=zsys.rdatMin0+'M05/'
rs0=zsys.rdatMin0
print('rs0:',rs0)
#
xtyp='5'
xss=xtyp
if len(xtyp)==1:xss='0'+xss
rss=rs0+'M'+xss+'/'
```

```
print('rss#1:',rss)
#
rss='tmp/'
print('rss#2:',rss)
```

原程序会根据 xtyp 分时模式生成不同的数据目录，本案例中为了防止覆盖 TopData 数据，使用了临时目录 tmp 来保存数据文件。

第 1 组代码对应的输出信息是：

```
rss: tmp/
```

第 2 组代码如下，用于设置股票代码，下载数据。

```
#2 设置股票代码，下载数据
code='603315'
df,fss=zddown.down_stk010(rss,code,xtyp)
df=df.sort_values(['date'],ascending=True);
print('\nfss,',fss)
print('\ndf')
print(df.tail())
```

这段代码与日线数据下载程序基本一样，唯一的差别是调用 down_stk010 函数的参数不同，下载日线数据直接使用的是参数“D”，表示日线数据；而这里使用的是 xtyp 变量，传递的是参数“5”，表示 5 分钟分时数据。

第 2 组代码对应的输出信息是：

```
fss, tmp/603315.csv

df
                 date   open   high   low    close  volume
477  2017-09-11 14:40   19.12  19.15  19.07  19.07  1804.0
478  2017-09-11 14:45   19.07  19.07  18.88  19.05  3421.0
479  2017-09-11 14:50   19.05  19.05  19.00  19.01  2987.0
480  2017-09-11 14:55   19.01  19.05  19.00  19.04  2551.0
481  2017-09-11 15:00   19.05  19.09  19.04  19.07  3069.0
```

请注意，在以上输出信息当中，date 字段不光有日期，还有时间数据，这是分时数据与日线数据最大的差别。

第 3 组代码如下，用于绘制 K 线图。

```
#3 绘制 K 线图
print('\ndf2x.tail()')
df.index=df['date']
df2=df.tail(60)
hdr,fpic='K 线图·分时数据-'+code,'tmp/tmp_.html'
print('\nfpic,',fpic)
print('\ndf2')
print(df2.tail())
zdr.drDF_cdl(df2,ftg=fpic,m_title=hdr)
```

在第 3 组代码中，以下代码用于截取最后也就是最新的 60 组数据，用于绘制 K 线图。

```
df2=df.tail(60)
```

第 3 组代码对应的输出信息是：

```
df2x.tail()


fpic, tmp/tmp_.html


df2
                  date              open    high    low     close   volume
date
2017-09-11 14:40  2017-09-11 14:40  19.12   19.15   19.07   19.07   1804.0
2017-09-11 14:45  2017-09-11 14:45  19.07   19.07   18.88   19.05   3421.0
2017-09-11 14:50  2017-09-11 14:50  19.05   19.05   19.00   19.01   2987.0
2017-09-11 14:55  2017-09-11 14:55  19.01   19.05   19.00   19.04   2551.0
2017-09-11 15:00  2017-09-11 15:00  19.05   19.09   19.04   19.07   3069.0
```

在默认情况下，运行程序后会自动调用浏览器，打开对应的 K 线图文件 tmp/tmp_.html，如图 2-11 所示。

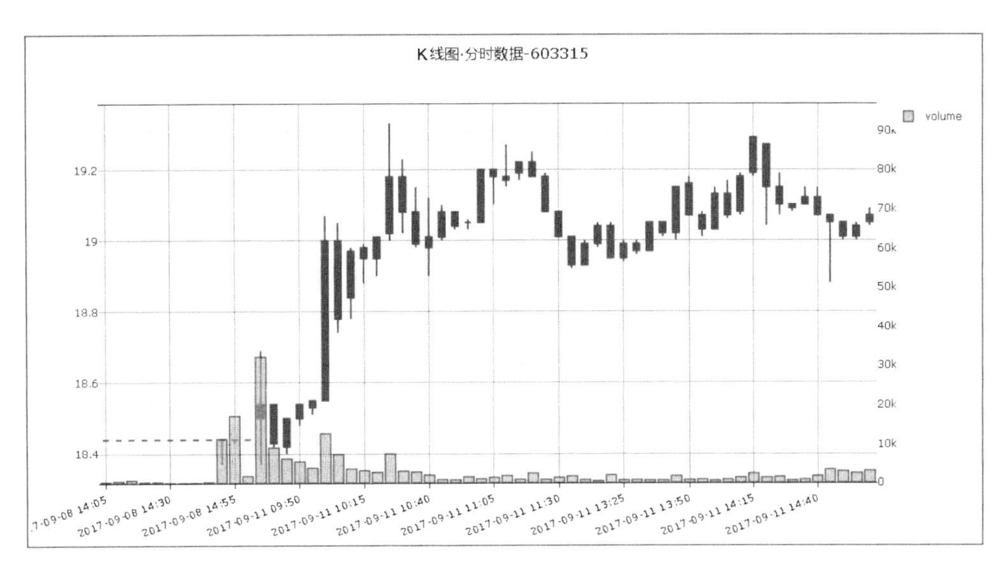

图 2-11　K 线图（分时数据）

案例 2-10：批量更新分时数据

案例 2-10 文件名是 kc210_tdown_cnMin.py，批量更新 A 股分时数据。其实本案例源码与 TopDown 下载程序中的 tdown_cnMin.py 基本一样，只是为了学习的需要，把全部股票代码列表文件 stk_code.csv 换成了自定义的股票池索引文件 stk_pool.csv。

第 1 组代码如下：

```
#1 设置参数、数据目录
#rs0=zsys.rdatMin0+'M05/'
rs0=zsys.rdatMin0
print('rs0:',rs0)
#
xtyp='5'
xss=xtyp
if len(xtyp)==1:xss='0'+xss
rss=rs0+'M'+xss+'/'
print('rss#1:',rss)
#
rss='tmp/'
```

```
print('rss#2:',rss)
```

原程序会根据 xtyp 分时模式生成不同的数据目录，本案例中为了防止覆盖 TopData 数据，使用了临时目录 tmp 来保存数据文件。

第 1 组代码对应的输出信息是：

```
rss#1: /zDat/min/M05/
rss#2: tmp/
```

第 2 组代码如下，用于设置股票池索引文件，批量下载分时数据。

```
#2，设置股票池索引文件 ，批量下载分时数据
#finx='inx\\stk_code.csv';
finx='data/stk_pool.csv';
zddown.down_stk_all(rss,finx,xtyp)
```

第 2 组代码对应的输出信息是：

```
data/stk_pool.csv
 0 / 10 code, 600000
        False tmp/600000.csv , 1994-01-01
 1 / 10 code, 600016
        False tmp/600016.csv , 1994-01-01
 2 / 10 code, 600028
        False tmp/600028.csv , 1994-01-01
 3 / 10 code, 600029
        False tmp/600029.csv , 1994-01-01
 4 / 10 code, 600030
        False tmp/600030.csv , 1994-01-01
 5 / 10 code, 600036
        False tmp/600036.csv , 1994-01-01
 6 / 10 code, 600048
        False tmp/600048.csv , 1994-01-01
 7 / 10 code, 600050
        False tmp/600050.csv , 1994-01-01
 8 / 10 code, 600100
        False tmp/600100.csv , 1994-01-01
 9 / 10 code, 600104
        False tmp/600104.csv , 1994-01-01
```

2.6.2　Tick 数据与实时数据

随着计算机运算速度的提高，以及量化软件的推广，传统的日线数据已经无法满足一线实盘分析的需要。虽然 Tick 数据最接近一线原始交易数据，但由于缺乏时间戳参数，难以进行跨品种横向比较。而且，如果需要，秒级的分时数据往往可以替代 Tick 实时数据。

虽然如今计算机速度已经有了很大的提高，但相对于庞大的金融数据、成千上万的股票代码，以及众多的衍生参数，再加上神经网络模型烦琐的迭代运算，即使是 GPU 超算平台，计算速度也依然是实盘分析的主要瓶颈之一。

因此，在实盘分析中，往往采用 5 分钟、15 分钟分时数据作为分析参数。后面的案例默认都采用 5 分钟分时数据，这也是 TuShare 新版本中 K 接口函数最小的分时数据模式。

案例 2-11：更新单一实时数据

案例 2-11 文件名是 kc211_tdown_real01.py，根据用户指定的代码更新单只股票或者指数的实时数据。下面我们分组讲解案例程序。

第 1 组代码如下：

```
#1 设置数据目录、参数
rss=zsys.rdatReal
print('rss#1:',rss)
rss='tmp/'
zt.f_dirDel(rss)
print('rss#2:',rss)
#
xtyp='5'
tim=arrow.now().format('YYYY-MM-DD')
print('t',tim,xtyp)
```

上面代码中的 xtyp 表示数据下载模式，默认下载 5 分钟分时数据。

下载实时数据需要时间参数，这是因为在函数内部默认是使用时间的，如果跨时区下载海外的金融数据，则请注意修改相关的时间参数。

本案例中为了防止覆盖 TopData 数据，使用了临时目录 tmp 来保存数据文件。

以下代码用于删除实时数据目录下的所有文件，以免长期运行，占用更多的系统空间。

```
zt.f_dirDel(rss)
```

第 1 组代码对应的输出信息是：

```
rss#1: /zDat/real/
rss#2: tmp/
t 2017-09-13 5
```

第 2 组代码如下，用于设置股票代码，下载实时数据，并绘制对应的 K 线图。

```
#2 下载股票实时数据文件
xcod='603316'
df=zddown.down_min_real010(rss,xcod,xtyp=xtyp,fgIndex=False)
print('\nxcod:',xcod)
print(df.tail())
hdr,fss='K 线图-'+xcod,'tmp/tmp_'+xcod+'.html'
df.index=df['date']
zdr.drDF_cdl(df,ftg=fss,m_title=hdr)
```

因为是下载股票数据，down_min_real010 函数中的 fgIndex 变量参数赋值为 False。

第 2 组代码对应的输出信息是：

```
tmp/603316.csv , 2017-09-13
xcod: 603316
                          date    open    high    low     close   volume
525  2017-09-13         14:40   17.28   17.28   17.24   17.25   685.0
526  2017-09-13         14:45   17.25   17.25   17.16   17.20   1109.0
527  2017-09-13         14:50   17.20   17.22   17.19   17.22   365.0
528  2017-09-13         14:55   17.22   17.26   17.21   17.24   837.0
529  2017-09-13         15:00   17.25   17.29   17.25   17.27   1243.0
```

对应的 K 线图如图 2-12 所示。

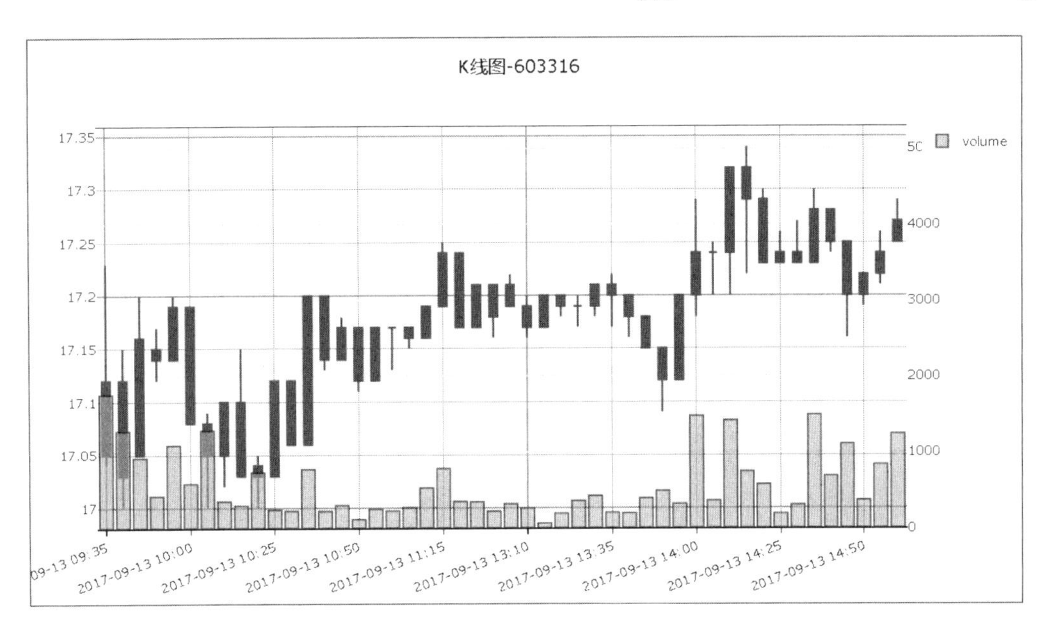

图 2-12　股票实时数据对应的 K 线图

第 3 组代码如下，下载指数数据。

```
#3 下载指数实时数据文件
xcod='000001' #上证指数
df2=zddown.down_min_real010(rss,xcod,xtyp=xtyp,fgIndex=True)
print('\nxcod:',xcod)
print(df2.tail())
hdr,fss='K 线图-'+xcod,'tmp/tmp_'+xcod+'.html'
df2.index=df2['date']
zdr.drDF_cdl(df2,ftg=fss,m_title=hdr)
```

以上代码用于设置指数代码，下载实时数据，并绘制对应的 K 线图。

因为是下载指数数据，down_min_real010 函数中的 fgIndex 变量参数赋值为 True。

需要注意的是，为便于区分，指数实时数据文件都是使用“inx_”作为文件名开头的。

第 3 组代码对应的输出信息是：

```
tmp/inx_000001.csv , 2017-09-13
xcod: 000001
```

	date	open	high	low	close	volume
525	2017-09-13 14:40	3384.00	3384.39	3382.20	3383.42	4178850.0
526	2017-09-13 14:45	3383.42	3383.42	3381.07	3381.49	4404817.0
527	2017-09-13 14:50	3381.49	3382.77	3380.93	3382.31	4600233.0
528	2017-09-13 14:55	3382.47	3384.20	3381.60	3383.95	6497484.0
529	2017-09-13 15:00	3383.95	3385.54	3383.84	3384.15	7717626.0

对应的 K 线图如图 2-13 所示。

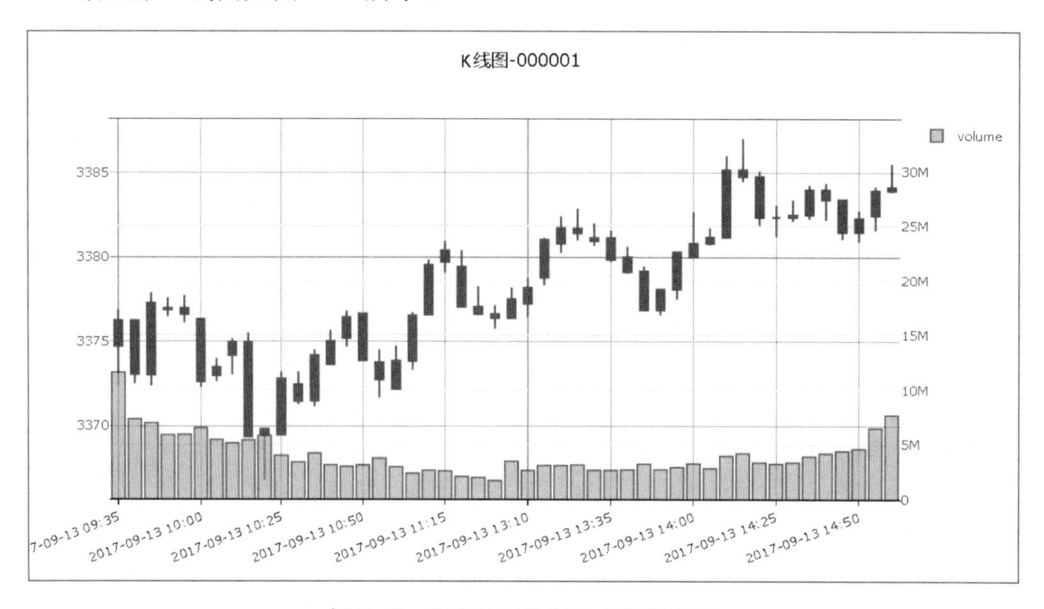

图 2-13　指数实时数据对应的 K 线图

案例 2-12：更新全部实时数据

在实盘分析中，在进行量化回溯分析前，往往需要一次性下载全部的实时数据。在 TopDown 下载程序中，特意提供了一个集成式的下载数据程序 tdown_real.py，可以一次性下载所有的指数数据，以及用户指定的股票池代码。当前的实时数据默认是 5 分钟分时数据模式。

案例 2-12 文件名为 kc212_tdown_real.py，用于更新全部实时数据。下面我们分组讲解案例程序。

第 1 组代码如下：

```
#1 下载股票实时数据文件
rss=zsys.rdatReal
zt.f_dirDel(rss)
print('rs0:',rss)
#默认下载 5 分钟分时数据
xtyp='5'
print('xtyp:',xtyp)
```

设置数据目录、参数等，其对应的输出信息如下：

```
rs0: /zDat/real/
xtyp: 5
```

第 2 组代码如下：

```
#2 指数代码文件，下载所有的指数实时数据
# 指数数据文件名是以“inx_”开头的
finx='inx\\inx_code.csv'
print('\n#2,finx,',finx)
zddown.down_min_all(rss,finx,xtyp,fgIndex=True)
```

根据指数代码文件 inx_code.csv，下载所有的指数实时数据。

第 2 组代码对应的输出信息如下：

```
#2,finx, inx\inx_code.csv
inx\inx_code.csv
 0 / 24 code, 000001
 /zDat/real/inx_000001.csv , 2017-09-13
 1 / 24 code, 000002
 /zDat/real/inx_000002.csv , 2017-09-13
 2 / 24 code, 000003
 /zDat/real/inx_000003.csv , 2017-09-13
 3 / 24 code, 000008
 /zDat/real/inx_000008.csv , 2017-09-13
......
```

第 3 组代码如下：

```
#3 股票代码文件，下载所有的股票实时数据，可以使用自定义的股票池索引文件
```

```
#fstk='inx\\stk_code.csv'
fstk='data/stk_pool.csv'
print('\n#3,fstk,',fstk)
zddown.down_min_all(rss,fstk,xtyp,fgIndex=False)
```

第 3 组代码对应的输出信息如下：

```
#3,fstk, data/stk_pool.csv
data/stk_pool.csv
 0 / 10 code, 600000
 /zDat/real/600000.csv , 2017-09-13
 1 / 10 code, 600016
 /zDat/real/600016.csv , 2017-09-13
 2 / 10 code, 600028
 /zDat/real/600028.csv , 2017-09-13
 3 / 10 code, 600029
 /zDat/real/600029.csv , 2017-09-13
......
```

第3章 无数据不量化（下）

上一章，我们介绍了 TopDat 金融数据集，以及 TopDown 常用的下载程序，本章将进一步介绍基于这些基本数据的一些简单扩展应用，以及 TopDatSet（TDS 金融数据集）。

TDS 金融数据集是根据 TensorFlow 深度学习、神经网络模型要求，基于 A 股实盘数据制作的，可用于金融数据神经网络模型的训练、测试和验证。

3.1 均值优先

OHLC 是金融行业的标准数据格式，但是对于深度学习、神经网络而言，分析结果最好是单一的数据值，这样对于简化模型、实际编程将更加简便、高效。

在很多金融量化传统分析工程中也面临着类似的抉择，通常都是使用 close（收盘价）作为价格数据的。不过，对于神经网络以及量化实盘分析而言，avg（均价）可能更有参考价值。

本书后面的案例以及 TDS 金融测试数据集，都尽量使用 avg 数据，也就是采用“均值优先”模式。

案例 3-1：均值计算与价格曲线图

案例 3-1 文件名为 kc301_avg01.py，主要介绍 avg 的计算与绘图。

第 1 组代码如下：

```
#1 读取数据
fss='data/600663.csv'
print('\nfss',fss)
df=pd.read_csv(fss,index_col=0)
df=df.sort_index(ascending=True);
print(df.tail())
```

首先根据 index（索引）也就是时间进行升序排列，把最新的数据排在最后面。

这也是最简单的基于时间节点的数据同步模式。Tick 数据因为缺乏统一的时间戳，无法进行多品种的时间同步排序，所以实盘很少直接分析 Tick 数据，而是使用分时数据作为数据源。

第 1 组代码对应的输出信息是：

```
fss data/600663.csv
                    open    high    low     close   volume
date
2017-09-04          24.26   24.40   24.20   24.27   25418.0
2017-09-05          24.20   24.28   23.91   24.00   35635.0
2017-09-06          23.88   24.00   23.64   23.71   38661.0
2017-09-07          23.70   24.02   23.70   23.84   24343.0
2017-09-08          23.72   24.00   23.68   23.76   23190.0
```

第 2 组代码如下：

```
#2 计算 avg
df['avg']=df[zsys.ohlcLst].mean(axis=1).round(2)
df2=df.tail(60)
print(df2.tail())
```

第 2 组代码很简单，核心代码只有一行：

```
df['avg']=df[zsys.ohlcLst].mean(axis=1).round(2)
```

但采用的编程技巧却不少，其中包括：

- 链式语法，简化代码。
- 当 mean 函数中的 axis 参数为 1 时，是按行计算均值的。
- round 小数优化，这个参考了 OHLC 的数据精度，股票价格波动较大，保留两位小数足够；外汇数据的精度要求为十万分之一。

第 2 组代码对应的输出信息是：

```
                open    high    low     close   volume      avg
date
2017-09-04      24.26   24.40   24.20   24.27   25418.0     24.28
2017-09-05      24.20   24.28   23.91   24.00   35635.0     24.10
2017-09-06      23.88   24.00   23.64   23.71   38661.0     23.81
2017-09-07      23.70   24.02   23.70   23.84   24343.0     23.82
2017-09-08      23.72   24.00   23.68   23.76   23190.0     23.79
```

与第 1 组输出信息相比，多了一列 avg 数据。

第 3 组代码如下：

```
#3 绘制价格曲线图
hdr,fss='价格曲线图','tmp/tmp_.html'
xlst=['high','low','avg']
zdr.drDF_mul_xline(df2,fss,m_title=hdr,xlst=xlst)
print('\nfss,',fss)
print('xlst,',xlst)
```

这里没有使用全部的 OHLC 数据，而是只使用了 high（最高价）、low（最低价）和 avg（均价）三组数据来绘制价格曲线图。

第 3 组代码对应的输出信息是：

```
fss, tmp/tmp_.html
xlst, ['high', 'low', 'avg']
```

如图 3-1 所示是对应的价格曲线图。

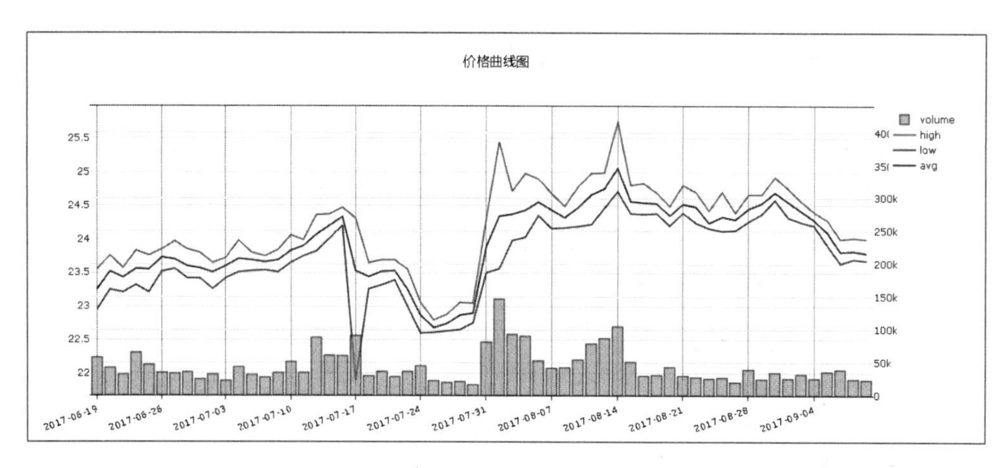

图 3-1 价格曲线图

3.2 多因子策略和泛因子策略

3.2.1 多因子策略

多因子策略是量化分析中最重要的策略，其基本思想就是找到某些和收益率最相关的指标，并根据这些指标挑选股票，构建股票池。

采用多因子策略，不一定要盈利，大家可以选择亏损策略。因为盈利策略可以作为多头策略，在现货或者期货市场，买入这些股票；亏损策略可以作为空头策略，在现货或者期货市场，卖出这些股票。

在多因子策略中，所谓的因子其实就是股票的相关参数，如最基本的 OHLC 价格、均线数据、ROA（Return on Assets，资产收益率）等金融指标参数。

多因子模型的关键是提供数据分析，找到因子与收益率之间的关联性。

从数据分析的角度来讲，多因子模型的核心就是通过类似于历史数据回溯分析、统计计算等方法，获取各因子在 n+1 未来时刻，股票涨跌的概率。

传统的多因子策略常用的基本因子有 200~300 种，采用人工智能、神经网络模型以后，因子规模更加庞大，基本上万物皆可量化。

传统的多因子策略通常包括如下一些常用的基本因子。

- 价值类因子，如市盈率、市净率、市销率、市现率、企业价值倍数、净资产收益率、总资产报酬率、销售毛利率、销售净利率、利润上调幅度、营收上调幅度等。

- 市场类因子，如涨跌幅、换手率、波动率等。
- 基本面因子，如资产负债率、流动比率、总市值、流通市值、自由流通市值、户均持股比例及变化、机构持股比例及变化、机构评级等。
- 成长类因子，如净利润增长率、主营利润增长率、现金流增长率等。

3.2.2 泛因子策略

在足彩博弈中，甚至比赛时的天气、对球星的监控都可以量化，变成相关的赔率数据。同样，在金融股市中，公司 CEO 的公众形象、身体素质也可影响企业股票价格的波动。

万变不离其宗，不管金融指标参数如何繁多，名称如何千变万化，最基本的数据还是 OHLC 等交易数据，其他数据都是衍生数据。

常用的衍生数据主要有 MA 均线、MACD、KDJ 等数据，具体到量化编程中，就是 TA-Lib、ffn 等金融函数库收入的数百种指标参数。

在神经网络模型中，除这些金融指标数据外，其他数据也会作为衍生数据，例如交易时间，会按格式分为年、月、日、周等更加细分的参数；公司的股票代码、名称、行业、地区等都会作为参数，纳入分析模型中。

这种在传统的金融多因子策略、金融指标参数基础上，结合更多的衍生数据扩展的策略，笔者将其命名为“泛因子策略”。

案例 3-2：均线因子

前面我们讲过，神经网络模型需要多种基于 OHLC 的衍生数据，其中最简单、最常用的衍生数据就是均线数据。

案例 3-2 文件名为 kc302_ma01.py，主要介绍基于 avg 的 MA 均线衍生数据。

下面我们分组讲解案例程序。

第 1 组代码如下：

```
#1 读取数据
fss='data/600663.csv'
print('\nfss',fss)
df=pd.read_csv(fss,index_col=0)
df=df.sort_index(ascending=True);
print(df.tail())
```

这里使用的日线数据，已经预先保存在 data 子目录下，在进行实盘分析时，请更换为实盘数据文件名。

第 1 组代码对应的输出信息是：

```
fss data/600663.csv
              open    high    low     close   volume
date
2017-09-04    24.26   24.40   24.20   24.27   25418.0
2017-09-05    24.20   24.28   23.91   24.00   35635.0
2017-09-06    23.88   24.00   23.64   23.71   38661.0
2017-09-07    23.70   24.02   23.70   23.84   24343.0
2017-09-08    23.72   24.00   23.68   23.76   23190.0
```

第 2 组代码如下：

```
#2 计算 avg 均值数据
df['avg']=df[zsys.ohlcLst].mean(axis=1).round(2)
print('\n#2,df')
print(df.tail())
```

第 2 组代码对应的输出信息是：

```
#2,df
              open    high    low     close   volume      avg
date
2017-09-04    24.26   24.40   24.20   24.27   25418.0     24.28
2017-09-05    24.20   24.28   23.91   24.00   35635.0     24.10
2017-09-06    23.88   24.00   23.64   23.71   38661.0     23.81
2017-09-07    23.70   24.02   23.70   23.84   24343.0     23.82
2017-09-08    23.72   24.00   23.68   23.76   23190.0     23.79
```

第 3 组代码如下：

```
#3
df2=zta.mul_talib(zta.MA,df, ksgn='avg',vlst=zsys.ma100Lst_var)
print('\n#3,ma_lst,',zsys.ma100Lst_var)
print('\ndf2.head')
print(df2.head())
print('\ndf2.tail')
print(df2.tail())
```

第 3 组代码相对比较烦琐，因为涉及了多个方面。

其中，以下代码调用的是 zpd_talib 模块中的多参数 TA-Lib 扩展函数 mul_talib。

```
df2=zta.mul_talib(zta.MA,df, ksgn='avg',vlst=zsys.ma100Lst_var)
```

zw 版本的 TA-Lib 函数库 zpd_talib，虽然只收录了 30 多个函数，但基本都是常用的金融指标，而且与 Pandas 无缝集成，无论是对于初学者，还是进行一线实盘分析，它都是首选的金融指标模块库之一。

调用多参数 TA-Lib 扩展函数 mul_talib 时，有关的参数变量 vlst，直接使用的是 zsys 预定义的 ma 均线变量 ma100Lst_var。

对应的数值在输出信息中是：

```
#3,ma_lst, [2, 3, 5, 10, 15, 20, 25, 30, 50, 100]
```

对于日线数据，这是最近 100 天的数据；对于 Tick 数据、分时数据，这是最近 100 组的数据。

在第 3 组代码中，以下代码特意输出了头部数据，这在一般的 Pandas 分析中很少使用，通常都是输出尾部数据。

```
print('\ndf2.head')
print(df2.head())
```

如图 3-2 所示是该段代码对应的输出信息。

```
df2.head
             open   high    low  close    volume   avg    ma_2      ma_3   ma_5  ma_10  ma_15  ma_20  ma_25  ma_30  ma_50  ma_100
date
1994-01-03  3.913  4.022  3.867  3.986  43822.57  3.95    NaN       NaN    NaN    NaN    NaN    NaN    NaN    NaN    NaN     NaN
1994-01-04  4.026  4.211  3.998  4.204  54842.36  4.11  4.030       NaN    NaN    NaN    NaN    NaN    NaN    NaN    NaN     NaN
1994-01-05  4.200  4.378  4.104  4.352  69982.39  4.26  4.185  4.106667    NaN    NaN    NaN    NaN    NaN    NaN    NaN     NaN
1994-01-06  4.344  4.529  4.316  4.400  98823.97  4.40  4.330  4.256667    NaN    NaN    NaN    NaN    NaN    NaN    NaN     NaN
1994-01-07  4.400  4.455  4.327  4.391  53383.72  4.39  4.395  4.350000  4.222    NaN    NaN    NaN    NaN    NaN    NaN     NaN
```

图 3-2　头部数据信息

注意数据列中的 NaN 数据，这是因为在计算 MA 均线时缺乏数据，对应的 MA 均线数据无效，通常都需要使用 dropnil 命令清理掉这些无效数据。

在第 3 组代码中，以下代码输出变量 df 的尾部数据。

```
print('\ndf2.tail')
print(df2.tail())
```

如图 3-3 所示是该段代码对应的输出信息。

df2.tail

date	open	high	low	close	volume	avg	ma_2	ma_3	ma_5	ma_10	ma_15	ma_20	ma_25	ma_30	ma_50	ma_100
2017-09-04	24.26	24.40	24.20	24.27	25418.0	24.28	24.350	24.416667	24.494	24.426	24.450667	24.501	24.4860	24.241000	24.0086	23.5076
2017-09-05	24.20	24.28	23.91	24.00	35635.0	24.10	24.190	24.266667	24.408	24.388	24.420000	24.490	24.4764	24.288333	24.0166	23.5167
2017-09-06	23.88	24.00	23.64	23.71	38661.0	23.81	23.955	24.063333	24.232	24.345	24.371333	24.457	24.4540	24.324000	24.0208	23.5251
2017-09-07	23.70	24.02	23.70	23.84	24343.0	23.82	23.815	23.910000	24.086	24.294	24.324000	24.415	24.4296	24.355667	24.0258	23.5352
2017-09-08	23.72	24.00	23.68	23.76	23190.0	23.79	23.805	23.806667	23.960	24.244	24.286667	24.367	24.3992	24.385333	24.0314	23.5395

图 3-3　尾部数据信息

因为在计算 MA 均线时使用的是前向数据，所以在尾部数据中没有无效数据。

通常金融分析都是采用历史数据进行回溯分析的，使用的是前向数据；但是在神经网络模型中，需要未来 *n* 个时间点的数据，所以在生成神经网络数据集时，往往在尾部数据中也会出现无效数据。在稍后的案例中，会有具体说明。

第 4 组代码如下：

```
#4 绘制价格曲线图
hdr,fss='价格曲线图-MA 均线','tmp/tmp_.html'
print('\n#4 fss,',fss)
vlst=list(map(lambda x:'ma_'+str(x), zsys.ma100Lst_var))
print('vlst,',vlst)
xlst=['avg']+vlst
print('xlst,',xlst)
df3=df2.tail(60)
zdr.drDF_mul_xline(df3,fss,m_title=hdr,xlst=xlst)
```

在绘图前，需要对相关的均线参数变量进行处理，转换成字符串格式的图标名称。

在第 4 组代码中，以下代码就是用于转换的。

```
vlst=list(map(lambda x:'ma_'+str(x), zsys.ma100Lst_var))
```

这是 Python 经典的 map、lambda 语句联动模式。需要注意的是，最外层的 list 命令把最终结果转换为列表格式，否则在 Python 3 版本中会出现错误。

转换后的 vlst 的内容如下：

```
vlst, ['ma_2', 'ma_3', 'ma_5', 'ma_10', 'ma_15', 'ma_20', 'ma_25', 
'ma_30', 'ma_50', 'ma_100']
```

最终的图标名称需要加上 avg 均值图标：

```
xlst, ['avg', 'ma_2', 'ma_3', 'ma_5', 'ma_10', 'ma_15', 'ma_20', 'ma_25', 
'ma_30', 'ma_50', 'ma_100']
```

如图 3-4 所示是对应的价格曲线图。

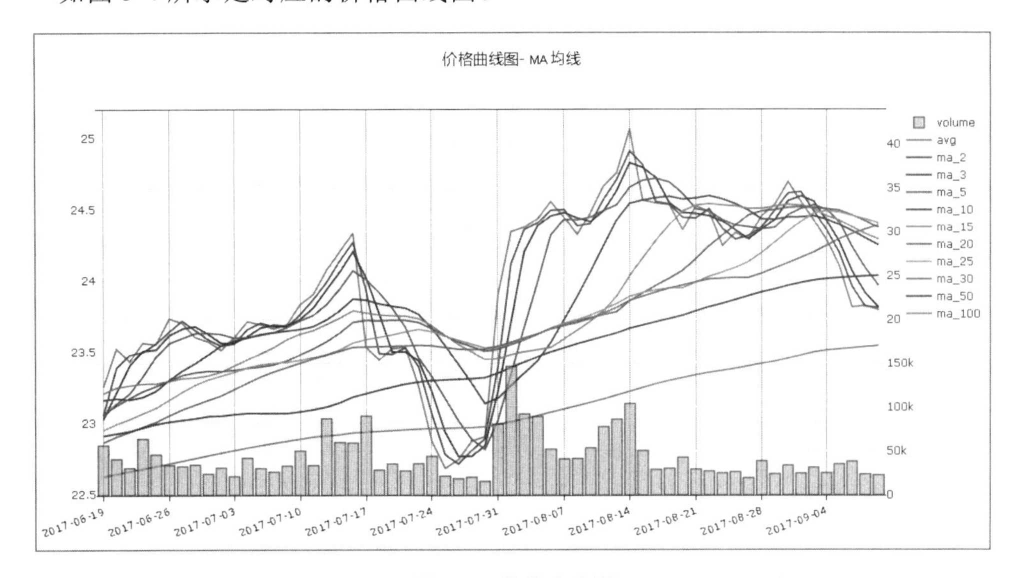

图 3-4　价格曲线图

注意图 3-4 中的 avg 均值曲线，以及其他各个时间周期的均线，可以发现周期越长，曲线越平滑。

3.3 “25日神定律”

在《零起点 Python 大数据与量化交易》一书中，分析过有趣的“一月效应”案例，其实在股市中还流传着许多有趣的案例。

A 股市场也有一个“25 日神定律”，就是在每月 25 号以后，不参与任何交易。在雪球财经网站，有网友针对此定律专门做了回溯测试。如图 3-5 和图 3-6 所示分别是采用和未采用“25 日神定律”的回溯测试结果。

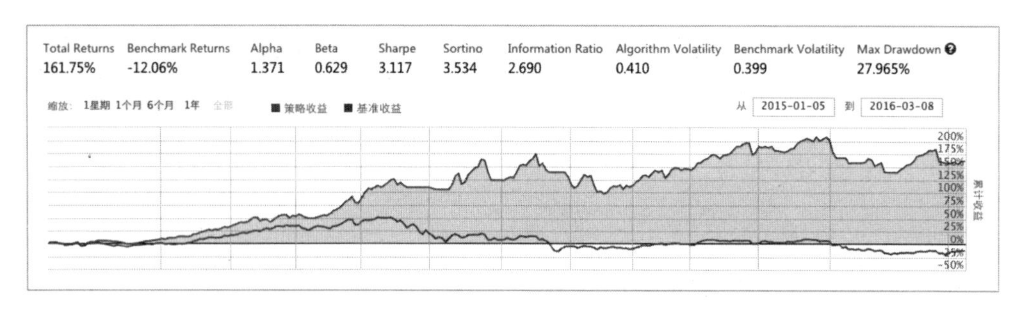

图 3-5　未采用“25 日神定律”的回溯测试结果

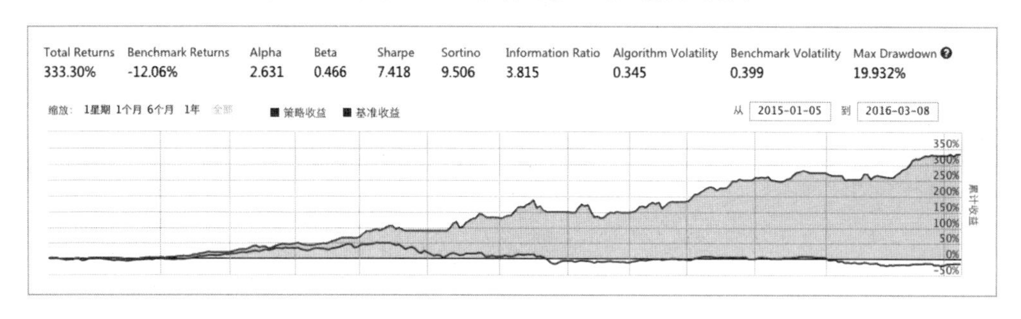

图 3-6　采用“25 日神定律”的回溯测试结果

由上面的回溯测试结果可以看出，采用和不采用“25 日神定律”的回报率分别是 333.3%、161.75%，两者几乎相差 1 倍。

笔者个人认为，很多机构特别是国企都有自己的小金库，其资金的拆借成本几乎为零，他们往往将这些资金拆借给理财机构进行无本套利，到了月底，因为财务审核制度，需要归还资金。

这些资金规模不小，又集中在月底归还，所以往往容易引起股市波动过大，给投资者造成不必要的损失。

类似的还有“周一定律”“周五定律”“圣诞效应”“一月效应”等，它们都与资金周期有关。在后面的案例中，我们利用神经网络模型，对“25 日神定律”再进行具体分析。

这些定律说明，股市涨跌与时间参数是高度相关的，传统的日线数据、Tick 数据、分时数据只有单一的时间点参数，远远不能满足专业的神经网络模型的需要，所以我们需要对时间参数进行拆分，将拆分成一个个更加细化、专业，而且便于统计对比的参数指标。

案例 3-3：时间因子

案例 3-3 文件名是 kc303_tim01.py，主要介绍如何拆分时间数据，把单一的时间数据扩展成更加专业的数据集。换句话说，就是扩展成更加专业的时间因子。

第 1 组代码如下：

```
#1 读取数据
fss='data/600663.csv'
print('\n#1,fss',fss)
df=pd.read_csv(fss,index_col=0)
df=df.sort_index(ascending=True);
print(df.tail())
```

读取数据，并按日期排序，其对应的输出信息是：

```
#1, fss data/600663.csv
                open    high    low     close   volume
date
2017-09-04      24.26   24.40   24.20   24.27   25418.0
2017-09-05      24.20   24.28   23.91   24.00   35635.0
2017-09-06      23.88   24.00   23.64   23.71   38661.0
2017-09-07      23.70   24.02   23.70   23.84   24343.0
2017-09-08      23.72   24.00   23.68   23.76   23190.0
```

第 2 组代码如下：

```
#2 计算时间衍生参数
#
df['xtim']=df.index
df['xyear']=df['xtim'].apply(zstr.str_2xtim,ksgn='y')
df['xmonth']=df['xtim'].apply(zstr.str_2xtim,ksgn='m')
df['xday']=df['xtim'].apply(zstr.str_2xtim,ksgn='d')
#
df['xday_week']=df['xtim'].apply(zstr.str_2xtim,ksgn='dw')
df['xday_year']=df['xtim'].apply(zstr.str_2xtim,ksgn='dy')
#df['xday_month']=df['xtim'].apply(zstr.str_2xtim,ksgn='dm')
df['xweek_year']=df['xtim'].apply(zstr.str_2xtim,ksgn='wy')
#
```

```
print('\n#2,dateLst:',zsys.dateLst)
print('\ndf.tail')
print(df.tail())
```

在以上代码中，使用的是极宽 ztools_str 模块库中的 str_2xtim 函数，其实底层使用的是新一代 Python 时间模块库 Arrow。

第 2 组代码对应的输出信息如图 3-7 所示。

```
#2, dateLst: ['xyear', 'xmonth', 'xday', 'xday_week', 'xday_year', 'xweek_year']

df.tail
             open   high    low  close   volume        xtim  xyear  xmonth  xday  xday_week  xday_year  xweek_year
date
2017-09-04  24.26  24.40  24.20  24.27  25418.0  2017-09-04   2017       9     4          0        247          36
2017-09-05  24.20  24.28  23.91  24.00  35635.0  2017-09-05   2017       9     5          1        248          36
2017-09-06  23.88  24.00  23.64  23.71  38661.0  2017-09-06   2017       9     6          2        249          36
2017-09-07  23.70  24.02  23.70  23.84  24343.0  2017-09-07   2017       9     7          3        250          36
2017-09-08  23.72  24.00  23.68  23.76  23190.0  2017-09-08   2017       9     8          4        251          36
```

图 3-7　拆分后的时间数据（1）

由以上输出信息可以看出，通过调用 str_2xtim 函数，我们把单一的时间数据拆分成更加独立的数据，便于统计分析。

因为这里使用的是日线数据，所以拆分后的数据与 zsys 模块预定义的 dateLst 一致。

```
dateLst: ['xyear', 'xmonth', 'xday', 'xday_week', 'xday_year',
'xweek_year']
```

其中各参数说明如下：

- xyear，年代。
- xmonth，月份。
- xday，日期。
- xday_week，周几，注意周日返回值是 0。
- xday_year，每年第几日。
- xweek_year，每年第几周。

以上参数还可以扩展，比如扩展成季度等。

第 3 组代码如下：

```
#3 计算时间衍生参数，使用 ztools_data 模块库中的函数
df=pd.read_csv(fss,index_col=0)
df=df.sort_index(ascending=True);
```

```
df['xtim']=df.index
df2=zdat.df_xtim2mtim(df,'xtim',True)
print('\n#3, df2.tail')
print(df2.tail())
```

第 3 组代码和第 2 组代码类似，都是计算时间衍生参数，不过这里使用了极宽 ztools_data 模块库中的 df_xtim2mtim 函数，大大简化了代码。

```
df2=zdat.df_xtim2mtim(df,'xtim',True)
```

其中最后一个参数是 True，表示采用的是日期模式。

第 3 组代码对应的输出信息如图 3-8 所示。

```
#3, df2.tail
             open   high    low  close   volume        xtim  xyear  xmonth  xday  xday_week  xday_year  xweek_year
date
2017-09-04  24.26  24.40  24.20  24.27  25418.0  2017-09-04   2017       9     4          0        247          36
2017-09-05  24.20  24.28  23.91  24.00  35635.0  2017-09-05   2017       9     5          1        248          36
2017-09-06  23.88  24.00  23.64  23.71  38661.0  2017-09-06   2017       9     6          2        249          36
2017-09-07  23.70  24.02  23.70  23.84  24343.0  2017-09-07   2017       9     7          3        250          36
2017-09-08  23.72  24.00  23.68  23.76  23190.0  2017-09-08   2017       9     8          4        251          36
```

图 3-8　拆分后的时间数据（2）

对比图 3-7 和图 3-8，可以发现两者是完全相同的。

案例 3-4：分时时间因子

案例 3-4 文件名为 kc304_tim02.py，主要介绍如何拆分时间数据，把单一的时间数据扩展成更加专业的数据集。

案例 3-4 与案例 3-3 基本类似，唯一不同的是，案例 3-4 使用的是分时数据，拆分后的时间参数除日期外，还有小时和分钟；而案例 3-3 使用的是日线数据，拆分后的时间参数只有日期数据。

第 1 组代码如下：

```
#1 读取数据
fss='data/min_600663.csv'
print('\n#1,fss',fss)
df=pd.read_csv(fss,index_col=0)
df=df.sort_index(ascending=True);
print(df.tail())
```

读取数据，注意这里使用的是分时数据文件。

第 1 组代码对应的输出信息是：

```
#1,fss data/min_600663.csv
                          open    high    low     close   volume
date
2017-09-08 14:40          23.72   23.75   23.70   23.72   646.0
2017-09-08 14:45          23.72   23.72   23.70   23.71   1016.0
2017-09-08 14:50          23.70   23.71   23.69   23.70   864.0
2017-09-08 14:55          23.70   23.71   23.68   23.71   812.0
2017-09-08 15:00          23.71   23.78   23.70   23.76   699.0
```

第 2 组代码如下：

```
#2 计算时间衍生参数
#
df['xtim']=df.index
df['xyear']=df['xtim'].apply(zstr.str_2xtim,ksgn='y')
df['xmonth']=df['xtim'].apply(zstr.str_2xtim,ksgn='m')
df['xday']=df['xtim'].apply(zstr.str_2xtim,ksgn='d')
#
df['xday_week']=df['xtim'].apply(zstr.str_2xtim,ksgn='dw')
df['xday_year']=df['xtim'].apply(zstr.str_2xtim,ksgn='dy')
#df['xday_month']=df['xtim'].apply(zstr.str_2xtim,ksgn='dm')
df['xweek_year']=df['xtim'].apply(zstr.str_2xtim,ksgn='wy')
#
#
df['xhour']=df['xtim'].apply(zstr.str_2xtim,ksgn='h')
df['xminute']=df['xtim'].apply(zstr.str_2xtim,ksgn='t')
#
print('\n#2,timeLst:',zsys.timeLst)
print('\ndf.tail')
print(df.tail())
```

与案例 3-3 的第 2 组代码类似，只是多了以下两行代码：

```
df['xhour']=df['xtim'].apply(zstr.str_2xtim,ksgn='h')
df['xminute']=df['xtim'].apply(zstr.str_2xtim,ksgn='t')
```

计算小时、分钟数据。

第 2 组代码对应的输出信息如图 3-9 所示。

```
#2, timeLst: ['xyear', 'xmonth', 'xday', 'xday_week', 'xday_year', 'xweek_year', 'xhour', 'xminute']

df.tail
                   open   high    low  close  volume                xtim  xyear  xmonth  xday  xday_week  xday_year  xweek_year  xhour  xminute
date
2017-09-08 14:40  23.72  23.75  23.70  23.72   646.0  2017-09-08 14:40   2017       9     8          4        251          36     14       40
2017-09-08 14:45  23.72  23.72  23.70  23.71  1016.0  2017-09-08 14:45   2017       9     8          4        251          36     14       45
2017-09-08 14:50  23.70  23.71  23.69  23.70   864.0  2017-09-08 14:50   2017       9     8          4        251          36     14       50
2017-09-08 14:55  23.70  23.71  23.68  23.71   812.0  2017-09-08 14:55   2017       9     8          4        251          36     14       55
2017-09-08 15:00  23.71  23.78  23.70  23.76   699.0  2017-09-08 15:00   2017       9     8          4        251          36     15        0
```

图 3-9　拆分后的时间数据（1）

在输出信息中，时间数据多了 xhour（小时）和 xminute（分钟）两列，因为这里使用的是分时数据，拆分后的数据与 zsys 模块预定义的 timeLst 一致。

```
#2,timeLst: ['xyear', 'xmonth', 'xday', 'xday_week', 'xday_year', 'xweek_year', 'xhour', 'xminute']
```

第 3 组代码如下：

```
#3 计算时间衍生参数，使用 ztools_data 模块库中的函数
df=pd.read_csv(fss,index_col=0)
df=df.sort_index(ascending=True);
df['xtim']=df.index
df2=zdat.df_xtim2mtim(df,'xtim',False)
print('\n#3,df2.tail')
print(df2.tail())
```

在上面的代码中，调用了 df_xtim2mtim 函数：

```
df2=zdat.df_xtim2mtim(df,'xtim',False)
```

其中最后的参数是 False，表示采用的是小时模式。

第 3 组代码对应的输出信息如图 3-10 所示。

```
#3, df2.tail
                   open   high    low  close  volume                xtim  xyear  xmonth  xday  xday_week  xday_year  xweek_year  xhour  xminute
date
2017-09-08 14:40  23.72  23.75  23.70  23.72   646.0  2017-09-08 14:40   2017       9     8          4        251          36     14       40
2017-09-08 14:45  23.72  23.72  23.70  23.71  1016.0  2017-09-08 14:45   2017       9     8          4        251          36     14       45
2017-09-08 14:50  23.70  23.71  23.69  23.70   864.0  2017-09-08 14:50   2017       9     8          4        251          36     14       50
2017-09-08 14:55  23.70  23.71  23.68  23.71   812.0  2017-09-08 14:55   2017       9     8          4        251          36     14       55
2017-09-08 15:00  23.71  23.78  23.70  23.76   699.0  2017-09-08 15:00   2017       9     8          4        251          36     15        0
```

图 3-10　拆分后的时间数据（2）

3.4 TA-Lib金融指标

TA-Lib 的英文全称是 Technical Analysis Library，即（多平台的金融市场）技术指标分析函数库。TA-Lib 是量化交易人员最常用的金融市场数据的技术指标分析软件库之一。

TA-Lib 函数库包括两大类型的工具函数。

- 常用的金融技术指标，有 200 多个指标，如 ADX、MACD、RSI、KDJ、布林带等指标。
- K 线图模式识别函数，常用的有 100 多，如黄昏之星、锤形线等，函数名称全部以 cdl 开头。

TA-Lib 函数库本身是用 C 语言编写的，所以运行速度非常快。同时，TA-Lib 函数库还提供了免费的、开源的 API 函数接口，包括 C/ C++、Java、Perl、Python，甚至 Excel。

TA-Lib 函数库的官方网站地址是：http://ta-lib.org/，其首页如图 3-11 所示。

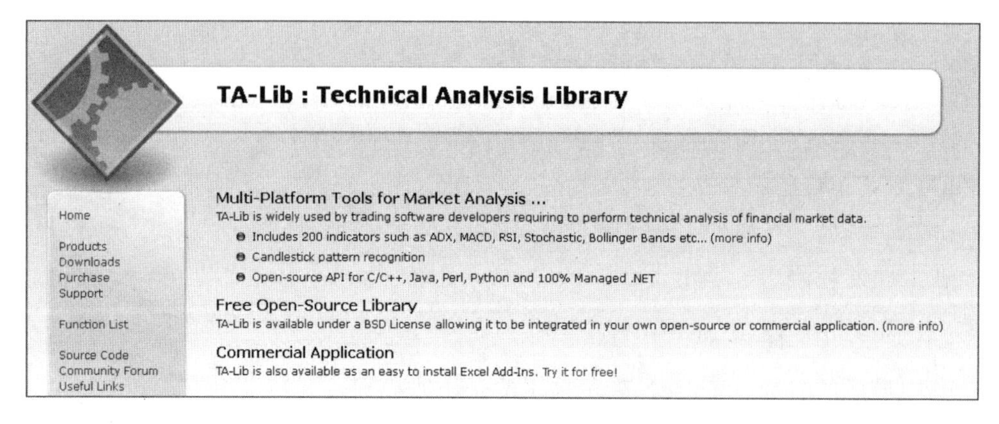

图 3-11　TA-Lib 函数库的官方网站首页

TA-Lib 是一种广泛应用于金融市场中进行量化分析的函数库，它提供了多种技术分析函数，可以大大方便量化编程工作。

需要注意的是，TA-Lib 函数库虽然是量化分析的利器，但是该函数库中的很多指标计算都与国内通用的股票软件不太一样，初学者很容易混淆。

Top 极宽版 TA-Lib 函数库，模块文件名是：zpd_talib.py。

Top 极宽版 TA-Lib 函数库与 Pandas 无缝集成，对 TA-Lib 函数进行了二次封装，提供了很多常用的金融指标函数，可以直接调用。

在 Top 极宽版 TA-Lib 函数库中，首批函数名称如下。

- ACCDIST：Accumulation/Distribution（A/D），集散指标，由价格和成交量的变化决定。
- ADX(df, n, n_ADX)：Average Directional Index 或者 Average Directional Movement Index，平均趋向指数，反映趋向变动的程度，而不是方向本身。
- ATR：Average True Ranger，均幅指标，取一定时间周期内的股价波动幅度的移动平均值，主要用于研判买卖时机。
- BBANDS：Bollinger Bands，布林带。
- BBANDS_UpLow：Top 极宽改进版的布林带 TA-Lib 函数。
- CCI：Commodity Channel Index，顺势指标，一种重点研判股价偏离度的股市分析工具。
- COPP：Coppock Curve，估波指标，又称“估波曲线”，通过计算月度价格的变化速率的加权平均值来测量市场的动量，属于长线指标。该指标用于研判大盘指数较为可靠，一般较少用于个股。另外，该指标只能产生买进信号。根据估波指标买进股票后，应另外寻求其他指标来辅助卖出信号。估波指标的周期参数一般设置为 11、14，加权平均参数为 10，也可以结合指标的平均线进行分析。
- Chaikin(df)：Chaikin Oscillator，佳庆指标，是聚散指标（A/D）的改良版本。
- DONCH：Donchian Channel，奇安通道指标，由 3 条不同颜色的曲线组成。该指标用周期（一般是 20）内的最高价和最低价来显示市场的波动性，通道窄表示市场波动较小，通道宽则表示市场波动比较大。
- EMA：Exponential Moving Average，指数移动的平均指标，也叫“EXPMA 指标”。它是一种趋向类指标，对收盘价进行算术平均，并根据计算结果进行分析，用于判断价格未来走势的变动趋势。
- EOM：Ease of Movement Value，简易波动指标，又称“EMV 指标”。它是由 Richard 根据等量图和压缩图的原理设计而成的，目的是将价格与成交量的变化结合成一个波动指标来反映股价或指数的变动状况。由于股价和成交量的变化都可以引发该指标数值发生变动，因此，EMV 指标实际上也是一个量价合成指标。
- FORCE：Force Index，劲道指数，它是一种摆荡指标，用于衡量涨势中的多头劲道，以及跌势中的空头劲道。劲道指数主要结合了三项市场信息，即价格变动的方向、幅度和成交量。

- KELCH：Keltner Channel（KC），肯特纳通道，是一个移动平均通道，由三条线组合而成（上通道、中通道和下通道）。一般情况下，以上通道线及下通道线的分界作为买卖的最大可能性。若股价与边界出现不正常的波动，即表示买卖机会
- KST：确然指标，又称"完定指标"，该指标参考长、中、短期的变动率指标（ROC），以了解不同时间循环对市场的影响。该指标将数个周期的价格变动率函数做加权以及再平滑绘制长短曲线，其特点是通过修正的价格变动组合来判断趋势，精准掌握转折买卖点。
- KST4：Top 极宽修订版确然指标，其含义同 KST。
- MA：Moving Average，移动平均线，它是最常用的均线指标。
- MACD：由"一快"和"一慢"指数移动平均（EMA）之间的差计算出来。"一快"指短时期的 EMA，而"一慢"则指长时期的 EMA，最常用的是 12 日和 26 日 EMA。
- MFI：Money Flow Index and Ratio，资金流量指标和比率。资金流量指标又称"量相对强弱指标（Volume Relative Strength Index，VRSI）"。该指标通过反映股价变动的四个元素——上涨的天数、下跌的天数、成交量增加幅度、成交量减少幅度来研判量能的趋势，预测市场供求关系和买卖力道，属于量能反趋向指标。
- MOM：Momentum，动量线。以动量命名的指标，种类繁多。综合而言，动量可以视为在一段时期内股价涨跌变动的比率。
- MassI：Mass Index，梅斯线。梅斯线是 Donald Dorsey 累积股价波幅宽度之后，所设计的震荡曲线。该指标最主要的作用在于寻找飙涨股或者极度弱势股的重要趋势反转点。MassI 是所有区间震荡指标中风险系数最小的一个指标。
- OBV：On Balance Volume，能量潮指标。股市技术分析的四大要素是"价""量""时""空"，OBV 就是以"量"这个要素作为突破口，来发现热门股票、分析股价运动趋势的一种技术指标。
- PPSR：Pivot Points, Supports and Resistances，支点、支撑线和阻力线。PIVOT 指标很简单，不需要计算任何东西，它只是一个分析反转点的方法。PIVOT 的意思是指"轴心"，轴心是用来确认反转的基准，所以 PIVOT 指标其实就是找轴心的方法。PIVOT 指标经常与布林带数据一起分析。
- ROC：Rate Of Change，变动率。该指标由当天的股价与一定天数之前的某一天的股价比较其变动速度的大小，来反映股票市场变动的快慢程度。

- RSI：Relative Strength Index，相对强弱指标，也称“相对强弱指数”或“相对力度指数”。该指标通过比较一段时期内的平均收盘涨数和平均收盘跌数，来分析市场买卖盘的意向和实力，从而预测未来市场的走势。RSI 通过特定时期内股价的变动情况，计算市场买卖力量对比，来判断股票价格内部本质强弱，推测价格未来的变动方向。
- RSI100：Top 极宽版相对强弱指数，取 0~100 之间的数值。
- STDDEV：Standard Deviation，标准偏差。
- STOD：Stochastic Oscillator D，随机指标 D 值；随机指标，又称 KD 指标或 KDJ 指标。随机指标综合了动量、强弱指标和移动平均线的优点，用来度量股价脱离价格正常范围的变异程度。随机指标考虑的不仅有收盘价，而且还有近期的最高价和最低价，这避免了仅考虑收盘价而忽视真正波动幅度的情况。随机指标一般根据统计学的原理，通过一个特定周期（通常为 9 日、9 周等）内出现过的最高价、最低价，最后一个计算周期内的收盘价，以及这三者之间的比例关系，来计算最后一个计算周期内的未成熟随机值（RSV），然后根据平滑移动平均线的方法来计算 K 值、D 值与 J 值，并绘成曲线图来研判股票走势。
- STOK：Stochastic oscillator K，随机指标 K 值。
- TRIX：Triple Exponentially Smoothed Average，三重指数平滑移动平均指标。
- TSI：True Strength Index，真实强度指数，该指标是相对强弱指数（RSI）的变体。TSI 使用价格动量的双重平滑指数移动平均线，剔除价格的震荡变化，来发现趋势的变化。
- ULTOSC：Ultimate Oscillator， UOS 终极指标。不同的市况、不同的参数设定的振荡指标，产生的结果截然不同。因此，选择最佳的参数组合，成为使用振荡指标之前最重要的一道手续。
- Vortex：Vortex Indicator，螺旋指标。

以上函数，全部与 Pandas 无缝集成，调用更加方便。至于 TA-Lib 函数库中的 CDL 系列 K 线图形态函数，暂时没有收录，未来有条件再进行扩展。

Top 极宽版的 TA-Lib 函数，可以作为 OHLC 基础金融数据的有益扩展。在前面的案例中，MA 均线底层就是通过调用 TA-Lib 的均线函数完成的；在后面的案例中，我们会结合具体案例介绍更多的 TA-Lib 函数和金融指标参数。

3.5 TQ智能量化回溯系统

在实盘分析中，极少采用单一的股票投资策略，而往往会先建立一个股票池，然后再进行回溯分析。

为了方便处理股票池数据，后面的案例会使用 TopQuant 极宽量化系统（简称TQ），以简化编程工作。

在量化投资领域，最核心的资产和商业秘密就是投资策略，即使在同一个公司、同一个团队中，不同小组的策略也是严格保密的。

目前，大部分量化系统基于商业利益的考虑，都采用 Web 在线版本。事实上，专业投资机构和私募团队，极少采用在线量化平台进行实盘分析，而是使用单机离线版本的量化软件，或者基于本公司局域网的内部在线量化平台。

TopQuant 极宽量化系统，原名 zwQuant，就是单机离线版本的量化平台，并且以策略分析为核心，数据抓取和交易接口尽量采用行业成熟的 API 接口。

对于少数需要在线版本的机构而言，从单机离线版本向云平台移植其实很简单，只要网站服务器端支持 Python 运行环境，即可直接部署运行。

3.6 全内存计算

在《零起点 Python 大数据与量化交易》一书中讲过，对于金融量化数据量大、实时性强的项目，比较简单的解决方法就是“全内存计算”，把常用的数据资源尽可能全部保存在内存中，类似于内存数据库。

内存的数据读取速度，是传统机械硬盘的上千倍，是固态硬盘（SSD）的上百倍。在 TopQuant 极宽量化系统中，数据预处理 dataPre 函数和全内存数据库，把所需的数据全部加载到内存中，其根本目的就是为了应用内存的高速读取速度，克服传统的硬盘等 I/O 读取瓶颈。

股票、指数名称是量化分析最常用的数据之一，为了方便编程，在 TopQuant 极宽量化系统的 zsys 系统模块中预定义了两组全局变量，用于保存相关数据。

```
f_inxNamTbl='xinx_name.csv'
inxNamTbl=None  #全局变量，大盘指数的交易代码，名称对照表
#
```

```
f_stkNamTbl='xstk_name.csv'
stkNamTbl=None  #全局变量，相关股票的交易代码，名称对照表
```

两组全局变量采用的是 Pandas 数据格式，支持实时级别的 k-v 数据对查询，可以视为简单的内存数据库。

案例 3-5：增强版指数索引

在 TuShare 软件及其他股票软件中，股票、指数代码格式如图 3-12 所示。

1	code	name	industry	area
2	603882	N金域	医疗保健	广东
3	300695	N兆丰	汽车配件	浙江
4	300318	博晖创新	医疗保健	北京

图 3-12　股票、指数代码格式

在图 3-12 中，需要注意的是数据格式，股票名称、行业、地区等信息都是字符串格式，不能直接用于 TensorFlow 等神经网络系统。

神经网络模型需要的是纯数字格式的数据，因此在使用前，我们需要对这些数据进行转换。

案例 3-5 文件名为 kc305_aiName01.py，主要介绍如何修改指数代码文件 inx_code.csv，生成一个增强版本的索引数据文件。

在增强版本的索引数据文件中，主要增加了如下两组数据。

- ename：指数名称的拼音缩写。
- id：指数名称的数字 id。

下面我们对案例程序进行分组讲解。

第 1 组代码如下：

```
#1
fss='inx/inx_code.csv'
df=pd.read_csv(fss,dtype={'code' : str},encoding='GBK')
print('\n#1,fss,',fss)
print('\ndf.tail')
print(df.tail())
```

读取数据。其对应的输出信息如下：

```
#1,fss, inx/inx_code.csv
df.tail
      code  name        tim0
19  399106  深证综指  2000-01-01
20  399107  深证 A 指  2000-01-01
21  399108  深证 B 指  2000-01-01
22  399333  中小板 R  2007-01-01
23  399606  创业板 R  2011-01-01
```

从以上输出信息可以看出，原来的 name（名称）数据列是中文格式，不便于数据分析，必须转换为数字格式。

第 2 组代码如下：

```
#2 编辑转换数据
print('\n#2,data edit')
df2=pd.DataFrame()
for i, row in df.iterrows():
    css=row['name']
    ess=pypinyin.slug(css, style=pypinyin.FIRST_LETTER, separator='')
    row['ename']=ess.upper()+'_'+row['code']
    row['id']=int(i)
    df2=df2.append(row)
```

第 2 组代码不多，使用了如下几个实战技巧。

- 使用 Pandas 内置的 iterrows()迭代函数进行循环，而不是传统的 for 循环，这样更加符合 Python 语言的编程格式，同时速度更快，代码也更加简短。
- 调用 pypinyin 模块生成中文名称拼音首字母缩写。
- ename 名称字符是拼音缩写，再加上指数代码，这是为了防止拼音缩写出现重复的字符串。例如“深证 50”和“上证 50”的拼音缩写就是完全一样的。
- 利用系列变量 i 作为数字 id。这种方法虽然简单，但是只适合首次数据库初始化，如果指数种类有增加，则必须放在源文件的最后，否则可能会引起现存数据库的混乱。更加专业的解决方法是，使用 hash 函数，或者专业的数字 UID 模块。

第 3 组代码如下：

```
#3
df2['id']=df2['id'].astype(int)
fss='tmp/xinx_name.csv'
```

```
print('\n#3,fss,',fss)
df2.to_csv(fss,index=False,encoding='GBK')
#
print('\ndf2.tail')
print(df2.tail())
```

在第 3 组代码中，如下代码把 id 字段强行设置为 int 格式，否则会是浮点数格式。

```
df2['id']=df2['id'].astype(int)
```

第 3 组代码对应的输出信息如下：

```
#3,fss, tmp/xinx_code.csv
df2.tail
      code       ename     id    name        tim0
19  399106  SZZZ_399106   19    深证综指      2000-01-01
20  399107  SZAZ_399107   20    深证 A 指     2000-01-01
21  399108  SZBZ_399108   21    深证 B 指     2000-01-01
22  399333  ZXBR_399333   22    中小板 R      2007-01-01
23  399606  CYBR_399606   23    创业板 R      2011-01-01
```

案例 3-6：AI 版索引数据库

案例 3-6 文件名为 kc306_aiName02.py，主要介绍如何修改股票代码文件 stk_code.csv，生成一个增强版本的股票数据文件。

因为股票代码文件的数据格式比指数代码文件多，所以增强版本的股票数据文件所增加的数据也比较多，如下所示。

- ename，指数名称的拼音缩写。
- id，指数名称的数字 id。
- id_industry，行业分类的数字 id。
- id_area，地区分类的数字 id。

下面我们对案例程序进行分组讲解。

第 1 组代码如下：

```
#1
fss='inx/stk_code.csv'
```

```
df=pd.read_csv(fss,dtype={'code' : str},encoding='GBK')
print('\n#1,fss,',fss)
print('\ndf.tail')
print(df.tail())
```

读取数据。其对应的输出信息如下：

```
#1,fss, inx/stk_code.csv
df.tail
        code        name        industry    area
3372  603055      台华新材      纺织        浙江
3373  600806      *ST 昆机      机床制造    云南
3374  600432      *ST 吉恩      小金属      吉林
3375  300702      天宇股份      化学制药    浙江
3376  300701      森霸股份      电器仪表    河南
```

从以上输出信息可以看出，name（名称）、industry（行业）、area（地区）这些数据列格式都是中文的，不便于数据分析，必须转换为数字格式。

第 2 组代码如下：

```
#2 编辑转换数据
print('\n#2,data edit')
df2=pd.DataFrame()
xind=df['industry'].value_counts()
xarea=df['area'].value_counts()
#
for i, row in df.iterrows():
    css,cod,kind,karea=row['name'],row['code'],row['industry'],
row['area']
    ess=pypinyin.slug(css, style=pypinyin.FIRST_LETTER, separator='')
    row['ename']=ess.upper()+'_'+cod
    row['id']=cod
    row['id_area']=xarea[karea]
    row['id_industry']=xind[kind]
    df2=df2.append(row)
```

在第 2 组代码中，以下代码用于生成 industry、area 的类型字典，变量 xind 和 xarea 的数据类型是 Pandas 的 Series 格式。

```
xind=df['industry'].value_counts()
xarea=df['area'].value_counts()
```

Series 格式实质上是 Python 的 dict（字典）格式，就是常用的哈希 k-v 数值对列表。

在本案例中，是利用变量 xind 和 xarea 的内部序号作为数字 id 的。这种方法虽然简单，但是只适合首次数据库初始化，如果种类有增加，则必须放在源文件的最后，否则可能会引起现存数据库的混乱。更加专业的解决方法是，使用 hash 函数，或者专业的数字 UID 模块。

第 3 组代码如下：

```
#3
print('\n#3,df2')
df2['id']=df2['id'].astype(int)
df2['id_area']=df2['id_area'].astype(int)
df2['id_industry']=df2['id_industry'].astype(int)
#
#
print('\ndf2.head')
print(df2.head())
#
print('\ndf2.tail')
print(df2.tail())
```

把几组 id 格式改为 int 格式。其对应的输出信息如下：

```
#3,df2

df2.head
  area code     ename          id       id_area id_industry industry name
0 广东  603882  NJY_603882     603882   283     63          医疗保健  N金域
1 浙江  300695  NZF_300695     300695   397     113         汽车配件  N兆丰
2 北京  300318  BHCX_300318    300318   302     63          医疗保健  博晖创新
3 宁夏  000815  MLY_000815     815      13      23          造纸      美利云
4 江苏  002680  CSSW_002680    2680     364     41          生物制药  长生生物

df2.tail
     area code   ename          id       id_area id_industry industry name
3372 浙江 603055 THXC_603055    603055   397     47          纺织      台华新材
```

```
3373 云南 600806 *STKJ_600806 600806 33      11          机床制造   *ST 昆机
3374 吉林 600432 *STJE_600432 600432 42      33          小金属     *ST 吉恩
3375 浙江 300702 TYGF_300702  300702 397     80          化学制药   天宇股份
3376 河南 300701 SBGF_300701  300701 77      60          电器仪表   森霸股份
```

注意：以上数据列排序有些混乱，需要进一步优化。

第 4 组代码如下：

```
#4
fss='tmp/xstk_name.csv'
xlst=['code','name','ename','id','industry','id_industry','area','id_area']
print('\n#4,fss,',fss)
print('xlst,',xlst)
df3=pd.DataFrame()
df3=df2[xlst]
df3.to_csv(fss,index=False,encoding='GBK')

print('\ndf3.head')
print(df3.head())
#
print('\ndf3.tail')
print(df3.tail())
```

优化数据列排序，保存数据文件。其对应的输出信息如下：

```
#4,fss, tmp/xstk_name.csv
xlst, ['code', 'name', 'ename', 'id', 'industry', 'id_industry', 'area', 'id_area']

df3.head
     code     name      ename         id       industry  id_industry   area id_area
0    603882   N金域     NJY_603882    603882   医疗保健  63            广东  283
1    300695   N兆丰     NZF_300695    300695   汽车配件  113           浙江  397
2    300318   博晖创新  BHCX_300318   300318   医疗保健  63            北京  302
3    000815   美利云    MLY_000815    815      造纸      23            宁夏  13
4    002680   长生生物  CSSW_002680   2680     生物制药  41            江苏  364

df3.tail
        code     name      ename         id       industry  id_industry   area   id_area
3372    603055   台华新材  THXC_603055   603055   纺织      47            浙江   397
```

```
    3373  600806  *ST昆机    *STKJ_600806   600806   机床制造   11          云南   33
    3374  600432  *ST吉恩    *STJE_600432   600432   小金属     33          吉林   42
    3375  300702  天宇股份   TYGF_300702    300702   化学制药   80          浙江   397
    3376  300701  森霸股份   SBGF_300701    300701   电器仪表   60          河南   77
```

从以上输出信息可以看出，优化后的数据列和传统的数据列类似。

3.7　股票池

全内存计算的核心是把所有相关的数据尽量调入内存中，减少 I/O 环节的使用和时间耗费。

在量化回溯分析中，全内存计算的核心就是使用股票池（Stock Pool）。尽量把股票池中的股票一次性读入内存中，这可以提高实盘分析的速度。

案例 3-7：股票池的使用

案例 3-7 文件名为 kc307_pools.py，主要介绍股票池的使用，以及相关的实用编程技巧。下面分组讲解案例程序。

第 1 组代码如下：

```
#1 设置数据
xlst=['000001','000002']
clst=['600000','600016','600028','600029','600030','600036','600048',
'600050','600100','600104','600111','600340']
rss='/zDat/cn/day/'
rsx='/zDat/cn/xday/'
#----------
stkPools=zdat.pools_frd(rss,clst)
inxPools=zdat.pools_frd(rsx,xlst)
print('\n#1 type(stkPools)',type(stkPools))
print('type(inxPools)',type(inxPools))
```

设置数据。其中：

- xlst——指数代码列表。

- clst——股票代码列表、
- rss、rsx——股票日线和指数日线的数据目录，大家也可以使用分时数据。

在案例中，使用 ztools_data 极宽数据模块中的 pools_frd 函数读取股票池数据。

第 1 组代码对应的输出信息是：

```
#1 type(stkPools) <class 'dict'>
type(inxPools) <class 'dict'>
```

从以上输出信息可以看出，股票池变量 stkPools 和指数池变量 inxPools 的数据格式都是标准的 Python 字典格式。

第 2 组代码如下：

```
#2 查看 stkPools
print('\n#2 stkPools data')
xss=clst[3]
print('xss,',xss)
df=stkPools[xss]
print(df.tail())
```

查看股票池 stkPools 中具体股票的数据，采用的是标准的字典操作模式。其对应的输出信息如下：

```
#2 stkPools data
xss, 600029
            open  high   low    close       volume
date
2017-09-04  8.66  8.96   8.59   8.78        862372.0
2017-09-05  8.95  9.03   8.80   8.84        966442.0
2017-09-06  8.74  8.88   8.64   8.81        550855.0
2017-09-07  8.80  8.82   8.64   8.67        395456.0
2017-09-08  8.85  9.20   8.76   9.06        1823924.0
```

从以上输出信息可以看出，在股票池 stkPools 中，已经保存了完整的股票交易数据，包括 OHLC 数据、volume（交易量）、date（日期）等。

第 3 组代码如下：

```
#3,xed data avg10
avg10=zdat.pools_link2x(stkPools,clst,inxPools,xlst,'avg')
print('\n#3 avg10.head')
```

```
print(avg10.head())
print('\n avg10.tail')
print(avg10.tail())
```

由于采用的是“均值优先”模式，所以需要先计算 avg 均值，并把多点股票的价格数据合并到一个 DataFrame 表格中，便于后面进行分析。

合并数据的代码如下：

```
avg10=zdat.pools_link2x(stkPools,clst,inxPools,xlst,'avg')
```

也可以使用 close 或者其他价格数据，作为量化分析的基准数据。

为了便于与大盘对比，该函数不仅合并了相关的股票池 stkPools 数据，还合并了指数池 inxPools 数据。如果只是单一的合并，则可以调用简化版的合并函数。

```
def pools_link010(dat,pools,clst,ksgn,inxFlag=False):
```

相关的输出信息如图 3-13 所示。

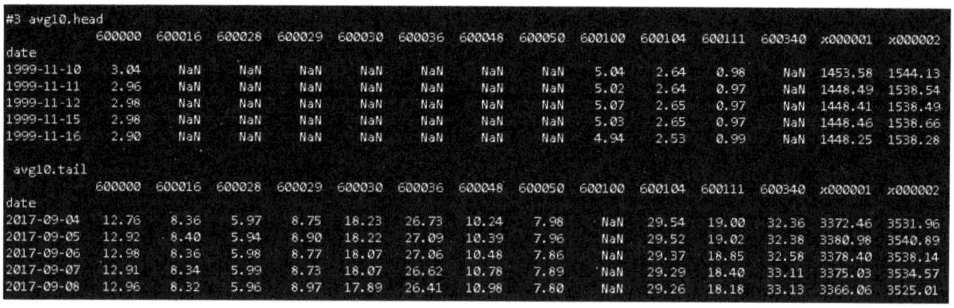

```
#3 avg10.head
            600000  600016  600028  600029  600030  600036  600048  600050  600100  600104  600111  600340  x000001  x000002
date
1999-11-10    3.04     NaN     NaN     NaN     NaN     NaN     NaN     NaN    5.04    2.64    0.98     NaN  1453.58  1544.13
1999-11-11    2.96     NaN     NaN     NaN     NaN     NaN     NaN     NaN    5.02    2.64    0.97     NaN  1448.49  1538.54
1999-11-12    2.98     NaN     NaN     NaN     NaN     NaN     NaN     NaN    5.07    2.65    0.97     NaN  1448.41  1538.49
1999-11-15    2.98     NaN     NaN     NaN     NaN     NaN     NaN     NaN    5.03    2.65    0.97     NaN  1448.46  1538.66
1999-11-16    2.90     NaN     NaN     NaN     NaN     NaN     NaN     NaN    4.94    2.53    0.99     NaN  1448.25  1538.28

 avg10.tail
            600000  600016  600028  600029  600030  600036  600048  600050  600100  600104  600111  600340  x000001  x000002
date
2017-09-04   12.76    8.36    5.97    8.75   18.23   26.73   10.24    7.98     NaN   29.54   19.00   32.36  3372.46  3531.96
2017-09-05   12.92    8.40    5.94    8.90   18.22   27.09   10.39    7.96     NaN   29.52   19.02   32.38  3380.98  3540.89
2017-09-06   12.98    8.36    5.98    8.77   18.07   27.06   10.48    7.86     NaN   29.37   18.85   32.58  3378.40  3538.14
2017-09-07   12.91    8.34    5.99    8.73   18.07   26.62   10.78    7.89     NaN   29.29   18.40   33.11  3375.03  3534.57
2017-09-08   12.96    8.32    5.96    8.97   17.89   26.41   10.98    7.80     NaN   29.26   18.18   33.13  3366.06  3525.01
```

图 3-13　输出信息

合并后的数据是标准的 Pandas 的 DataFrame 表格格式，每列是一只股票的价格，index（索引列）是日期。

需要注意的是：

- 在以上输出信息中，部分股票的头部和尾部数据为 NaN（空值），这是因为该天相关股票没有交易数据，后续操作需要删除这些无效数据，以免影响整体分析。
- 为了与股票代码相区分，指数代码前有一个 x 字符，表示 inx 的意思。

第 4 组代码如下：

```
#4,xed data avg20
avg10=avg10.dropna()
#avg10=avg10.tail(300)
```

```
a20=avg10.rebase()

print('\n#4 avg20')
print('\n avg20.head')
print(a20.head())
print('\n avg20.tail')
print(a20.tail())
#plot
a20.plot()
```

由于合并后的各只股票价格不同，不便于横向比较，因此必须进行归一化处理，这里使用的是 ffn 金融函数包扩展的 rebase 函数。

在使用 rebase 函数前，需要使用 dropna 清除无效数据，以加快计算速度，且避免引起混乱。

如下代码表示只使用最近 300 个交易日的数据，这里做了屏蔽，使用的是全部有效数据。

```
#avg10=avg10.tail(300)
```

第 4 组代码对应的输出信息如图 3-14 所示。

```
#4 avg20

 avg20.head
            600000  600016  600028  600029  600030  600036  600048  600050  600100  600104  600111  600340  x000001  x000002
date
2006-07-31  100.00  100.00  100.00  100.00  100.00  100.00  100.00  100.00  100.00  100.00  100.00  100.00   100.00   100.00
2006-08-01   98.68   98.64   99.07   97.97   96.95   99.21  101.92   99.01   97.96   95.30   96.25   97.73    98.46    98.46
2006-08-02   98.03   97.28   99.69   95.95   95.29   98.68  105.77   98.52   98.30   93.42   92.50   95.45    97.61    97.61
2006-08-03   99.34   97.28  100.62   95.95   95.57  100.26  106.73   99.01   97.62   92.79   92.50   95.45    97.77    97.77
2006-08-04  100.00   97.96  102.18   95.95   93.63  101.06  107.69   99.01   95.58   89.03   90.00   93.18    97.07    97.06

 avg20.tail
            600000  600016  600028  600029  600030  600036  600048  600050  600100  600104   600111   600340  x000001  x000002
date
2017-03-22  792.76  572.79  172.90  520.27  437.12  476.46  895.19  374.88  468.03  727.59  1580.00  6029.55   198.33   197.56
2017-03-28  801.97  572.11  172.27  535.14  441.00  488.89  897.12  367.00  469.05  738.24  1546.25  6013.64   199.15   198.40
2017-03-29  796.71  570.07  172.27  539.86  439.34  487.57  888.46  366.50  466.33  731.35  1550.00  6070.45   198.53   197.78
2017-03-30  790.79  564.63  171.96  545.95  436.84  487.57  881.73  364.53  460.54  733.86  1525.00  6088.64   196.87   196.13
2017-03-31  794.74  565.31  172.90  538.51  436.29  489.15  884.62  365.02  457.14  745.77  1512.50  6127.27   196.56   195.82
```

图 3-14　输出信息

从图 3-14 可以看出，使用 rebase 函数进行归一化处理后的数据，起始数值都是 100，这样便于横向比较。

如图 3-15 所示，是对应的相对价格曲线图。

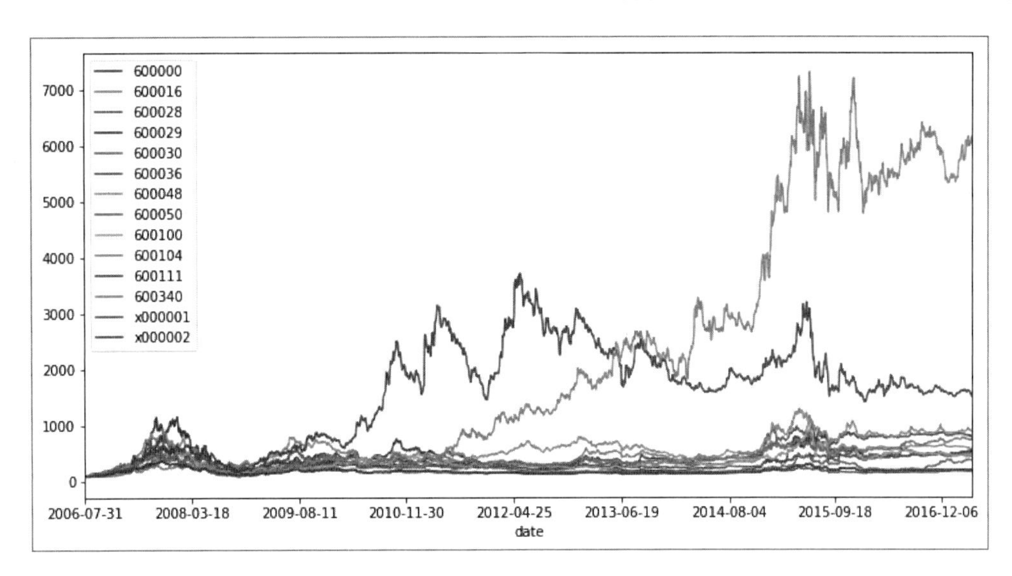

图 3-15　相对价格曲线图

从图 3-15 可以看出，在 2006 年 7 月至 2016 年 12 月十年时间里，在股票池中升值最大的是股票代码为 600340 的股票。

在前面输出的尾部数据中，2017 年 3 月 31 日股票代码为 600340 的股票的相对价格为 6127.27，升值超过 60 倍。

在量化回溯分析中，对结果数据进行归一化处理后，通过相对价格曲线图，很容易在股票池中找出回报率最高的股票品种。

3.8　TQ_bar全局变量类

前面我们介绍了内存数据库和全局变量的使用，虽然这样操作可以大大提高量化分析的速度，但众多的变量依然使得操作步骤十分烦琐。

为了简化编程，TopQuant 采用 All-In-One 编程模式，定义了一个 TQ_bar 全局变量类，用于交换全程各种数据。

TQ_bar 类位于 zsys.py 模块中，采用 All-in-One 模式的变量定义，最大的好处就是可以大大简化系统函数 API 的参数结构。

在 TopQuant 系统中，各个函数接口只要传递一个 TQ_bar 类变量即可，通常这个变量的名称是 qx，其中 q 是 Quant 的简称。

TQ_bar 类定义采用复合参数模式，也可大大简化程序的编写，方便系统的维护和管理，稍后的案例会进一步介绍这些内容。

如果日后需要对 TopQuant 系统进行扩展，增加功能，大部分时候都无须修改各个模块函数的 API 接口，只要在 TQ_bar 类定义中增加相关的变量，同时在相关模块中编写对应的函数即可。

目前 TQ_bar 类定义还处在不断优化调整当中，但不管如何调整，All-in-One 模式都不会改变，相关函数的 API 接口也不会改变，这样就不会影响各个函数的调用了。

案例 3-8：TQ_bar 初始化

案例 3-8 文件名为 kc308_tqbar.py，主要介绍 TQ_bar 类和 tq_init 初始化函数的基本使用方法。

本案例程序只有两组代码。第 1 组代码如下：

```
    #1 set data,init
    inxLst=['000001','000002']
    codLst=['600000','600016','600028','600029','600030','600036','600048',
'600050','600100','600104','600111','600340']
    rs0=zsys.rdatCN0  #'/zDat/cn/'
    print('\n#1,set data,init,',rs0)
    qx=ztq.tq_init(rs0,codLst,inxLst)
```

设置参数，调用 tq_init 初始化函数，返回一个设置好的 qx 全局变量。

tq_init 初始化函数接口很简单，只有三个参数。

```
    def tq_init(rs0,codLst,inxLst=['000001']):
```

- rs0，数据目录。
- codLst，股票池代码列表。
- inxLst，指数池代码列表，默认使用沪市指数。

tq_init 初始化函数的参数 codLst、inxLst 都不是单个代码字符串，而是一个 Lis，这是因为 TopQuant 支持股票池，所以采用列表形式。

第 2 组代码如下：

```
#2
print('\n#2,qt.prVars(qx)')
ztq.tq_prVars(qx)
```

调用 TopQuant 内置的 tq_prVars 函数，输出常用的 TQ_bar 类变量参数的值。

tq_prVars 函数位于 ztools_tq 模块中，是 TopQuant 专门优化的全局变量输出函数，输出信息分为两段，其中第一段输出信息如下：

```
#2,qt.prVars(qx)

zsys.xxx
   rdat0, /zDat/
   rdatCN, /zDat/cn/day/
   rdatCNX, /zDat/cn/xday/
   rdatInx, /zDat/inx/
   rdatMin0, /zDat/min/
   rdatTick, /zDat/tick/

code list: ['600000', '600016', '600028', '600029', '600030', '600036', '600048',
'600050', '600100', '600104', '600111', '600340']
inx list: ['000001', '000002']

stk info
     code     name      ename         id       industry id_industry    area id_area
510  600000   浦发银行  PFYX_600000   600000   银行     25             上海 267

 inx info
       code        ename      id  name          tim0
0    000001   SZZS_000001     0  上证指数       1994-01-01
```

以上输出信息主要是当前数据目录、股票池中的股票代码，以及当前正在处理的股票和指数数据，如股票代码、中文名称、拼音代码、分类 id 等。

第二段输出信息如下：

```
obj:qx
inxCodeLst      = ['000001', '000002']
inxPools        = ......
stkCodeLst      = ......
stkPools        = ......
```

```
varPre          = []
varSta          = []
wrkCod          = 600000
wrkInx          = 000001
wrkInxDat        = ......
wrkInxInfo       = ......
wrkStkCod        =
wrkStkDat        = ......
wrkStkInfo       = ......
wrkTim0         = 2017-09-17T21:15:28.793222+08:00
wrkTim9         = None
wrkTim9str       =
wrkTm0str        = 2017-09-17 21:15:28
```

调用 zTools 工具模块库中的 xobjPr 函数，迭代打印所有的类变量参数，其中部分数据较多的类变量使用省略号忽略了。

xobjPr 是一个通用的类参数输出函数，可以用于查看各种类变量的属性，是笔者常用的编程工具函数。

xobjPr 函数类似于 Python 内置的 help、dir 命令，不同的是，xobjPr 函数可以输出类变量的值，这在调试程序时非常方便。

除初始化 TQ_bar 类变量 qx 外，tq_init 初始化函数还会加载 stkNamTbl（股票名称代码表）、inxNamTbl（指数名称代码表）等数据作为全局变量。这也是内存数据库的一种简单的应用手段，相关代码如下：

```
zsys.stkNamTbl=pd.read_csv(fstk,dtype={'code' : str},encoding='GBK')
zsys.inxNamTbl=pd.read_csv(finx,dtype={'code' : str},encoding='GBK')
```

TQ_bar 类定义也会根据项目需要，在 tq_init 初始化函数中增加一些有重要价值的全局数据，并对相关数据、运行环境进行初始化处理。

例如以下代码用于设置 Pandas 输出表格的宽度、小数位数，优化显示模式。

```
pd.set_option('display.width', 450)
pd.set_option('display.float_format', zt.xfloat3)
```

大家在学习过程中，如果遇到与 TQ_bar 类定义有关的疑难问题，则除使用 xobjPr 函数查看相关变量的值外，及时查看最新版本的 TQ_bar 类定义源码，也是常用的手段。

案例 3-9：TQ 版本日线数据

案例 3-9 文件名为 kc309_tqday.py，主要介绍如何使用 TQ_bar 类、zDat 金融数据集，绘制对应的日线 K 线图。

下面我们介绍主流程代码。第 1 组代码如下：

```
#1 预处理
pd.set_option('display.width', 450)
pyplt=py.offline.plot
```

按照惯例，第 1 组代码都是设置数据、变量以及程序的运行环境。

第 2 组代码如下，主要是设置参数，读取输入数据。

```
#2 set data,init
codLst=['000001']
rs0=zsys.rdatCN0  #'/zDat/cn/'
print('\n#1,set data,init,',rs0)
qx=ztq.tq_init(rs0,codLst)
```

初始化 TQ_bar 类变量 qx。请注意，codLst 不是单只股票代码，而是一个 List，这是因为 TopQuant 支持股票池，所以采用列表形式。

第 3 组代码如下，主要是根据 qx 变量，查看当前工作股票的基本数据。

```
#3
print('\n#3,qx.wrkStk')
xcod=qx.wrkStkCod
print('\nqx.wrkStkCod,',qx.wrkStkCod)
print('\nqx.wrkStkInfo,',qx.wrkStkInfo)
print('\nqx.wrkStkDat.tail')
print(qx.wrkStkDat.tail())
```

在 qx 变量中：

- qx.wrkStkCod 变量用于保存当前工作股票代码。
- qx.wrkStkDat 变量用于保存当前工作股票数据。

第 3 组代码对应的输出信息如下：

```
#3,qx.wrkStk
qx.wrkStkCod, 000001
```

```
qx.wrkStkInfo, code    name     ename        id  industry  id_industry   area id_area
1046           000001  平安银行  PAYH_000001  1   银行       25            深圳  264

qx.wrkStkDat.tail
              open     high     low      close    volume
date
2017-09-04    11.180   11.720   11.170   11.720   1352325.000
2017-09-05    11.680   11.940   11.600   11.640   1287518.000
2017-09-06    11.590   11.880   11.480   11.700   791621.000
2017-09-07    11.650   11.750   11.390   11.440   614187.000
2017-09-08    11.460   11.640   11.380   11.490   481276.000
```

第 4 组代码如下，主要是根据 qx 变量中当前的股票数据，绘制 K 线图。

```
#4--plot
print('\n#4,plot-->tmp/tmp_.html')
df2=qx.wrkStkDat.tail(100)
hdr,fss='K 线图-'+xcod,'tmp/tmp_.html'
zdr.drDF_cdl(df2,ftg=fss,m_title=hdr)
```

调用 ztools_draw 模块中的 drDF_cdl 函数，绘制最近 100 组数据的日 K 线图，如图 3-16 所示。

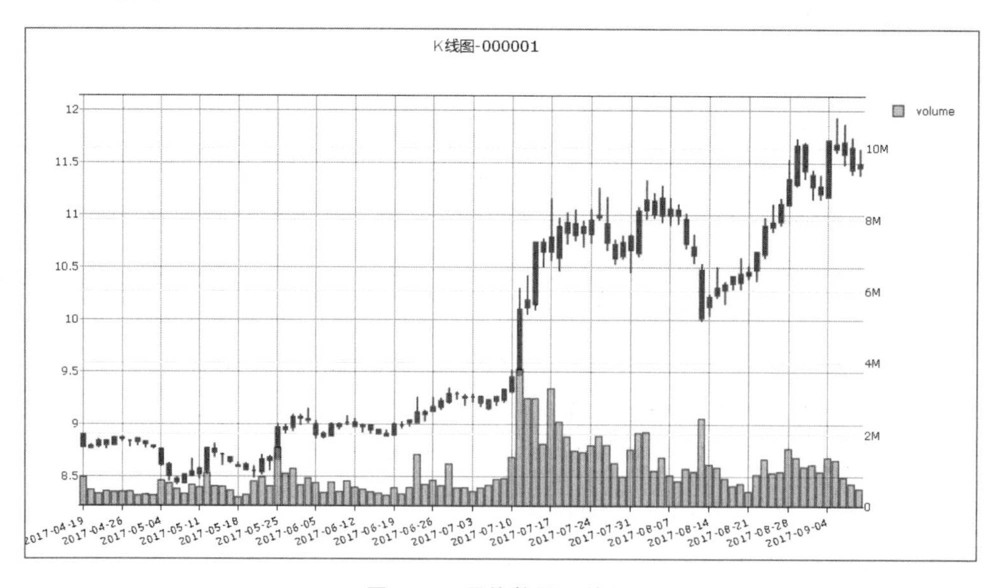

图 3-16　日线数据 K 线图

3.9　大盘指数

前面我们介绍的都是个股数据，但在实际分析时，经常需要使用大盘指数数据。

目前 zDat 金融数据集共收录了 24 种指数数据，指数索引文件名是：\zDat\inx\inx_code.csv。

inx_code.csv 文件包含的内容如下：

```
code,name,tim0
000001,上证指数,1994-01-01
000002,A股指数,1994-01-01
000003,B股指数,1994-01-01
000008,综合指数,1994-01-01
000009,上证 380,2011-01-01
000010,上证 180,2000-01-01
000011,基金指数,2001-01-01
000012,国债指数,2003-01-01
000016,上证 50,2004-01-01
000017,新综指,2006-01-01
000300,沪深 300,2005-01-01
399001,深证成指,1994-01-01
399002,深成指 R,1994-01-01
399003,成份 B 指,1994-01-01
399004,深证 100R,2003-01-01
399005,中小板指,2009-01-01
399006,创业板指,2011-01-01
399100,深证新指数,2006-01-01
399101,中小板综,2006-01-01
399106,深证综指,2000-01-01
399107,深证A指,2000-01-01
399108,深证B指,2000-01-01
399333,中小板 R,2007-01-01
399606,创业板 R,2011-01-01
```

在以上数据中：

- code——指数代码。
- name——指数名称

- tim0——指数起始时间，只有年份数据，月、日都统一为 1 月 1 日。

以上指数的具体数据，与股票日线数据类似，位于\zDat\cn\xday\目录下。

如果未来指数也使用 Tick 数据，则会使用保留目录\zDat\xtick\。

案例 3-10：指数日线数据

案例 3-10 文件名为 kc310_xday.py，主要介绍如何调用 zDat 上证指数（000001）的日线数据，并绘制对应的 K 线图。

下面我们介绍主流程代码。第 1 组代码如下：

```
#1 预处理
pd.set_option('display.width', 450)
pyplt=py.offline.plot
```

按照惯例，第 1 组代码都是设置数据、变量以及程序的运行环境。

第 2 组代码如下，主要是设置参数，读取输入数据。

```
#2
xcod='000001'
rss=zsys.rdatCNX
fss=rss+xcod+'.csv'
df=pd.read_csv(fss,index_col=0)
df=df.sort_index()
print('\n#2,df.tail()')
print(df.tail())
```

读取指数代码为 000001 的上证指数的日线数据。注意，案例中的实际日线数据保存在 zDat 目录下，zDat 必须为根目录。

另外，需要注意的是 rss=zsys.rdatCNX。

指数数据目录是：\zDat\cn\xday\xDay\。

股票数据目录是：\zDat\cn\xday\Day\。

第 2 组代码对应的输出信息如下，还是经典的 OHLC 股票数据格式。

```
#2,df.tail()
                open      close     high        low         volume        code
date
```

```
2017-09-04  3369.72  3379.58  3381.40  3359.13  267427849.0  sh000001
2017-09-05  3377.20  3384.32  3390.82  3371.57  216552946.0  sh000001
2017-09-06  3372.43  3385.39  3391.01  3364.76  229090785.0  sh000001
2017-09-07  3383.63  3365.50  3387.80  3363.18  221118685.0  sh000001
2017-09-08  3364.43  3365.24  3380.89  3353.69  198405184.0  sh000001
```

第 3 组代码如下，主要是根据所读取的数据绘制 K 线图。

```
#3
print('\n#3,plot-->tmp/tmp_.html')
hdr,fss='K 线图-指数：'+xcod,'tmp/tmp_.html'
df2=df.tail(100)
zdr.drDF_cdl(df2,ftg=fss,m_title=hdr)
```

绘制最近 100 组数据的 K 线图，如图 3-17 所示。

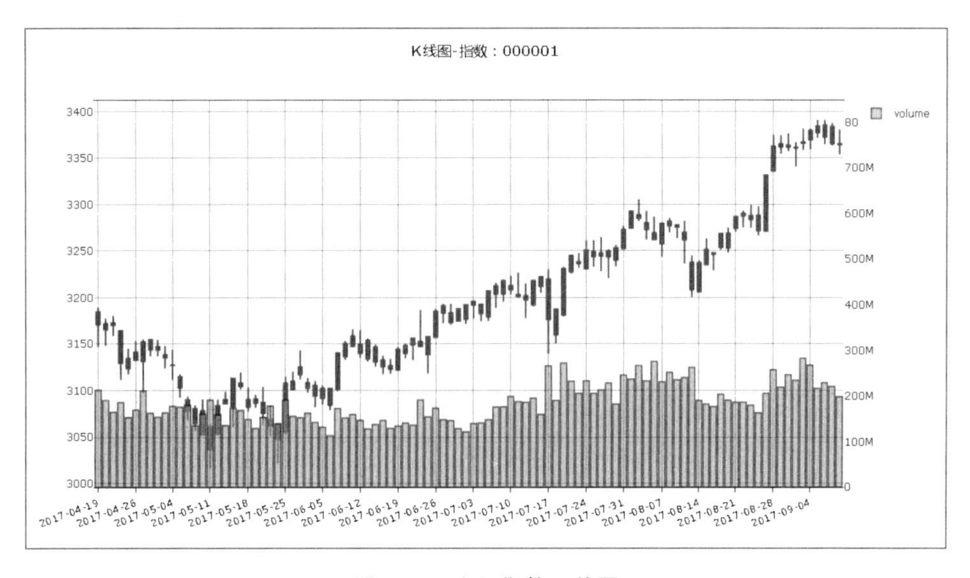

图 3-17　上证指数 K 线图

案例 3-11：TQ 版本指数 K 线图

案例 3-11 文件名是 kc311_tqxday.py，主要介绍如何使用 TQ_bar 类、zDat 金融数据集，绘制指数 K 线图。

下面我们介绍主流程代码。第 1 组代码如下：

```
#1 预处理
pd.set_option('display.width', 450)
pyplt=py.offline.plot
```

按照惯例，第 1 组代码都是设置数据、变量以及程序的运行环境。

第 2 组代码如下，主要是设置参数，读取输入数据。

```
#2 set data,init
codLst=[]
inxLst=['000001']
rs0=zsys.rdatCN0  #'/zDat/cn/'
print('\n#1,set data,init,',rs0)
qx=ztq.tq_init(rs0,codLst,inxLst)
```

初始化 TQ_bar 类变量 qx。请注意，股票池代码列表 codLst 是空的，因为本案例只需要使用指数数据，这也是在模拟一些极端的情况，类似于简单的压力测试。

第 3 组代码如下：

```
#3
xcod=qx.wrkInxCod
print('\nqx.wrkInxCod,',qx.wrkInxCod)
print('\nqx.wrkInxFinfo,',qx.wrkInxInfo)
print('\nqx.wrkInxDat.tail')
print(qx.wrkInxDat.tail())
```

输出当前工作指数的基本情况。在 TQ_Bar 类定义中，使用 wrk 开头的变量，代表当前正在工作的变量数据，其中 wrkStk 表示股票数据，wrkInx 表示指数数据，wrkTim 表示当前数据的时间节点等。

第 3 组代码对应的输出信息如下：

```
#3,qx.wrkInx
qx.wrkInxCod, 000001
qx.wrkInxFinfo,      code         ename           id  name        tim0
0                    000001       SZZS_000001     0   上证指数    1994-01-01

qx.wrkInxDat.tail
                  open      close     high      low        volume            code
date
2017-09-04    3369.720  3379.580  3381.400  3359.130  267427849.000     sh000001
```

```
2017-09-05    3377.200  3384.320  3390.820  3371.570   216552946.000      sh000001
2017-09-06    3372.430  3385.390  3391.010  3364.760   229090785.000      sh000001
2017-09-07    3383.630  3365.500  3387.800  3363.180   221118685.000      sh000001
2017-09-08    3364.430  3365.240  3380.890  3353.690   198405184.000      sh000001
```

第 4 组代码如下，主要是根据 qx 变量中当前的数据，绘制对应的 K 线图。

```
#4--plot
print('\n#4,plot-->tmp/tmp_.html')
hdr,fss='K 线图-指数:'+xcod,'tmp/tmp_.html'
df2=qx.wrkInxDat.tail(100)
zdr.drDF_cdl(df2,ftg=fss,m_title=hdr)
```

第 4 组代码对应的输出信息如下：

```
#4,plot-->tmp/tmp_.html
              open      high        close     low       volume       amount
date
2017-04-26    3132.918  3152.953    3140.847  3131.418  16987810700  197112873017
2017-04-27    3131.350  3155.003    3152.187  3097.333  21179307300  235748319355
2017-04-28    3144.022  3154.727    3154.658  3136.578  16288989900  183195769806
2017-05-02    3147.228  3154.781    3143.712  3136.539  15422296200  176389916688
2017-05-03    3138.307  3148.286    3135.346  3123.751  16376392400  190236600690
```

调用 ztools_draw 模块中的 drDF_cdl 函数，绘制最近 100 组数据的 K 线图，如图 3-18 所示。

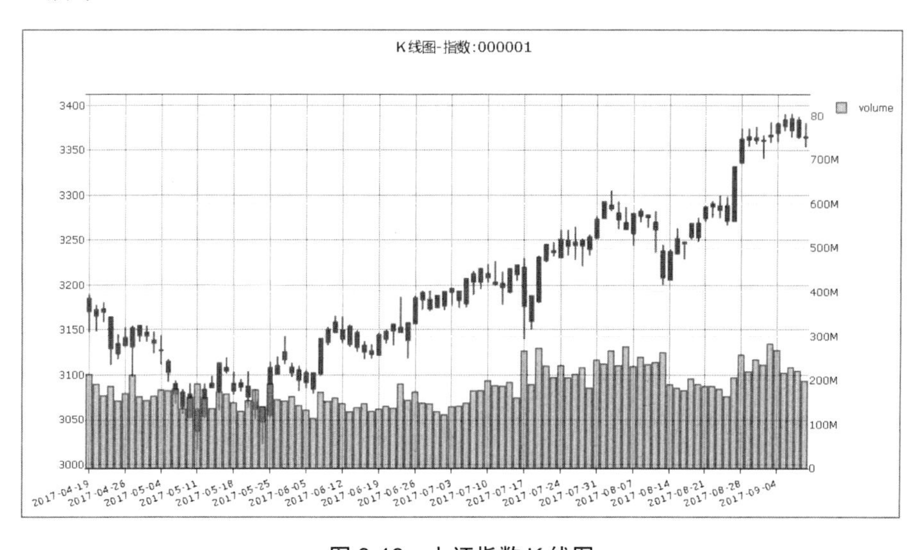

图 3-18　上证指数 K 线图

案例 3-12：个股和指数曲线对照图

在进行实盘分析时，经常使用个股和指数曲线的对照图。

案例 3-12 文件名为 kc312_tqxday2.py，主要介绍同时使用个股、指数数据，绘制对应的 K 线对比曲线图。

因为本案例将介绍两种不同的绘图模式，所以代码较长，下面分组进行介绍。第 1 组代码如下：

```
#1 预处理
pd.set_option('display.width', 450)
pyplt=py.offline.plot
```

按照惯例，第 1 组代码都是设置数据、变量以及程序的运行环境。

第 2 组代码如下，主要是设置参数，读取输入数据。

```
#2
#2 set data,init
codLst=['000001','000002']
inxLst=['000001','000002']
rs0=zsys.rdatCN0  #'/zDat/cn/'
print('\n#2,set data,init,',rs0)
qx=ztq.tq_init(rs0,codLst,inxLst)
```

调用 tq_init 初始化函数，初始化量化全局变量 qx。

第 3 组代码有两段，第 1 段代码如下：

```
#3.A
print('\n#3.A,qx.wrkStk')
xcod=qx.wrkStkCod
print('\nqx.wrkStkCod,',qx.wrkStkCod)
print('\nqx.wrkStkInfo,',qx.wrkStkInfo)
```

tq_init 初始化函数运行后，读取当前的 qx.wrkStkDat 股票数据，对应的输出信息如下：

```
#3.A,qx.wrkStk
qx.wrkStkCod, 000001
qx.wrkStkInfo, code   name     ename        id   industry id_industry   area id_area
1046           000001 平安银行 PAYH_000001 1    银行     25            深圳  264
```

第 2 段代码如下：

```
#3.B
xcod=qx.wrkInxCod
print('\n#3.B,qx.wrkInx')
print('\nqx.wrkInxCod,',qx.wrkInxCod)
print('\nqx.wrkInxFinfo,',qx.wrkInxInfo)
```

读取指数数据，对应的输出信息如下：

```
#3.B,qx.wrkInx
qx.wrkInxCod, 000001
qx.wrkInxFinfo,      code     ename         id      name       tim0
0                    000001   SZZS_000001   0       上证指数    1994-01-01
```

第 4 组代码如下，此为第 1 种绘图模式。

```
#4
print('\n#4 plot#1.')
df_inx=qx.wrkInxDat
df_stk=qx.wrkStkDat
nam_inx=qx.wrkInxInfo.ename.values[0]
nam_stk=qx.wrkStkInfo.ename.values[0]
print('\nnam_inx:',nam_inx)
print('nam_stk:',nam_stk)
#
df9=pd.DataFrame()
ksgn='close'
df9[nam_inx]=df_inx[ksgn]
df9[nam_stk]=df_stk[ksgn]
print('\ndf9.tail()')
print(df9.tail())
#
df9[nam_stk]=df9[nam_stk]*100
print('\ndf9.tail()*100')
print(df9.tail())
#df9[xinx2css]=xinx2Dat['close']
df9=df9.dropna()
df9.plot()
```

直接使用 Pandas 内置的功能，绘制指数与股票的价格对比图，在绘图前先对有关数据进行处理。

如下代码用于设置股票、指数的名称。因为要在绘图时使用，而 Matplotlib 对汉字支持不好，所以使用的是英文字符的拼音代码作为名称。

```
nam_inx=qx.wrkInxInfo.ename.values[0]
nam_stk=qx.wrkStkInfo.ename.values[0]
```

此外，注意赋值语句当中的 values[0]，因为 ename 字段是一个对象，不能直接赋值。

再看如下代码：

```
df9[nam_stk]=df9[nam_stk]*100
```

由于股票价格与指数数值相差太大，所以乘以 100 进行修正。

最终绘制的价格曲线图如图 3-19 所示。

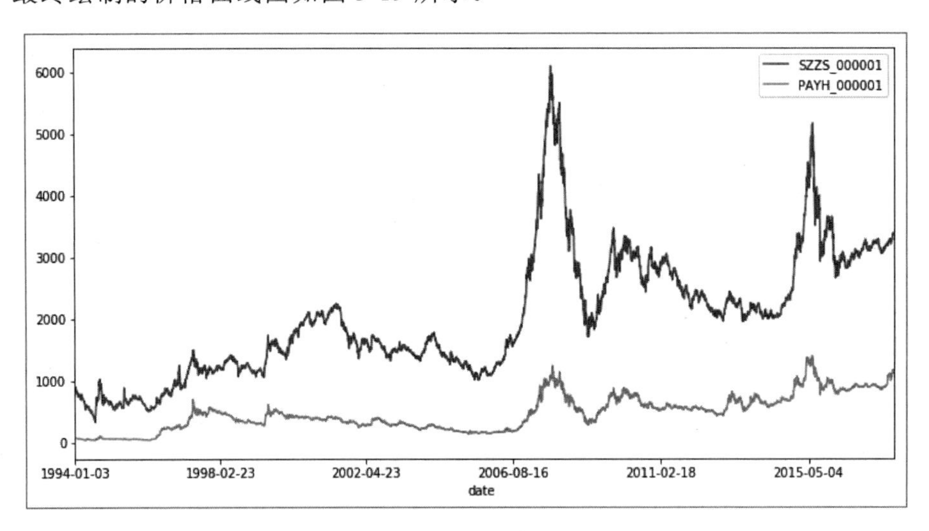

图 3-19　指数和股票价格对比曲线图

第 5 组代码如下，此为第 2 种绘图模式。

```
#5
print('\n#5 plot#2')
ksgn='avg'
zdat.pools_link2qx(qx,ksgn)
avg10=qx.wrkPriceDat
```

```
print('\navg10.head')
print(avg10.head())
print('\navg10.tail')
print(avg10.tail())

#4,xed data avg20
avg10=avg10.dropna()
#avg10=avg10.tail(300)
a20=avg10.rebase()
a20=a20.round(2)

print('\navg20')
print('\navg20.head')
print(a20.head())
print('\navg20.tail')
print(a20.tail())
#plot
a20.plot()
```

在以上代码中，首先调用 pools_link2qx 函数合并相关的股票、指数价格数据，并保存在 qx 的 wrkPriceDat 变量中，然后通过 rebase 函数进行归一化处理，最后通过 Pandas 集成的 plt 命令进行绘图。如图 3-20 所示是所绘制的价格曲线图。

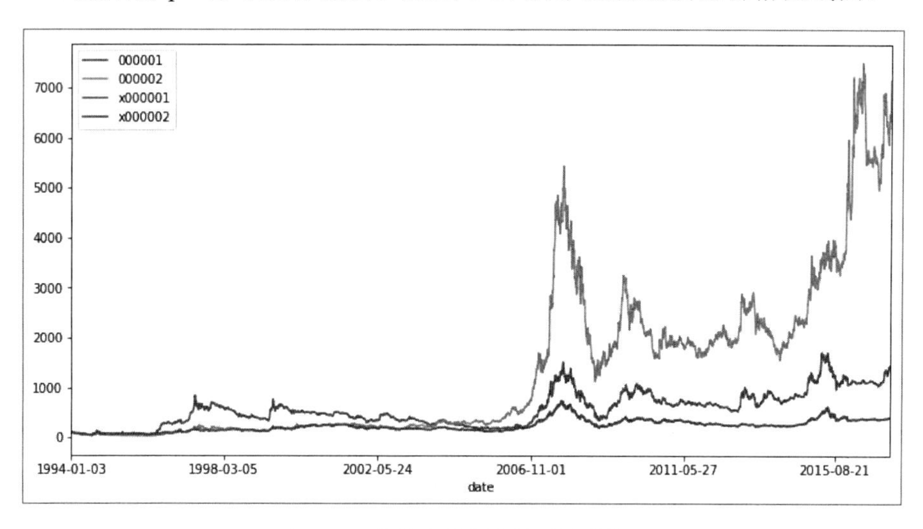

图 3-20　指数和股票价格对比曲线图

当然，在第 2 种绘图模式中，也可以不调用 rebase 函数进行归一化处理，而是对价格数据略微优化后直接绘图，这样绘制的图形与采用第 1 种绘图模式绘制的图形类似，大家可以自己测试一下。

3.10 TDS金融数据集

TopDatSet 的中文全称是：极宽金融量化•神经网络模型训练测试数据集，简称 TDS 金融数据集。

TDS 金融数据集，是根据 TensorFlow 等深度学习平台、神经网络模型的要求，基于 A 股实盘数据制作的数据集，可用于金融数据神经网络模型的训练、测试和验证。

TDS 金融数据集是 Python 量化+深度学习神经网络复合数据的合集，其首批发布的数据有：

- 沪深 300、上证 50、中证 500 三组股票数据合集。
- 多种衍生数据。
- 训练数据集和测试数据集。
- 数据内部采用随机排序模式，以提高模型训练效果。
- 时间字段采用日线数据模式，兼容分时数据。
- 预留数字货币、期货数据，以及 Tick 分时数据处理函数和 API 接口，便于扩展。

以下是常用的日线数据集。

```
                open    high    low     close   volume
date
2017-09-04      24.26   24.40   24.20   24.27   25418.0
2017-09-05      24.20   24.28   23.91   24.00   35635.0
2017-09-06      23.88   24.00   23.64   23.71   38661.0
2017-09-07      23.70   24.02   23.70   23.84   24343.0
2017-09-08      23.72   24.00   23.68   23.76   23190.0
```

由以上信息可以看出，原始数据只有最基本的 OHLC 数据、成交量数据和日期数据。

如图 3-21 和图 3-22 所示是扩展后的 TDS 衍生数据集。

A	B	C	D	E	F	G	H	I	J	K	L	M	N	O	P
open	high	low	close	volume	xtim	xyear	xmonth	xday	xday_week	xday_year	xweek_yea	avg	ma_2	ma_3	ma_5
2.79	2.8	2.72	2.72	10610.91	1994-5-30	1994	5	30	0	150	22	2.75	2.8	2.83	2.86
2.72	2.83	2.72	2.81	8163.32	1994-5-31	1994	5	31	1	151	22	2.77	2.76	2.79	2.84
2.79	2.84	2.73	2.75	5223.4	1994-6-1	1994	6	1	2	152	22	2.78	2.77	2.77	2.81
2.77	2.81	2.72	2.76	5384.4	1994-6-2	1994	6	2	3	153	22	2.76	2.77	2.77	2.78
2.77	2.88	2.77	2.78	12725.12	1994-6-3	1994	6	3	4	154	22	2.8	2.78	2.78	2.77
2.81	2.82	2.77	2.79	4806	1994-6-6	1994	6	6	0	157	23	2.8	2.8	2.79	2.78
2.79	2.79	2.72	2.74	5203.82	1994-6-7	1994	6	7	1	158	23	2.76	2.78	2.79	2.78

图 3-21　扩展后的 TDS 衍生数据集（1）

ma_10	ma_15	ma_20	ma_25	ma_30	ma_50	ma_100	xavg1	xavg2	xavg3	xavg4	xavg5	xavg6	xavg7	xavg8	xavg9
2.87	2.9	2.95	2.98	3.01	3.31	3.76	2.77	2.78	2.76	2.8	2.8	2.76	2.75	2.75	2.72
2.86	2.89	2.93	2.97	2.99	3.28	3.75	2.78	2.76	2.8	2.8	2.76	2.75	2.75	2.72	2.68
2.86	2.87	2.91	2.96	2.98	3.26	3.74	2.76	2.8	2.8	2.76	2.75	2.75	2.72	2.68	2.66
2.85	2.86	2.9	2.94	2.97	3.23	3.72	2.8	2.8	2.76	2.75	2.75	2.72	2.68	2.66	2.68
2.84	2.84	2.89	2.93	2.96	3.21	3.7	2.8	2.76	2.75	2.75	2.72	2.68	2.66	2.68	2.69
2.82	2.84	2.87	2.92	2.95	3.18	3.69	2.76	2.75	2.75	2.72	2.68	2.66	2.68	2.69	2.76
2.81	2.83	2.86	2.9	2.94	3.16	3.67	2.75	2.75	2.72	2.68	2.66	2.68	2.69	2.76	2.73

图 3-22　扩展后的 TDS 衍生数据集（2）

与原始数据集对比，大家会发现扩展后的 TDS 衍生数据集丰富了很多。

扩展后的数据集虽然字段很多，但大体可以分为以下几组。

- 原始数据，包括 OHLC 数据、volume（成交量）和 date（日期）。
- 拆分后的时间数据组。
- avg 均值衍生数据。
- 基于 avg 均值，调用 TA-Lib 函数生成的 MA 均线衍生数据。
- 基于 avg 均值，计算次日的均值数据作为预测数据，对应深度学习当中的结果 Y 数据集。

鉴于数据规模和神经网络模型训练、测试数据集的基本要求，首期发布的 TDS 极宽金融测试数据集，以控制数据集的规模为优先考虑指标。

TDS 金融数据集在金融指标方面只保留了最基本的 MA 均线数据，其他更加复杂的金融指标参数如 RSI、KDJ、MACD 等，大家可以参考本书中案例，在数据预处理时自行进行扩展。

TDS 金融数据集采用 sz50（上证 50）、hs300（沪深 300）、zz500（中证 500）作为原始数据，制作了三组数据集。制作完成的数据集保存在\zdat\TDS\目录下。

我们采用冗余模式，在 ailib 下也保存了一份数据，数据目录是：\ailib\TDS\。

TDS 金融数据集的数据文件如图 3-23 所示。

TDS 数据文件包括以下数据。

（1）sz50（上证 50）数据合集

- TDS00_sz50.csv，合并后的 sz50 数据合集，约有 12 万条数据。
- TDS_sz50.csv，经过随机处理后的 sz50 数据合集，约有 12 万条数据。

- TDS_sz50_train.csv，sz50 数据合集中的训练数据集，约有 11 万条数据。
- TDS_sz50_test.csv，sz50 数据合集中的测试数据集，约有 1.1 万条数据。

名称	大小
TDS_hs300.csv	150,550 KB
TDS_hs300_test.csv	15,056 KB
TDS_hs300_train.csv	135,495 KB
TDS_sz50.csv	20,166 KB
TDS_sz50_test.csv	2,019 KB
TDS_sz50_train.csv	18,148 KB
TDS_zz500.csv	251,931 KB
TDS_zz500_test.csv	25,200 KB
TDS_zz500_train.csv	226,732 KB
TDS00_hs300.csv	150,550 KB
TDS00_sz50.csv	20,166 KB
TDS00_zz500.csv	251,931 KB

图 3-23　TDS 金融数据集的数据文件

（2）hs300（沪深 300）数据合集

- TDS00_ hs300.csv，合并后的 hs300 数据合集，约有 93.9 万条数据。
- TDS_ hs300.csv，经过随机处理后的 hs300 数据合集，约有 93.9 万条数据。
- TDS_ hs300_train.csv，hs300 数据合集中的训练数据集，约有 84.5 万条数据。
- TDS_ hs300_test.csv，hs300 数据合集中的测试数据集，约有 9.4 万条数据。

（3）zz500（中证 500）数据合集

- TDS00_ zz500.csv，合并后的 zz500 数据合集，约有 157.8 万条数据。
- TDS_ zz500.csv，经过随机处理后的 zz500 数据合集，约有 157.8 万条数据。
- TDS_ zz500_train.csv，zz500 数据合集中的训练数据集，约有 142 万条数据。
- TDS_ zz500_test.csv，zz500 数据合集中的测试数据集，约有 15.8 万条数据。

案例 3-13：TDS 衍生数据

案例 3-13 文件名为 kc313_tdat01.py，主要介绍如何制作 TDS 衍生数据。本案例中使用了两种模式，大家可以比较其中的差异。

第 1 组代码如下：

```
#1
fss='data/600663.csv'
```

```
print('\n#1fss,',fss)
df=pd.read_csv(fss,index_col=0)
df=df.sort_index(ascending=True);
print(df.tail())
```

读取数据，并进行排序。这里使用的是日线数据，分时数据也可以采用这种模式。

第 1 组代码对应的输出信息如下：

```
#1fss, data/600663.csv
             open   high   low    close  volume
date
2017-09-04   24.26  24.40  24.20  24.27  25418.0
2017-09-05   24.20  24.28  23.91  24.00  35635.0
2017-09-06   23.88  24.00  23.64  23.71  38661.0
2017-09-07   23.70  24.02  23.70  23.84  24343.0
2017-09-08   23.72  24.00  23.68  23.76  23190.0
```

从输出信息可以看出，原始数据只有最基本的 OHLC、volume（成交量）和 date（日期）数据。

第 2 组代码如下，用于计算各组衍生数据。

```
#2 计算衍生数据
#2.1 计算时间衍生数据，使用 ztools_data 库函数
df['xtim']=df.index
df=zdat.df_xtim2mtim(df,'xtim',False)
print('\n#2.1,df.tail')
print(df.tail())
#
#2.2 计算 avg 均值
df['avg']=df[zsys.ohlcLst].mean(axis=1).round(2)


#
#2.3 计算 MA 均线数据，使用 TA-Lib 函数
print('\n#2.3,ma100Lst_var:',zsys.ma100Lst_var)
df=zta.mul_talib(zta.MA,df, ksgn='avg',vlst=zsys.ma100Lst_var)
#
#
```

```
#2.4 计算next（次日）价格，用于预测结果 Y 数据集
df=zdat.df_xed_nextDay(df,ksgn='avg',newSgn='xavg',nday=10)
print('\n#2,df.tail')
print(df.tail(11))
#
#2.5
fss='tmp/stk_sum01.csv'
print('\n#2,fss',fss)
df.to_csv(fss,index=False)
```

第 2 组代码较长，我们分别进行说明。

- 第 2.1 组代码，计算时间衍生数据。
- 第 2.2 组代码，计算 avg 均值衍生数据。
- 第 2.3 组代码，基于 avg 均值，调用 TA-Lib 函数，计算 MA 均线衍生数据。
- 第 2.4 组代码，基于 avg 均值，计算 next（次日）的均值数据作为预测数据，对应于深度学习中的结果 Y 数据集。
- 第 2.5 组代码，保存衍生数据文件。

如图 3-24 和图 3-25 所示是第 2 组代码生成的衍生数据集。

A	B	C	D	E	F	G	H	I	J	K	L	M	N	O	P	Q	R
open	high	low	close	volume	xtim	xyear	xmonth	xday	xday_week	xday_year	xweek_yea	xhour	xminute	avg	ma_2	ma_3	ma_5
3.913	4.022	3.867	3.986	43822.57	1994-1-3	1994	1	3	0	3	1	0	0	3.95			
4.026	4.211	3.998	4.204	54842.36	1994-1-4	1994	1	4	1	4	1	0	0	4.11	4.03		
4.2	4.378	4.104	4.352	69982.39	1994-1-5	1994	1	5	2	5	1	0	0	4.26	4.185	4.106667	
4.344	4.529	4.316	4.4	98823.97	1994-1-6	1994	1	6	3	6	1	0	0	4.4	4.33	4.256667	
4.4	4.455	4.327	4.391	53383.72	1994-1-7	1994	1	7	4	7	1	0	0	4.39	4.395	4.35	4.222
4.466	4.606	4.447	4.606	55662.15	1994-1-10	1994	1	10	0	10	2	0	0	4.53	4.46	4.44	4.338
4.644	4.745	4.603	4.698	80297.15	1994-1-11	1994	1	11	1	11	2	0	0	4.67	4.6	4.53	4.45
4.719	4.822	4.683	4.73	41376.05	1994-1-12	1994	1	12	2	12	2	0	0	4.74	4.705	4.646667	4.546
4.728	4.784	4.7	4.754	28579.17	1994-1-13	1994	1	13	3	13	2	0	0	4.74	4.74	4.716667	4.614
4.737	4.752	4.4	4.466	125310	1994-1-14	1994	1	14	4	14	2	0	0	4.59	4.665	4.69	4.654
4.531	4.576	4.494	4.513	39200.71	1994-1-17	1994	1	17	0	17	3	0	0	4.53	4.56	4.62	4.654
4.49	4.49	4.254	4.353	43638.84	1994-1-18	1994	1	18	1	18	3	0	0	4.4	4.465	4.506667	4.6
4.344	4.344	4.119	4.213	35670.18	1994-1-19	1994	1	19	2	19	3	0	0	4.26	4.33	4.396667	4.504
4.119	4.316	4.03	4.294	47338.65	1994-1-20	1994	1	20	3	20	3	0	0	4.19	4.225	4.283333	4.394

图 3-24 衍生数据集（1）

S	T	U	V	W	X	Y	Z	AA	AB	AC	AD	AE	AF	AG	AH
ma_10	ma_15	ma_20	ma_25	ma_30	ma_50	ma_100	xavg1	xavg2	xavg3	xavg4	xavg5	xavg6	xavg7	xavg8	xavg9
							4.11	4.26	4.4	4.39	4.53	4.67	4.74	4.74	4.59
							4.26	4.4	4.39	4.53	4.67	4.74	4.74	4.59	4.53
							4.4	4.39	4.53	4.67	4.74	4.74	4.59	4.53	4.4
							4.39	4.53	4.67	4.74	4.74	4.59	4.53	4.4	4.26
							4.53	4.67	4.74	4.74	4.59	4.53	4.4	4.26	4.19
							4.67	4.74	4.74	4.59	4.53	4.4	4.26	4.19	4.3
							4.74	4.74	4.59	4.53	4.4	4.26	4.19	4.3	4.44
							4.74	4.59	4.53	4.4	4.26	4.19	4.3	4.44	4.39
							4.59	4.53	4.4	4.26	4.19	4.3	4.44	4.39	4.31
4.438							4.53	4.4	4.26	4.19	4.3	4.44	4.39	4.31	4.33
4.496							4.4	4.26	4.19	4.3	4.44	4.39	4.31	4.33	4.3
4.525							4.26	4.19	4.3	4.44	4.39	4.31	4.33	4.3	4.16
4.525							4.19	4.3	4.44	4.39	4.31	4.33	4.3	4.16	4.11
4.504							4.3	4.44	4.39	4.31	4.33	4.3	4.16	4.11	4.12
4.495	4.404						4.44	4.39	4.31	4.33	4.3	4.16	4.11	4.12	4.2

图 3-25 衍生数据集（2）

第 3 组代码如下，也是计算各组衍生数据。

```
#3
#计算时间参数，使用 ztools_data 库函数


fss='data/600663.csv'
print('\n#1fss,',fss)
df2=pd.read_csv(fss,index_col=0)

df2=zdat.df_xed_ailib(df2,'avg',True)
print('\n#3,df3.tail')
print(df2.tail(11))
#
fss='tmp/stk_sum02.csv'
print('\n#3,fss',fss)
df2.to_csv(fss,index=False)
```

在以上代码中，真正用于处理衍生数据的只有一行代码：

```
df2=zdat.df_xed_ailib(df2,'avg',True)
```

调用 ztools_data 模块中的 df_xed_ailib 函数，生成 ailib 智能衍生数据集。

df_xed_ailib 函数的 API 接口定义如下：

```
def df_xed_ailib(df,ksgn='avg',fgDate=True):
```

其输入参数有三个。

- df——原始数据集。
- ksgn——默认是 avg 均值，也可以是 close（收盘价）等。
- fgDate——时间模式，默认为 True，表示日线模式；False 表示分时模式。

如图 3-26 和图 3-27 所示是第 3 组代码生成的 TDS 衍生数据集。

A	B	C	D	E	F	G	H	I	J	K	L	M	N	O	P
open	high	low	close	volume	xtim	xyear	xmonth	xday	xday_week	xday_year	xweek_yea	avg	ma_2	ma_3	ma_5
2.79	2.8	2.72	2.72	10610.91	1994-5-30	1994	5	30	0	150	22	2.75	2.8	2.83	2.86
2.72	2.83	2.72	2.81	8163.32	1994-5-31	1994	5	31	1	151	22	2.77	2.76	2.79	2.84
2.79	2.84	2.73	2.75	5223.4	1994-6-1	1994	6	1	2	152	22	2.78	2.77	2.77	2.81
2.77	2.81	2.72	2.76	5384.4	1994-6-2	1994	6	2	3	153	22	2.76	2.77	2.77	2.78
2.77	2.88	2.77	2.78	12725.12	1994-6-3	1994	6	3	4	154	22	2.8	2.78	2.78	2.77
2.81	2.82	2.77	2.79	4806	1994-6-6	1994	6	6	0	157	23	2.8	2.8	2.79	2.78
2.79	2.79	2.72	2.74	5203.82	1994-6-7	1994	6	7	1	158	23	2.76	2.78	2.79	2.78

图 3-26 扩展后的 TDS 衍生数据集（1）

ma_10	ma_15	ma_20	ma_25	ma_30	ma_50	ma_100	xavg1	xavg2	xavg3	xavg4	xavg5	xavg6	xavg7	xavg8	xavg9
2.87	2.9	2.95	2.98	3.01	3.31	3.76	2.77	2.78	2.76	2.8	2.8	2.76	2.75	2.75	2.72
2.86	2.89	2.93	2.97	2.99	3.28	3.75	2.78	2.76	2.8	2.8	2.76	2.75	2.75	2.72	2.68
2.86	2.87	2.91	2.96	2.98	3.26	3.74	2.76	2.8	2.8	2.76	2.75	2.75	2.72	2.68	2.66
2.85	2.86	2.9	2.94	2.97	3.23	3.72	2.8	2.8	2.76	2.75	2.75	2.72	2.68	2.66	2.68
2.84	2.84	2.89	2.93	2.96	3.21	3.7	2.8	2.76	2.75	2.75	2.72	2.68	2.66	2.68	2.69
2.82	2.84	2.87	2.92	2.95	3.18	3.69	2.76	2.75	2.75	2.72	2.68	2.66	2.68	2.69	2.76
2.81	2.83	2.86	2.9	2.94	3.16	3.67	2.75	2.75	2.72	2.68	2.66	2.68	2.69	2.76	2.73

图 3-27　扩展后的 TDS 衍生数据集（2）

因为使用的是日线数据，所以在衍生数据中没有小时、分钟数据。

对比第 2 组和第 3 组代码生成的衍生数据集，大家可以发现，第 3 组代码对数据进行了优化，例如只保留 2 位小数，删除了 NaN（空值）无效数据。

案例 3-14：TDS 金融数据集的制作

案例 3-13 介绍的衍生数据集只有单只股票的数据，远远不能满足深度学习和神经网络模型的需要，无论是学习还是实盘分析，都需要更多的数据集。

案例 3-14 文件名为 kc314_tdat02.py，主要介绍如何利用股票代码文件，制作 TDS 金融数据集。

第 1 组代码如下：

```
#1set data
vlst=['sz50','hs300','zz500']
vss=vlst[0]
#
rss=zsys.rdatCN    #/zdat/cn/day/
ftg='tmp/TDS00_'+vss+'.csv'
ftg_rnd='tmp/TDS_'+vss+'.csv'
ftg_train='tmp/TDS_'+vss+'_train.csv'
ftg_test='tmp/TDS_'+vss+'_test.csv'

#
finx='inx/stk_'+vss+'.csv'
df=pd.read_csv(finx,dtype={'code' : str},encoding='GBK')
print('\n#1 finx,',finx,ftg)
```

设置数据变量、文件名称，读取索引数据。

其中，以下代码表示使用 sz50（上证 50）股票数据作为索引文件制作合集。

```
vlst=['sz50','hs300','zz500']
vss=vlst[0]
```

TDS 金融数据集共使用了三组源数据，即 sz50（上证 50）、hs300（沪深 300）和 zz500（中证 500）。

其他的数据集，大家可以参考本案例自己制作。

第 2 组代码如下：

```
#2 TDS link data
xlst=list(df['code'])
print('\n#2xlst,',xlst)
df9=zdat.f_links_TDS(rss,xlst,'avg',True)
#
print(df9.tail())
print(ftg)
df9.to_csv(ftg,index=False)
```

合并数据集的数据，并保存到文件中。

合并数据使用的是 ztools_data 模块中的 f_links_TDS 函数，该函数的 API 接口如下：

```
def f_links_TDS(rss,clst,ksgn='avg',fgDate=True):
```

该函数的输入参数为：

- rss——源数据目录。
- clst——股票代码合集，List（列表）格式。
- ksgn——数据字段名称。
- fgDate——时间模式，默认为 True，表示日线模式；False 表示分时模式。

由于 clst 是 List 格式，所以在使用前，需要通过以下代码把代码索引文件中的 code 字段转换为 XLST 格式，然后再调用 f_links_TDS 函数。

```
xlst=list(df['code'])
```

第 3 组代码如下：

```
#3 rnd
df9=df9.sample(frac=1.0)
```

```
print(df9.tail())
print(ftg_rnd)
df9.to_csv(ftg_rnd,index=False)
```

深度学习、神经网络系统在训练模型时，往往需要打乱数据排序，采用随机序列，以避免相邻数据间的干扰。

TDS 金融数据集本身就对数据进行了随机化处理，在编写神经网络程序时，可以减少一些数据预处理的环节。

这样做的缺点是，对于少数基于时序的神经网络模型，丢失了时序数据，需要额外选择数据集。目前这方面的应用主要是 NLP 语义分析，金融数据应用相对较少，权衡比较后，TDS 还是采用了随机序列的数据模式。

在程序中，实际执行随机命令的是如下代码：

```
df9=df9.sample(frac=1.0)
```

通过 Pandas 内置的 sample 随机取样函数，对原始数据进行随机排序处理。

第 4 组代码如下：

```
#4  cut:trian,test
n9=len(df9.index)
num_train,num_test=round(n9*0.9),round(n9*0.1)
df_train=df9[0:num_train]
df_test=df9.tail(num_test)
#
print('\ndf_train.tail()')
print(df_train.tail())
df_train.to_csv(ftg_train,index=False)

print('\ndf_test.tail()')
print(df_test.tail())
df_test.to_csv(ftg_test,index=False)
```

在深度学习、神经网络模型中，往往把数据分为训练数据集和测试数据集。以上程序就是对数据进行分割，这里采用 9:1 的比例，即 90%的数据用于模型学习训练，10%的数据用于测试。

本案例的数据文件全部保存在 tmp 目录下，程序运行完成后，会在 tmp 目录下生成以下几个文件。

- TDS00_sz50.csv，合并后的 sz50（上证 50）数据合集，约有 12 万条数据。
- TDS_sz50.csv，经过随机处理后的 sz50 数据合集，约有 12 万条数据。
- TDS_sz50_train.csv，sz50 数据合集中的训练数据集，约有 11 万条数据。
- TDS_sz50_test.csv，sz50 数据合集中的测试数据集，约有 1.1 万条数据。

大家可以按照以上程序，采用 hs300（沪深 300）、zz500（中证 500）作为原始数据，制作相关的数据集。

制作完成的数据集保存在\zdat\TDS\目录下。

案例 3-15：TDS 金融数据集 2.0

TDS 金融数据集 2.0 是升级版本，主要做了以下变动。

- 数据取消了随机排序模式。
- 删除了 xtim 字段。它是数字格式的时间，不直观，而且已经有了 xyear（年）、xmonth（月）、xday（日）等独立的时间字段。
- 训练数据集选择 2017 年以前的数据，测试数据集选择 2017 年前 9 个月的数据。

在后面的神经网络与量化分析的案例中，我们采用简单的 LSTM 模型，在 10%的误差宽容度范围内，经过 5000 次迭代后，获得了 92%的准确度，这个准确度远远高于现有的其他案例。

所以，为了避免 TDS 金融数据集 1.0 版本的时间参数干扰，特意做了以上优化和修正。

案例 3-15 文件名为 kc315_tdat02tim.py，主要介绍如何利用股票代码文件，制作 TDS 金融数据集 2.0。

第 1 组代码如下：

```
#1set data
vlst=['sz50','hs300','zz500']
vss=vlst[0]
#
rss=zsys.rdatCN     #/zdat/cn/day/
ftg='tmp/TDS20_'+vss+'.csv'
ftg_rnd='tmp/TDS2_'+vss+'.csv'
```

```
ftg_train='tmp/TDS2_'+vss+'_train.csv'
ftg_test='tmp/TDS2_'+vss+'_test.csv'

#
finx='inx/stk_'+vss+'.csv'
df=pd.read_csv(finx,dtype={'code' : str},encoding='GBK')
print('\n#1 finx,',finx,ftg)
```

设置数据变量、文件名称，读取索引数据。

其中，以下代码表示使用 sz50（上证 50）股票数据作为索引文件制作合集。

```
vlst=['sz50','hs300','zz500']
vss=vlst[0]
```

TDS 金融数据集共使用了三组源数据，即 sz50（上证 50）、hs300（沪深 300）和 zz500（中证 500）。

其他的数据集，大家可以参考本案例自己制作。

此外，ftg 系列变量用于保存结果数据文件，文件名开头由原来的 TDS 改为 TDS2，表示是 2.0 版本的 TDS 金融数据集。

第 2 组代码如下：

```
#2 TDS link data
xlst=list(df['code'])
print('\n#2xlst,',xlst)
df9=zdat.f_links_TDS(rss,xlst,'avg',True)
#
print(df9.tail())
print(ftg)
df9.to_csv(ftg,index=False)
```

合并数据集的数据，并保存到文件中。

合并数据使用的是 ztools_data 模块中的 f_links_TDS 函数，该函数的 API 接口如下：

```
def f_links_TDS(rss,clst,ksgn='avg',fgDate=True):
```

该函数的输入参数为：

- rss——源数据目录。
- clst——股票代码合集，List（列表）格式。
- ksgn——数据字段名称。
- fgDate——时间模式，默认为 True，表示日线模式；False 表示分时模式。

由于 clst 是 List 格式，所以在使用前，需要通过以下代码把代码索引文件中的 code 字段转换为 XLST 格式，再然后调用 f_links_TDS 函数。

```
xlst=list(df['code'])
```

第 3 组代码如下：

```
#3 rnd
df9.drop('xtim',axis=1, inplace=True)
#df9=df9.sample(frac=1.0)
print(df9.tail())
print(ftg_rnd)
df9.to_csv(ftg_rnd,index=False)
```

整理数据，并保存数据合集文件。

以下代码用于删除 xtim 字段。

```
df9.drop('xtim',axis=1, inplace=True)
```

虽然深度学习、神经网络系统在训练模型时，往往需要打乱数据，采用随机序列，以避免相邻数据间的干扰。但是 2.0 版本的 TDS 金融数据集，已经在时间节点 2017 年把数据分为两个独立的文件，即训练数据集和测试数据集，从源头避免了数据集之间的干扰。

目前计算机内存普遍超过 8GB，量化工作站标配都在 64GB 以上，在实际工程应用中，无论是教学课件还是实盘建模，所有的训练数据往往是一次性全部导入的，因此无须预先进行随机化处理。

第 4 组代码如下：

```
#4  cut:trian,test
n9=len(df9.index)
ktim='2017-01-01'
df_train=df9[df9.date<ktim]
df_test=df9[df9.date>=ktim]
```

```
num_train,num_test=len(df_train.index),len(df_test.index)
print('\nnum_train,num_test,',num_train,num_test)
```

在深度学习、神经网络模型中，往往把数据分为训练数据集和测试数据集。以上程序就是对数据进行分割，这里采用的是时间节点分割模式，2017 年以前的数据用于模型学习训练，2017 年的数据用于验证测试。

本案例的数据文件全部保存在 tmp 目录下，程序运行完成后，会在 tmp 目录下生成以下几个文件。

- TDS2_sz50.csv，经过随机处理后的 sz50（上证 50）数据合集，约有 12 万条数据。
- TDS2_sz50_train.csv，sz50 数据合集中的训练数据集，约有 12 万条数据。
- TDS2_sz50_test.csv，sz50 数据合集中的测试数据集，约有 3000 条数据。

大家可以按照以上程序，采用 hs300（沪深 300）、zz500（中证 500）作为原始数据，制作相关的数据集。

因为 TDS 金融数据集 2.0 的文件名与 1.0 有区分，所以它们可以保存在相同的目录下，即制作完成的数据也保存在\zdat\TDS\目录下。

案例 3-16：读取 TDS 金融数据集

制作 TDS 金融数据集的目的是为了统一数据源，包括训练和测试都有独立的数据文件，以适应多种学习平台，如 TensorFlow、Torch、MXNet 等，以及各种不同的神经网络模型，便于在量化领域和投资领域对比最终的效果数据。

案例 3-16 文件名为 kc316_tds_rd.py，主要介绍如何采用极宽内置的工具函数，快速读取 TDS 金融数据集。

第 1 组代码如下：

```
#1
print('\n#1,set.sys')
pd.set_option('display.width', 450)
pd.set_option('display.float_format', zt.xfloat3)
```

设置运行环境参数。

第 2 组代码如下：

```
    #2
    print('\n#2,读取数据')
    rss,fsgn,ksgn='/ailib/TDS/','TDS2_sz50','avg'

    #xlst=zsys.TDS_xlst9
    xlst=zsys.TDS_xlst1
    print('\nrss,fsgn,ksgn',rss,fsgn,ksgn)
    print('xlst',xlst)
    df_train,df_test,x_train,y_train,x_test,
y_test=zdat.frd_TDS(rss,fsgn,ksgn,xlst)
    #
    print('\ndf_test.tail()')
    print(df_test.tail())
```

读取 TDS 金融数据集，在代码中使用的数据文件参数是 TDS2_sz50，其中 TDS2 表示 2.0 版本的 TDS 金融数据集，sz50 表示上证 50 的数据合集。

实际读取数据时，使用的是 ztools_data 模块中的 frd_TDS 函数，该函数主要功能如下：

- 根据输入的数据文件参数，自动合成相关的训练数据集和测试数据集文件名，并读取相关的数据，分别保存在变量 df_train 和 df_test 中。
- 根据输入的 xlst 字段列表，提取数据字段。
- 将变量 df_train 和 df_test 转换为神经网络所需的 NumPY 数组格式，并保存在变量 x_train、y_train、x_test 和 y_test 中。

xlst 对应训练数据集中包含的字段变量列表，在代码中使用的是 zsys 模块中定义的 TDS_xlst1 数据字段列表。

在 zsys 模块中共包括三个与 TDS 金融数据集相关的预定义字段列表，分别是：

```
    TDS_xlst1=ohlcVALst
    TDS_xlst2=ohlcVALst+ma100Lst
    TDS_xlst9=TDS_xlst2+dateLst
```

其中，TDS_xlst1 列表变量包括以下字段：

```
    ['open','high','low','close','volume','avg']
```

TDS_xlst2 列表变量包括以下字段：

```
['open','high','low','close','volume','avg','ma_2','ma_3','ma_5','ma_10','ma_15','ma_20','ma_25','ma_30','ma_50','ma_100']
```

TDS_xlst9 列表变量包括以下字段：

```
['open','high','low','close','volume','avg', 'xyear','xmonth','xday',
'xday_week','xday_year','xweek_year','ma_2','ma_3','ma_5','ma_10','ma_15',
'ma_20','ma_25','ma_30','ma_50','ma_100']
```

第 2 组代码对应的输出信息如下：

```
#2,读取数据


rss,fsgn,ksgn /ailib/TDS/ TDS2_sz50 avg
xlst ['open', 'high', 'low', 'close', 'volume', 'avg']


df_test.tail()
      open  high  low   close volume       avg    y      price  price_next price_change
3065 3.280 3.290 3.270 3.290 858158.000  3.280  3.310  3.280  3.310      100.915
3066 3.310 3.310 3.270 3.290 1654384.000 3.290  3.310  3.290  3.310      100.608
3067 3.320 3.320 3.300 3.310 1210668.000 3.310  3.310  3.310  3.310      100.000
3068 3.310 3.320 3.300 3.320 940023.000  3.310  3.300  3.310  3.300      99.698
3069 3.290 3.320 3.280 3.320 1136877.000 3.300  3.290  3.300  3.290      99.697
```

第 3 组代码如下：

```
#3
print('\n#3,数据格式')
num_x_train,num_y_train=x_train.shape[0],y_train.shape[0]
num_x_test,num_y_test=x_test.shape[0],x_test.shape[0]

print('\nnum_x_train,num_y_train:',num_x_train,num_y_train)
print('\nnum_x_test,num_y_test:',num_x_test,num_y_test)
print('\ntpye(x_train):',type(x_train))
```

查看有关数据的数据格式等信息，其对应的输出信息如下：

```
#3,数据格式
num_x_train,num_y_train: 120950 120950
num_x_test,num_y_test: 3070 3070

tpye(x_train):<class 'numpy.ndarray'>
```

由以上输出信息可以看出：

- sz50 的训练数据集约有 12.1 万条数据。
- sz50 的测试数据集约有 3000 条数据。
- 所生成的数据格式是 NumPy 的多维数组 ndarray。

第 4 章

4

人工智能与趋势预测

4.1 TFLearn简化接口

TFLearn 是 TensorFlow 采用 SKLearn 风格的简化接口，其函数 API 接口与 SKLearn 基本兼容，类似于 SKLearn 针对 TensorFlow 的扩展模块。

从源码结构来说，TFLearn 比 TensorLayer 复杂很多，它的最大优点如下。

- 其函数接口与经典机器学习 SKLearn 类似，学习成本很低。
- 谷歌 TensorFlow 内置了 TFLearn 模块，从 TensorFlow 1.1 版本起，提高了 TFLearn 权重，从 contrib 第三方开发者模块，提升到内部的 estimator 模型评测级别，大大提高了对 TFLearn 的支持。
- TFLearn 内置了大量完整的神经网络模型，可以直接调用，大大简化了开发流程。

此外，TFLearn 还具有以下特色。

- 容易使用和易于理解的高层次 API，用于实现深度神经网络，附带教程和例子。
- 通过高度模块化的内置神经网络层、正则化器、优化器等进行快速原型设计。
- 对 TensorFlow 完全透明，所有函数都是基于 TensorFlow 的，可以独立于 TFLearn 使用。
- 通过强大的辅助函数，训练任意 TensorFlow Graph，支持多输入、多输出和优化器。
- 简单而美观的图形可视化，支持权值、梯度、特征图等细节参数图形。

- 无需人工干预，可以使用多 CPU、多 GPU。
- 高层次 API，支持多种深度学习模型，如 CNN、LSTM、BiRNN、BatchNorm、PReLU、残差网络、生成网络、增强学习等。

4.2　人工智能与统计关联度分析

从本质上看，人工智能的核心算法就是分类。

将万事万物分为：0 或 1。

从数学角度来看，分类就是关联度的计算。

通过对历史数据中的某些参数与未来特定结果关联度的分析计算，从而构建模型，预测未来。

预测未来，其实就是根据历史数据，统计某件事情可能发生的概率。

这种基于概率统计的人工智能理论，配合大数据、GPU 超算，是目前唯一得到行业认可的人工智能基础算法。

目前神经网络、深度学习，以及各种令人眼花缭乱的模型名称，其核心都是建立在这种统计规律基础之上的。

4.3　关联分析函数corr

Pandas 的关联分析函数 corr 的接口定义如下：

```
corr(other, method='pearson', min_periods=None)
```

其中，各参数说明如下：

- other——对比的数据，可以是 DataFrame（数据表格），也可以是 Series（数据列），通常，从逻辑角度建议使用 Series。
- method——关联模式，有 Pearson、Kendall 和 Spearman 三种。
- min_periods——数据最小数目。

在上述参数中，比较复杂的是关联模式参数：Pearson 相关系数、Kendall 相关系数、Spearman 相关系数。它们也是统计学中常用的，用于度量两个随机变量相关性的常用方法。

4.3.1 Pearson 相关系数

Pearson（皮尔逊）相关系数，其英文全称是 Pearson product-moment correlation coefficient（PPMCC 或 PCCs），也称为皮尔逊积矩相关系数、乘积相关系数。

在统计学中，Pearson 相关系数通常用 r 或 ρ 表示，用来度量两个变量 X 和 Y 之间的相关程度。其取值范围为[-1,+1]，其中，1 表示两个变量完全正相关，0 表示无关，-1 表示完全负相关。

当两个连续变量在散点图上的散点呈现直线趋势时，就可以认为二者存在直线相关趋势，也称为简单相关趋势。

4.3.2 Spearman 相关系数

Spearman（斯伯曼）相关系数，其英文全称为 Spearman’s correlation coefficient for ranked data，亦称秩相关系数，是根据随机变量的等级，而不是其原始值衡量相关性的一种方法。它是依据两列成对等级的各对等级数之差来进行计算的，所以又称为“等级差数法”。Spearman 相关系数由英国心理学家、统计学家斯伯曼根据积差相关的概念推导而来，一些人把 Spearman 等级相关看作积差相关的特殊形式。

Spearman 相关系数对原始变量的分布不作要求，属于非参数统计方法，适用范围要广些，主要用于解决与顺序数据相关的问题。

Spearman 相关系数和 Kendall 相关系数都是等级相关系数，即其值与两个相关变量的具体值无关，而仅仅与其值之间的大小关系有关。

Spearman 相关系数和 Pearson 相关系数在算法上完全相同。

- Pearson 相关系数是用原来的数值计算积差相关系数，而 Spearman 相关系数是用原来数值的秩次计算积差相关系数。
- Spearman 相关系数的计算可以采用 Pearson 相关系数的计算方法，只需要把原随机变量中的原始数据替换成其在随机变量中的等级顺序即可。

作为参数方法，积差相关分析有一定的适用条件，两个连续变量之间呈线性相关时，使用 Pearson 相关系数；不满足积差相关分析的适用条件时，大家可以考虑使用 Spearman 相关系数来解决问题。

4.3.3　Kendall 相关系数

Kendall（肯德尔）相关系数，其英文全称为 Kendall tau rank correlation coefficient，又称作和谐系数，也是一种等级相关系数，是表示多列等级变量相关程度的一种方法。

Kendall 相关系数常用希腊字母 τ（tau）表示其值，是一个用来测量两个随机变量相关性的统计值。

Kendall 相关系数的计算方法是，在所有的观察值对中，和谐的观察值对数减去不和谐的观察值对数，除以总的观察值对数。

Kendall 相关系数是一个用于反映分类变量相关性的指标，适用于两个分类变量均为有序分类的情况，对相关的有序变量进行非参数相关检验。

Kendall 相关系数的取值范围为 [-1,1]，当 τ 为 1 时，表示两个随机变量拥有一致的等级相关性；当 τ 为-1 时，表示两个随机变量拥有完全相反的等级相关性；当 τ 为 0 时，表示两个随机变量是相互独立的。

Kendall 检验是一个无参数的假设检验，它使用计算得到的相关系数去检验两个随机变量的统计依赖性。

4.4　open（开盘价）关联性分析

前面我们讲过，人工智能、神经网络最大的作用就是预测，神经网络预测算法的本质，就是计算当前数据与未来数据的关联度。

从本节开始，我们结合具体的金融数据，对第二天的开盘价进行预测分析，也就是常说的 n+1 的开盘价分析。

案例 4-1：open 关联性分析

案例 4-1 文件名是 kc401_corr.py，主要介绍如何使用 Pandas 的关联分析函数 corr，对 OHLC 数据进行关联性分析。

下面我们分组对案例程序进行分析讲解。

第 1 组代码如下：

```
#1
print('\n#1,init ')
pd.set_option('display.width', 450)
pd.set_option('display.float_format', zt.xfloat5)
```

设置运行环境。

- 设置 Pandas 的输出列宽为 450，以避免出现数据列换行情况。
- 数字格式是浮点数，小数输出精度是小数点后 5 位。

这里需要注意的是：

```
pd.set_option('display.float_format', zt.xfloat5)
```

Pandas 的 float_format 浮点数设置参数，用于控制数据列的小数显示格式，默认是科学计数法，请参见图 4-1。

kopen	khigh	klow	kclose
2.531000e+03	2.531000e+03	2.531000e+03	2.531000e+03
9.949644e-01	9.967255e-01	9.972678e-01	9.993325e-01
6.007493e-14	3.686669e-14	3.120343e-14	9.660849e-15
9.949644e-01	9.967255e-01	9.972678e-01	9.993325e-01
9.949644e-01	9.967255e-01	9.972678e-01	9.993325e-01
9.949644e-01	9.967255e-01	9.972678e-01	9.993325e-01
9.949644e-01	9.967255e-01	9.972678e-01	9.993325e-01
9.949644e-01	9.967255e-01	9.972678e-01	9.993325e-01

图 4-1　Pandas 默认的科学计数法显示格式

科学计数法的显示格式和日常的数字显示格式不同，一般人不是很习惯，所以通常都改为传统的小数显示格式，请参见图 4-2。

kopen	khigh	klow	kclose
2531.00000	2531.00000	2531.00000	2531.00000
0.99496	0.99673	0.99727	0.99933
0.00000	0.00000	0.00000	0.00000
0.99496	0.99673	0.99727	0.99933
0.99496	0.99673	0.99727	0.99933
0.99496	0.99673	0.99727	0.99933
0.99496	0.99673	0.99727	0.99933
0.99496	0.99673	0.99727	0.99933

图 4-2　修改后的小数显示格式

Pandas 的 float_format 浮点数设置参数，输入参数是一个 callable 模式的函数，而且无法设置其他参数，所以我们在 ztools 中采用笨拙的克隆模式，编写了 xfloat2 至 xfloat5 多个函数，对应于 2~5 位小数的显示输出，基本可以应付常用的编程工作。

以下是 xfloat5 的函数代码。

```
def  xfloat5(x):
    return '%.5f' % x
```

第 2 组代码如下：

```
#2
print('\n#2,set.dat')
df=pd.read_csv('data/002046.csv')
df=df.sort_values('date')
```

读取数据，并按照索引排序。在本案例中，使用股票的日期数据作为索引并排序。

第 3 组代码如下：

```
#3
print('\n#3,set.new dat')
df['xopen']=df['open'].shift(-1)
```

使用 Pandas 的 shift 函数，设置新的工作数据列 xopen，表示第二天的开盘价。

第 4 组代码如下：

```
#4
print('\n#4,corr')
df['kopen']=df['xopen'].corr(df['open'])
df['khigh']=df['xopen'].corr(df['high'])
df['klow']=df['xopen'].corr(df['low'])
df['kclose']=df['xopen'].corr(df['close'])

print(df.tail())
```

使用 Pandas 的关联分析函数 corr，计算 OHLC 各个数据列与第二天开盘价（xopen）的关联系数，并显示出来。

第 4 组代码对应的输出信息如下：

```
#4,corr
         date    open  high  close  low   volume     amount      xopen  kopen     khigh     klow      kclose
3   2016-02-01   8.44  8.50  8.11   8.00  3718571.0  30546260.0  8.22   0.994964  0.996725  0.997268  0.999332
2   2016-02-02   8.22  8.63  8.50   8.15  4749541.0  40346672.0  8.40   0.994964  0.996725  0.997268  0.999332
1   2016-02-03   8.40  8.65  8.57   8.23  3784234.0  31847344.0  8.57   0.994964  0.996725  0.997268  0.999332
```

```
0    2016-02-04   8.57  8.82  8.78   8.55  4433431.0  38708548.0  8.76  0.994964  0.996725  0.997268  0.999332
2530 2016-02-05   8.76  8.96  8.72   8.72  4712004.0  41542508.0   NaN  0.994964  0.996725  0.997268  0.999332
```

第 5 组代码如下：

```
#5
print('\n#5,describe')
print(df.describe())
```

使用 Pandas 的汇总函数 describe，对各列数据进行简单的汇总统计。

第 4 组代码运行 corr 函数后，对应的关联系数 kopen、kclose 等只是单列的，无法反映整体情况，而使用汇总函数 describe 后，就可以进行简单的分析了。

如 4-3 所示是第 5 组代码对应的输出信息。

#5,describe

	open	high	close	low	volume	amount	xopen	kopen	khigh	klow	kclose
count	2531.00000	2531.00000	2531.00000	2531.00000	2531.00000	2531.00000	2530.00000	2531.00000	2531.00000	2531.00000	2531.00000
mean	7.01571	7.18598	7.02777	6.86563	4177114.16199	52442418.20269	7.01768	0.99496	0.99673	0.99727	0.99933
std	2.94936	3.04282	2.95553	2.86540	5294199.15901	65775698.91657	2.94828	0.00000	0.00000	0.00000	0.00000
min	1.90000	1.96000	1.89000	1.84000	226010.00000	1519046.00000	1.90000	0.99496	0.99673	0.99727	0.99933
25%	5.11000	5.23000	5.12000	5.00000	1235698.50000	16252776.50000	5.11000	0.99496	0.99673	0.99727	0.99933
50%	6.60000	6.74000	6.62000	6.49000	2165597.00000	29504510.00000	6.60000	0.99496	0.99673	0.99727	0.99933
75%	8.59000	8.85000	8.65500	8.43000	4440049.50000	57215579.00000	8.59000	0.99496	0.99673	0.99727	0.99933
max	20.78000	21.55000	20.25000	19.98000	59404440.00000	605952256.00000	20.78000	0.99496	0.99673	0.99727	0.99933

图 4-3　简单汇总数据

从汇总函数 describe 的计算结果中可以看出，在 mean（平均数）、50%（中位数）两组数据中，kclose 的数值都是最高的，这说明每一天的 close（收盘价）与第二天的 open（开盘价）的关联度是最高的，这是合理的。

这只是对日线数据的分析，对于 Tick 数据、分时数据而言，不能直接这样简单套用，因为 Tick 数据、分时数据 n 的收盘价，往往就是 n+1 的开盘价。

4.5　数值预测与趋势预测

TensorFlow 最大的用处，就是通过对历史数据的分析，找出其中的潜在规律，从而对未来进行预测。

在这一点上，SKLearn 比 TensorFlow 等新一代神经网络、深度学习系统更加直截了当，它使用 fit 函数建模后，直接使用 predict 预测函数对新数据进行分析。

在 TensorFlow 的案例中，涉及具体数值分析的很少，通常都是图像识别等分类问题，其实这也是目前神经网络、深度学习的一种局限和无奈。

虽然如此，我们还是可以通过简单的变换处理，将分类算法导入金融数据的趋势分析应用中，例如把大盘、个股指数分为上涨、下跌和停滞三种状态，根据历史数据建立模型，然后将模型应用到模拟盘、实盘数据中，分析股票、个股的未来走势。至于具体的数值分析，通常可以使用回归算法模型。

4.5.1　数值预测

数值预测，是通过对历史数据的分析来推测未来结果的一种技术。

对于金融量化行业而言，数值预测就是通过对股票、期货、外汇等金融交易产品历史交易数据的分析，也就是对历史日线数据、分时数据的分析，预测未来某个时间周期如第二天、第二周等股票、期货、外汇的可能价格，从而提高投资策略的收益率。

常见的传统预测算法如下。

- 简易平均法：包括几何平均法、算术平均法和加权平均法。
- 移动平均法：包括简单移动平均法和加权移动平均法。
- 指数平滑法：包括一次指数平滑法、二次指数平滑法和三次指数平滑法。
- 线性回归法：包括一元线性回归法和二元线性回归法。

有关这些算法的理论我们在此不做探讨，本书稍后会结合具体案例，介绍基于股票日线数据的人工资料预测编程。

在 TDS 金融数据集中，我们特意提供了一组 xavg 数据，如图 4-4 所示。

ma_10	ma_15	ma_20	ma_25	ma_30	ma_50	ma_100	xavg1	xavg2	xavg3	xavg4	xavg5	xavg6	xavg7	xavg8	xavg9
2.87	2.9	2.95	2.98	3.01	3.31	3.76	2.77	2.78	2.76	2.8	2.8	2.76	2.75	2.75	2.72
2.86	2.89	2.93	2.97	2.99	3.28	3.75	2.78	2.76	2.8	2.8	2.76	2.75	2.75	2.72	2.68
2.86	2.87	2.91	2.96	2.98	3.26	3.74	2.76	2.8	2.8	2.76	2.75	2.75	2.72	2.68	2.66
2.85	2.86	2.9	2.94	2.97	3.23	3.72	2.8	2.8	2.76	2.75	2.75	2.72	2.68	2.66	2.68
2.84	2.84	2.89	2.93	2.96	3.21	3.7	2.8	2.76	2.75	2.75	2.72	2.68	2.66	2.68	2.69
2.82	2.84	2.87	2.92	2.95	3.18	3.69	2.76	2.75	2.75	2.72	2.68	2.66	2.68	2.69	2.76
2.81	2.83	2.86	2.9	2.94	3.16	3.67	2.75	2.75	2.72	2.68	2.66	2.68	2.69	2.76	2.73

图 4-4　TDS 金融数据集与 xavg 数据

注意图 4-4 中 xavg1 至 xavg9 字段的名称都是以 xavg 开头的，表示相对当天，未来 1 日至 9 日的实际 avg 均价，这是神经网络模型预测训练使用的历史数据。

深度学习、神经网络模型就是通过对历史数据的学习，不断调整优化模型内部参数的权重，从而更加准确地预测未来的数据的。

4.5.2 趋势预测

趋势预测，类似于趋势分析法，通过对各种历史数据采用专业的金融指标参数进行分析，得出未来的增减变动方向。

对于金融量化而言，就是根据历史日线数据、分时数据，预测大盘、个股上涨或下跌的趋势。

对于 TensorFlow 深度学习、神经网络平台而言，趋势预测就是“二选一”的分类模型算法：1 为上涨，0 为下跌。

在量化领域中，“三选一”的分类模型类似于范围、领域分类模式。例如，假设我们挑选波动率在 95%~105%之间的股票，那么凡是波动率小于 95%或者波动率大于 105%的股票，都不在考虑范围之类，这里的 95%和 105%相当于阈值，用于设置上限和下限数值。

目前，趋势预测更加成熟，可供参考借鉴的模型更多。

案例 4-2：ROC 计算

对于金融量化而言，实盘操作有一个很现实的问题，就是：传统的金融数据往往只有 OHLC、成交量等交易数据，最多再加上一个交易时间，没有任何上涨、下跌的参数。

因此，需要大家自己编程，计算股票当前价格与未来价格之间的差价、变动率，再根据差价和变动率对股票数据进行分类。

案例 4-2 文件名为 kc402_roc.py，主要介绍如何计算 *n* 的股票变动率（ROC）。

ROC 是由当天的股价与一定的天数之前的某一天的股价比较其变动速度的大小，来反映股票市场变动的快慢程度的。

Top 极宽版 TA-Lib 金融函数库 zpd_talib.py 中已经有编写好的 ROC 函数，大家直接调用即可。

ROC 函数的 API 接口定义如下：

```
def ROC(df, n,ksgn='close'):
    '''
    def ROC(df, n,ksgn='close'):
```

```
【输入】
    df, pd.dataframe 格式数据源
    n, 时间长度
    ksgn, 列名, 一般是 close（收盘价）
【输出】
    df, pd.dataframe 格式数据源
    增加了一栏: _{n}, 输出数据
```

下面我们分组介绍案例程序。第 1 组代码如下：

```
#1
fss='data/600663.csv'
print('\n#1fss,',fss)
df=pd.read_csv(fss,index_col=0)
df=df.sort_index(ascending=True);
print(df.tail())
```

读取股票日线数据，并按照 date（时间）字段进行排序。其对应的输出信息如下：

```
#1 fss, data/600663.csv
             open    high     low      close   volume
date
2017-09-04   24.26   24.40    24.20    24.27   25418.0
2017-09-05   24.20   24.28    23.91    24.00   35635.0
2017-09-06   23.88   24.00    23.64    23.71   38661.0
2017-09-07   23.70   24.02    23.70    23.84   24343.0
2017-09-08   23.72   24.00    23.68    23.76   23190.0
```

第 2 组代码如下：

```
#2 计算衍生参数
vlst=list(range(1,10))
print('\n#2 vlst,',vlst)
df=zta.mul_talib(zta.ROC,df, ksgn='close',vlst=zsys.ma100Lst_var)
print(df.head())
```

根据 vlst 列表变量中的数值，计算 1-*n* 的 ROC 数据。这里使用的是 Top 极宽版 TA-Lib 金融函数库 zpd_talib 模块中新增加的 mul_talib 函数，可以一次性用列表传入多个变量数值，从而快速生成对应的金融指标数据。

第 2 组代码对应的输出信息如图 4-5 所示。

```
#2 vlst, [1, 2, 3, 4, 5, 6, 7, 8, 9]
             open   high    low  close    volume     roc_2     roc_3     roc_5  roc_10  roc_15  roc_20  roc_25  roc_30  roc_50  roc_100
date
1994-01-03  3.913  4.022  3.867  3.986  43822.57       NaN       NaN       NaN     NaN     NaN     NaN     NaN     NaN     NaN      NaN
1994-01-04  4.026  4.211  3.998  4.204  54842.36  0.054691       NaN       NaN     NaN     NaN     NaN     NaN     NaN     NaN      NaN
1994-01-05  4.200  4.378  4.104  4.352  69982.39  0.035205  0.091821       NaN     NaN     NaN     NaN     NaN     NaN     NaN      NaN
1994-01-06  4.344  4.529  4.316  4.400  98823.97  0.011029  0.046622       NaN     NaN     NaN     NaN     NaN     NaN     NaN      NaN
1994-01-07  4.400  4.455  4.327  4.391  53383.72 -0.002045  0.008961  0.101606     NaN     NaN     NaN     NaN     NaN     NaN      NaN
```

图 4-5　ROC 数据

在以上输出信息中，mul_talib 函数使用 vlst 列表变量传递参数，而不是连续的范围数据。这是因为 TA-Lib 函数不是全部都采用连续数值变量的，有时是没有规律的非连续数据，采用 vlst 列表更加灵活。

```
#2 vlst, [1, 2, 3, 4, 5, 6, 7, 8, 9]
```

例如，在前面案例中介绍的 TA-Lib 函数 ma，计算时使用的是 zsys 模块，系统预定义的数值列表变量 ma100Lst_var 为：

```
ma100Lst_var=[2,3,5,10,15,20,25,30,50,100]
```

其中的数据完全没有规律，如果不采用列表格式，会非常麻烦。

在图 4-5 所示的输出信息中，部分 ROC 数据是 NaN（空值），这是因为缺乏历史数据，在进行实盘分析时，需要使用 Pandas 的 dropna 进行数据清理，删除这些带有空值的数据行。

第 3 组代码如下：

```
print('\n#3 roc01')
close_d0=df['close'][0]
close_d1=df['close'][1]
roc1=(close_d1 - close_d0)/close_d0
print('close_d0,d1:',close_d0,close_d1)
print('roc1:',roc1)
```

为了进一步说明 ROC，以上代码采用手动模式计算一组 ROC 数值。其对应的输出信息如下：

```
#3 roc01
close_d0,d1: 3.986 4.204
roc1: 0.0546914199699
```

该程序的计算结果，对应图 4-5 中的数据是：date 为 1994-01-04，roc_2 的数值是 0.054691，ROC 大约为 5.5%，两者的计算结果完全相同。

案例 4-3：ROC 与交易数据分类

案例 4-3 文件名是 kc403_ntype.py，主要介绍如何根据股票价格的变动率对金融交易数据进行分类，从而便于应用深度学习、神经网络常用的分类模型与算法。

为了节省篇幅，我们在案例 4-3 中集中介绍了“二选一”“三选一”和 n-Type 分类编程方法。下面分组进行讲解。

第 1 组代码如下：

```
#1
rss=zsys.r_TDS
#fss='data/600663.csv'
fss=rss+'TDS_sz50.csv'
print('\n#1fss,',fss)
df=pd.read_csv(fss,index_col=0)
print(df.tail())
```

读取 TDS 金融数据集中的 sz50（上证 50）数据合集，约有 12 万条数据。

第 1 组代码对应的输出信息如图 4-6 所示。

```
#1fss, /aiLib/TDS/TDS_sz50.csv
             open   high    low  close      volume  xtim  xyear  xmonth  xday  xday_week  ...   ma_100  xavg1  xavg2  xavg3  xavg4  xavg5  xavg6  xavg7  xavg8  xavg9
date                                                                                      ...
2015-03-13  20.46  21.02  20.28  20.45  1030663.00   612   1970       1     1          3  ...    25.50  20.12  19.95  19.68  19.47  20.32  20.32  20.41  20.93  21.81
2011-05-05   1.99   2.06   1.99   2.06  2316342.00  1544   1970       1     1          3  ...     1.92   2.02   2.05   2.06   2.07   2.04   2.02   2.02   2.04   2.06
2000-09-25   2.67   2.71   2.64   2.65     9829.26  3997   1970       1     1          3  ...     2.82   2.68   2.69   2.66   2.67   2.72   2.73   2.76   2.78   2.76
2006-07-10   3.81   3.90   3.81   3.90   350768.17  2689   1970       1     1          3  ...     4.94   3.86   3.89   3.94   4.05   4.02   3.95   3.89   3.84   3.88
2016-11-10   8.96   8.99   8.94   8.98   663693.00   205   1970       1     1          3  ...     8.92   8.95   8.99   8.97   8.99   9.00   8.99   9.02   9.06   9.10
```

图 4-6 TDS 金融数据集

由图 4-6 中的 date（时间）字段可以看出，TDS 金融数据集的数据是随机排序的，不过这并不影响本案例的使用。

事实上，除了 NLP 翻译系统，对于绝大部分深度学习、神经网络模型而言，个别时序模型的随机序列数据都是标准的数据模式。

第 2 组代码如下：

```
#2 计算衍生参数
print('\n#x2 data edit')
```

```
vlst=list(range(1,10))
xlst=zstr.sgn_4lst('xavg',vlst,'')
print('xlst:',xlst)

ksgn='avg'
df['price']=df[ksgn]
df['price_next']=df[xlst].max(axis=1)
df['price_change']=df['price_next']/df['price']*100
```

主要根据 avg 均值数据，生成当天的 price 和 price_next 字段。

代码中的 xlst 列表变量是未来数日均值的 xavg 字段列表，其对应的输出信息是：

```
xlst: ['xavg1', 'xavg2', 'xavg3', 'xavg4', 'xavg5', 'xavg6', 'xavg7',
'xavg8', 'xavg9']
```

price_next 是未来数日价格的最高价，具体计算是调用 Pandas 内置的 max 函数，代码如下：

```
df['price_next']=df[xlst].max(axis=1)
```

其中有两个技巧。

- 采用 xlst 列表变量，限制计算的字段范围。
- max 函数中的 axis 值必须为 1，表示采用行模式计算最大值，默认采用列计算模式。

虽然本案例名为“ROC 与交易数据分类”，但是在实际编程中有所变化。

```
df['price_change']=df['price_next']/df['price']*100
```

采用的不是标准的 ROC 参数，而是 price_next 字段。price_next 是未来数日价格的最高价，与当前价格进行比较，这样更加符合实盘分析要求。

第 3 组代码较长，分为三段，分别计算“二选一”“三选一”和 n-Type 分类模式。

第 3.1 组代码如下：

```
#3.1, 1 in 2
print('\n#3.1, 1 in 2')
df['ktype2']=df['price_change'].apply(zt.iff2type,d0=101,v1=1,v0=0)
print('\ndf.tail')
print(df.tail(10))
print(df['ktype2'].value_counts())
```

“二选一”分类模式，实际分类对应的是 ztool 模块中的 iff2type 分类函数。

```
df['ktype2']=df['price_change'].apply(zt.iff2type,d0=101,v1=1,v0=0)
```

iff2type 分类函数很简单，d0 值为 101，对应的类别是 1，上涨；否则为 0，下跌。d0 值设置为 101，是考虑到交易成本，当然也可以设置为 100.2，或者其他数值。如下代码是调用 Pandas 内置的 value_count；函数，计算各种分类的数目。

```
print(df['ktype2'].value_counts())
```

其对应的输出信息是：

```
1    82627
0    41393
Name: ktype2, dtype: int64
```

由输出信息可以看出，在 sz50 数据合集中，分类为 1（上涨）的数据约有 8.2 万条，占数据总量的 2/3。

这说明在 sz50 收录的股票品种中，采用随机模式作为投资策略，每次将 sz50（上证 50）的全部股票品种作为购买对象，未来 10 天价格会上涨 1%，这个幅度对于短线交易而言已经很高了。

不过，这并不代表这种策略会稳定获利，因为最终利润还需要考虑上涨、下跌的幅度，进行更加专业的回溯分析，才能获得最终的投资回报率计算结果。

第 3.2 组代码如下：

```
#3.2, 1 in 3
print('\n#3.2, 1 in 3')
df['ktype3']=df['price_change'].apply(zt.iff3type,d0=95,d9=105,v3=3,v
2=2,v1=1)
print('\ndf.tail')
print(df.tail(10))
print(df['ktype3'].value_counts())
```

“三选一”分类模式，实际分类对应的是 ztool 模块中的 iff3type 分类函数。

```
df['ktype3']=df['price_change'].apply(zt.iff3type,d0=95,d9=105,v3=3,v
2=2,v1=1)
```

如图 4-7 所示是对应的输出信息。

```
#3.2, 1 in 3

df.tail
             open   high    low  close      volume  xtim  xyear  xmonth  xday  xday_week  ...  xavg5  xavg6  xavg7  xavg8  xavg9  price  price_next  price_change  ktype2  ktype3
date                                                                                      ...
2008-01-30  32.54  32.93  30.33  31.27   218955.00  2273   1970       1     1          3  ...  34.85  35.96  41.03  43.36  43.74  31.77       43.74    137.677054       1       3
2007-07-09  12.77  13.56  12.68  13.54   599637.75  2449   1970       1     1          3  ...  12.53  12.73  13.10  13.00  12.77  13.14       13.10     99.695586       0       2
2015-05-25  31.50  32.79  31.41  31.98  1783592.00   563   1970       1     1          3  ...  30.08  31.81  31.97  32.88  33.94  31.92       33.94    106.328321       1       3
2008-09-05   9.72   9.72   9.45   9.47   205934.24  2183   1970       1     1          3  ...  10.36  10.34  10.48  10.65  10.78   9.59       10.78    112.408759       1       3
2011-10-25  16.32  16.69  16.21  16.49   176743.00  1430   1970       1     1          3  ...  17.04  17.40  17.23  17.25  16.89  16.43       17.40    105.903834       1       3
2015-03-13  20.46  21.02  20.28  20.45  1030663.00   612   1970       1     1          3  ...  20.32  20.32  20.41  20.93  21.81  20.55       21.81    106.131387       1       3
2011-05-05   1.99   2.06   1.99   2.06  2316342.00  1544   1970       1     1          3  ...   2.04   2.02   2.02   2.04   2.06   2.03        2.07    101.970443       1       2
2000-09-25   2.67   2.71   2.64   2.65     9829.26  3997   1970       1     1          3  ...   2.72   2.73   2.76   2.78   2.76   2.67        2.78    104.119850       1       2
2006-07-10   3.81   3.90   3.81   3.90   350768.17  2689   1970       1     1          3  ...   4.02   3.95   3.89   3.84   3.88   3.85        4.05    105.194805       1       3
2016-11-10   8.96   8.99   8.94   8.98   663693.00   205   1970       1     1          3  ...   9.00   8.99   9.02   9.06   9.10   8.97        9.10    101.449275       1       2
```

图 4-7　“三选一”分类信息

最后的分类统计信息如下：

```
2    86632
3    35970
1     1418
Name: ktype3, dtype: int64
```

其中：

- 类别 3，上涨幅度在 105%以上的数据约有 3.4 万条，大约占 30%。
- 类别 2，小幅震荡，在 95%~105%之间波动的数据约有 8.6 万条，大约占 71.6%。
- 类别 1，下跌幅度在 95%以下的数据约有 1413 条，大约占 1.16%。

这些数据说明，在 sz50 数据合集中，大部分是优质股票，采用随机投资策略，只有 1.16%的潜在可能会亏损超过 5%。

第 3.3 组代码如下：

```
#3.3, ntype
print('\n#3.2, 1 in 3')
df['ktype_n']=df['price_change'].apply(zt.iff2ntype,v0=95,v9=105)
print('\ndf.tail')
print(df.head(20))
print(df['ktype_n'].value_counts())
ds=df['ktype_n'].value_counts()
ds.plot(kind='bar')
```

n-Type 分类模式，实际分类对应的是 ztool 模块中的 iff2ntype 分类函数。

```
df['ktype_n']=df['price_change'].apply(zt.iff2ntype,v0=95,v9=105)
```

如图 4-8 所示是对应的输出信息。

#3.2, 1 in 3

df.tail

date	open	high	low	close	volume	xtim	xyear	xmonth	xday	xday_week	...	xavg6	xavg7	xavg8	xavg9	price	price_next	price_change	ktype2	ktype3	ktype_n
2006-05-30	4.00	4.14	3.97	3.97	192534.64	2702	1970	1	1	3	...	4.10	4.02	4.39	4.18	4.02	4.39	109.203980	1	3	105
2015-10-14	39.10	39.42	38.13	38.20	119704.00	469	1970	1	1	3	...	36.09	37.18	37.74	37.89	38.71	39.39	101.756652	1	2	102
2009-02-24	2.23	2.29	2.17	2.17	93738.66	2050	1970	1	1	3	...	2.28	2.27	2.19	2.14	2.22	2.28	102.702703	1	2	103
2002-11-22	0.75	0.75	0.73	0.74	8879.37	3496	1970	1	1	3	...	0.76	0.77	0.77	0.77	0.74	0.77	104.054054	1	2	104
2005-08-29	2.37	2.43	2.35	2.37	7197.64	2814	1970	1	1	3	...	2.38	2.48	2.56	2.53	2.38	2.56	107.563025	1	3	105
2012-10-12	6.22	6.29	6.02	6.11	294795.00	1189	1970	1	1	3	...	5.87	5.82	5.85	5.73	6.16	6.23	101.136364	1	2	101
2012-12-13	3.39	3.44	3.37	3.39	318089.00	1112	1970	1	1	3	...	3.07	2.98	2.97	3.00	3.40	3.41	100.294118	0	2	100
2014-12-24	11.48	11.91	11.37	11.83	552485.00	554	1970	1	1	3	...	13.28	13.36	12.98	12.31	11.65	13.44	115.364807	1	3	105
2016-02-19	12.80	12.84	12.65	12.73	204263.00	359	1970	1	1	3	...	12.61	12.49	12.56	12.49	12.75	12.88	101.019608	1	2	101
2014-10-22	19.59	19.96	19.54	19.73	514640.00	706	1970	1	1	3	...	19.46	19.51	19.78	19.99	19.70	19.99	101.472081	1	2	101
2014-05-08	8.78	8.98	8.74	8.80	601326.00	817	1970	1	1	3	...	8.79	8.95	8.96	8.98	8.83	8.98	101.698754	1	2	102
2009-12-03	5.82	5.91	5.75	5.84	1081800.80	1870	1970	1	1	3	...	5.57	5.66	5.73	5.72	5.83	5.82	99.828473	0	2	100
2008-12-02	1.46	1.51	1.44	1.50	71474.54	2102	1970	1	1	3	...	1.48	1.43	1.46	1.44	1.48	1.50	101.351351	1	2	101
2013-10-10	18.67	18.77	18.17	18.26	352397.00	960	1970	1	1	3	...	18.47	18.95	18.99	18.75	18.47	18.99	102.815376	1	2	103
2005-03-01	1.45	1.48	1.45	1.47	39008.20	2972	1970	1	1	3	...	1.44	1.44	1.45	1.46	1.46	1.49	102.054795	1	2	102
2012-02-29	6.03	6.05	5.97	5.98	101584.00	1332	1970	1	1	3	...	5.83	5.88	5.85	5.87	6.01	6.10	101.497504	1	2	101
2017-01-24	5.71	5.91	5.69	5.90	2202968.00	153	1970	1	1	3	...	5.75	5.71	5.66	5.66	5.80	5.82	100.344828	0	2	100
2010-08-19	6.84	6.86	6.67	6.75	493833.01	1703	1970	1	1	3	...	6.72	6.84	7.03	6.79	6.78	7.03	103.687316	1	2	104
2012-02-29	4.86	4.89	4.76	4.78	411275.00	1338	1970	1	1	3	...	4.58	4.64	4.63	4.65	4.82	4.92	102.074689	1	2	102
2001-06-11	3.47	3.48	3.39	3.42	54642.01	3835	1970	1	1	3	...	3.66	3.62	3.55	3.58	3.44	3.66	106.395349	1	3	105

图 4-8　n-Type 分类信息

最后的分类统计信息如下：

```
105    39925
101    15752
100    15396
102    13903
103    11511
104     9520
99      8396
98      4359
97      2198
95      1828
96      1232
```

如图 4-9 所示是对应的图形。

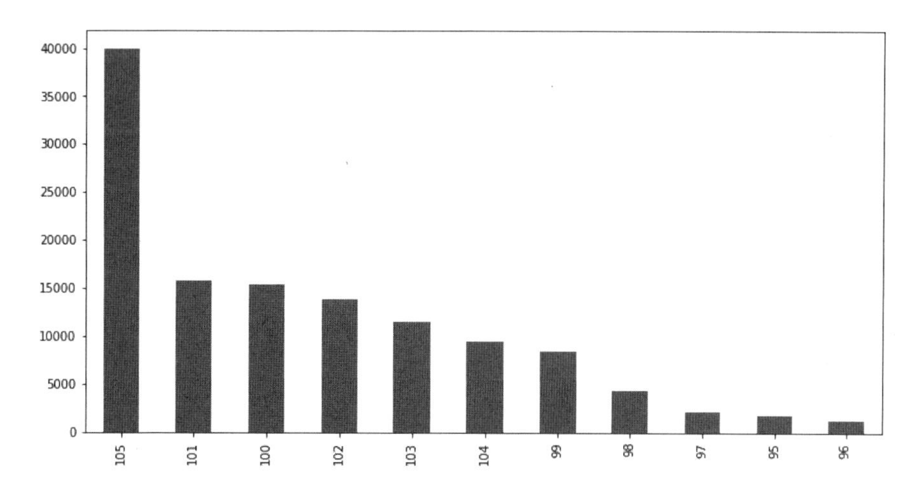

图 4-9　n-Type 分类模式排序图

从图 4-9 可以看出，采用 n-Type 分类模式处理后，在 sz50 数据合集中，上涨幅度在 105%以上的数据最多，其次是 101%和 102%；下跌幅度为 96%的数据最少，其次是下跌幅度超过 95%的数据。

严格说来，只有“二选一”分类模式才是真正的趋势预测算法，它只有上涨和下跌两种类别；而“三选一”分类模式，属于“二选一”的衍生模式，既可以用于判别上涨、平稳和下跌，也可以扩大上限和下限阈值范围，将价格与中间区域匹配的股票品种，作为符合策略的产品纳入股票池中。

至于 n-Type，这是笔者自创的一种分类模式，目前没看到其他的类似文档。有关 n-Type 分类模式，可以结合量化分析，以及深度学习、神经网络的分类应用，例如 MINST 手写数字识别、牛津 17FLOWERS 花朵分类、IRIST 爱丽丝植物分类等经典 AI 案例，这些案例本质上都是分类模型。

4.6 *n*+1 大盘指数预测

很多财经网站和股票 APP 都经常举办一些预测活动，特别是针对第二天股市开盘价和收盘价涨跌的有奖竞猜游戏。从数学和量化分析的角度来讲，这种游戏就是 n+1 指数预测问题。

前面我们通过对个股的分析，已经知道当天的收盘价与第二天的开盘价关联度最大，大盘指数也是类似的。当然，谨慎的读者可以自己用大盘指数计算其中的关联度数据。

4.6.1 线性回归模型

有学者称，从本质上说，所有的神经网络模型都是线性回归模型。这句话虽然有些偏激，但也充分说明了线性回归模型的重要性。

线性回归模型是最简单的模型，也是最古老的算法模型，其原理是基于二元一次回归方程，根据 X 值的变化，生成用于分类和回归 Y 值最适合的一条线，如图 4-10 所示。需要指出的是，线性回归模型可以接受多个 X 特征输入。

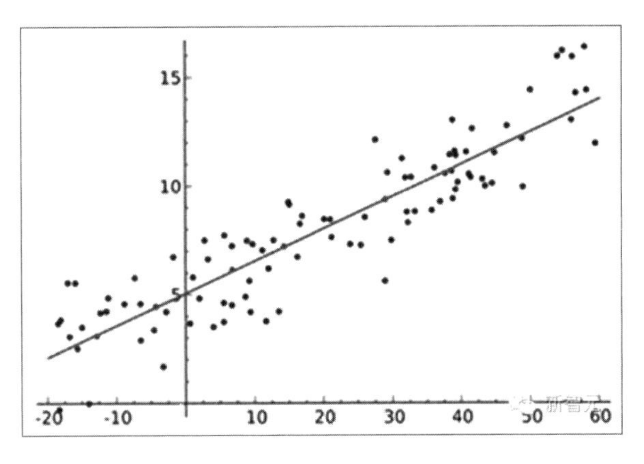

图 4-10 线性回归模型图示

案例 4-4：上证指数 n+1 的开盘价预测

对于大盘指数的 n+1 预测，如果采用传统的数据分析模式，是一件非常复杂的事情，不过对于 TensorFlow 等神经网络系统而言，却轻而易举。

案例 4-4 文件名为 kc404_kopen.py，主要介绍如何使用 TensorFLow 神经网络系统的简化接口 TFLearn，建立线性回归模型来分析历史数据，预测 n+1 的上证指数的 Open（开盘价）。

第 1 组代码如下：

```
#1
print('\n#1,set.sys')
pd.set_option('display.width', 450)
pd.set_option('display.float_format', zt.xfloat3)
rlog='/ailib/log_tmp'
if os.path.exists(rlog):tf.gfile.DeleteRecursively(rlog)
```

设置系统参数和运行环境。注意 rlog，它是 TensorBoard 可视化日志数据输出目录。

第 2 组代码如下：

```
#2
print('\n#2,读取数据')
fss='/zdat/cn/xday/000001.csv'
```

```
fss='dat/inx_000001.csv'
df=pd.read_csv(fss,index_col=0)
df=df.sort_index()
```

读取数据。大盘指数日线数据文件的保存目录为：/zdat/cn/xday/。

其中指数代码 000001 是上证指数的编号，在本案例中，为了方便，把数据文件复制到 dat 目录下，文件名也改为 inx_000001.csv。

需要注意的是，读取日线数据后，默认的索引是 date，通常都需要进行排序，把最新的数据放到最后，以免追加数据时引起数据位置混乱。

第 3 组代码如下：

```
#3
print('\n#3,整理数据')
cn9=df['close'].count()
df['xopen']=df['open'].shift(-1)
df1=df.head(2000)
df2=df.tail(cn9-2000)
print('\ncn9,',cn9)
print(df2.tail())
```

整理数据，根据要求设置部分新的数据字段，其中 xopen 字段是第二天的开盘价，变量 df1 用于保存训练数据，变量 df2 用于保存测试数据。

第 4 组代码如下：

```
#4
print('\n#4,设置训练数据')
X=df1['close'].values
Y=df1['xopen'].values
print(X)
print(Y)
print(type(X))
```

设置训练数据，因为 TensorFlow 使用的是 NumPY 的 ndarray 数组格式，所以使用如下代码进行格式转换。

```
X=df1['close'].values
Y=df1['xopen'].values
```

很多初学者在导入数据时，都容易在这个地方出现问题。

第 5 组代码如下：

```
#5
print('\n#5,构建线性回归神经网络模型')
input_ = tflearn.input_data(shape=[None])
linear = tflearn.single_unit(input_)
regression = tflearn.regression(linear, optimizer='sgd',
loss='mean_square',
    metric='R2', learning_rate=0.01)
m = tflearn.DNN(regression,tensorboard_dir=rlog)
```

在本案例中使用 TFLearn 简化接口来构建模型，无需用户自己编写函数，非常简单。

第 6 组代码如下：

```
#6
print('\n#6,开始训练模型')
m.fit(X, Y, n_epoch=100, show_metric=True, snapshot_epoch=False)
```

根据第 5 组代码建立的线性回归模型 m，输入训练数据 X、Y，开始训练模型。

其中的参数 n_epoch=100 表示进行 100 轮迭代训练。通常神经网络都要进行上千次的模型迭代训练，很多实盘都要进行数万甚至数十万轮迭代，所以对算力要求很高，必须多 GPU 集群加速。

本案例相对简单，而且是学习课件，所以采用了 100 轮的迭代参数。

模型训练学习时，会输出相关的进度信息，如下所示。

```
Training Step: 3195  | total loss: 1236.29102 | time: 0.049s
| SGD | epoch: 100 | loss: 1236.29102 - R2: 1.0084 -- iter: 1728/2000
Training Step: 3196  | total loss: 1195.88745 | time: 0.051s
| SGD | epoch: 100 | loss: 1195.88745 - R2: 1.0031 -- iter: 1792/2000
Training Step: 3197  | total loss: 1272.79321 | time: 0.052s
| SGD | epoch: 100 | loss: 1272.79321 - R2: 1.0087 -- iter: 1856/2000
Training Step: 3198  | total loss: 1246.50269 | time: 0.054s
| SGD | epoch: 100 | loss: 1246.50269 - R2: 1.0031 -- iter: 1920/2000
Training Step: 3199  | total loss: 1256.83533 | time: 0.056s
| SGD | epoch: 100 | loss: 1256.83533 - R2: 1.0085 -- iter: 1984/2000
Training Step: 3200  | total loss: 1213.95532 | time: 0.058s
| SGD | epoch: 100 | loss: 1213.95532 - R2: 1.0031 -- iter: 2000/2000
```

第 7 组代码如下：

```
#7
print('\n#7,根据模型进行预测')
X2=df2['close'].values
Y2=m.predict(X2)
#
ds2y=zdat.ds4x(Y2,df2.index)
df2['open2']= ds2y
#
print(df2.tail())
df2.to_csv('tmp/df2.csv')
```

根据训练好的模型，输入测试参数进行预测。

有关结果见 df2 的 open2 字段，并保存到 tmp/df2.csv 文件中，以便下一步分析使用。

程序运行完成后，我们先运行 zwPython、winPython 内置的 DOS 命令行程序 WinPython Command Prompt.exe 然后调用 tbtmp.bat，打开 TensorBoard 可视化分析程序，看看 Graph 神经网络图层结构，如图 4-11 所示。

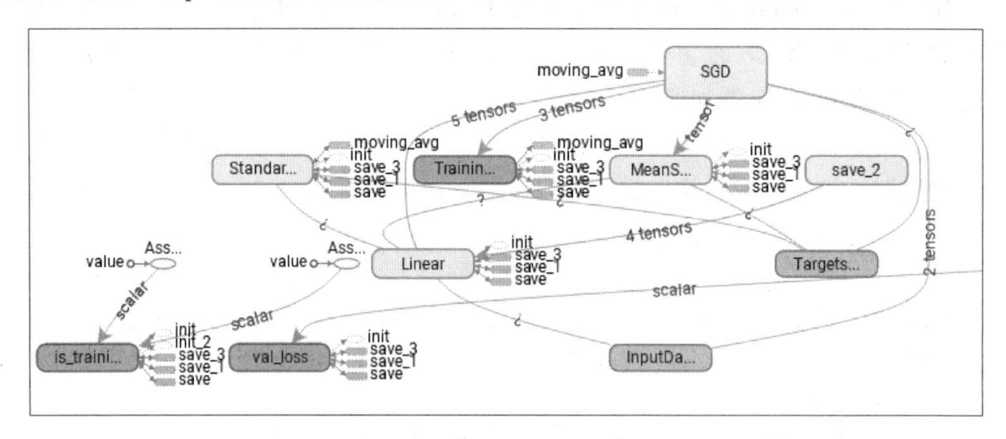

图 4-11 Graph 神经网络图层结构

从图 4-11 可以看出，其核心部分就是线性回归模型。

案例 4-5：预测数据评估

在案例 4-4 中，我们建立了一个线性回归模型，并成功地利用这个模型进行了训练和预测，最后还采用文件形式保存了相关的预测数据。

之所以采用文件形式保存预测数据，是因为神经网络的训练和分析非常耗时，在正常情况下，采用多 GPU 集群，一个模型的训练时间都要一周左右。因此，TensorFlow 系统中提供了大量的模型保存、读取函数，还特意建立了模型分发、复用机制。

案例 4-5 文件名为 kc405_kopen_acc.py，主要介绍如何读取预测数据文件，并对模型的预测效果进行评估。

第 1 组代码如下：

```
#1
print('\n#1,set.sys')
pd.set_option('display.width', 450)
pd.set_option('display.float_format', zt.xfloat3)
```

设置运行环境参数。

第 2 组代码如下：

```
#2
print('\n#2,读取数据')
fss='data/df_acc.csv'
df=pd.read_csv(fss,index_col=0)
df=df.sort_index()
print(df.tail())
df=df.dropna()
```

读取数据文件，并按照日期排序。为了保持一致的学习体验，我们事先把案例所需要的数据文件复制到 data 目录下，并重新进行了命名。

大家实际运行案例时生成的数据文件，可能和这个文件中的数据略有不同，这是因为在 TensorFlow 神经网络系统内部使用了大量的随机数种子，大部分案例每一次的运行结果都略有差异，这个属于正常现象。

第 2 组代码对应的输出信息如下：

```
#2,读取数据
              open      high       close      low      volume       amount        xopen    open2
```

```
date
2017-04-26 3132.918  3152.953  3140.847  3131.418  16987810700  197112873017 3131.350 3071.324
2017-04-27 3131.350  3155.003  3152.187  3097.333  21179307300  235748319355 3144.022 3082.410
2017-04-28 3144.022  3154.727  3154.658  3136.578  16288989900  183195769806 3147.228 3084.826
2017-05-02 3147.228  3154.781  3143.712  3136.539  15422296200  176389916688 3138.307 3074.125
2017-05-03 3138.307  3148.286  3135.346  3123.751  16376392400  190236600690      nan 3065.946
```

第 3 组代码如下：

```
#3
print('\n#3,绘制对比曲线图')
df2=pd.DataFrame()
df2['xopen']=df['xopen']
df2['open2']=df['open2']
print(df2.tail())
df3=df2.tail(200)
df3.plot(rot=15)
```

绘制对比曲线图，其中 xopen 是实盘数据第二天的实际开盘价，open2 是预测的 n+1 开盘数据。

为了防止曲线混乱，我们只使用了最后的 200 组数据绘制对比曲线图，如图 4-12 所示。

从图 4-12 可以看出，测数据和实盘数据在趋势上大体还是同步的，只是在各个时间节点精度有所差异。

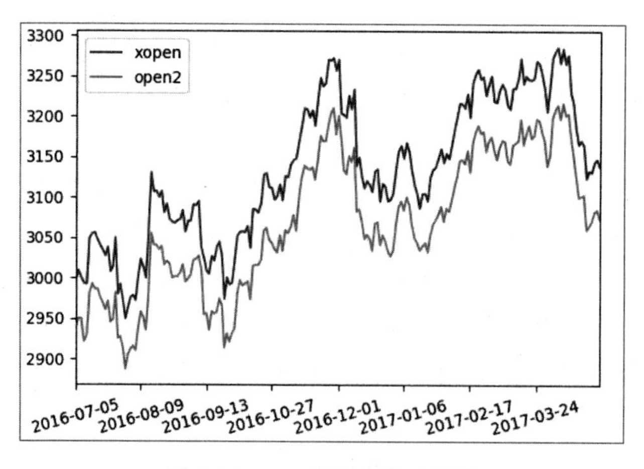

图 4-12　n+1 预测曲线对比图

第 4 组代码如下：

```
#4
print('\n#4,计算预测结果')
df5=pd.DataFrame()
df5['y_test']=df2['xopen']
df5['y_pred']=df2['open2']

a1,df5x=ztq.ai_acc_xed2x(df5['y_test'],df5['y_pred'],ky0=5)
print(df5x.tail())
print('\na1,',a1)

a1,df5x,a20=ztq.ai_acc_xed2ext(df5['y_test'],df5['y_pred'],ky0=5)
print(df5x.tail())
print('\na20,',a20)
```

根据预测数据，调用极宽工具箱中的结果分析函数，计算模型的准确度。本案例中使用了两个评估函数，即标准版本的ai_acc_xed2x和扩充版本的ai_acc_xed2ext。

标准版本的评估函数，其返回值只有准确度和结果数据；扩充版本的评估函数，结果多了专业评估数据：[dmae,dmse,drmse,dr2sc]。

第 4 组代码对应的输出信息如下：

```
n_df9,3671,n_dfk,3659
            y_test   y_pred   ysub  ysub2  y_test_div  ysubk
date
2017-04-25 3132.918 3065.184 67.734 67.734    3132.918  2.162
2017-04-26 3131.350 3071.324 60.026 60.026    3131.350  1.917
2017-04-27 3144.022 3082.410 61.612 61.612    3144.022  1.960
2017-04-28 3147.228 3084.826 62.402 62.402    3147.228  1.983
2017-05-02 3138.307 3074.125 64.182 64.182    3138.307  2.045

a1, 96.622
a20, [92.19, 10153.8, 100.77, 0.99]
```

其中，对于如下输出信息：

```
a1, 99.622
```

变量 a1 表示模型准确度是 99.62%，这是在误差精度 ky0=5%的情况下得出的结果。

大家可以自己调整误差精度，即调整 qt.ai_xed2x_xed 结果分析函数中的 ky0 参数，看看相关的运行结果。

对于以下输出信息：

```
a20, [92.19, 10153.8, 100.77, 0.99]
```

它是变量 a20 的输出，分别对应于如下专业评估数据：

```
[dmae,dmse,drmse,dr2sc]
```

其中：

- dmae，表示 MAE，平均绝对误差
- dmse，表示 MSE，均方差、方差，结果数据越接近于 0，说明模型选择和拟合越好，数据预测也越成功。
- drmse，表示 RMSE，均方根、标准差，结果数据越接近于 0，说明模型选择和拟合越好，数据预测也越成功。
- dr2sc，表示 R^2 决定系数（拟合优度），说明回归方程在多大程度上解释了因变量的变化，或者说方程对观测值的拟合程度如何。

4.6.2 效果评估函数

极宽量化系统的机器学习工具模块 ztools_tq 中的效果评估函数，是笔者根据金融量化实际情况，对 SKLearn 的评估函数进行的扩充，这两个函数基本相同。

评估函数在深度学习、神经网络模型编程中非常重要，早期的 TensorFlow 也借鉴了 SKLearn 的评估函数，从 1.3 版本起，TensorFlow 也开始内置自己的效果评估函数。

本节主要介绍 ai_acc_xed2ext 评估函数的源码。该函数位于极宽量化系统的 ztools_tq 模块中，主要用于评估机器学习算法函数的效果。

ai_acc_xed2ext 评估函数的接口定义如下：

```
def ai_acc_xed2ext(y_true,y_pred,ky0=5,fgDebug=False)
```

其中：

- y_true, y_pred——Pandas 的 Series 数据列格式。

- ky0——结果数据误差 K 值，默认是 5，表示 5%。
- fgDebug——调试模式变量，默认为 False。

第 1 组代码如下：

```
#1
df,dacc=pd.DataFrame(),-1
if (len(y_true)==0) or (len(y_pred)==0):
    #print('n,',len(y_true),len(y_pred))
    return dacc,df
```

初始化返回数据，并检查输入数据。

第 2 组代码如下：

```
#2
y_num=len(y_true)
#df['y_true'],df['y_pred']=zdat.ds4x(y_true,df.index),zdat.ds4x(y_pre
d,df.index)
df['y_true'],df['y_pred']=y_true,y_pred
df['y_diff']=np.abs(df.y_true-df.y_pred)
```

运行流程如下：

- 把输入数据复制到结果变量对应的字段中。
- 计算各组结果数据与实盘数据的差距，并保存在 y_diff 字段中。

第 3 组代码如下：

```
#3
df['y_true2']=df['y_true']
df.loc[df['y_true'] == 0, 'y_true2'] =0.00001
df['y_kdif']=df.y_diff/df.y_true2*100
```

运行流程如下：

- 填充实盘数据值为 0 的表格单元，以免出现除以 0 的错误。
- 计算 y_diff 误差数据与真实数据 y_true 的误差百分幅度，结果保存在 y_kdif 字段中。

第 4 组代码如下：

```
#4
dfk=df[df.y_kdif<ky0]
```

```
knum=len(dfk['y_pred'])
dacc=knum/y_num*100
```

运行流程如下：

- 提取误差小于输入误差 ky0 以下的数据，保存到 dfk 变量中。
- 计算 dfk 的长度，得到正确的预测值总数，保存到 knum 变量中。
- 计算正确结果与输入数据总数的比值，得到准确率，保存到 dacc 变量中。

第 5 组代码如下：

```
#5
dmae=metrics.mean_absolute_error(y_true, y_pred)
dmse=metrics.mean_squared_error(y_true, y_pred)
drmse=np.sqrt(metrics.mean_squared_error(y_true, y_pred))
dr2sc=metrics.r2_score(y_true,y_pred)
```

调用 SKLearn 的评估函数，计算以下专业评估数据：

```
[dmae,dmse,drmse,dr2sc]
```

第 6 组代码如下：

```
#6
if fgDebug:
  #print('\nai_acc_xed')
  #print(df.head())
  #y_test,y_pred=df['y_test'],df['y_pred']
  print('n_df9,{0},n_dfk,{1}'.format(y_num,knum))
  print('acc: {0:.2f}%;  MSE:{1:.2f}, MAE:{2:.2f},  RMSE:{3:.2f},
r2score:{4:.2f}, @ky0:{5:.2f}'.format(dacc,dmse,dmae,drmse,dr2sc,ky0))
```

如果调试模式变量 fgDebug=True，则输出评估相关数据。

4.6.3 常用的评测指标

在 ai_acc_xed2ext 评估函数中，MAE、MSE、RMSE 是统计术语，用于结果评测。类似的术语还有：

- SSE，和方差、误差平方和。SSE 越接近于 0，说明模型选择和拟合越好，数据预测也越成功。因为 MSE、RMSE 和 SSE 同出一宗，所以效果一样。

- R^2（R-square）确定系数，也称为决定系数、拟合优度。该系数是通过数据的变化来表征一个拟合算法的好坏的，其正常取值范围为[0,1]，越接近于 1，说明方程的变量对 y 的解释能力越强，算法模型对数据拟合得也较好。确定系数可以反映出回归方程对数据的拟合程度如何。
- Adjusted R-square，修正确定系数。
- Precision，又称 P 指标，准确率，表示检索出来的条目（比如文档、网页等）有多少是准确的。
- Recal，又称 R 指标，召回率，表示所有准确的条目有多少被检索出来。
- F 值，即 F-Measure，或 F-Score。F 值是正确率和召回率的调和平均值；F 值=正确率×召回率×2 / (正确率 + 召回率)。
- E 值，表示查准率 P 和查全率 R 的加权平均值，当其中一个为 0 时，E 值为 1。
- AP，平均正确率，表示不同查全率的点上的正确率的平均。

TensorFlow 神经网络平台虽然强大，但内置的评估函数相对滞后，在实际编程时，往往需要借助 SKLearn 的评估函数。

SKLearn 专门内置了一个评估子模块 metrics，提供了多种方式的评估函数。

对于量化分析而言，需要使用简单、灵活以及更加适合金融数据分析的评估函数，所以我们采用的是自己开发的评估函数。

4.7 *n*+1大盘指数趋势预测

在前面的案例中，我们可以得到以下数据。

- 如果误差精度 ky0=5，则模型准确度为 99.67%。
- 如果误差精度 ky0=3，则模型准确度为 96.5%。
- 如果误差精度 ky0=2.5，则模型准确度为 86.5%。
- 如果误差精度 ky0=2，则模型准确度为 26.7%。

当误差精度为 3%~5%时，模型准确度高达 95%以上。这个准确度看起来很高，其实是没有任何实盘价值的。

对于股市大盘指数，日线的波动一般都在 3%以内。这种模型虽然预测精度高达 95%，但却是正常的波动范围。

案例中的 3%~5%的误差精度，是指围绕真实数据上下波动 3%~5%，这个震荡区间可能高达 10%。

在进行实盘分析时，这个误差是无法接受的。对波动精度要求为千分之一、万分之一，外汇日内交易更是要求十万分之一的波动精度。

案例 4-6：涨跌趋势归一化分类

虽然前面的案例采用了回归模型，预测结果是具体的数值，但是对于 TensorFlow 神经网络系统而言，80%的应用都是分类性质的。

案例 4-6 文件名是 kc406_ktype.py，主要介绍对最常见的 OHLC 金融数据进行预处理，再进行分类计算，以便适用于 TensorFLow 神经网络系统，进行智能量化分析。

第 1 组代码如下：

```
#1
print('\n#1,set.sys')
pd.set_option('display.width', 450)
pd.set_option('display.float_format', zt.xfloat3)
```

设置运行环境参数。

第 2 组代码如下：

```
#2
print('\n#2,读取数据')
#fss='/zdat/cn/xday/000001.csv'
fss='data/inx_000001.csv'
df=pd.read_csv(fss,index_col=0)
df=df.sort_index()
```

读取数据文件，并按照日期排序。案例中使用的是上证指数日线数据。

第 3 组代码如下：

```
#3
print('\n#3,整理数据')
df['xopen']=df['open'].shift(-1)
print(df.tail())
```

整理数据，设置一个新字段 xopen，用于保存第二天的开盘价。

第 4 组代码如下：

```
    #4
    print('\n#4,数据分类')
    df['kopen']=df['xopen']/df['close']*100
    df['ktype']=df['kopen'].apply(zt.iff3type,d0=99.5,d9=101.5,v3=3,v2=2,
v1=1)
    #
    print('df.head(100)')
    print(df.head(100))
    print('\ndf.tail(100)')
    print(df.tail(100))
```

设置分类参数 ktype。首先设置 kopen 字段，用于保存第二天的开盘价与当日的收盘价的百分比。设置分类参数 ktype。

对于 head（头部）数据，部分输出信息如下：

```
    #4,数据分类
    df.head(100)
                   open    high     close    low      volume      amount
xopen   kopen  ktype
    date
    1994-01-03 837.700 840.650 833.900 831.660  101005600  1048326000
835.970 100.248      2
    1994-01-04 835.970 836.970 832.690 829.890   65274300   692748000
829.300  99.593      2
    1994-01-05 829.300 847.050 846.980 823.100   89412100   975053000
850.780 100.449      2
    1994-01-06 850.780 869.330 869.330 850.780  184511700  1970032000
875.180 100.673      2
    1994-01-07 875.180 883.990 879.640 873.010  168688400  1752262000
891.990 101.404      2
    1994-01-10 891.990 900.300 900.300 889.730  187595100  1896704000
903.540 100.360      2
    1994-01-11 903.540 907.090 891.790 884.000  136850000  1590901000
891.830 100.004      2
    1994-01-12 891.830 900.230 888.040 885.880  127429900  1306063000
889.020 100.110      2
```

```
    1994-01-13 889.020 899.140 897.460 888.800   80792100   838602000
900.130 100.298      2
    1994-01-14 900.130 900.990 849.230 842.620  242925400  2505558000
861.340 101.426      2
    1994-01-17 861.340 868.880 859.280 856.500  108350100  1061639000
859.300 100.002      2
    1994-01-18 859.300 859.300 835.060 826.010   95269400  1078341000
835.080 100.002      2
    1994-01-19 835.080 835.080 807.500 794.170   96166000   910652000
791.000  97.957      1
    1994-01-20 791.000 804.250 802.610 777.830   89765000   823342000
800.550  99.743      2
    1994-01-21 800.550 815.750 812.880 794.970   83184300   708300000
830.160 102.126      3
    1994-01-24 830.160 839.200 839.200 824.420  125290700   982574000
838.060  99.864      2
```

对于 tail（尾部）数据，部分输出信息如下：

```
    df.tail(100)
    2017-04-26 3132.918 3152.953 3140.847 3131.418  16987810700
197112873017 3131.350  99.698      2
    2017-04-27 3131.350 3155.003 3152.187 3097.333  21179307300
235748319355 3144.022  99.741      2
    2017-04-28 3144.022 3154.727 3154.658 3136.578  16288989900
183195769806 3147.228  99.764      2
    2017-05-02 3147.228 3154.781 3143.712 3136.539  15422296200
176389916688 3138.307  99.828      2
    2017-05-03 3138.307 3148.286 3135.346 3123.751  16376392400
190236600690      nan      nan      2
    2017-05-03 3138.307 3148.286 3135.346 3123.751  16376392400
190236600690      nan      nan      2
```

在以上输出信息的 ktype 数据列中：

- 数值 3，表示上涨，kopen 波动比值大于 100.5%。
- 数值 2，表示平稳，kopen 波动比值在 99.5%~100.5%之间。
- 数值 1，表示下跌，kopen 波动比值小于 99.5%。

ktype 分类是通过以下函数实现的。

```
df['ktype']=df['kopen'].apply(zt.iff3type,d0=99.5,d9=101.5,v3=3,v2=2,
v1=1)
```

使用 Pandas 的 apply 函数，调用极宽工具箱中的 iff3type 分类函数，完成 ktype 分类工作。

第 5 组代码如下：

```
#5
print('\n#5,数据分析')
n9=len(df.index)
n3,n2,n1=sum(df['ktype']==3),sum(df['ktype']==2),sum(df['ktype']==1)
k3,k2,k1=round(n3/n9*100,2),round(n2/n9*100,2),round(n1/n9*100,2)
print('n9,',n9)
print('n3,n2,n1,',n3,n2,n1)
print('k3,k2,k1,%,',k3,k2,k1)
```

根据分类字段 ktype，对上证指数进行简单分析。其对应的输出信息如下：

```
#5,数据分析
n9, 5672
n3,n2,n1, 540 4479 653
k3,k2,k1,%, 9.52 78.97 11.51
```

其中：

- n9，表示 1994-01-03 到 2017-05-03，在数据文件内各有 672 个交易日的数据。
- n3,n2,n1，分别表示上涨、平稳、下跌的日期数。
- k3,k2,k1，分别表示上涨、平稳、下跌的日期比例。

由以上分析可以看出，在 0.5 的波动范围内，78.97%的交易日都处于平稳状态，9.52%的交易日是上涨的，11.51%的交易日是下跌的。

需要注意的是，这里的上涨、下跌，是指当天的收盘价相对于第二日的开盘价而言的，而不是当天收盘价与当天开盘价的比较。

案例 4-7：经典版涨跌趋势归一化分类

案例 4-7 文件名是 kc407_ktype2.py，与案例 4-6 类似，不过这里使用的是第二天的收盘价与开盘价进行比较。这两个案例的程序基本相同，不同的地方有以下几处。

第 3 组代码如下：

```
#3
print('\n#3,整理数据')
df['xopen']=df['open'].shift(-1)
df['xclose']=df['close'].shift(-1)
print(df.tail())
```

整理数据，除 xopen 字段外，增加了一个 xclose 字段，用于保存第二天的收盘价。

第 4 组代码如下：

```
#4
print('\n#4,数据分类')
df['kclose']=df['xclose']/df['xopen']*100
df['ktype']=df['kclose'].apply(zt.iff3type,d0=99.5,d9=101.5,v3=3,v2=2,
v1=1)
#
print('df.head(100)')
print(df.head(100))
print('\ndf.tail(100)')
print(df.tail(100))
```

对数据进行分类。案例使用的是 kclose 字段，而不是 kopen，其中的差异之处大家自己体会。

第 5 组代码相同，但是由于两个案例的计算方式不同，结果差别很大。本案例输出信息如下：

```
#5,数据分析
n9, 5672
n3,n2,n1, 1920 1991 1761
k3,k2,k1,%, 33.85 35.1 31.05
```

其中：

- n9，表示 1994-01-03 到 2017-05-03，在数据文件内各有 672 个交易日的数据。
- n3,n2,n1，分别表示上涨、平稳、下跌的日期数。
- k3,k2,k1，分别表示上涨、平稳、下跌的日期比例。

由以上分析可以看出，在 0.5 的波动范围内，35.17%的交易日都处于平稳状态，33.85%的交易日是上涨的，31.05%的交易日是下跌的，三者的比例基本差不多。

从图 4-13 和图 4-14 可以看出，虽然案例 4-7 对案例 4-6 改动的参数不多，但两者结果之间的差异很大。

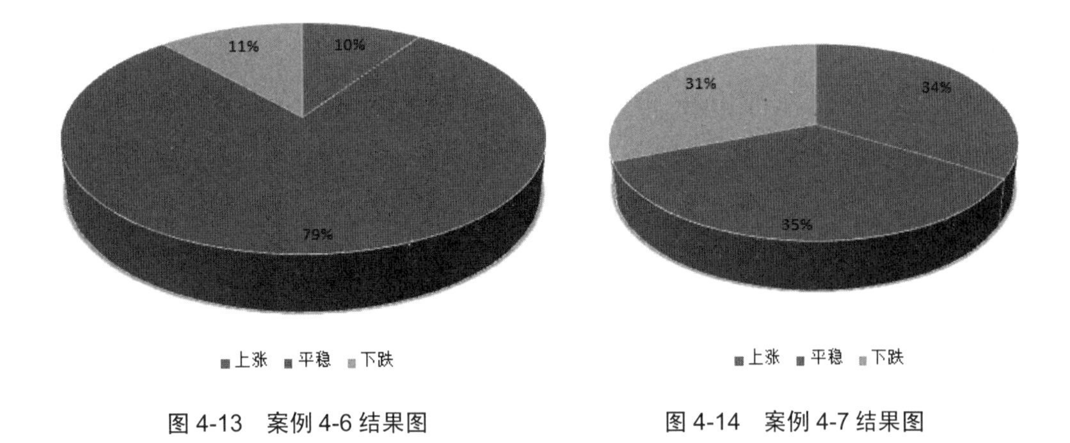

图 4-13　案例 4-6 结果图　　　图 4-14　案例 4-7 结果图

4.8　One-Hot

在前面的案例中，我们已经成功获取了 ktype 字段，并设置了上涨、停滞、下跌不同状态的数字编码。

由于 TensorFlow 神经网络系统内部是一个个独立的神经元，采用的都是概率模型，所以从效率的角度出发，输入数据对应的 Label（标签）类型采用的都是 One-Hot（独热码）格式。

一个 One-Hot 向量除某一位的数字是 1 以外，其余各维度的数字都是 0。

One-Hot 在神经网络分类案例中，使用数字 n 表示一个只有第 n 维度（从 0 开始）的数字为 1 的 n 维向量。比如，标签 0 将表示成([1,0,0,0,0,0,0,0,0,0])。

如图 4-15 所示是经典数据集 MNIST 手写数字图片的内部数字矩阵，采用的就是 One-Hot 格式。

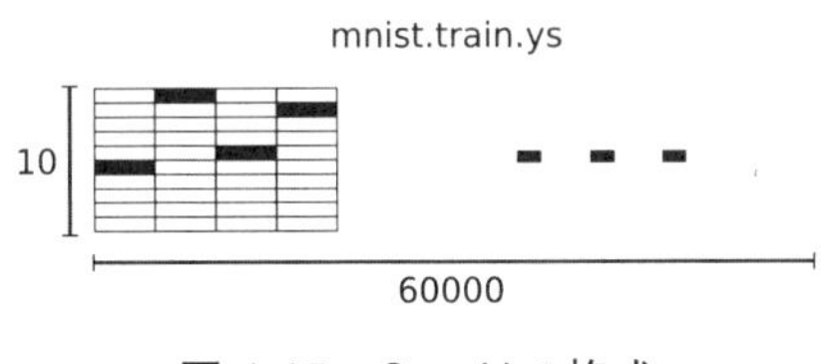

图 4-15　One-Hot 格式

案例 4-8：One-Hot 格式

案例 4-8 文件名为 kc408_onehot.py，主要介绍如何将 ktype 的数值转换为 One-Hot 格式。

前两组代码与前面的案例程序大同小异，我们从第 3 组代码开始讲解。

第 3 组代码如下：

```
    #3
    print('\n#3,整理数据')
    df['xopen']=df['open'].shift(-1)
    df['xclose']=df['close'].shift(-1)
    df['kclose']=df['xclose']/df['xopen']*100
    df['ktype']=df['kclose'].apply(zt.iff3type,d0=99.5,d9=101.5,v3=3,v2=2,
v1=1)
    df['ktype']=df['ktype']-1
    print(df.tail())
```

整理数据。其中，如下代码把 ktype 的数值全部减 1，原来的 123 分类变为 012，同样还是三类。这是因为 One-Hot 编码通常是从 0 开始的，便于后续编程。

```
    df['ktype']=df['ktype']-1
```

第 3 组代码对应的输出信息如下：

```
    #3,整理数据
                    open     high      close     low        volume
amount    xopen   xclose  kclose  ktype
    date
    2017-04-26 3132.918 3152.953 3140.847 3131.418  16987810700
197112873017 3131.350 3152.187 100.665      2
    2017-04-27 3131.350 3155.003 3152.187 3097.333  21179307300
235748319355 3144.022 3154.658 100.338      1
    2017-04-28 3144.022 3154.727 3154.658 3136.578  16288989900
183195769806 3147.228 3143.712  99.888     1
    2017-05-02 3147.228 3154.781 3143.712 3136.539  15422296200
176389916688 3138.307 3135.346  99.906     1
    2017-05-03 3138.307 3148.286 3135.346 3123.751  16376392400
190236600690     nan       nan     nan     1
```

第 4 组代码如下：

```
#4
print('\n#4,设置训练数据')
n9=len(df.index)
df1=df.head(2000)
df2=df.tail(n9-2000)
#
X=df1[zsys.ohlcLst].values
Y=df1['ktype'].values
```

设置训练数据。这里的训练数据 X 采用了预定义的 zsys.ohlcLst 列表字段：

```
ohlcLst=['open','high','low','close']
```

第 5 组代码如下：

```
#5
print('\n#5,One-Hot Encode')
y_onehot=pd.get_dummies(Y)
print('y_onehot.head(5)')
print(y_onehot.head(5))
y1s=pd.get_dummies(y_onehot)
print('y1s.head(5)')
print(y1s.head(5))
#
y1=y1s.values
print('y1')
print(y1)
print('type(y1),',type(y1))
print('y1.shape,',y1.shape)
```

以上代码介绍了 One-Hot 的编码功能。虽然 TensorFlow 也内置了 onehot 编码函数，但是其使用却十分复杂，通常大家都使用 SKLearn 的 onehot 编码函数。

Pandas 模块库也提供了 get_dummies 函数用于 One-Hot 编码，相比 SKLearn 的函数，get_dummies 函数更加灵活，容错性很强，而且支持字符串编码。因此，目前一线编程人员大都使用 Pandas 的 get_dummies 函数进行 One-Hot 编码。

第 5 组代码对应的部分输出信息如下：

```
#5,One-Hot Encode
```

```
y_onehot.head(5)
   0  1  2
0  0  1  0
1  0  0  1
2  0  0  1
3  0  0  1
4  0  0  1
y1s.head(5)
   0  1  2
0  0  1  0
1  0  0  1
2  0  0  1
3  0  0  1
4  0  0  1
```

以上输出信息显示了两个不同的变量：y_onehot 和 y1s，两者的输出内容完全相同。

变量 y1s 对已经是 One-Hot 编码的 y_onehot 进行二次编码，如果使用其他编码函数可能会引发错误或发出警告，但是 Pandas 的 get_dummies 函数可以自动识别，直接进行赋值。

第 5 组代码对应的其他输出信息如下：

```
y1
[[0 1 0]
 [0 0 1]
 [0 0 1]
 ...,
 [1 0 0]
 [0 0 1]
 [0 0 1]]
type(y1), <class 'numpy.ndarray'>
y1.shape, (2000, 3)
```

可以看到编码后的实际数据内容、数据格式、shape 参数等。

第 6 组代码如下：

```
#6
print('\n#6,One-Hot Decode')
a0,a1=y1[0],y1[1]
a0v,a1v=np.argmax(a0,axis=0),np.argmax(a1,axis=0)
```

```
print('\na0v,',a0v,a0)
print('a1v,',a1v,a1)
```

以上代码介绍的是 One-Hot 的 Decode（解码）功能。在 TensorFlow 的案例中，往往直接使用内置的 argmax 函数进行分类解码，但是其调用方式比较烦琐。

幸运的是 argmax 是通用函数，在 NumPy 模块库中也有同样的函数，其使用更加简便。

第 6 组代码对应的输出信息如下：

```
#6,One-Hot Decode


a0v, 1 [0 1 0]
a1v, 2 [0 0 1]
```

a0v 和 a1v 输出的前一个数据是解码后的结果，后面的列表数据是对应的 One-Hot 编码。

在本案例中，解码后的数字恰好是数字 1 在列表中的下标号。

4.9　DNN模型

DNN（Deep Neural Network，深度神经网络）模型是指具有多层结构的神经网络模型。

如图 4-16 所示是 DNN 模型示意图。

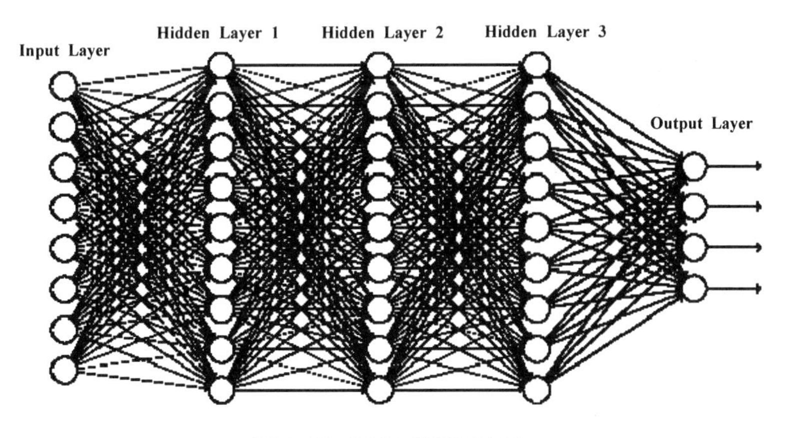

图 4-16　DNN 模型示意图

深度神经网络源自多层感知器（MLP），简单来说，就是在感知器的基础上，增加了大量的隐藏层（Hidden Layer），用于处理中间数据。

2006 年，人工智能的三巨头之一 Hinton，利用预训练方法缓解了局部最优解问题，首次采用高达 7 层的隐藏层，神经网络才有了“深度”的概念。

深度神经网络中的“深度”有不同的概念，一般在语音识别中，4 层网络就属于“较深的”了；而在图像识别中，20 层以上的网络属于常规模型。目前一些前沿的深度学习模型，很多都是 100~200 层的网络。

从图 4-16 可以看出，神经网络的每一层之间，每个单元节点都要进行交叉运算，每增加一层，算力都呈几何级数增长。由此可以看出，神经网络对算力的要求很高，通常都采用 GPU 进行加速。

案例 4-9：DNN 趋势预测

案例 4-9 文件名是 kc409_kmul.py，采用 OHLC 多组数据作为数据源，并结合 One-Hot，使用 DNN 模型预测第二天的大盘涨跌趋势。

本案例使用上证指数作为分析数据源。前两组代码依然是设置系统参数，读取数据文件。下面我们从第 3 组代码开始讲解。

第 3 组代码如下：

```
#3
print('\n#3,整理数据')
df['xopen']=df['open'].shift(-1)
df['xclose']=df['close'].shift(-1)
df['kclose']=df['xclose']/df['xopen']*100
df['ktype']=df['kclose'].apply(zt.
iff3type,d0=99.5,d9=101.5,v3=3,v2=2,v1=1)
df['ktype']=df['ktype']-1
```

整理数据，并根据 One-Hot 对 ktype 进行优化处理。

第 4 组代码如下：

```
#4
print('\n#4,设置训练数据')
n9=len(df.index)
```

```
df1=df.head(2000)
df2=df.tail(n9-2000)
#
X=df1[zsys.ohlcLst].values
Y=df1['ktype'].values
y1s=pd.get_dummies(Y)
y1=y1s.values
```

设置训练数据，需要注意的是：

- 输入的学习数据 X 是多个字段的 OHLC 数据，不是单一的 close（收盘价）。
- 对应的标签数据 y1 使用的是 One-Hot 格式。

第 5 组代码如下：

```
#5
print('\n#5,构建线性回归神经网络模型')
net = tflearn.input_data(shape=[None, 4])
#net = tflearn.fully_connected(net, 40)
net = tflearn.fully_connected(net, 40)
net = tflearn.fully_connected(net, 3, activation='softmax')
net = tflearn.regression(net)
#
m = tflearn.DNN(net,tensorboard_dir=rlog)
```

设置神经网络模型，采用 OHLC 多字段输入数据和 One-Hot。

其中，如下代码用于设置输入数据格式。

```
net = tflearn.input_data(shape=[None, 4])
```

因为 OHLC 数据有 4 组数字，所以使用 shape 参数设置为 4，前面的 None 表示所有输入数据。

如下代码表示设置一个全连接层作为中间层。

```
#net = tflearn.fully_connected(net, 40)
net = tflearn.fully_connected(net, 40)
```

也可以设置两个全连接层，以提高模型精度。不过经过实际测试，差别并不大，所以本案例中只使用了一个全连接层。

参数 40，表示全连接层的每层有 40 个节点。

这个参数是经验值，如果输入数据的 shape 小于 10，那么它可以是 shape 的 5~10 倍或者平方值；如果 shape 过大，那么一般就使用略大于 shape 的整数值即可，因为过大的神经元数目会影响计算速度，特别是多层神经网络模型。

例如经典的 MNIST 手写数字图像，每张图像的 shape 是 784，一般网络层的参数取 800 即可。

如下代码设置的也是一个全连接层，不过它是激活层，用于输出，输出格式是 shape 为 3 的 One-Hot，表示标签变量 y1 的单元列表长度。

```
net = tflearn.fully_connected(net, 3, activation='softmax')
```

如下代码表示使用回归模型。

```
net = tflearn.regression(net)
```

如下代码表示建立神经网络模型，设置 TensorBoard 输出日志数据目录。

```
m = tflearn.DNN(net,tensorboard_dir=rlog)
```

第 6 组代码如下：

```
#6
print('\n#6,开始训练模型')
m.fit(X, y1, n_epoch=100, show_metric=True)
```

根据输入数据，训练模型。

以下是第 6 组代码对应的部分输出信息。

```
Training Step: 3198  | total loss: 1.11191 | time: 0.055s
| Adam | epoch: 100 | loss: 1.11191 - acc: 0.3551 -- iter: 1920/2000
Training Step: 3199  | total loss: 1.11221 | time: 0.057s
| Adam | epoch: 100 | loss: 1.11221 - acc: 0.3508 -- iter: 1984/2000
Training Step: 3200  | total loss: 1.10610 | time: 0.059s
| Adam | epoch: 100 | loss: 1.10610 - acc: 0.3626 -- iter: 2000/2000
```

其中：

- epoch，表示迭代训练轮数。
- loss，表示损失函数的 loss 数值。
- iter，表示本轮迭代的数据序号。
- acc，表示模型训练的准确度。

其中最重要的是 acc，本案例中，模型的准确度是 0.3626，即 36.26%。

每次运行时准确度会略有不同，这是因为 TensorFlow 内部使用了随机种子数，不过大体范围变化不大。

第 7 组代码如下：

```
#7
print('\n#7,根据模型进行预测')
X2=df2[qsys.ohlcLst].values
Y2=m.predict(X2)
#
y2v=map(np.argmax,Y2)
ds2y=zdat.ds4x(y2v,df2.index)
df2['ktype2']= ds2y
#
print(df2.tail())
df2.to_csv('tmp/df2.csv')
```

根据训练好的模型 m，输入测试数据进行模拟预测。如果输入的是实盘数据，那么就是进行实盘预测。

注意如下代码：

```
y2v=map(np.argmax,Y2)
```

因为预测结果变量 Y2 也是 One-Hot 格式的，不方便后期整理，所以需要转换为正常的分类数字。

第 7 组代码对应的输出信息如下：

```
    #7,根据模型，进行预测
                    open     high     close      low       volume
amount    xopen   xclose  kclose  ktype  ktype2
    date
    2017-04-26 3132.918 3152.953 3140.847 3131.418  16987810700
197112873017 3131.350 3152.187 100.665         2           1
    2017-04-27 3131.350 3155.003 3152.187 3097.333  21179307300
235748319355 3144.022 3154.658 100.338         1           1
    2017-04-28 3144.022 3154.727 3154.658 3136.578  16288989900
183195769806 3147.228 3143.712  99.888         1           1
    2017-05-02 3147.228 3154.781 3143.712 3136.539  15422296200
```

```
176389916688 3138.307 3135.346     99.906       1          1
   2017-05-03 3138.307 3148.286 3135.346 3123.751  16376392400
190236600690      nan      nan             nan       1          1
```

第 8 组代码如下：

```
#8
print('\n#8,计算预测结果')
df5=pd.DataFrame()
df5['y_test']=df2['ktype']
df5['y_pred']=df2['ktype2']
acc,df5x=ztq.ai_acc_xed2x(df5['y_test'],df5['y_pred'],ky0=0.5)
#
print('\nacc,',acc)
print(df5.tail())
df5.to_csv('tmp/df5.csv')
```

根据测算数据，再次计算模型的准确度。

第 8 组代码对应的输出信息如下：

```
#8,计算预测结果
ai_acc_xed
            y_test  y_pred  ysub  ysub2       y_test_div        ysubk
date
2002-03-20       1       1     0      0            1.000        0.000
2002-03-21       0       1    -1      1            0.000  10000000.000
2002-03-22       1       1     0      0            1.000        0.000
2002-03-25       0       1    -1      1            0.000  10000000.000
2002-03-26       1       1     0      0            1.000        0.000

n_df9,3672,n_dfk,1336
acc-kok: 36.38%, MAE:0.68, MSE:0.78, RMSE:0.88


acc, 36.383
```

计算预测结果是 36.38%，这个数值与训练模型时预估的数值差不多，说明模型设计整体还是合理的，但是准确度较低，需要进一步优化。

如图 4-17 所示是 TensorBoard 可视化分析结构图。

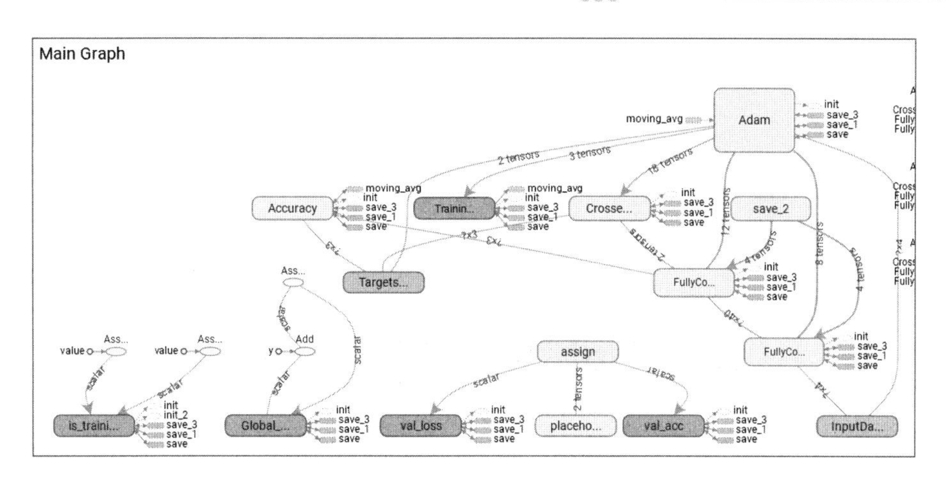

图 4-17　TensorBoard 可视化分析结构图

该结构比较复杂，大家只需注意几个主要节点，看看各节点之间的相互关系就可以了。

第 5 章 单层神经网络预测股价

前面我们介绍了通过 TensorFlow 的简化接口 TFLearn，使用 DNN（深度神经网络）模型，对金融数据进行简单的分析和预测。

自本章起，我们将从最简单的单层 MLP（多层感知器）开始，逐步介绍各种多层复合神经网络模型，以及这些模型在金融量化中的应用。

TensorFlow 功能强大，使用灵活，能够根据数据流图实现多种专业的神经网络模型。但是在 TensorFlow 功能强大的背后，需要用户熟悉神经网络模型的理论知识，通晓 TensorFlow 各种复杂的算法。

为方便用户操作，在 TensorFlow 发布的同时，谷歌公司就采取了多种措施，以降低 TensorFlow 的学习难度，简化用户接口。例如兼容 Keras 的 API 接口策略，并推出了 TF-Slim 简化版本。

本书后续章节将重点介绍 Keras 简化接口的案例，让更多的初学者能够快速掌握 TensorFlow 这一强大专业的神经网络、深度学习架构，并直接应用到生产环境中。

熟悉 Keras 等 TensorFlow 简化接口后，再进一步学习 TensorFlow 底层接口，就会更容易理解相关的算法模型。

5.1 Keras简化接口

Keras 是基于 Theano 和 TensorFlow 的深度学习库，如图 5-1 所示。

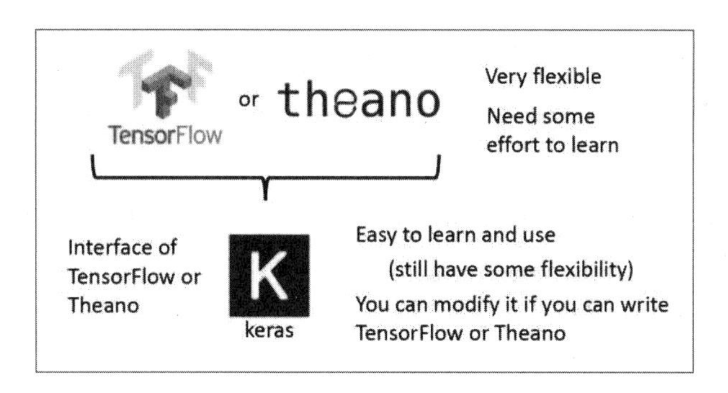

图 5-1　Keras 简介图

作为基于 Python 最流行的深度学习框架，Keras 以其快速上手，支持 Theano、TensorFlow 无缝切换，文档丰富等优点广受好评。

Keras 与许多第三方深度学习模块一样，支持主流的神经网络引擎（平台），如 Theano 和 TensorFlow，未来可能还会支持 Torch、MXNet 进行二次封装，提供统一的简化版本的 API。

由于 Keras 的 API 接口设计非常简单、实用，而且 Keras 如此流行，在 GitHub 项目网站上，star（星标）数仅次于 TensorFlow，所以包括 TensorFlow 在内的深度学习引擎（平台）也纷纷内置 Keras 格式的接口模块。

如此一来，理论上，只要学习 Keras，就可以直接使用 Theano 和 TensorFlow，以及其他的神经网络引擎（平台）。

在 Keras 用户手册中提到：

Keras 为支持快速实验而生，能够把你的想法迅速转换为结果，如果你有如下需求，请选择 Keras。

- 简易和快速的原型设计（Keras 具有高度模块化、极简和可扩充特性）。
- 支持 CNN 和 RNN，或二者的结合。
- CPU 和 GPU 无缝切换。

Keras 的设计原则是：

- 用户友好。Keras 是为人类设计的 API，用户的使用体验始终是首要的和中心内容。Keras 遵循减少认知困难的最佳实践，提供一致而简洁的 API，能够极大地减少一般应用下用户的工作量，同时 Keras 提供了清晰和具有实践意义的 Bug 反馈。
- 模块性。模型可理解为一个层的序列或数据的运算图，完全可配置的模块可以用最小的代价自由组合在一起。具体而言，网络层、损失函数、优化器、初始化策略、激活函数、正则化方法都是独立的模块，你可以使用它们来构建自己的模型。

- 易扩展性。添加新模块非常容易，只需按照现有的模块编写新的类或函数即可。创建新模块的便利性使得 Keras 更适合于先进的研究工作。
- 与 Python 协作。Keras 没有单独的模型配置文件类型，模型由 Python 代码描述，使其更紧凑和更易调试，扩展更加便利。

5.2 单层神经网络

单层 MLP 模型是最简单的 MLP 神经网络模型，只有一个神经网络层。单层 MLP 模型其实就是早期的感知器，如图 5-2 所示。

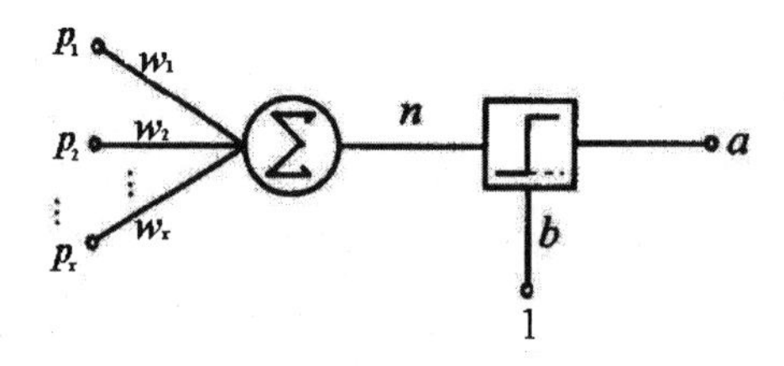

图 5-2　感知器

感知器是人工神经网络的第一个里程碑，关于感知器的介绍请大家自行查阅百度百科。

案例 5-1：单层神经网络模型

案例 5-1 文件名为 kc501_mlp01.py，主要介绍最简单的单层神经网络模型，以及它在数值预测方面的应用。

下面我们对本案例程序的主要代码进行分组讲解。

第 1 组代码如下：

```
#1
print('\n#1,set.sys')
```

```
pd.set_option('display.width', 450)
pd.set_option('display.float_format', zt.xfloat3)
rlog='/ailib/log_tmp'
if os.path.exists(rlog):tf.gfile.DeleteRecursively(rlog)
```

设置运行环境，清理 TensorBoard 的 log 数据目录。因为神经网络的 log 数据有些很大，会占用大量的硬盘空间，所以需要及时清理。

本书将有关机器学习的模块库数据包统一保存在/ailib/目录下。ailib 默认为根目录，而且必须与课件案例程序位于同一块硬盘上，否则可能会引起文件数据错误。

第 2 组代码如下：

```
#2
print('\n#2,读取数据')
fss='data/lin_reg2.csv'
df=pd.read_csv(fss)
print('f,',fss)
print(df.tail())
```

读取数据，用于神经网络模型训练和测试。

通常，基于速度、性能方面的考虑，神经网络模型使用的训练数据，内部都是采用 NumPy 的 ndarray 多维数组格式的。

但是 ndarray 多维数组非常复杂，不便于人工分析及模型设计，所以 TopQuant 极宽量化系统，以及本书相关案例采用的都是 Pandas 的 DataFrame 数据格式，在导入神经网络模型时，通过函数自动把数据转换为 ndarray 多维数组格式。

第 2 组代码对应的输出信息如下：

```
#2,读取数据
f, data/lin_reg2.csv
       x          y
195  -0.552     -52.960
196   1.852     183.505
197  -0.909     -88.254
198  -0.873     -85.407
199  -1.513     -147.368
```

在上面输出信息中，字段 x 是输入数据，字段 y 是对应的结果数据。

数据文件 data/lin_reg2.csv 中共收录数据 200 条，源自二元一次回归方程，增加了部分随机干扰数据。

因为单层神经网络模型过于简单，只能用来进行一些简单的数据分析，所以这里特意制作了这个数据文件用于学习。

第 3 组代码如下：

```
#3
print('\n#3,xed.train.数据')
dnum=len(df.index)
dnum2=round(dnum*0.6)
print('\ndnum,',dnum,dnum2)
df_train=df.head(dnum2)
df_test=df.tail(dnum-dnum2)
#
x_train,y_train=df_train['x'].values,df_train['y'].values
x_test, y_test = df_test['x'].values,df_test['y'].values
#print('train,',x_train[0],y_train[0])
print('type,',type(x_train),type(y_train))
print('shape,',x_train.shape,y_train.shape)
```

在神经网络的案例中，通常都把数据拆分为训练数据和测试数据两组，每组又分为 x 输入数据和 y 结果数据，这样通常会有如下四组数据。

- x_train，训练数据中的输入数据。
- y_train，训练数据中的结果数据，也称为标签数据。
- x_test，测试数据中的输入数据。
- y_test，测试数据中的实际结果数据，用于与模型预测数据进行对比。

对于普通的小型数据集而言，可以使用 SKLearn 内置的 train_test_split 数据分割函数，这样更加方便。

train_test_split 数据分割函数位于 SKLearn 的 cross_validation 子模块中，其功能是从样本中按比例随机选取训练数据和测试数据。其调用格式一般为：

```
x_train, x_test, y_train, y_test = train_test_split(x, y, test_size=0.4, random_state=0)
```

其中：

- x 是训练参数的数据集。
- y 是训练参数 x 对应的结果数据集。

- test_size 是样本占比，如果是整数的话，就是样本的数量。
- random_state 是随机数的种子。

但是在本案例中，并没有使用 train_test_split 数据分割函数，而是直接使用 Pandas 的函数对原数据变量 df 进行拆分的。

第 3 组代码对应的输出信息如下：

```
#3,xed.train.数据
dnum, 200 120
type, <class 'numpy.ndarray'> <class 'numpy.ndarray'>
shape, (120,) (120,)
```

以上输出信息显示，原数据共有 200 组，其中 120 组作为训练数据 df_train，剩下的 80 组数据作为测试数据 df_test。

最终应用于神经网络模型的数据经过转换，依然是 NumPy 的 ndarray 多维数组格式的，不会影响神经网络模型的训练速度。

数据格式实际转换代码如下：

```
x_train,y_train=df_train['x'].values,df_train['y'].values
x_test, y_test = df_test['x'].values,df_test['y'].values
```

注意：在转换时，请在 pandas 的字段后面加上 values，表示是数据值，否则会出错，很多初学者都容易在这个地方出现问题。

第 4 组代码如下：

```
#4
print('\n#4,model 建立神经网络模型')
model=zks.mlp01()
#
model.summary()
plot_model(model, to_file='tmp/model01.png')
plot_model(model,
to_file='tmp/model02.png',show_shapes=True,show_layer_names=True)
#
model.compile(loss='mse', optimizer='sgd', metrics=['accuracy'])
```

建立神经网络模型，并输出相关的模型结构。

其中，以下代码通过调用 zai_keras 模块中的 mlp01 函数，快速构建单层神经网络模型。

```
model=zks.mlp01()
```

mlp01 函数很简单，其全部代码如下：

```
def mlp01():
    model = Sequential()
    model.add(Dense(1, name='mlp01',input_dim=1))
    #
    return model
```

mlp01 函数只有两行代码，其中以下代码定义了一个 Sequential 模型变量。

```
model = Sequential()
```

以下代码添加一个输入、输出都只有 1 维的 Dense（稠密）层。

```
model.add(Dense(1, name='mlp01',input_dim=1))
```

Dense 层就是常用的全连接层，其实现的运算是：

```
output = activation(dot(input, kernel)+bias)
```

这个基本上就是标准的二元一次回归方程。

Keras 有两种类型的模型，即序贯模型（Sequential）和函数式模型（Model），函数式模型的应用更为广泛，序贯模型是函数式模型的一种特殊情况。

在编程时，我们通常会使用序贯模型，只有在特殊案例中才会使用函数式模型。

以下代码采用文本模式打印出模型概况。

```
model.summary()
```

其对应的输出信息如下：

```
Layer (type)                 Output Shape              Param #
=================================================================
mlp01 (Dense)                 (None, 1)                 2
=================================================================
Total params: 2
Trainable params: 2
Non-trainable params: 0
```

以下代码采用图形模式输出模型结构。

```
    plot_model(model, to_file='tmp/model01.png')
    plot_model(model, to_file='tmp/model02.png',show_shapes=True,
show_layer_names=True)
```

如图 5-3 所示是简化版模型结构图，如图 5-4 所示是增强版模型结构图。与简化版模型结构相比，增强版模型结构增加了输入输出的参数 shape 维度信息。

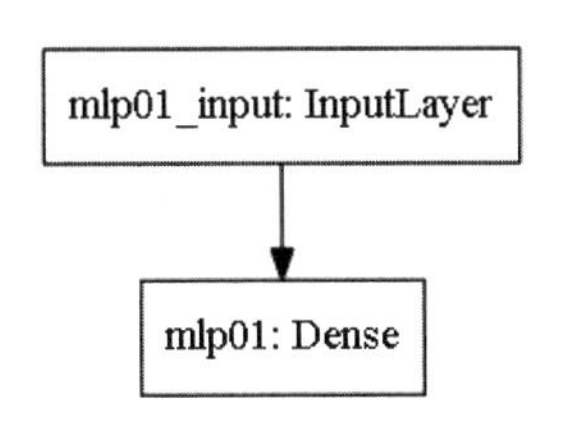

图 5-3　简化版模型结构图

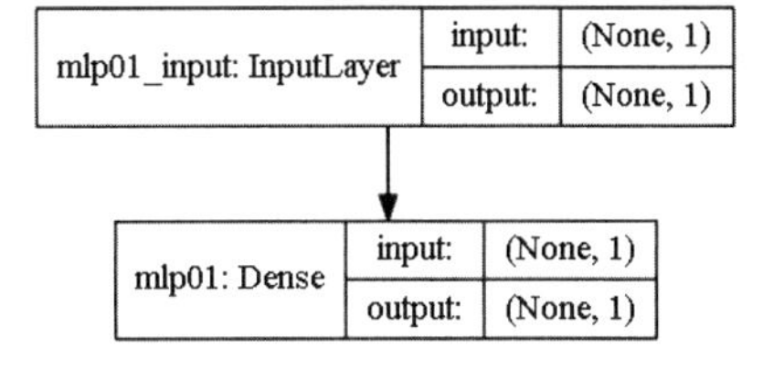

图 5-4　增强版模型结构图

以下代码用于编译神经网络模型，以便下一步进行训练和预测分析。

```
    model.compile(loss='mse', optimizer='sgd', metrics=['accuracy'])
```

第 5 组代码如下：

```
    #5 模型训练
    print('\n#5 模型训练 ')
    model.fit(x_train, y_train, epochs=200, batch_size=128)
```

调用 Keras 的 fit 训练函数，输入训练数据，对神经网络模型进行训练。

Keras 内置了 fit 训练函数，其 API 接口定义如下：

```
    fit(self, x, y, batch_size=32, epochs=10, verbose=1, callbacks=None,
validation_split=0.0, validation_data=None, shuffle=True,
class_weight=None, sample_weight=None, initial_epoch=0)
```

fit 训练函数的常用参数如下。

- verbose：训练时显示实时信息，0 表示不显示数据，1 表示显示进度条，2 表示只显示一个数据。
- validation_split：0.2 表示 20%作为数据的验证集。
- validation_data：形式为(x,y)的元组，是指定的验证集。此参数将覆盖 validation_spilt。

- class_weight：字典，将不同的类别映射为不同的权值。该参数用来在训练过程中调整损失函数（只能用于训练）。
- sample_weight：模型相关参数的权重矩阵，用于在训练时调整损失函数（仅用于训练）。
- x：输入数据。如果模型只有一个输入，那么 x 的类型是 numpy array（多维数组）；如果模型有多个输入，那么 x 的类型应当为 list，list 的元素对应于各个输入的 numpy array。
- y：标签，numpy array 格式。
- batch_size：整数，指定在计算梯度下降时，每次迭代训练，单个批次训练数据包含的样本数。在训练时，一个批次的样本数据会被计算一次梯度下降，使目标函数优化一步。
- epochs：整数，指训练的轮数，训练数据将会被遍历 epochs 轮，也就是我们常说的神经网络迭代次数。

在本案例中，使用的是最简单的调用模式：

```
model.fit(x_train, y_train, epochs=200, batch_size=128)
```

除训练数据外，只有如下两个参数。

- epochs——整数，指训练的轮数。
- batch_size——整数，指定在计算梯度下降时每个批次包含的样本数。

在本案例中，epochs 为 200，表示训练 200 轮。通常在教学案例中，简单的神经网络模型训练 200~500 轮，复杂的一般训练 1000~2000 轮。

而在实盘当分析中，采用的神经网络模型往往都非常复杂，一般训练轮数起点为几千轮、上万轮，以提高模型的数据预测精度。

batch_size 为 128，表示每次训练时都提交 128 组输入数据。通常在教学案例中，简单的神经网络模型都采用 128。当数据量小时，可以一次性全部导入数据，以提高运行速度。

batch_size 通常取 32 的倍数，这是因为在神经网络模型内部，往往采用的最小的数据单位是 32。经验表明，batch_size 取 32 的倍数，可以提高整体运行效率。

第 6 组代码如下：

```
#6 利用模型进行预测
print('\n#6 模型预测')
```

```
y_pred = model.predict(x_test)
print(y_pred)
print('type(y_pred):',type(y_pred))
```

利用已经训练好的模型进行预测。在实盘操作中，一线操盘手可以直接从这个阶段开始，把前面专业、复杂的模型设计交给公司的技术部门来做，甚至在做好策略保密的前提下进行外包。

预测使用的是机器学习中经典的 predict 预测函数。其对应的输出信息如下：

```
#6 模型预测
[[ -58.48807144]
 [ -79.72708893]
 [  11.27677155]
 [ -48.40455627]
 [  66.74372101]
……
[ -88.02270508]
 [ -84.58953857]
 [-146.46237183]]
type(y_pred): <class 'numpy.ndarray'>
```

注意最后一条输出信息：

```
type(y_pred): <class 'numpy.ndarray'>
```

说明输出的数据变量 y_pred 的数据格式是 NumPy 的 ndarray 多维数组，这是因为 predict 预测函数支持一次输入多组数据，输出多组预测数据。

第 7 组代码如下：

```
#7 整理预测数据
print('\n#7 整理预测数据 ')
print('\n acc.xed')
y2x=y_pred.flatten()[:]
print('\n y2x');print(y2x)
print('type(y2x):',type(y2x))

ds2y=zdat.ds4x(y2x,df_test.index)
df_test['y_pred']=ds2y
print('\ndf_test')
```

```
    print(df_test.tail(9))

    print('\n acc.xed')
    dacc,df2,a10=ztq.ai_acc_xed2ext(df_test.y,df_test.y_pred,ky0=5,fgDebu
g=True)
```

整理预测数据，转换为 Pandas 支持的格式，并与 df_test 测试数据进行合并，以便对比分析。

其中，以下代码把 predict 预测函数生成的预测数据降维为一维数组。

```
    y2x=y_pred.flatten()[:]
```

其对应的输出信息如下：

```
    y2x
    [ -58.5139122   -79.76220703   11.28143883  -48.42598724   66.77265167
     110.83165741   11.74164486 -124.66807556  143.07722473   31.86497307
      69.31361389  -54.99716187  -22.8890934   123.82759857 -186.37879944
     -57.64829636  -47.51868057   37.74613953  -43.45866013  164.25332642
      94.52636719  -99.69831085   57.02845764   23.55713081   -1.67985559
     143.61981201  -79.08720398 -197.62025452  -71.43186951   31.35933304
      96.86664581  112.80550385    9.36786175   23.00926781   83.10113525
    -104.24658966  169.15093994  -42.40110779  -90.45032501  -47.22641373
      19.42734337   83.88313293   66.3507843   -66.46348572   35.1570015
       9.35209846  -94.40856934   75.1206131   -47.59146881  126.40616608
     -30.53917122  127.43280029   17.17755318   28.79393196   25.90337563
     -28.04728889   47.58934402 -197.21975708    3.23606563  -92.28368378
      90.64429474   87.93245697  -52.31097794   -5.27088118   63.17022324
     -73.52029419   17.28135109   46.07898331  160.96229553   94.79216003
      -2.12176871 -122.69768524 -192.17437744    0.70598263   17.17288399
     -53.45583725  179.32679749  -88.06145477  -84.62677765
-146.52667236]
    type(y2x): <class 'numpy.ndarray'>
```

注意最后一条输出信息：

```
    type(y2x): <class 'numpy.ndarray'>
```

说明转换后的数据依然是 NumPy 的 ndarray 格式，不过只有一维数组，相当于 Python 中的 List（列表）格式，便于后期处理。

以下是合并后的 df_test 的输出信息。

```
df_test
        x          y            y_pred
191 -1.267      -125.423      -122.698
192 -1.984      -196.042      -192.174
193  0.008       0.565        0.706
194  0.178      17.840        17.173
195 -0.552      -52.960       -53.456
196  1.852      183.505       179.327
197 -0.909      -88.254       -88.061
198 -0.873      -85.407       -84.627
199 -1.513      -147.368      -146.527
```

其中字段 y 是原始数据，字段 y_pred 是预测数据。大家可以看到，两者之间的误差很小，说明模型的精度还是不错的。

以下代码表示调用专业的结果验证函数 ai_acc_xed2ext，计算预测的准确度等参数。

```
print('\n acc.xed')
dacc,df2,a10=ztq.ai_acc_xed2ext(df_test.y,df_test.y_pred,ky0=5,fgDebu
g=True)
```

其对应的输出信息如下：

```
n_df9,80,n_dfk,71
acc: 88.75%;  MSE:6.20, MAE:2.03,  RMSE:2.49, r2score:1.00, @ky0:5.00
```

在以上输出信息中，主要的输出参数有：

- n_df9——全部的测试数据总数，共 80 个。
- n_dfk——正确的预测数据数目，共 71 个。
- acc——准确度，为 88.75%。
- ky0——验证精度，为 5%。

以上数据是基于 5%的误差范围、88.75%的预测精度的。但是在实盘分析中，则很难达到这样的要求。

第 8 组代码如下：

```
#8 draw
```

```
print('\n#8 绘制图形')
v1=[df_test.x,df_test.y,300,'blue',0.2]
v2=[df_test.x,df_test.y_pred,50,'red',0.6]
zdr.dr_mul_scatter(vlst=[v1,v2])
```

根据 df_test 绘制对比图形，如图 5-5 所示。

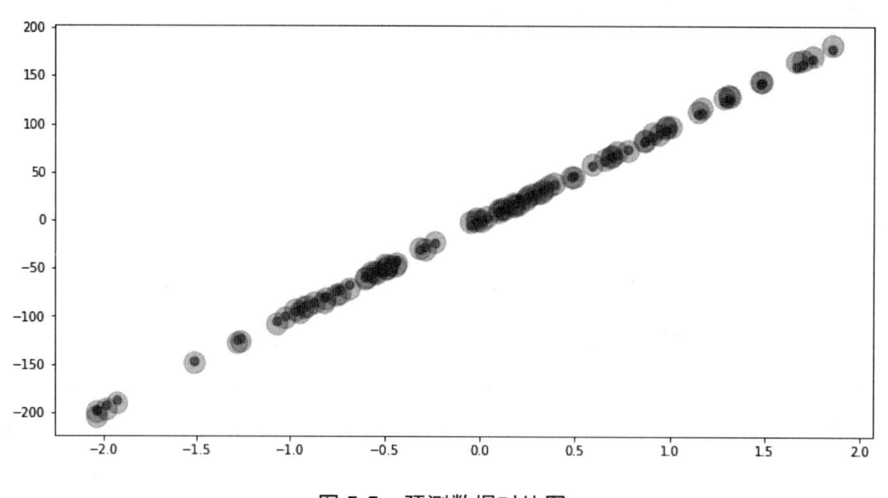

图 5-5　预测数据对比图

在图 5-5 中，横轴对应的是输入数据字段 x。图中尺寸大一点的圆点（浅蓝色），对应的是原始数据 df_test 中的字段 y；尺寸小一点的圆点（深红色），对应的是原始数据 df_test 中的字段 y_pred。

5.3　神经网络常用模块

在以往的案例中，我们很少介绍文件头 import 代码，这是因为神经网络案例使用的模块库很多。下面我们将集中介绍一些常用的神经网络编程辅助模块。

还是以案例 5-1 作为例子，程序文件名为 kc501_mlp01.py。

以下是在神经网络编程中常用的文件头 import 模块库代码。

```
#1
import os
import pandas as pd
import numpy as np
```

```
#2
import keras
from keras.models import Sequential
from keras.layers import Dense, Input, Dropout
from keras.optimizers import RMSprop
from keras.utils import plot_model

#3
import tensorlayer as tl
import tensorflow as tf

#4
import zsys
import ztools as zt
import ztools_str as zstr
import ztools_data as zdat
import ztools_draw as zdr
import ztools_tq as ztq
import zpd_talib as zta
#
import zai_keras as zks
```

在以上 import 代码中：

- 第 1 组代码，导入常规的数据分析模块库，如 os、pandas、numpy 等。
- 第 2 组代码，导入 Keras 简化接口模块库。因为神经网络模块库非常复杂，模块众多，通常还需要导入二级子模块库。
- 第 3 组代码，导入 TensorFlow 作为后端应用。通常还会导入一些与 TensorFlow 相关的工具模块库，如 TensorLayer、TFLearn、SKLearn 机器学习模块，以使用其中的各种工具函数，简化编程。
- 第 4 组代码，导入 TopQuant 极宽量化系统中的各种工具模块函数。

第 4 组最后一行代码表示导入 TopQuant 极宽量化系统中的 Keras 人工智能、机器学习模块库。

```
import zai_keras as zks
```

在 TopQuant 极宽量化系统中，集成了很多人工智能、机器学习模块，它们全部以“zai”开头，其中：

- 字符 z，源自最终的版本 zwQuant。
- 字符 ai，是人工智能的意思。

目前，相关的人工智能、机器学习模块还在不断增加中，初步命名如下：

- zai_tools，机器学习通用模块。
- zai_keras，Keras 相关模块。
- zai_tlayer，TensorLayer 相关模块。
- zai_sklearn，SKLearn 相关模块。
- zai_tf，TensorFlow 相关模块。
- zai_mxnet，MXNet 相关模块。
- zai_torch，PyTorch 相关模块。
- zai_cntk，CNTK 相关模块。

以上模块，有些还在陆续开发中，未来版本可能会有调整，在实际编程时请参考最新发布的程序代码。

案例 5-2：可视化神经网络模型

俗话说，千言万语不如一张图。

可视化计算是目前数据分析的基本配置，人工智能、深度学习的本质也是数据分析。可视化 AI 图表，对于深度学习有着不可替代的重要作用，特别是对于初学者，可以大大增强用户的体验性，降低学习难度。

目前，基于 Keras 编程，神经网络模型可视化有三种方案。

- 第一种是调用内置的 summary 函数。
- 第二种是调用内置的 plot_model 函数。
- 第三种是通过回调模式，间接支持 TensorBoard。

案例 5-2 文件名为 kc502_mvis.py，主要介绍以上三种可视化编程。

第一种和第二种神经网络模型的可视化编程，其代码都集中在案例程序的第 4 组代码中。

```
#4
print('\n#4,model 建立神经网络模型')
```

```
    model=mlp01()
    model.summary()
    #
    plot_model(model, to_file='tmp/model01.png')
    plot_model(model, to_file='tmp/model02.png',show_shapes=True,
show_layer_names=True)
```

Keras 模型可视化的第一种方案是调用内置的 summary 函数，生成一个文本网络模型。

```
    model.summary()
```

以下代码采用文本模式打印出模型概况。

```
    model.summary()
```

其对应的输出信息如下：

```
    Layer (type)                 Output Shape              Param #
    =================================================================
    mlp01 (Dense)                 (None, 1)                2
    =================================================================
    Total params: 2
    Trainable params: 2
    Non-trainable params: 0
```

Keras 模型可视化的第二种方案，是调用内置的 plot_model 函数。

plot_model 函数可以生成类似于流程图的图像模型。plot_model 函数需要 graphviz、plotdot 等模块库的支持。

以下代码采用图形模式输出模型结构。

```
    plot_model(model, to_file='tmp/model01.png')
    plot_model(model, to_file='tmp/model02.png',show_shapes=True,
show_layer_names=True)
```

Keras 模型可视化的第三种方案是通过回调模式，间接支持 TensorBoard。

具体参见案例程序的第 5 组代码：

```
    #5 模型训练
    print('\n#5 模型训练')
    tbCallBack = keras.callbacks.TensorBoard(log_dir=rlog,
write_graph=True, write_images=True)
```

```
    model.fit(x_train, y_train, epochs=200,
batch_size=128,callbacks=[tbCallBack])
```

Keras 的 callbacks 回调函数涉及很多底层的编程，使用非常复杂，有关细节请大家参考相关文档。

对于初学者和量化编程而言，只需获得最终的 TensorBoard 神经网络模型数据即可，其他细节可以无须考虑，因此可以采用黑箱模式，记住以上代码格式即可。

与前面两种可视化编程不同，第三种模型可视化编程不能直接生成模型结构，必须通过调用 fit 训练函数不断积累数据才行，这也间接说明了 TensorBoard 本质上只是一种 log 数据的可视化分析软件，不过是基于神经网络模型的 log 数据的。

调用 fit 训练函数进行模型训练后，对于 zwPython 平台，则调用对应版本下的 WinPython Command Prompt.exe 程序进入 DOS 命令行。初学者很容易在这个环节出现各种错误，因此需要特别注意。

关于其他的 Python 开发环境，请参考相关文档，将 Python 与系统进行绑定，或者调用类似的命令行程序。

不能直接使用 Windows 系统内置的命令行程序，因为无法绑定 Python 运行环境。

在默认情况下，zwPython 会进入 scirpts 目录下，调用我们编写的 tbtmp.bat 批处理程序，即可启动 TensorBoard 程序。

tbtmp.bat 文件名当中的“tb”是 TensorBoard 的缩写，“tmp”是目录/ailib/log_tmp 的缩写。

其脚本内容如下：

```
tensorboard  --logdir=\ailib\log_tmp
```

表示使用/ailib/log_tmp 这个常用的临时 log 目录时，快速调用 TensorBoard 可视化程序，调用时无需任何参数。

进入支持 Python 的命令行窗口后，直接输入：

```
tbtmp
```

即可激活 TensorBoard 可视化程序，如图 5-6 所示。

tbtmp.bat 是 Windows 版本的快速启动脚本，其他平台如 Mac、Linux 等请参考相关的 shell 脚本信息自行编写。

TensorBoard 是基于 Web 的可视化系统，激活后需要通过浏览器才能使用，步骤如下。

（1）打开常用的浏览器，最好是谷歌内核的浏览器，IE 内核的浏览器可能有兼容问题。

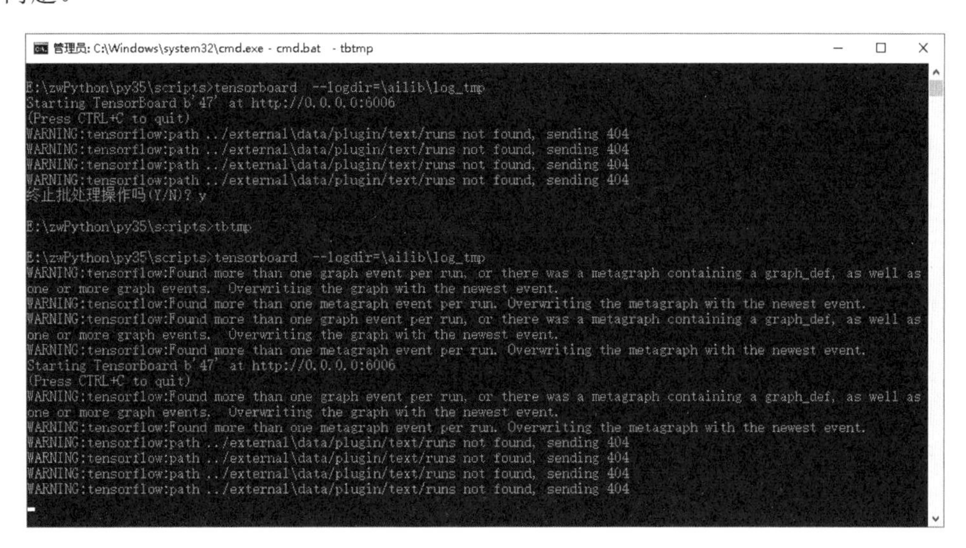

图 5-6　调用 tbtmp.bat 脚本

（2）在地址栏输入：http://localhost:6006/，按回车键或单击浏览按钮。

在进入前需要等待数秒，因为系统在读取 log 数据。如图 5-7 所示是进入 TensorBoard 后的界面。

图 5-7　进入 TensorBoard 后的界面

单击“GRAPHS”，显示 mlp01 神经网络模型的结构图，如图 5-8 所示。

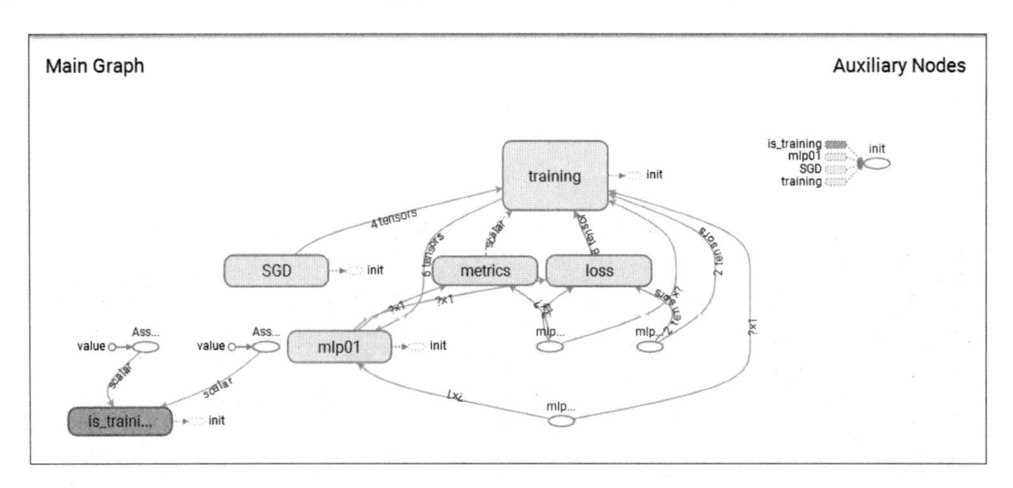

图 5-8　mlp01 神经网络模型结构图

从图 5-8 可以看出，TensorBoard 不愧为专业级的神经网络可视化分析系统，连底层的调用结构都清清楚楚。

从 mlp01 神经网络模型结构图我们也可以发现，即使是最简单的神经网络模型，只有一层神经网络，其内部结构也是非常复杂的。

有关 TensorBoard 的具体使用，大家可以阅读《零起点 TensorFlow 快速入门》，以及其他相关文档。

案例 5-3：模型读写

在机器学习、神经网络案例中，对模型进行一次完整的训练，经常需要花费一整天甚至数日的时间，因此需要经常对训练的模型和相关权重数据进行保存。

在实盘分析中，往往耗时最多的是机器学习构建算法模型，在真正预测预段，数据反而不多。

因为建模使用的是历史数据，通常有数万条记录，甚至达到百万、千万级别，某些大数据项目更是以亿单位为起点。

而预测往往只采用实时数据，一般都是当天的最新数据，再配合一些类似于均线的数据等，数据量并不大。

以往案例都是把建模和预测放在一起，如果能够分开，在进行实盘分析时，无须建模，直接预测，那么速度至少可以提高 10 倍以上。

目前，常用的机器学习平台基本上都提供了模型读写工具。

- TensorFlow 提供了一个 Saver 类，用于在训练完一个模型之后，保存训练结果。该结果指的是模型参数，可以用于日后的训练或者测试。
- Python 的 pickle 模块支持二进制数据和程序的一体化存储，是非常理想的机器学习模型存储工具。
- SKLearn 模块中内置了高效的模型持久化模块 joblib，将模型保存至硬盘，并且从硬盘加载效率更高。
- 在 Keras 的 model 模块中，也提供了多种神经网络模型存储和调用的语句。

案例 5-3 文件名为 kc503_mwr.py，主要介绍 Keras 神经网络模型保存和读取的具体方法。

与前面案例相比，案例 5-3 只是增加了部分神经网络模型保存和读取的语句，为节省篇幅，下面我们只针对相关代码进行讲解。

案例 5-3 分别保存了两种不同的模型，其中一种是没有调用 fit 训练函数、没有权重数据的空白模型；另一种是调用 fit 函数训练、已经有各种内置参数的权重数据的模型。

下面先讲解第一种模型，即空白模型的保存，参见案例程序中的第 4 组代码。

```
#4
print('\n#4,model 建立神经网络模型')
model=zks.mlp01()
model.summary()
#
model.compile(loss='mse', optimizer='sgd', metrics=['accuracy'])
#
model.save('tmp/mlp01.dat')
```

调用 zks.mlp01 函数，建立 model 模型变量后，直接就使用 save 函数把神经网络模型保存到文件中。

在保存神经网络模型前，调用了 compile 函数编译模型。实际上，不调用编译函数，也可以保存。

事实上，在优化模型参数时，不调用 compile 函数编译模型，可以对编译环节进行部分优化。

这里保存通过 compile 函数编译好的模型，是为了提高后面参数优化的运行速度，使得每一组参数无须再调用 compile 函数编译模型。

第 5 组代码如下：

```
#5 模型训练
print('\n#5 模型训练')
mx=load_model('tmp/mlp01.dat')
mx.fit(x_train, y_train, epochs=200, batch_size=128)
#
mx.save('tmp/mlp02x.dat')
```

首先使用 load_model 函数加载预先保存的模型。注意，为了相互区别，读入后的模型使用了一个新的变量名称 mx。

然后运行 mx 的 fit 训练函数，训练模型。

完成训练后，使用新的文件名保存新的模型变量 mx，第二次保存的模型已经包含了相关权重数据。

两种模型的保存文件如图 5-9 所示。

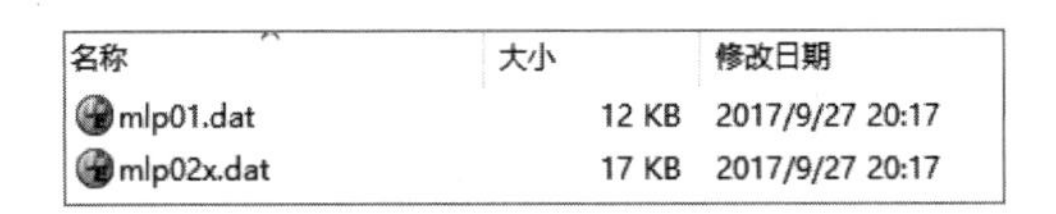

图 5-9　两种模型的保存文件

第二次保存的模型文件 mlp02x.dat 的大小是 17KB，第一次保存的模型文件的大小只有 12KB，这是因为在第二次保存的模型文件中，增加了大量的内部参数的权重数据。

第 6 组代码如下：

```
#6 整理预测数据
print('\n#6 整理预测数据 ')
y_pred = mx.predict(x_test)
df_test['y_pred']=zdat.ds4x(y_pred,df_test.index,True)
dacc,_=ztq.ai_acc_xed2x(df_test.y,df_test['y_pred'],5,False)
print('acc:',dacc)
```

调用 predict 预测函数，测试模型的预测结果。其对应的输出信息如下：

```
#6 整理预测数据
acc: 88.75
```

准确度是 88.75%，和前面的案例完全一致。

如果我们采用第二种保存模式，将神经网络模型的结构、参数权重一起保存，则无须再运行 fit 训练函数，直接运行第 6 组代码，调用 predict 预测函数进行数据预测即可。在实盘分析中，这也是最常用的模式。

由本案例可以看出，我们可以预先将训练模型保存为文件，在进行实盘数据分析时再直接读取，这样可以节约大量的训练时间。

案例 5-4：参数调优入门

做生意，讲究有进有出。同样，我们存储模型的目的，是为了使用。

案例 5-4 文件名是 kc504_mvar.py，主要介绍如何使用所保存的模型文件，快速进行不同的参数测试，从而找到最好的参数。

案例 5-4 程序很简单，其大部分代码前面都介绍过，真正和参数测试有关的代码，是如下第 4 组代码。

```
#4
fmx='data\mlp01.dat'
ftg='tmp/df5.csv'
#
df2=ztq.ai_mx_tst_epochs(fmx,ftg,df_train,df_test,kepochs=100,nsize=128,ky0=5)
#df2=ztq.ai_mx_tst_bsize(fmx,ftg,df_train,df_test,nepochs=300,ksize=8,ky0=5)
#df2=ztq.ai_mx_tst_kacc(fmx,ftg,df_train,df_test,nepochs=300,nsize=128)
```

真正有用的就如下一条语句：

```
df2=ztq.ai_mx_tst_epochs(fmx,ftg,df_train,df_test,kepochs=100,nsize=128,ky0=5)
```

调用 ztools_tq 模块中的 ai_mx_tst_epochs 函数，测试不同参数的准确度，并绘制相关的图形。

以下是输出信息。

```
df
```

```
   epoch_acc  nepoch  ntim
0     46.250     100 2.880
1     88.750     200 3.090
2     88.750     300 3.750
3     88.750     400 4.270
4     88.750     500 4.980
5     88.750     600 5.400
6     88.750     700 5.750
7     88.750     800 6.310
8     88.750     900 6.710
9     88.750    1000 7.900
```

如图 5-10 和图 5-11 所示是对应的输出图形。

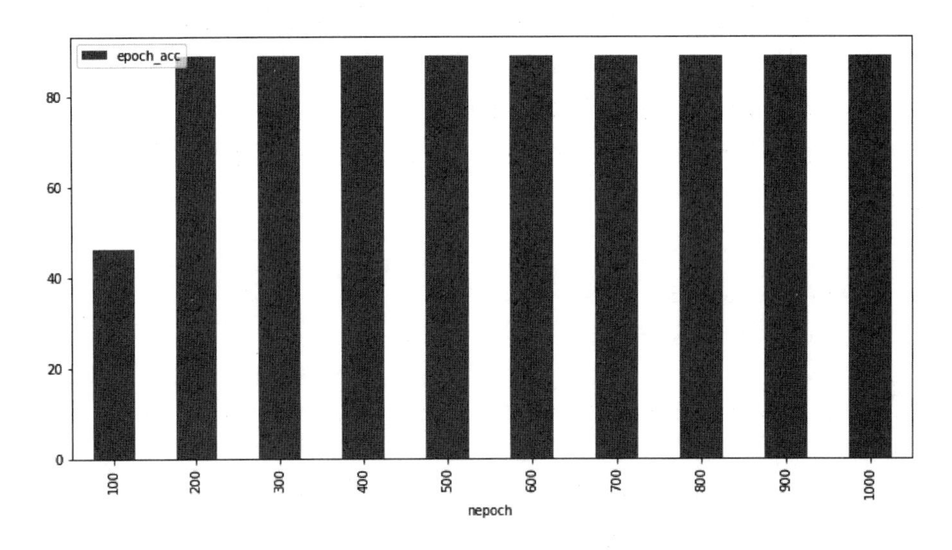

图 5-10 训练轮数 epochs 参数测试

ai_mx_tst_epochs 函数自动按 100~1000 轮，每轮递增 100 来测试不同的训练轮数。从图 5-10 和输出信息可以看出，由于案例中的 mlp01 模型属于最简单的单层神经网络模型，经过 300 轮的训练，模型就趋向稳定，准确度已经达到 88.75%。再增加训练轮数，则属于过度迭代，对于精度的提高完全没有任何帮助。

epochs（迭代轮数）和 bat-size（每批数据规模）等参数，往往与模型的运行速度有很大关系，通常测试不同的参数组合，在同样的效果下，优先挑选速度最快的参数组合。

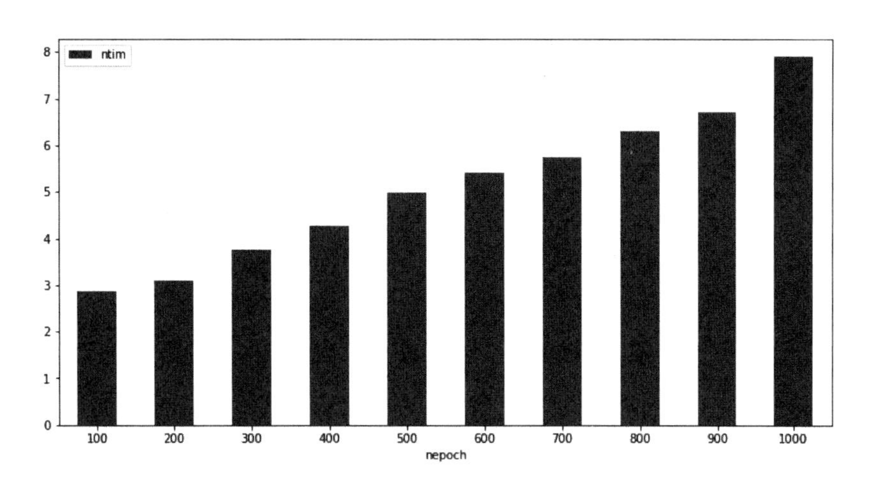

图 5-11　训练轮数 epochs 参数测试时间

从图 5-11 和输出信息可以看出，epochs 参数取 200 以后，epoch_acc 都是一样的，即都为 88.75%，不过训练时间越来越长。

本书教学课件中的案例通常都采用 500 轮迭代，不过 mlp01 模型简单，epochs 参数取 300 即可，以节省程序运行时间。

300 这个数值，就是我们通过 ai_mx_tst_epochs 函数找到的 epochs 优化参数。

ai_mx_tst_epochs 函数的源码位于 ztools_tq 模块中，也很简单，就是一个 for 循环，请大家自行分析。

在第 4 组代码中，其实通过了三组不同的参数优化测试。

```
    df2=ztq.ai_mx_tst_epochs(fmx,ftg,df_train,df_test,kepochs=100,nsize=1
28,ky0=5)
    #df2=ztq.ai_mx_tst_bsize(fmx,ftg,df_train,df_test,nepochs=300,ksize=8
,ky0=5)
    #df2=ztq.ai_mx_tst_kacc(fmx,ftg,df_train,df_test,nepochs=300,nsize=128)
```

请大家轮流调用测试函数，看看不同的测试效果。

以下是调用 ai_mx_tst_bsize 函数测试的效果。

```
    df
         bsize   ntim  size_acc
    0      8    17.380    88.750
    1     16    10.390    88.750
    2     24     8.030    88.750
    3     32     7.070    88.750
```

```
4     40     5.770    88.750
5     48     6.080    88.750
6     56     6.130    88.750
7     64     4.960    88.750
8     72     5.160    88.750
9     80     5.350    88.750
```

如图 5-12 和图 5-13 所示是对应的输出图形。

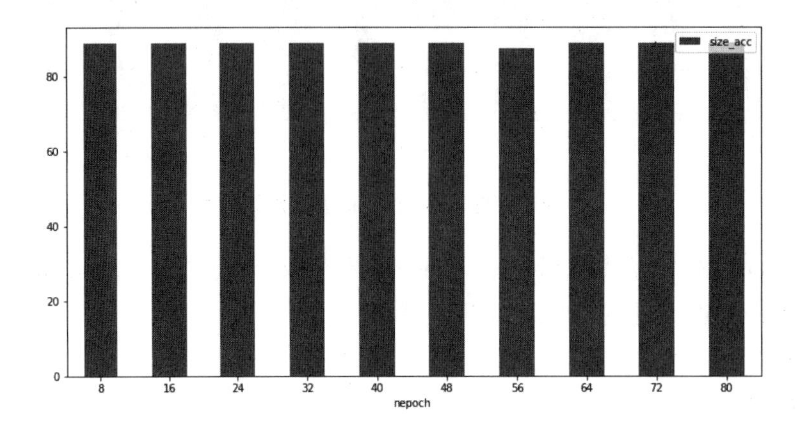

图 5-12　bat-size 参数测试

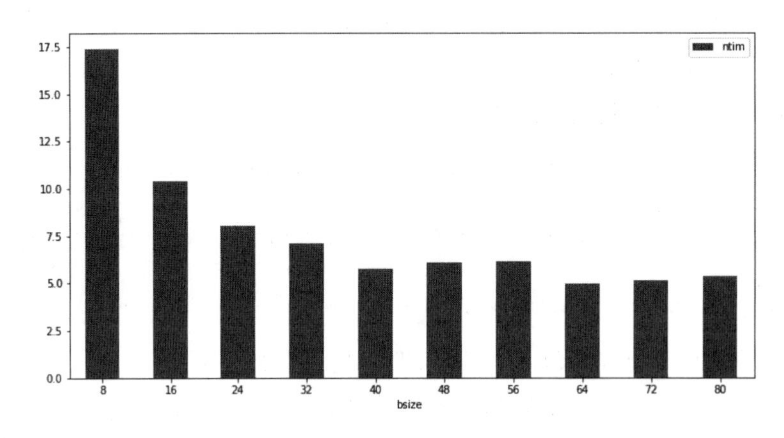

图 5-13　bat-size 参数测试时间

在正常情况下，bat-size 应该是 32 的倍数。由于本案例中的 mlp01 模型非常简单，所以我们采用 8 的倍数进行测试。

从图 5-12 和输出信息可以看出，不同的 bat-size 对应的输出结果是一样的。

从图 5-13 和输出信息可以看出，bat-size 越大，模型测试速度越快。

最后运行 ai_mx_tst_kacc 函数，采用不同的误差精度测试模型的准确度。由于精度测试是在模型训练后完成的，与时间关联度不大，所以就省略了时间参数。

其对应的输出信息如下：

```
df
    dacc  kacc
0 60.000     1
1 73.750     2
2 82.500     3
3 83.750     4
4 88.750     5
5 90.000     6
6 90.000     7
7 91.250     8
8 91.250     9
9 91.250    10
```

如图 5-14 所示是对应的输出图形。

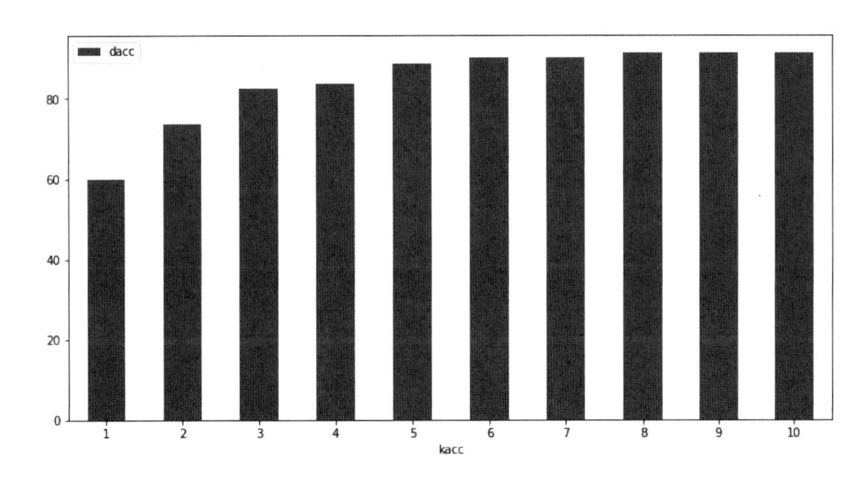

图 5-14　误差精度测试

由于本案例比较简单，误差精度超过 8%以后，准确度都为 91.25%。默认的误差宽容度是 5%，对于实盘分析而言，一般采用 2%~3%的误差精度，具体数值要参考数据的波动程度。

第 6 章 MLP 与股价预测

6.1 MLP

MLP（Multi-Layer Perceptron，多层感知器），又称多层神经网络，是一种前向结构的人工神经网络，将一组输入向量映射到一组输出向量。

MLP 是常见的神经网络算法，它由一个输入层、一个输出层和一个或多个隐藏层组成，如图 6-1 所示。

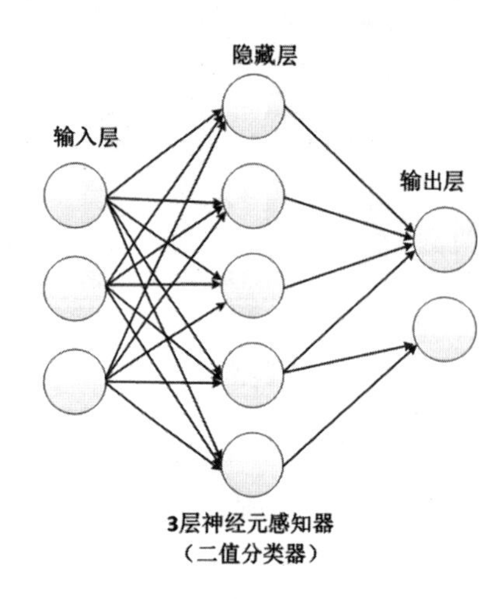

图 6-1 MLP 示意图

MLP 中的每一个神经元都有多个输入（连接前一层）神经元和输出（连接后一层）神经元，该神经元会将相同的值传递给与之相连的多个输出神经元。

MLP 可以被看作是一个有向图，由多个节点层组成，每一层全连接到下一层。除输入节点外，其他每一个节点都是一个带有非线性激活函数的神经元（或称处理单元）。通常使用反向传播算法（BP 算法）来训练 MLP。MLP 是感知器的推广，克服了感知器不能对线性不可分数据进行识别的弱点。

若每一个神经元的激活函数都是线性函数，那么任意层数的 MLP 都可被简化成一个等价的单层感知器。

实际上，MLP 本身可以使用任何形式的激活函数，比如阶梯函数或逻辑乙形函数（Logistic Sigmoid Function），但是为了使用反向传播算法进行有效学习，激活函数必须限制为可微函数。由于具有良好的可微性，很多乙形函数，尤其是双曲正切函数（Hyperbolic Tangent）及逻辑乙形函数，被采用作为激活函数。

常被 MLP 用来进行学习的反向传播算法，在模式识别领域中算是标准的监督学习算法，并在计算神经学及并行分布式处理领域中成为被研究的课题。MLP 已被证明是一种通用的函数近似方法，可以被用来拟合复杂的函数，或者解决分类问题。

20 世纪 80 年代，MLP 是相当流行的机器学习方法，拥有广泛的应用场景，比如语音识别、图像识别、机器翻译等。但自 90 年代以来，MLP 遇到了来自更为简单的支持向量机的强劲竞争。近来，由于深度学习的成功，MLP 又重新得到了关注。

案例 6-1：MLP 价格预测模型

案例 6-1 文件名是 kc601_mlp010.py，主要介绍如何使用 MLP 神经网络模型对未来几天的股票价格进行预测。

预测股价，首先应选择价格基数，根据笔者个人经验，选择 avg 均值模式，传统量化系统大部分都是基于 close（收盘价）的。

预测周期，笔者选择未来 9 个交易日中的最高均价作为预测目标。

下面我们对案例程序的主流程代码分组进行讲解。

第 1 组代码如下：

```
#1
print('\n#1,set.sys')
```

```
pd.set_option('display.width', 450)
pd.set_option('display.float_format', zt.xfloat3)
rlog='/ailib/log_tmp'
if os.path.exists(rlog):tf.gfile.DeleteRecursively(rlog)
```

设置运行环境。注意 rlog 是 TensorBoard 神经网络可视化日志系统的 log 日志数据目录，以上程序每次运行前都会自动清理删除 rlog 目录下的历史数据。

从本案例开始，会慢慢强化 TensorBoard 可视化图表分析在神经网络模型中的应用。

需要注意的是，重复运行程序时，如果没有关闭前一次的运行窗口，那么退出程序时可能会引发 log 日志数据文件删除错误。

当出现删除错误时，大家可以屏蔽最后一行删除代码：

```
#if os.path.exists(rlog):tf.gfile.DeleteRecursively(rlog)
```

或者退出正在运行的 TensorBoard 窗口，以及关闭程序运行控制面板。

第 2 组代码如下：

```
#2
print('\n#2,读取数据')
rss,fsgn,ksgn='/ailib/TDS/','TDS2_sz50','avg'
xlst=zsys.TDS_xlst9
zt.prx('xlst',xlst)
#
df_train,df_test,x_train,y_train,x_test,
y_test=zdat.frd_TDS(rss,fsgn,ksgn,xlst)
print('\ndf_test.tail()')
print(df_test.tail())
print('\nx_train.shape,',x_train.shape)
print('\ntype(x_train),',type(x_train))
```

读取神经网络训练数据集和测试数据集，本案例中使用的是 2.0 版本的 TDS 数据集。

以下是对应的输出信息。

```
#2,读取数据


 xlst
```

```
['open', 'high', 'low', 'close', 'volume', 'avg', 'ma_2', 'ma_3', 'ma_5',
'ma_10', 'ma_15', 'ma_20', 'ma_25', 'ma_30', 'ma_50', 'ma_100', 'xyear',
'xmonth', 'xday', 'xday_week', 'xday_year', 'xweek_year']

df_test.tail()
      open  high   low  close     volume   avg  ma_2  ma_3  ma_5
ma_10     ...      xyear  xmonth  xday  xday_week  xday_year  xweek_year
y  price  price_next  price_change
3065 3.280 3.290 3.270  3.290  858158.000 3.280 3.280 3.280 3.280
3.310     ...       1970       1     1         3         1         0 3.310
3.280      3.310       100.915
3066 3.310 3.310 3.270  3.290 1654384.000 3.290 3.290 3.280 3.280
3.310     ...       1970       1     1         3         1         0 3.310
3.290      3.310       100.608
3067 3.320 3.320 3.300  3.310 1210668.000 3.310 3.300 3.290 3.290
3.300     ...       1970       1     1         3         1         0 3.310
3.310      3.310       100.000
3068 3.310 3.320 3.300  3.320  940023.000 3.310 3.310 3.310 3.290
3.300     ...       1970       1     1         3         1         0 3.300
3.310      3.300        99.698
3069 3.290 3.320 3.280  3.320 1136877.000 3.300 3.310 3.310 3.300
3.290     ...       1970       1     1         3         1         0 3.290
3.300      3.290        99.697

[5 rows x 26 columns]

x_train.shape, (120950, 22)
type(x_train), <class 'numpy.ndarray'>
```

第 3 组代码如下：

```
#3
print('\n#3,建立神经网络模型')
num_in,num_out=len(xlst),1
print('\nnum_in,num_out:',num_in,num_out)
mx=zks.mlp010(num_in,num_out)
#
```

```
mx.summary()
plot_model(mx, to_file='tmp/mx001.png')
```

调用 zai_keras 模块中的 mlp010 函数，根据预先设计的 MLP 神经网络模型，生成对应的模型变量 mx，并输出相关的模型结构。

mlp010 函数代码如下：

```
def mlp010(num_in=10,num_out=1):
    model = Sequential()
    #
    model.add(Dense(num_in*4, input_dim=num_in, activation='relu'))
    model.add(Dense(num_out))
    #
    # mean_squared_error
    model.compile('adam', 'mse', metrics=['acc'])
    #
    return model
```

mlp010 函数很简单，只有几行代码，请大家自己研究。

需要注意的是，模型的输出变量 num_out 是单一数值；输入参数是动态可变的，用户可以通过输入参数变量 num_in，调控模型输入参数字段数目。

在第 3 组代码中，还调用了 summary 函数，采用文本模式生成模型结构。

```
#3,建立神经网络模型

num_in,num_out: 22 1
_________________________________________________________________
Layer (type)                 Output Shape              Param #
=================================================================
dense_1 (Dense)              (None, 88)                2024
_________________________________________________________________
dense_2 (Dense)              (None, 1)                 89
=================================================================
Total params: 2,113
Trainable params: 2,113
Non-trainable params: 0
```

如图 6-2 所示是调用 plot_model 函数生成的 MLP 模型结构图。

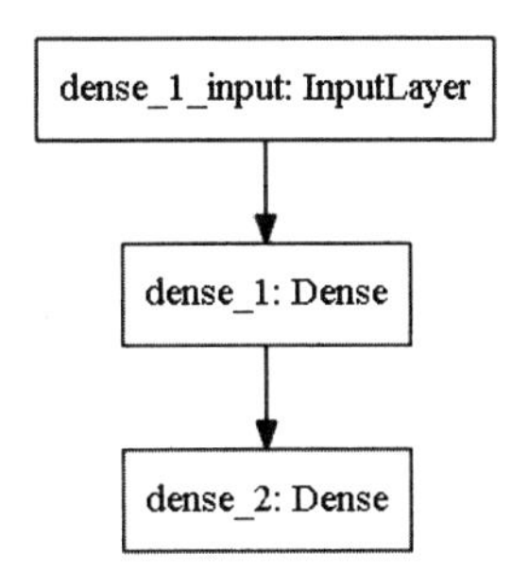

图 6-2　MLP 模型结构图

第 4 组代码如下：

```
    #4 模型训练
    print('\n#4 模型训练')
    tbCallBack = keras.callbacks.TensorBoard(log_dir=rlog,write_graph=True,
write_images=True)
    tn0=arrow.now()
    mx.fit(x_train, y_train, epochs=500,
batch_size=512,callbacks=[tbCallBack])
    tn=zt.timNSec('',tn0,True)
    mx.save('tmp/mx001.dat')
```

调用 fit 训练函数，输入数据，对 mx 模型变量进行训练，同时采用 CallBack 回调模式，记录相关的 TensorBoard 日志数据。

在 TensorBoard 程序中，对应的模型误差值（loss）曲线图如图 6-3 所示。

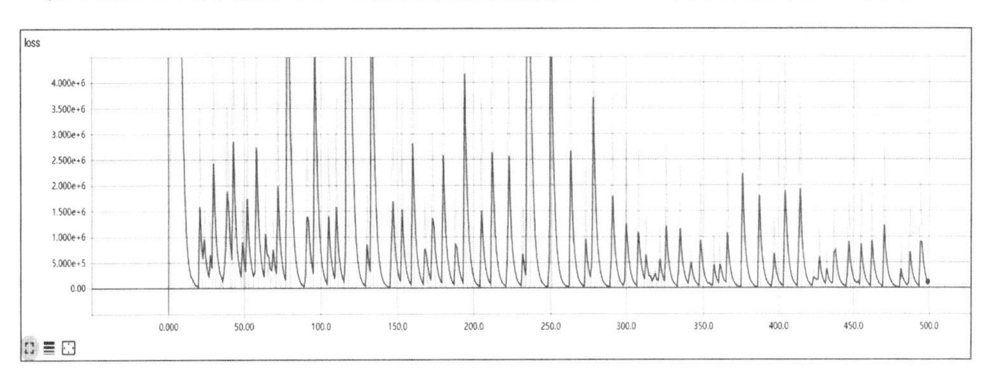

图 6-3　模型误差值（loss）曲线图

从图 6-3 可以看出，输入随着迭代轮数的增加，误差值波动范围在逐步收敛，模型准确度越来越高。

但是整体而言，经过 500 轮迭代后，模型的波动范围还是较大，这说明案例中采用的简单的 MLP 神经网络模型还是不够稳定，需要进一步优化调整。

在 TensorBoard 程序中，对应的 Graph 模型内部结构图如图 6-4 所示。

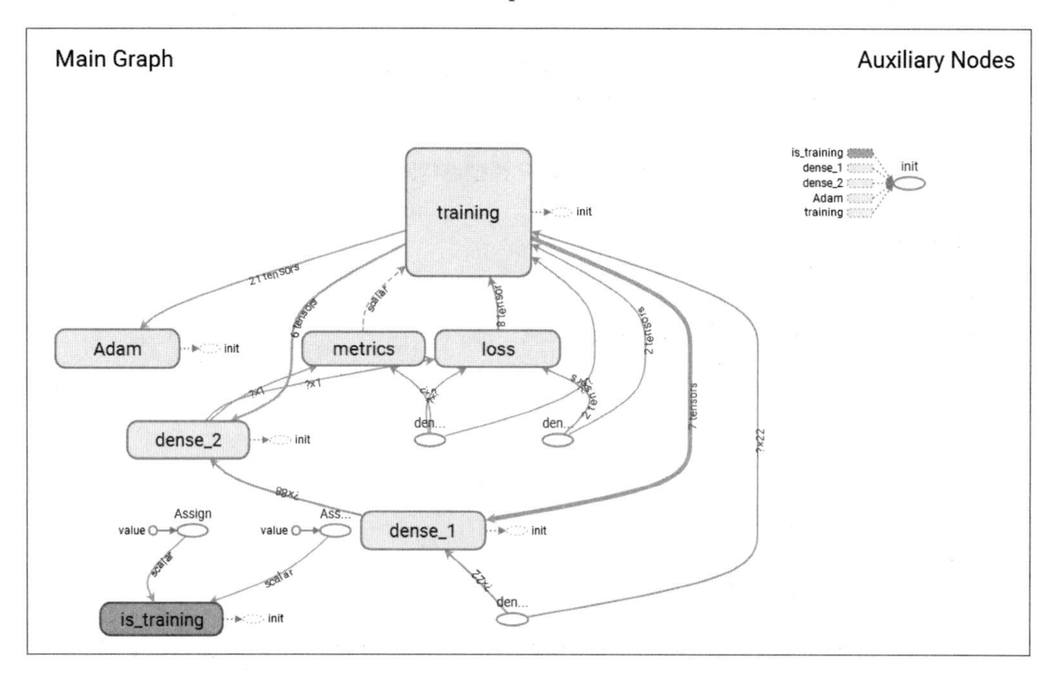

图 6-4 Graph 模型内部结构图

TensorBoard 不愧为专业级的神经网络可视化分析系统，连底层的调用结构都清清楚楚。

第 4 组代码最后的输出信息如下：

```
120950/120950 [==========================] - 1s - loss: 31.0126 - acc: 0.0036
Epoch 499/500
120950/120950 [==========================] - 1s - loss: 2.1321 - acc: 0.0061
Epoch 500/500
120950/120950 [==========================] - 1s - loss: 36.0316 - acc: 0.0044
551.06 s, 19:50:04 ,t0, 19:40:53
```

如上输出信息表示 500 轮迭代完成，共耗时 551.06 秒。笔者使用的是 GTX1080 显卡，因为有 8GB 显存，所以每轮采用的是 512 大尺寸数据，以加快运行速度。

第 5 组代码如下：

```
#5 利用模型进行预测
print('\n#5 模型预测')
tn0=arrow.now()
y_pred = mx.predict(x_test)
tn=zt.timNSec('',tn0,True)
df_test['y_pred']=zdat.ds4x(y_pred,df_test.index,True)
df_test.to_csv('tmp/df_tst.csv')
```

利用训练好的模型，调用 predict 函数，根据测试数据集进行预测。

第 5 组代码对应的输出信息是：

```
#5 模型预测
0.11 s, 19:50:04 ,t0, 19:50:04
```

整个测试数据集共有 3000 多组数据，一共用 0.11 秒运行完毕，是训练时间的五千分之一。这也说明在实盘分析中，神经网络模型的训练和数据分析可以采用分离模式，以大幅度提高实盘分析速度。

6.2　神经网络模型应用四大环节

根据案例 6-1，以及更早的神经网络应用案例，我们可以发现，神经网络模型在金融量化领域的应用可以分为以下四大环节：

读取数据 → 调用模型 → 训练模型 → 模型预测

神经网络模型应用的步骤如图 6-5 所示。

在图 6-5 当中，将“设计模型”和“模型评估”环节放在主线左侧，说明它们是辅助环节。

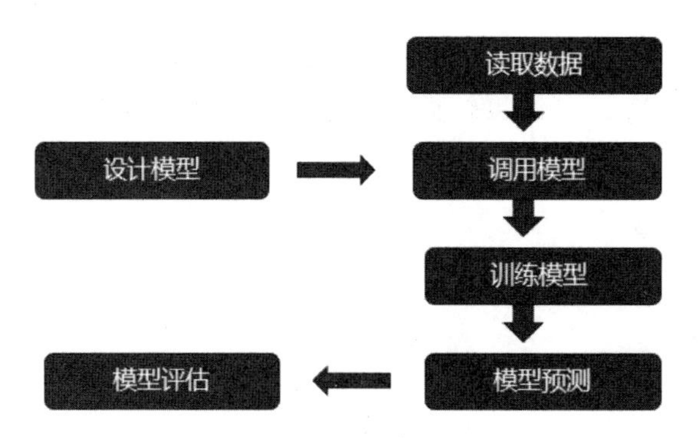

图 6-5 神经网络模型应用的步骤

案例 6-2：MLP 模型评估

案例 6-1 虽然对测试数据集进行了测试，但是没有对预测结果进行分析评估。本案例我们将根据所保存的预测数据文件，对预测数据进行分析，从而对所使用的神经网络模型进行评估。将只有经过评估环节认可的模型，才可以进入量化回溯分析的下一个环节。

案例 6-2 文件名是 kc602_mlp010df.py，主要介绍如何对使用 MLP 模型预测的股票价格数据进行分析评估。

下面我们对案例程序的主流程代码分组进行讲解。

第 1 组代码如下：

```
#1
print('\n#1,set.sys')
pd.set_option('display.width', 450)
pd.set_option('display.float_format', zt.xfloat3)
```

设置运行环境。

第 2 组代码如下：

```
#2
print('\n#2,读取数据')
fss='data/df_mlp010.csv'
df=pd.read_csv(fss)
zt.prx('df',df.tail())
```

读取预测结果数据。我们将案例 6-1 的预测结果数据文件改名为 df_mlp010.csv，并保存在 data 数据目录中，便于大家学习。

如图 6-6 所示是第 2 组代码对应的输出信息。

y	price	price_next	price_change	y_pred
3.310	3.280	3.310	100.915	-0.945
3.310	3.290	3.310	100.608	-4.562
3.310	3.310	3.310	100.000	-2.540
3.300	3.310	3.300	99.698	-1.304
3.290	3.300	3.290	99.697	-2.211

图 6-6　预测结果数据

请注意图 6-6 中最右边的 y_pred 字段，其中有它很多负数，这些都是无效数据，需要进一步清理。

第 3 组代码如下：

```
#3
print('\n#3 整理数据')
df2=df[df.y_pred>0]
zt.prx('df2',df2.tail())
print('\ndf.num,',len(df.index))
print('\ndf2.num,',len(df2.index))
```

整理数据，将 y_pred 字段中的无效数据删除。

第 3 组代码对应的输出信息如图 6-7 所示。

price	price_next	price_change	y_pred
7.020	7.010	99.858	0.208
6.960	7.010	100.718	3.896
6.980	7.010	100.430	2.153
7.010	6.990	99.715	4.060
6.990	6.980	99.857	4.263

图 6-7　整理后的预测结果数据

从图 6-7 可以看到，最右边的 y_pred 字段已经没有负数了，全部是正数。

输出信息的最后两行分别是整理前后结果数据的数目，整理后的数据有 2700 多条，只有原来数据的 90%左右。

```
df.num, 3070
df2.num, 2769
```

第 4 组代码如下：

```
#4
print('\n#4 准确度分析')
print('\nky0=10')
dacc,dfx,a10=ztq.ai_acc_xed2ext(df2.y,df2.y_pred,ky0=10,fgDebug=True)

print('\nky0=5')
dacc,dfx,a10=ztq.ai_acc_xed2ext(df2.y,df2.y_pred,ky0=5,fgDebug=True)
```

准确度（acc）分析，分别采用 10%和 5%的宽容度测试预测结果的准确度。其对应的输出信息如下：

```
ky0=10
n_df9,2769,n_dfk,1321
acc: 47.71%;  MSE:8.35, MAE:2.15,  RMSE:2.89, r2score:1.00, @ky0:10.00

ky0=5
n_df9,2769,n_dfk,788
acc: 28.46%;  MSE:8.35, MAE:2.15,  RMSE:2.89, r2score:1.00, @ky0:5.00
```

由以上输出信息可以看出：

- 当宽容度 ky0 为 10%时，模型的准确度为 47.71%。
- 当宽容度 ky0 为 5%时，模型的准确度为 28.46%。

由此可见，mlp010 模型的准确度太低，在稍后的案例中会进一步进行优化，以提高模型的准确度。

第 5 组代码如下：

```
#5
print('\n#5 图形分析')
df2[['y','y_pred']].plot()
#
df3=df2[df2.y<100]
df3[['y','y_pred']].plot()
```

采用图形模式，对比真实数据字段 y（next_price 字段的复制品）和预测数据字段 y_pred，绘制价格对比曲线图。

如图 6-8 所示是对应的预测价格对比曲线图。

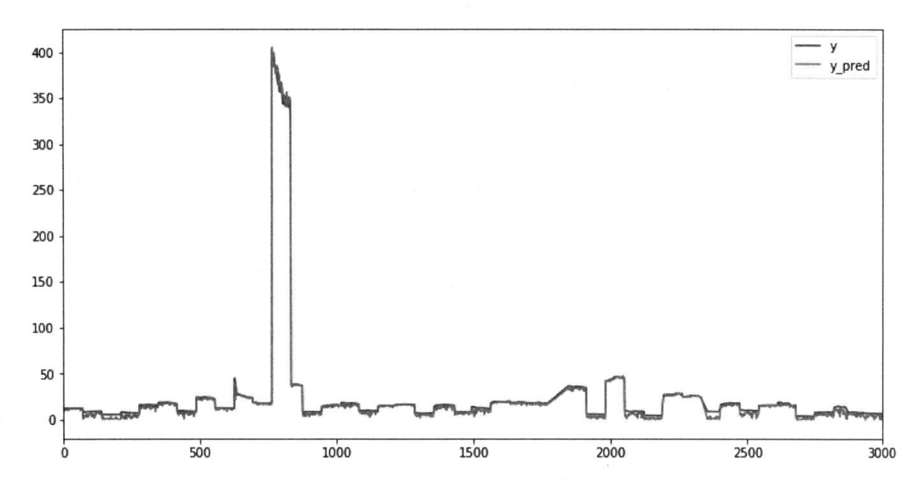

图 6-8 预测价格对比曲线图

在图 6-8 中，大部分输入数据都在 100 以内，只有少数数据超过 100，为了强化对比效果，在程序中清理了部分大于 100 的数据，如图 6-9 所示是优化后的价格对比曲线图。

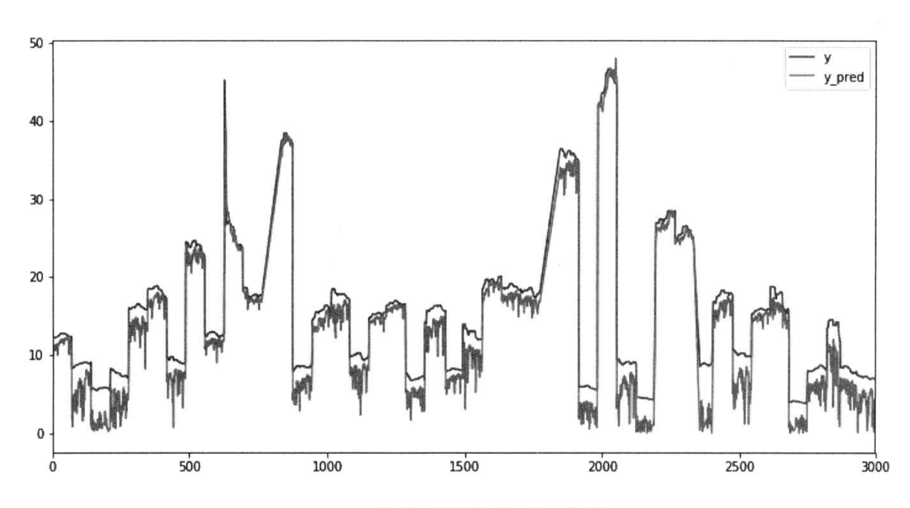

图 6-9 优化后的价格对比曲线图

图 6-9 强化了真实数据与预测数据的误差对比，从对比中我们可以发现，虽然

mlp010 模型的准确度很低，不到 50%，但真实数据字段 y 和预测数据字段 y_pred 的曲线走势基本一致，两者之间的误差幅度并不很大。

案例 6-3：优化 MLP 价格预测模型

案例 6-3 文件名是 kc603_mlp020.py，与案例 6-2 基本类似，只是它所使用的神经网络模型是经过优化的 mlp020 模型。

案例 6-3 只有第 3 组代码，即模型调用部分与前面案例不同。第 3 组代码如下。

```
#3
print('\n#3,建立神经网络模型')
num_in,num_out=len(xlst),1
print('\nnum_in,num_out:',num_in,num_out)
mx=zks.mlp020(num_in,num_out)
#
mx.summary()
plot_model(mx, to_file='tmp/mx002.png')
```

调用 zai_keras 模块中的 mlp020 函数，根据预先设计的 MLP 神经网络模型，生成对应的模型变量 mx，并输出相关的模型结构。

mlp020 函数代码如下：

```
def mlp020(num_in=10,num_out=1):
    model = Sequential()
    #
    model.add(Dense(num_in*4, input_dim=num_in,
kernel_initializer='normal', activation='relu'))
    model.add(Dense(num_out, kernel_initializer='normal'))
    #
    model.compile(loss='mean_squared_error', optimizer='adam',
metrics=['accuracy'])
    #--------------
    #
    return model
```

mlp020 函数很简单，与 mlp010 函数基本类似，只是在中间两行增加 Dense 全连接层（稠密层）时，多了一个初始化参数：

```
kernel_initializer='normal'
```

初始化参数用于设置 Dense 全连接层（稠密层）输入数据的权重。

需要注意的是，模型的输出变量 num_out 是单一数值；输入参数是动态可变的，用户可以通过输入参数变量 num_in，调控模型输入参数字段数目。

在第 3 组代码中，还调用了 summary 函数，采用文本模式生成模型结构。

```
#3,建立神经网络模型

num_in,num_out: 22 1
_________________________________________________________________
Layer (type)                 Output Shape              Param #
=================================================================
dense_1 (Dense)               (None, 88)               2024
_________________________________________________________________
dense_2 (Dense)               (None, 1)                89
=================================================================
Total params: 2,113
Trainable params: 2,113
Non-trainable params: 0
```

如图 6-10 所示是调用 plot_model 函数生成的 MLP 模型结构图。

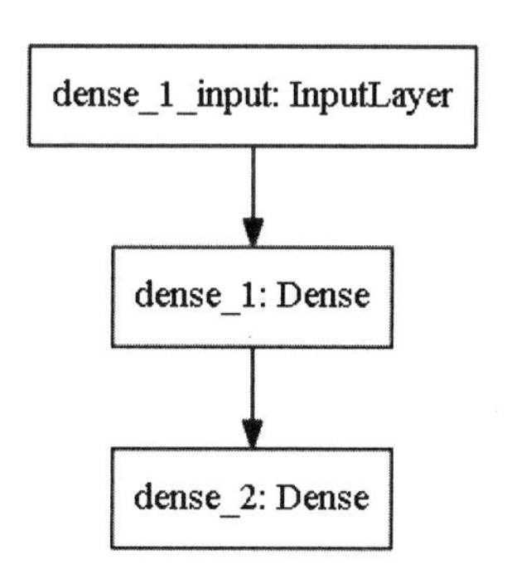

图 6-10　MLP 模型结构图

对比案例 6-1 的 mlp010 模型，两者结构完全相同。

在 TensorBoard 程序中，对应的模型误差值（loss）曲线图如图 6-11 所示。

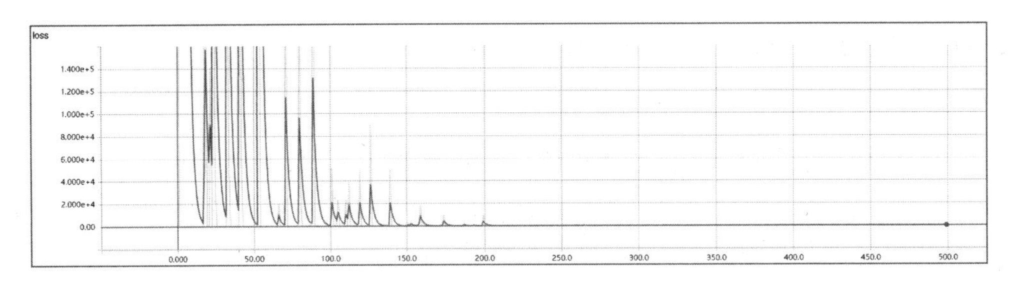

图 6-11 模型误差值（loss）曲线图

从图 6-11 可以看出，输入随着迭代轮数的增加，误差值波动范围在逐步收敛，模型的准确度越来越高。

而且 mlp020 模型经过 200 轮迭代学习以后，误差基本稳定，趋于最小值，这说明案例中采用的 MLP 神经网络模型相对比较稳定，可以进行下一阶段的测试了。

在 TensorBoard 程序中，对应的 Graph 模型内部结构图如图 6-12 所示。

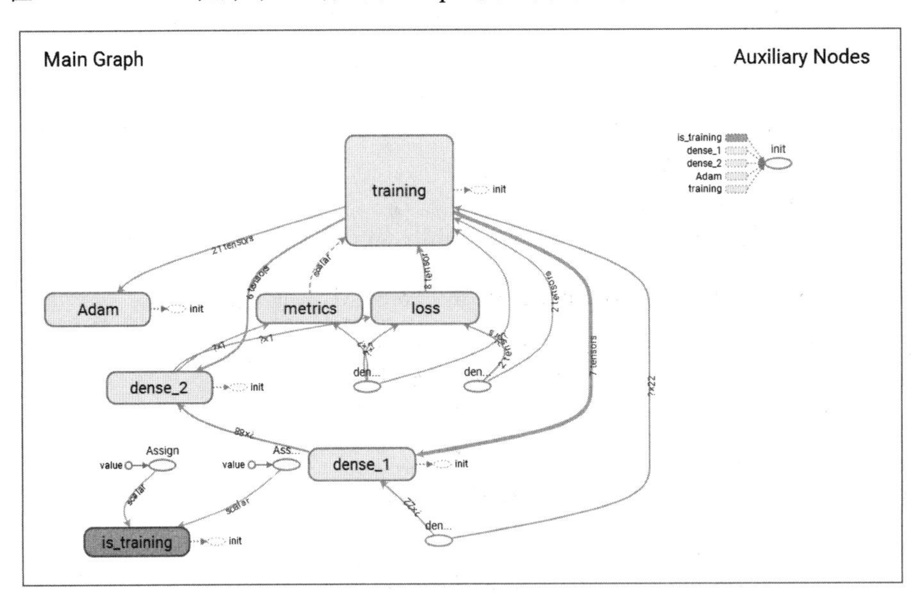

图 6-12 Graph 模型内部结构图

由于 mlp020 与 mlp010 两个，模型本质上是相同的，所以，即使是 TensorBoard 专业级的 Graph 模型内部结构图，两个函数也是完全一样的。

不过两个模型的效果完全不同，稍后分析模型测试数据可以得出：

- 对于 mlp020 模型，当宽容度 ky0 为 10%时，模型的准确度为 97.59%。

- 对于 mlp010 模型，当宽容度 ky0 为 10%时，模型的准确度为 47.71%。

只是增加了一个简单的初始化参数，使得完全一样的模型的准确度从不足 50%，提高到 97.59%，可以作为实盘分析的参考数据了。

虽然 MLP 是最简单的神经网络模型，只有几层神经网络，但是获得的效果比传统分析软件高了 *n* 倍。由此可见，深度学习、神经网络不愧为自有 Internet 以来唯一的“黑科技”技术。

案例 6-4：优化版 MLP 模型评估

案例 6-4 文件名是 kc604_mlp020df.py，主要介绍如何对使用优化版的 MLP 神经网络模型 mlp020 预测的股票价格数据进行分析评估。

案例 6-4 的源码与案例 6-2 完全相同，只是数据文件不同。为节省篇幅，本案例重点介绍相关的分析结果。

我们将案例 6-3 优化版的 MLP 神经网络模型 mlp020 的预测结果改名为 df_mlp020.csv，并保存在 data 数据目录中，便于大家学习。

如图 6-13 所示是第 2 组代码对应的输出信息。

```
    y  price  price_next  price_change  y_pred
3.310  3.280       3.310       100.915   3.379
3.310  3.290       3.310       100.608   3.010
3.310  3.310       3.310       100.000   3.225
3.300  3.310       3.300        99.698   3.352
3.290  3.300       3.290        99.697   3.254
```

图 6-13　预测结果数据

请注意，在 mlp020 模型中，图 6-13 最右边的 y_pred 字段没有负数。

如图 6-14 所示是整理后的预测结果数据。

```
    y  price  price_next  price_change  y_pred
3.310  3.280       3.310       100.915   3.379
3.310  3.290       3.310       100.608   3.010
3.310  3.310       3.310       100.000   3.225
3.300  3.310       3.300        99.698   3.352
3.290  3.300       3.290        99.697   3.254
```

图 6-14　整理后的预测结果数据

对比图 6-13 和图 6-14 可以看出，整理前、后的预测结果数据完全相同。如下输出信息分别是整理前、后结果数据的数目，清理前、后的数据都是 3070 条。

```
df.num, 3070
df2.num, 3070
```

这说明，优化版的 MLP 神经网络模型 mlp020 加入初始化参数后，无须从这个角度对结果数据进行整理。

准确度（acc）分析，分别采用 10%和 5%的宽容度测试预测结果的准确度。其对应的输出信息如下：

```
#4 准确度分析

ky0=10
n_df9,3070,n_dfk,2996
acc: 97.59%;  MSE:1.75, MAE:0.75,  RMSE:1.32, r2score:1.00, @ky0:10.00

ky0=5
n_df9,3070,n_dfk,1987
acc: 64.72%;  MSE:1.75, MAE:0.75,  RMSE:1.32, r2score:1.00, @ky0:5.00
```

由以上输出信息可以看出：

- 当宽容度 ky0 为 10%时，模型的准确度为 97.59%。
- 当宽容度 ky0 为 5%时，模型的准确度为 64.72%。

当宽容度为 10%时，虽然模型的准确度为 97.59%，但是这里面其实有一个隐含的数字陷阱，或者说误区——在实盘分析中，90%左右的股票，9 个工作日的波动都在 10%左右。

因此，在评估模型时，当误差宽容度为 10%时，即使模型的准确度高达 98%~99%，也需要谨慎考虑。

对于 mlp020 模型，当误差宽容度为 5%时，模型的准确度为 64.72%。这个数值偏低，但更加符合实际情况。在无法对模型进一步优化的情况下，在实盘分析中，可以将模型的预测数据作为量化策略的辅助指标。不过需要注意，模型的准确度只有 64.72%，需要进行权重修正。

如图 6-15 所示是对应的预测价格对比曲线图。

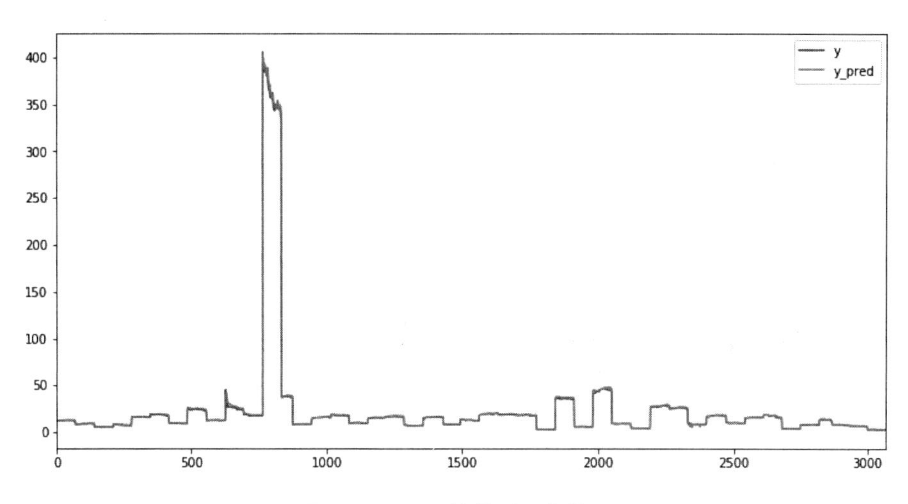

图 6-15　预测价格对比曲线图

在图 6-15 中，大部分输入数据都在 100 以内，只有少数数据超过 100，为了强化对比效果，在程序中清理了部分大于 100 的数据，如图 6-16 所示是优化后的价格对比曲线图。

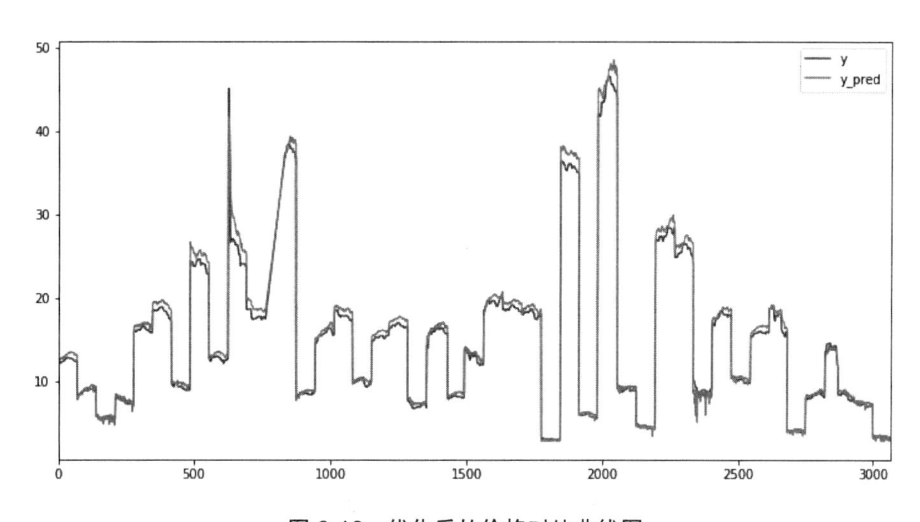

图 6-16　优化后的价格对比曲线图

图 6-16 强化了真实数据与预测数据的误差对比，从对比中我们可以发现，mlp020 模型的真实数据字段 y 和预测数据字段 y_pred 的曲线走势基本一致，两者之间的误差幅度很小。

第 7 章 RNN 与趋势预测

7.1 RNN

RNN（Recurrent Neural Network），即循环神经网络，通常指的是时间递归神经网络，也叫递归数据网络，请参见图 7-1。维基百科介绍如下。

递归神经网络（RNN）是两种人工神经网络的总称：一种是时间递归神经网络；另一种是结构递归神经网络。

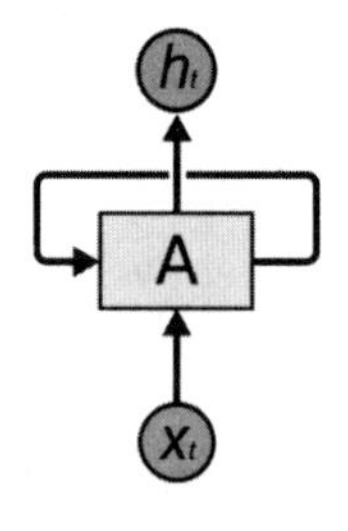

图 7-1 单个循环神经网络示意图

RNN 模型主要用于处理序列数据。LSTM（长短期记忆神经网络）和 GRU（门限循环单元）自出现以来，在自然语言处理中发展迅速，远远超越了其他模型。RNN 模型循环神经网络可以被用于传入向量以表示字符，依据训练集生成新的语句。

RNN 模型是一种调整过的神经网络模型。在 RNN 模型中，之前的网络状态是下一次计算的输入之一。也就是说，之前的计算会改变未来的计算结果。

7.2　IRNN与趋势预测

IRNN 被称为修正循环神经网络模型，其英文全称是 Initialize Recurrent Network of Rectified，中文翻译为初始化循环神经网络模型，它是 RNN 模型的衍生模型。IRNN 是深度学习三巨头之一 Hinton 先生的研究成果，请参见图 7-2。

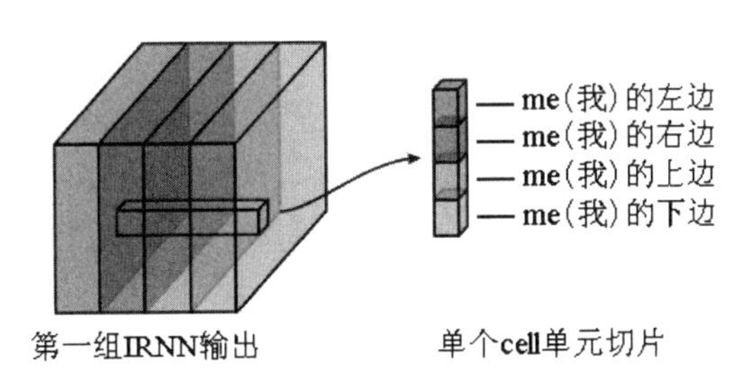

图 7-2　IRNN 模型示意图

趋势预测，一般分为预测上涨、下跌两种趋势，或者预测上涨、下跌、平稳三种趋势。

量化分析、金融数据的趋势预测算法，本质上和深度学习、神经网络的分类算法完全一样，因此经典的 MNIST 手写数字识别、IRIS 爱丽丝花卉分类等案例，都可供借鉴。

趋势预测虽然相对简单，但是在数据预处理方面需要一些额外的转换处理。对于金融数据而言，主要是：

- 把股票价格、波动幅度转换为上涨、下跌、平稳类型。
- 把分类后的数据作为神经网络模型的 y 结果（标签）数据，并且转换为 One-Hot（独热码）格式。

案例 7-1：RNN 趋势预测模型

案例 7-1 文件名为 kc701_rnn010.py，本案例主要介绍如何使用 RNN 模型对未来几天股票的上涨、下跌趋势进行预测。

下面我们对案例程序的主流程代码分组进行讲解。

第 1 组代码如下：

```
#1
print('\n#1,set.sys')
pd.set_option('display.width', 450)
pd.set_option('display.float_format', zt.xfloat3)
rlog='/ailib/log_tmp'
if os.path.exists(rlog):tf.gfile.DeleteRecursively(rlog)
```

设置运行环境。注意：rlog 是 TensorBoard 神经网络可视化日志系统的 log 日志数据目录。

趋势预测需要对数据进行预处理。数据预处理部分比较烦琐，我们把第 2 组代码分为两组进行讲解。第 2.1 组代码如下：

```
#2.1
print('\n#2.1,读取数据')
rss,fsgn,ksgn='/ailib/TDS/','TDS2_sz50','avg'
xlst=zsys.TDS_xlst9
zt.prx('xlst',xlst)
#
df_train,df_test,x_train,y_train,x_test,
y_test=zdat.frd_TDS(rss,fsgn,ksgn,xlst)
#
df_train,df_test,y_train,y_test=zdat.df_xed_xtyp2x(df_train,df_test,
'3',k0=99.5,k9=100.5)
y_train,y_test=pd.get_dummies(df_train['y']).values,pd.get_dummies(df
_test['y']).values
typ_lst=y_train[0]
num_in,num_out=len(xlst),len(typ_lst)
#
print('\ndf_test.tail()')
print(df_test.tail())
print('\nx_train.shape,',x_train.shape)
print('\ntype(x_train),',type(x_train))
```

读取神经网络模型训练数据和测试数据，并调用 ztools_data 模块中的

df_xed_xtyp2 函数，把数据分为上涨、下跌、平稳三种类型。

df_xed_xtyp2 函数的 API 接口如下：

```
df_xed_xtyp2x(df_train,df_test,kmod='3',k0=99.5,k9=100.5,
sgnTyp='ktype',sgnPrice='price_change')
```

它提供了多种数据分类方法。

- kmod ='2'：上涨、下跌两种类型模式。
- kmod ='3'：上涨、下跌、平稳三种类型模式。
- kmod ='n'：*n* 种类型模式。

第 2.1 组代码对应的输出信息如下：

```
#2.1,读取数据

xlst
['open', 'high', 'low', 'close', 'volume', 'avg', 'ma_2', 'ma_3', 'ma_5',
'ma_10', 'ma_15', 'ma_20', 'ma_25', 'ma_30', 'ma_50', 'ma_100', 'xyear',
'xmonth', 'xday', 'xday_week', 'xday_year', 'xweek_year']

df_test.tail()
      open  high   low  close     volume   avg  ma_2  ma_3  ma_5
ma_10  ...   xmonth  xday  xday_week  xday_year  xweek_year    y  price
price_next  price_change  ktype
3065 3.280 3.290 3.270  3.290  858158.000 3.280 3.280 3.280 3.280
3.310  ...         1     1          3          1          0 3.000  3.280
3.310       100.915      3
3066 3.310 3.310 3.270  3.290 1654384.000 3.290 3.290 3.280 3.280
3.310  ...         1     1          3          1          0 3.000  3.290
3.310       100.608      3
3067 3.320 3.320 3.300  3.310 1210668.000 3.310 3.300 3.290 3.290
3.300  ...         1     1          3          1          0 2.000  3.310
3.310       100.000      2
3068 3.310 3.320 3.300  3.320  940023.000 3.310 3.310 3.310 3.290
3.300  ...         1     1          3          1          0 2.000  3.310
3.300        99.698      2
3069 3.290 3.320 3.280  3.320 1136877.000 3.300 3.310 3.310 3.300
3.290  ...         1     1          3          1          0 2.000  3.300
```

```
3.290      99.697    2

    [5 rows x 27 columns]
    x_train.shape, (120950, 22)
    type(x_train), <class 'numpy.ndarray'>
```

第 2.2 组代码如下：

```
    #2.2
    print('\n#2.2,转换数据格式 shape')
    rxn,txn=x_train.shape[0],x_test.shape[0]
    x_train,x_test =
x_train.reshape(rxn,num_in,-1),x_test.reshape(txn,num_in,-1)
    print('\nx_train.shape,',x_train.shape)
    print('\ntype(x_train),',type(x_train))
```

转换数据格式 shape。因为 RNN 模型的输入数据格式是三维数组，所以调用 NumPy 的 reshape 函数修改数据格式 shape。

第 2.2 组代码对应的输出信息如下：

```
    x_train.shape, (120950, 22, 1)
    type(x_train), <class 'numpy.ndarray'>
```

和第 2.1 组代码的最后两行输出信息进行对比，可以发现 x_train 训练数据集的格式，已经由二维数组变为三维数组。

第 3 组代码如下：

```
    #3
    print('\n#3,建立神经网络模型')


    print('\nnum_in,num_out:',num_in,num_out)
    mx=zks.rnn010(num_in,num_out)
    #
    mx.summary()
    plot_model(mx, to_file='tmp/rnn010.png')
```

调用 zai_keras 模块中的 rnn010 函数，根据预先设计的 RNN 模型，生成对应的模型变量 mx，并输出相关的模型结构。

rnn010 函数代码如下：

```
    def rnn010(num_in,num_out):
        model = Sequential()
        #
        model.add(SimpleRNN(num_in*4,
              kernel_initializer=initializers.RandomNormal (stddev=0.001),
              recurrent_initializer=initializers.Identity (gain=1.0),
              activation='relu',
              input_shape=(num_in,1)
              ))

        #
        model.add(Dense(num_out,activation='softmax'))
        #
        rmsprop = RMSprop(lr=1e-6)
        model.compile(loss='categorical_crossentropy',optimizer=rmsprop,
metrics=['accuracy'])
        #
        return model
```

看起来 rnn010 模型比 mlp010 模型略微复杂些，但它其实也只有 3 层结构。

在第 3 组代码中，还调用了 summary 函数，采用文本模式生成模型结构。

```
#3,建立神经网络模型
num_in,num_out: 22 3
_________________________________________________________________
Layer (type)                 Output Shape              Param #
=================================================================
simple_rnn_1 (SimpleRNN)     (None, 88)                7920
_________________________________________________________________
dense_1 (Dense)              (None, 3)                 267
=================================================================
Total params: 8,187
Trainable params: 8,187
Non-trainable params: 0
```

输出信息中的 num_out 数值是 3，这是因为结果数据分为 3 类，采用 One-Hot 格式，占据 3 个数据字段。

如图 7-3 所示是调用 plot_model 函数生成的 RNN 模型结构图。

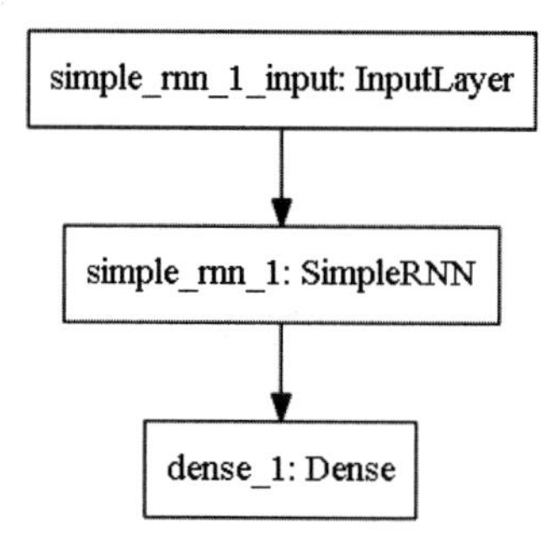

图 7-3　RNN 模型结构图

第 4 组代码如下：

```
    print('\n#4 模型训练')
    tbCallBack = keras.callbacks.TensorBoard(log_dir=rlog,write_graph=True,
write_images=True)
    tn0=arrow.now()
    mx.fit(x_train, y_train, epochs=500,
batch_size=512,callbacks=[tbCallBack])
    tn=zt.timNSec('',tn0,True)
    mx.save('tmp/rnn010.dat')
```

调用 fit 训练函数，输入数据，对 mx 模型变量进行训练，同时采用 CallBack 回调模式，记录相关的 TensorBoard 日志数据。

在 TensorBoard 程序中，对应的模型准确度（acc）曲线图如图 7-4 所示。

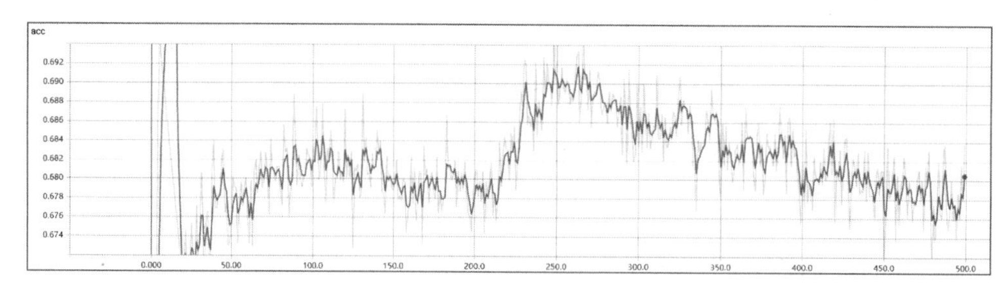

图 7-4　模型准确度（acc）曲线图

从图 7-4 可以看出，在本案例中，模型的准确度基本上在 67%~69%之间波动。

在 TensorBoard 程序中，对应的模型误差值（loss）曲线图如图 7-5 所示。

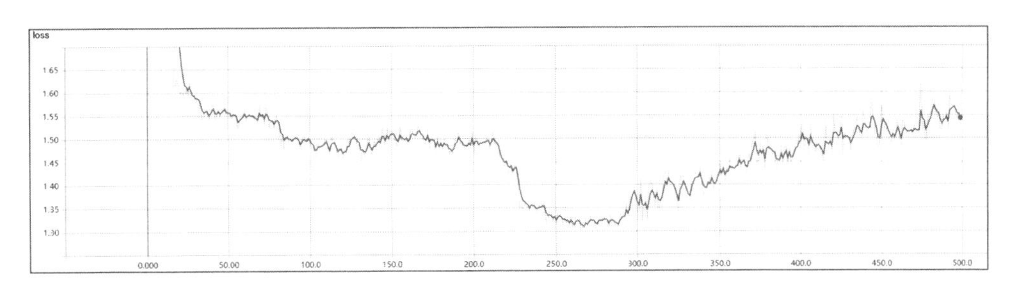

图 7-5　模型误差值（loss）曲线图

从图 7-5 可以看出，输入随着迭代轮数的增加，误差值的波动范围在逐步收敛，模型的准确度越来越高。

在 TensorBoard 程序中，对应的 Graph 模型内部结构图如图 7-6 所示。

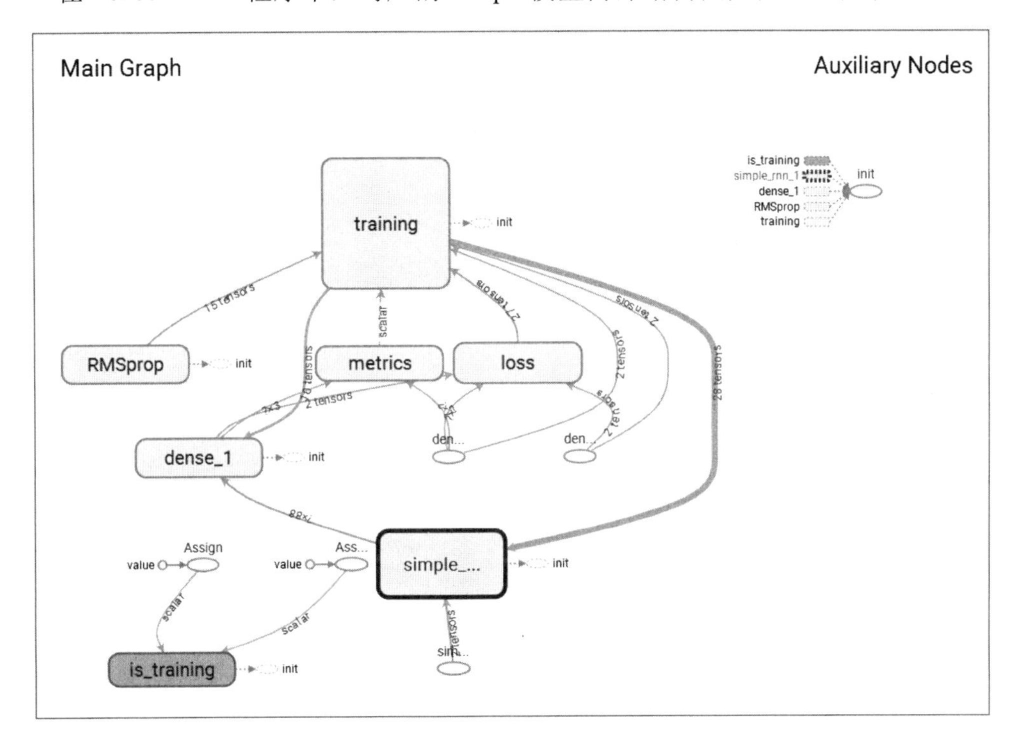

图 7-6　Graph 模型内部结构图

从图 7-6 可以看出，RNN 与 MLP 模型基本相同，只是在关键节点上，RNN 模型使用的是 simpleRNN 函数，MLP 模型使用的是 Dense 全连接层（稠密层）。

不过，这里使用的都是最简单的神经网络模型，在实盘分析中使用的模型会相对复杂得多。

第 4 组代码最后的输出信息如下：

```
120950/120950 [==========================] - 2s - loss: 1.5505 - acc: 0.6760
Epoch 498/500
120950/120950 [==========================] - 2s - loss: 1.5421 - acc: 0.6815
Epoch 499/500
120950/120950 [==========================] - 2s - loss: 1.5511 - acc: 0.6779
Epoch 500/500
120950/120950 [==========================] - 2s - loss: 1.5288 - acc: 0.6838
1445.51 s, 09:57:08 ,t0, 09:33:02
```

如上输出信息表示 500 轮迭代完成，共耗时 1445.51 秒。

与 MLP 模型对比，同样都是最简单的 3 层结构的神经网络模型，但是 RNN 模型的计算量是 MLP 模型的 3 倍左右。

笔者使用的是 GTX1080 显卡，因为有 8GB 显存，所以每轮迭代采用的是 512 大尺寸数据，以加快运行速度。

第 5 组代码如下：

```
#5 利用模型进行预测
print('\n#5 模型预测')
tn0=arrow.now()
y_pred0 = mx.predict(x_test)
tn=zt.timNSec('',tn0,True)
#
y_pred=np.argmax(y_pred0, axis=1)+1
df_test['y_pred']=zdat.ds4x(y_pred,df_test.index,True)
df_test.to_csv('tmp/df_rnn010.csv',index=False)
```

利用训练好的模型，调用 predict 预测函数，根据测试数据集进行预测。

需要注意的是，因为趋势预测结果使用的是 One-Hot 格式，所以在应用时需要转换为原来的分类格式。在本案例中，使用以下代码进行转换：

```
y_pred=np.argmax(y_pred0, axis=1)+1
```

注意最后的+1 修正，One-Hot 使用的是 0 基数模式，如果不修正，则很容易出错。

很多初学者都容易在这里出错。如果没有+1 修正，那么准确度只有 12%左右，完全无法使用；而修正后的准确度是 71.09%，可以作为辅助参考数据。

案例 7-2：RNN 模型评估

案例 7-2 文件名是 kc702_rnn010df.py，本案例主要介绍如何对使用 RNN 模型预测的股票趋势数据进行分析评估，同时介绍如何使用 Pandas 读取 csv 数据文件，简化程序逻辑和编程。

下面我们对案例程序的主流程代码分组进行讲解。

第 1 组代码如下：

```
#1
print('\n#1,set.sys')
pd.set_option('display.width', 450)
pd.set_option('display.float_format', zt.xfloat3)
```

设置运行环境。

第 2 组代码如下：

```
#2
print('\n#2,读取数据')
fss='data/df_rnn010.csv'
df=pd.read_csv(fss)
zt.prx('df',df.tail())
```

读取预测的结果数据。我们将案例 7-1 的预测结果数据文件改名为 df_rnn010.csv，并保存在 data 数据目录中，便于大家学习。

如图 7-7 所示是第 2 组代码对应的输出信息。

```
    y  price  price_next  price_change  ktype  y_pred
3.000  3.280       3.310       100.915      3       1
3.000  3.290       3.310       100.608      3       1
2.000  3.310       3.310       100.000      2       1
2.000  3.310       3.300        99.698      2       1
2.000  3.300       3.290        99.697      2       1
```

图 7-7　预测结果数据

第 3 组代码如下：

```
#3
print('\n#3 准确度分析')
print('\nky0=10')
dacc,dfx,a10=ztq.ai_acc_xed2ext(df.y,df.y_pred,ky0=10,fgDebug=True)

print('\nky0=5')
dacc,dfx,a10=ztq.ai_acc_xed2ext(df.y,df.y_pred,ky0=5,fgDebug=True)
```

准确度（acc）分析，分别采用 10%和 5%的宽容度测试预测结果的准确度。其对应的输出信息如下：

```
#3 准确度分析


ky0=10
n_df9,3070,n_dfk,1294
acc: 42.15%;  MSE:1.38, MAE:0.85,  RMSE:1.18, r2score:-2.05, @ky0:10.00

ky0=5
n_df9,3070,n_dfk,1294
acc: 42.15%;  MSE:1.38, MAE:0.85,  RMSE:1.18, r2score:-2.05, @ky0:5.00
```

由以上输出信息可以看出，当宽容度 ky0 为 10%和 5%时，模型的准确度都只有 42.15%。准确度低于 50%，明显无法直接用于实盘分析。

那么是不是案例中的 rnn010 函数模型就没有使用价值了呢？这倒未必。

第 4 组代码如下：

```
#4
print('\n#4 准确度分类分析')
x1,x2=df['y'].value_counts(),df['y_pred'].value_counts()
zt.prx('x1',x1);zt.prx('x2',x2)
#
for xk in range(1,4):
    print('\nxk#,',xk)
    df2=df[df.y_pred==xk]

dacc,df2x,a10=ztq.ai_acc_xed2ext(df2.y,df2.y_pred,ky0=5,fgDebug=True)
```

首先计算 3 种趋势的数据数目，然后采用分类形式分别计算上涨、下跌、平稳 3 种类型模式下的预测准确度。

第 4 组代码对应的输出信息如下：

```
xk#, 1
n_df9,1269,n_dfk,193
acc: 15.21%;  MSE:2.56, MAE:1.42,  RMSE:1.60, r2score:-3.68, @ky0:5.00

xk#, 2
n_df9,362,n_dfk,78
acc: 21.55%;  MSE:0.78, MAE:0.78,  RMSE:0.89, r2score:-1.10, @ky0:5.00

xk#, 3
n_df9,1439,n_dfk,1023
acc: 71.09%;  MSE:0.49, MAE:0.36,  RMSE:0.70, r2score:-0.35, @ky0:5.00
```

由以上输出信息可以看出，在 xk=1（下跌）、xk=2（平稳）趋势下，模型预测的准确度只有 15.21%、21.55%；但在 xk=3（上涨）趋势下，模型预测的准确度高达 71.09%，完全可以用于实盘操作当中。

案例 7-3：RNN 趋势预测模型 2

案例 7-3 文件名是 kc703_rnn020.py，本案例主要介绍如何使用另一种 RNN 模型对未来几天股票的上涨、下跌趋势进行预测。

案例 7-3 的源码与案例 7-1 基本相同，只是第 3 组代码有所不同。

第 3 组代码如下：

```
#3
print('\n#3,建立神经网络模型')


print('\nnum_in,num_out:',num_in,num_out)
mx=zks.rnn020(num_in,num_out)
#
mx.summary()
plot_model(mx, to_file='tmp/rnn010.png')
```

调用 zai_keras 模块中的 rnn020 函数，根据预先设计的 RNN 模型，生成对应的模型变量 mx，并输出相关的模型结构。

rnn020 函数代码如下：

```
def rnn020(num_in,num_out):
    model = Sequential()
    #
    model.add(SimpleRNN(num_in*8, input_shape=(num_in,1)))
    model.add(Dense(num_out, activation='softmax'))

    #
    model.compile(loss='categorical_crossentropy', optimizer='adam',
metrics=['acc'])
    #
    return model
```

rnn020 函数比 rnn010 函数还要简单，它取消了数据初始化，模型编译中的优化函数改为了 adam。

在第 3 组代码中，还调用了 summary 函数，采用文本模式生成模型结构。

```
Layer (type)                 Output Shape              Param #
=================================================================
simple_rnn_1 (SimpleRNN)     (None, 176)               31328
_________________________________________________________________
dense_1 (Dense)              (None, 3)                 531
=================================================================
Total params: 31,859
Trainable params: 31,859
```

如图 7-8 所示是调用 plot_model 函数生成的 RNN 模型结构图。

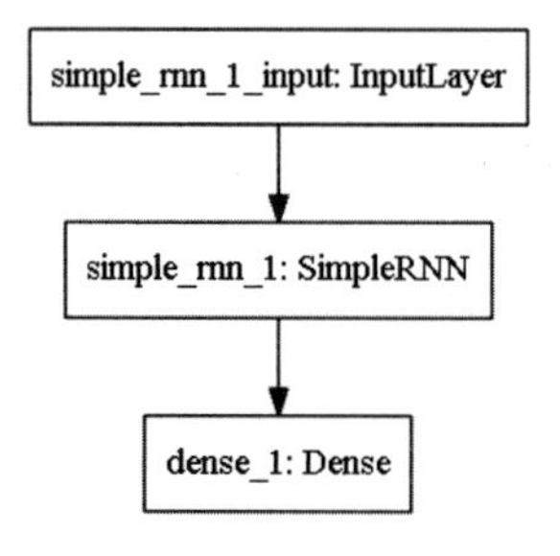

图 7-8　RNN 模型结构图

在 TensorBoard 程序中，对应的模型准确度（acc）曲线图如图 7-9 所示。

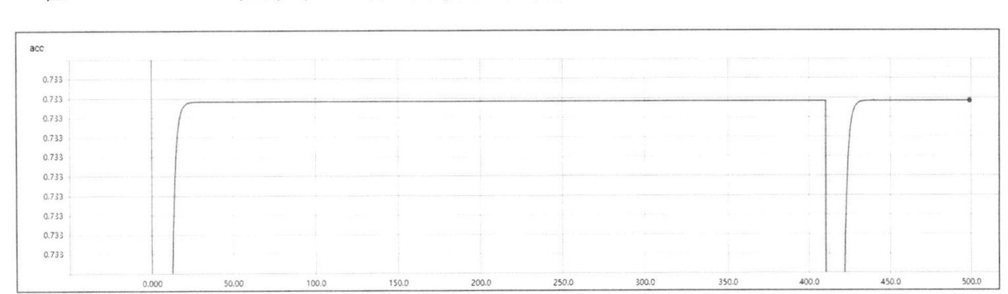

图 7-9　模型准确度（acc）曲线图

从图 7-9 可以看出，在本案例中，模型的准确度基本上为 73%左右，只是在进行第 400 轮迭代时突然出现了一个凹点。

在 TensorBoard 程序中，对应的模型误差值（loss）曲线图如图 7-10 所示。

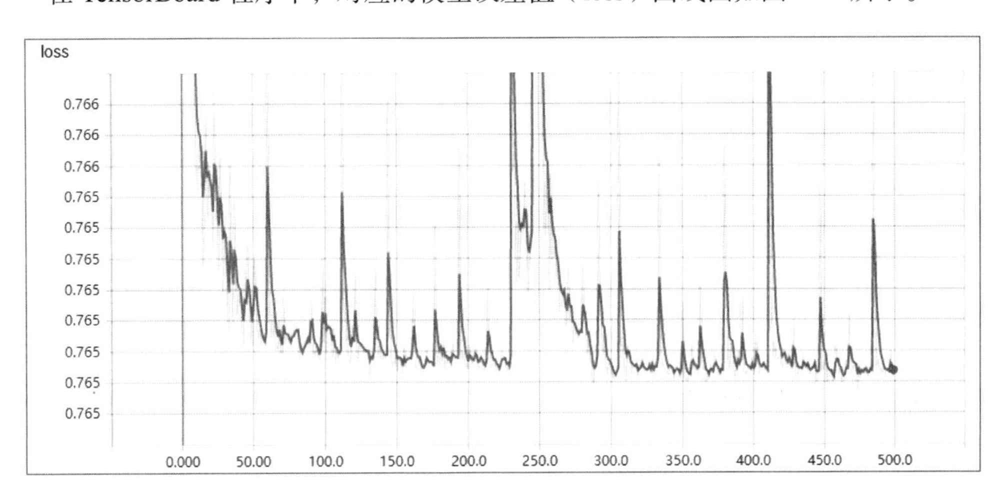

图 7-10　模型误差值（loss）曲线图

从图 7-10 可以看出，输入随着迭代轮数的增加，误差值的波动范围在逐步收敛，模型的准确度越来越高。

在 TensorBoard 程序中，对应的 Graph 模型内部结构图如图 7-11 所示。

从图 7-11 可以看出，RNN 模型 2 的内部结构与案例 7-1 的模型类似。

本案例多了一组准确度测试，代码如下：

```
#6
print('\n#6 准确度分析')
```

```
print('\nky0=10')
df=df_test
dacc,dfx,a10=ztq.ai_acc_xed2ext(df.y,df.y_pred,ky0=10,fgDebug=True)
```

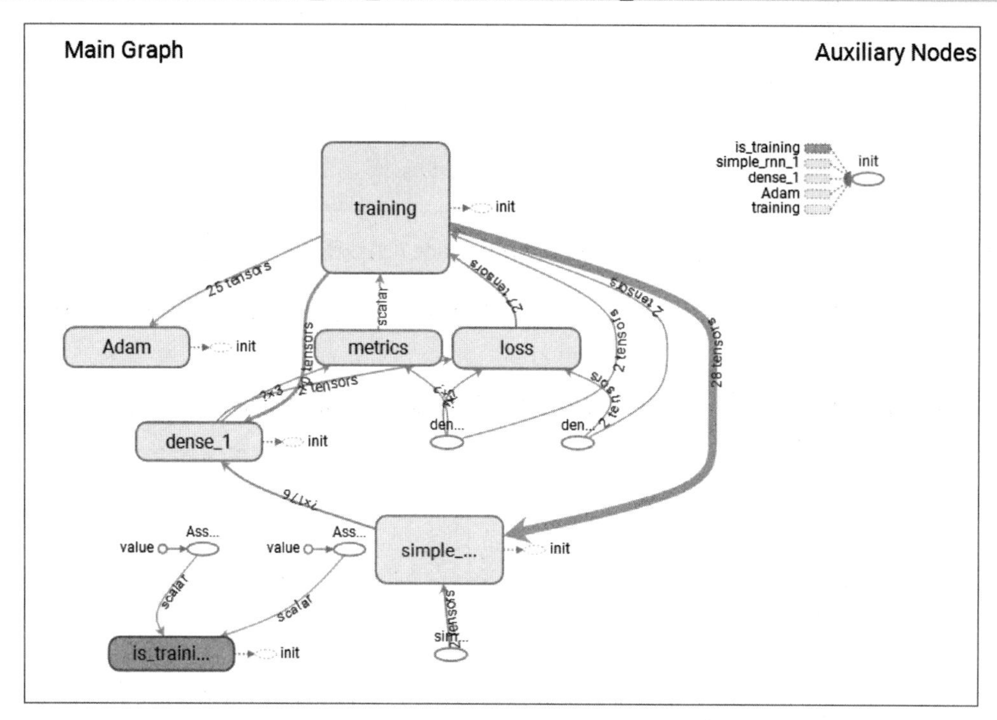

图 7-11　Graph 模型内部结构图

其对应的输出信息如下：

```
ky0=10
n_df9,3070,n_dfk,2006
acc: 65.34%;  MSE:0.66, MAE:0.45,  RMSE:0.81, r2score:-0.45, @ky0:10.00
```

由输出信息可以看出，RNN 模型 2 的准确度为 65.34%，比案例 7-1 的模型高很多。

案例 7-4：RNN 模型 2 评估

案例 7-4 文件名为 kc704_rnn020df.py，本案例主要介绍如何对使用 RNN 模型 2

预测的股票趋势数据进行分析评估。

下面我们对案例程序的主流程代码分组进行讲解。

第 1 组代码如下：

```
#1
print('\n#1,set.sys')
pd.set_option('display.width', 450)
pd.set_option('display.float_format', zt.xfloat3)
```

设置运行环境。

第 2 组代码如下：

```
#2
print('\n#2,读取数据')
fss='data/df_rnn020.csv'
df=pd.read_csv(fss)
zt.prx('df',df.tail())
```

读取预测的结果数据。我们将案例 7-3 的预测结果数据文件改名为 df_rnn020.csv，并保存在 data 数据目录中，便于大家学习。

如图 7-12 所示是第 2 组代码对应的输出信息。

y	price	price_next	price_change	ktype	y_pred
3.000	3.280	3.310	100.915	3	3
3.000	3.290	3.310	100.608	3	3
2.000	3.310	3.310	100.000	2	3
2.000	3.310	3.300	99.698	2	3
2.000	3.300	3.290	99.697	2	3

图 7-12　预测结果数据

第 3 组代码如下：

```
#3
print('\n#3 准确度分析')
print('\nky0=10')
dacc,dfx,a10=ztq.ai_acc_xed2ext(df.y,df.y_pred,ky0=10,fgDebug=True)

print('\nky0=5')
dacc,dfx,a10=ztq.ai_acc_xed2ext(df.y,df.y_pred,ky0=5,fgDebug=True)
```

准确度（acc）分析，分别采用 10%和 5%的宽容度测试预测结果的准确度。其对应的输出信息如下：

```
#3 准确度分析


ky0=10
n_df9,3070,n_dfk,2006
acc: 65.34%;  MSE:0.66, MAE:0.45,  RMSE:0.81, r2score:-0.45, @ky0:10.00

ky0=5
n_df9,3070,n_dfk,2006
acc: 65.34%;  MSE:0.66, MAE:0.45,  RMSE:0.81, r2score:-0.45, @ky0:5.00
```

由以上输出信息可以看出，当宽容度 ky0 为 10%和 5%时，模型的准确度都是65.34%。

第 4 组代码如下：

```
#4
print('\n#4 准确度分类分析')
x1,x2=df['y'].value_counts(),df['y_pred'].value_counts()
zt.prx('x1',x1);zt.prx('x2',x2)
```

首先计算 3 种趋势的数据数目。其对应的输出信息如下：

```
#4 准确度分类分析
 x1
3.000    2006
2.000     747
1.000     317
Name: y, dtype: int64

 x2
3   3070
Name: y_pred, dtype: int64
```

由以上输出信息可以看到，y_pred 字段的预测数据全部是 3（上涨）。只有一种预测结果，这说明 RNN 模型 2 存在设计 Bug。

尽管 RNN 模型 2 的准确度高于 rnn010 函数模型，但是在实盘分析中，是无法使用这种存在 Bug 的神经网络模型的。

第 8 章

8

LSTM 与量化分析

有少数 LSTM 模型可以直接应用于金融数据，它是量化分析的神经网络模型之一，既可以用于数值预测，也可以用于趋势预测。

LSTM 模型的缺点是计算量大，迭代轮数多，模型收敛速度慢。但是随着迭代轮数的增加，特别是超过 1000 轮以后，模型会逐渐稳定，精度会慢慢地提高。虽然单轮精度提高的幅度不大，但模型整体的精度却越来越高。

8.1 LSTM模型

LSTM（Long Short-Term Memory，长短期记忆神经网络），是 RNN（循环神经网络）的特殊类型，可以学习长期依赖信息。在很多领域中，LSTM 模型都取得了相当大的成功，并得到了广泛应用。LSTM 通过刻意的设计来避免长期依赖问题。在实践中记住长期信息是 LSTM 的默认行为，而非需要付出很大代价才能获得的能力。

LSTM 是一种时间递归神经网络，由于其独特的设计结构，因此适合处理和预测时间序列中间隔与延迟时间非常长的重要事件。LSTM 模型示意图如图 8-1 所示。

LSTM 算法通过引入控制门（gate）和一个精确定义的记忆单元，尝试解决梯度消失或者爆炸的问题。

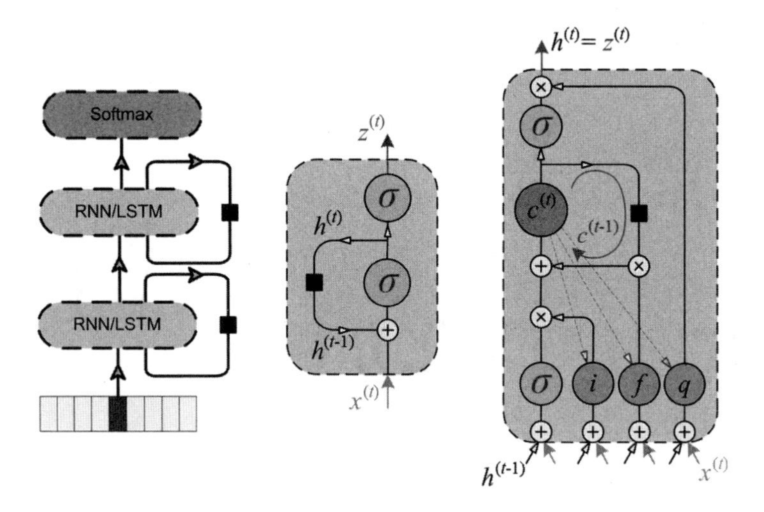

图 8-1　LSTM 模型示意图

在 LSMT 模型中，每一个神经元都有一个存储单元和 3 个控制门：输入门、输出门和遗忘门（forget）。这些控制门的功能是，通过允许或者禁止数据传递来保证信息的安全。输入门决定有多少上一层的信息可以存储到单元中。输出门承担了另一端的工作，决定下一层可以了解到多少这一层的信息。

LSTM 算法已经被证明可以学习复杂的序列，包括像莎士比亚一样写作或者创作音乐。需要注意的是，每一个控制门都对前一个神经元中的存储单元赋予权重，所以它们一般会需要更多的资源来运行。

LSTM 算法具有 RNN 算法的各种优点，但因为 LSTM 模型有更好的记忆能力，所以效果更佳。

8.1.1　数值预测

预测分析是一种统计或数据挖掘解决方案，其目标是通过对历史数据的分析统计，建立符合市场特点的算法模型。

分类和预测是预测分析的两种主要类型。其中分类是预测分类（离散的、无序的）标号；而预测则是建立连续值函数模型。

分类和预测都是数值预测，不过分类算法的结果是离散数据；而数值预测的结果是连续的实数模式。

在金融市场中，每天都会有大量的交易数据产生，这些数据为我们了解股市走势、做出正确的投资决策提供了研究素材。

简单而言，金融市场的数值预测，就是对未来股票价格的预测。

系统首先对历史交易数据进行分析和处理，建立神经网络模型，然后使用这些模型，根据最新的实时数据，预测未来的股票价格。

案例 8-1：LSTM 价格预测模型

案例 8-1 文件名为 kc801_lstm010.py，本案例主要介绍如何使用 LSTM 模型对未来几天的股票价格进行预测。

下面我们对案例程序的主流程代码分组进行讲解。

第 1 组代码如下：

```
#1
print('\n#1,set.sys')
pd.set_option('display.width', 450)
pd.set_option('display.float_format', zt.xfloat3)
rlog='/ailib/log_tmp'
if os.path.exists(rlog):tf.gfile.DeleteRecursively(rlog)
```

设置运行环境。注意：rlog 是 TensorBoard 神经网络可视化日志系统的 log 数据目录。

使用 LSTM 模型，即使是数值预测，输入数据通常也采用三维数组格式，所以需要对数据进行预处理。数据预处理部分比较烦琐，我们将第 2 组代码分为两组进行讲解。第 2.1 组代码如下：

```
#2.1
print('\n#2.1,读取数据')
rss,fsgn,ksgn='/ailib/TDS/','TDS2_sz50','avg'
xlst=zsys.TDS_xlst9
zt.prx('xlst',xlst)
num_in,num_out=len(xlst),1
print('\nnum_in,num_out:',num_in,num_out)


#
```

```
    df_train,df_test,x_train,y_train,x_test,
y_test=zdat.frd_TDS(rss,fsgn,ksgn,xlst)
    print('\ndf_test.tail()')
    print(df_test.tail())
    print('\nx_train.shape,',x_train.shape)
    print('\ntype(x_train),',type(x_train))
```

读取神经网络训练数据集和测试数据集。本案例中使用的是 2.0 版本的 TDS 数据集。

以下是部分输出信息：

```
    #2.1,读取数据
     xlst
    ['open', 'high', 'low', 'close', 'volume', 'avg', 'ma_2', 'ma_3', 'ma_5',
'ma_10', 'ma_15', 'ma_20', 'ma_25', 'ma_30', 'ma_50', 'ma_100', 'xyear',
'xmonth', 'xday', 'xday_week', 'xday_year', 'xweek_year']
    num_in,num_out: 22 1

    x_train.shape, (120950, 22)
    type(x_train), <class 'numpy.ndarray'>
```

其中：

- xlst 表示神经网络模型的输入数据所使用的字段。
- num_in、num_out 分别表示神经网络模型的输入数据和输出数据字段数目。
- x_train.shape 表示训练数据集的数据格式 shape，即 NumPy 的二维数组。

如图 8-2 和图 8-3 所示是读取的 TDS 金融数据集所包含的部分内容。

```
df_test.tail()
      open  high   low  close       volume   avg  ma_2  ma_3  ma_5  ma_10
3065 3.280 3.290 3.270  3.290   858158.000 3.280 3.280 3.280 3.280  3.310
3066 3.310 3.310 3.270  3.290  1654384.000 3.290 3.290 3.280 3.280  3.310
3067 3.320 3.320 3.300  3.310  1210668.000 3.310 3.300 3.290 3.290  3.300
3068 3.310 3.320 3.300  3.320   940023.000 3.310 3.310 3.310 3.290  3.300
3069 3.290 3.320 3.280  3.320  1136877.000 3.300 3.310 3.310 3.300  3.290
```

图 8-2　TDS 金融数据集（1）

```
 xyear  xmonth  xday  xday_week  xday_year  xweek_year     y  price  price_next  price_change
  1970       1     1          3          1           0 3.310  3.280       3.310       100.915
  1970       1     1          3          1           0 3.310  3.290       3.310       100.608
  1970       1     1          3          1           0 3.310  3.310       3.310       100.000
  1970       1     1          3          1           0 3.300  3.310       3.300        99.698
  1970       1     1          3          1           0 3.290  3.300       3.290        99.697
```

图 8-3　TDS 金融数据集（2）

第 2.2 组代码如下：

```
    #2.2
    print('\n#2.2,转换数据格式 shape')
    rxn,txn=x_train.shape[0],x_test.shape[0]
    x_train,x_test =
x_train.reshape(rxn,num_in,-1),x_test.reshape(txn,num_in,-1)
    print('\nx_train.shape,',x_train.shape)
    print('\ntype(x_train),',type(x_train))
```

转换数据格式 shape。因为 LSTM 模型的输入数据格式是三维数组，所以需要调用 NumPy 的 reshape 函数修改数据格式 shape。

其对应的输出信息如下：

```
    #2.2,转换数据格式 shape
    x_train.shape, (120950, 22, 1)
    type(x_train), <class 'numpy.ndarray'>
```

和第 2.1 组代码的最后几行的输出信息对比，可以发现 x_train 训练数据集的格式已经由二维数组变为三维数组。

第 3 组代码如下：

```
    #3
    print('\n#3,建立神经网络模型')
    mx=zks.lstm010(num_in,num_out)
    #
    mx.summary()
    plot_model(mx, to_file='tmp/lstm010.png')
```

调用 zai_keras 模块中的 lstm010 函数，根据预先设计的 LSTM 模型，生成对应的模型变量 mx，并输出相关的模型结构。

lstm010 函数代码如下：

```
    def lstm010(num_in,num_out=1):
        model = Sequential()
        #
        model.add(LSTM(num_in*8, input_shape=(num_in,1)))
        model.add(layers.Dense(1))
        #
```

```
        model.compile(loss='mse', optimizer='rmsprop',
metrics=['accuracy'])
        #
        return model
```

lstm010 函数很简单，只有几行代码，请大家自己研究。

在这里，笔者再一次强调，为便于初学者学习，在本书教学课件的案例中所使用的神经网络模型经过高度简化，模型结构通常都在 10 层以内。而在实际应用中，所使用的神经网络模型要复杂得多，神经网络层往往超过 100 层。

此外，所需要的数据也庞大得多，通常有上百甚至上千个数据字段。因此，在进行实盘操作前，本书作为神经网络与量化分析的入门课件所选用的神经网络模型，一定要请专业的人工智能专家进行论证，并且进行多周期、多领域的回溯测试。

在第 3 组代码中，还调用了 summary 函数，采用文本模式生成模型结构。

```
#3,建立神经网络模型
_________________________________________________________________
Layer (type)                 Output Shape              Param #
=================================================================
lstm_1 (LSTM)                 (None, 176)              125312
_________________________________________________________________
dense_1 (Dense)               (None, 1)                177
=================================================================
Total params: 125,489
Trainable params: 125,489
Non-trainable params: 0
```

如图 8-4 所示是调用 plot_model 函数生成的 LSTM 模型结构图。

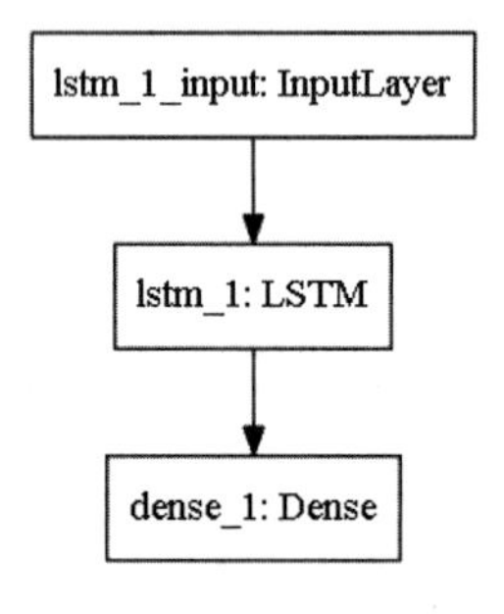

图 8-4　LSTM 模型结构图

第 4 组代码如下：

```
    #4 模型训练
    print('\n#4 模型训练')
    tbCallBack = keras.callbacks.TensorBoard(log_dir=rlog,write_graph=True,
write_images=True)
    tn0=arrow.now()
    mx.fit(x_train, y_train, epochs=500,
batch_size=512,callbacks=[tbCallBack])
    tn=zt.timNSec('',tn0,True)
    mx.save('tmp/lstm010.dat')
```

调用 fit 训练函数，输入数据，对 mx 模型变量进行训练，同时采用 CallBack 回调模式，记录相关的 TensorBoard 日志数据。

第 4 组代码最后的输出信息如下：

```
    Epoch 496/500
    120950/120950 [======================] - 11s - loss: 0.8135 - acc: 0.0080
    Epoch 497/500
    120950/120950 [======================] - 11s - loss: 0.8171 - acc: 0.0080
    Epoch 498/500
    120950/120950 [======================] - 11s - loss: 0.7870 - acc: 0.0080
    Epoch 499/500
    120950/120950 [======================] - 11s - loss: 0.7723 - acc: 0.0080
    Epoch 500/500
    120950/120950 [======================] - 11s - loss: 0.8174 - acc: 0.0080
    5650.88 s, 09:36:30 ,t0, 08:02:19
```

以上输出信息表示 500 轮迭代完成，共耗时 5650.88 秒。笔者使用的是 GTX1080 显卡，因为有 8GB 显存，所以每轮采用的是 512 大尺寸数据，以加快运行速度。

LSTM 模型的计算量很大，虽然本案例的模型是最简单的 LSTM 模型之一。在笔者的 GTX1080 工作站上运行，即使每次迭代都采用 512 大尺寸的 bat-size 输入规模以提高运算速度，单轮迭代也要耗时 11 秒，500 轮迭代大约需要运行 1.5 小时。

在 TensorBoard 程序中，对应的模型准确度（acc）曲线图如图 8-5 所示。

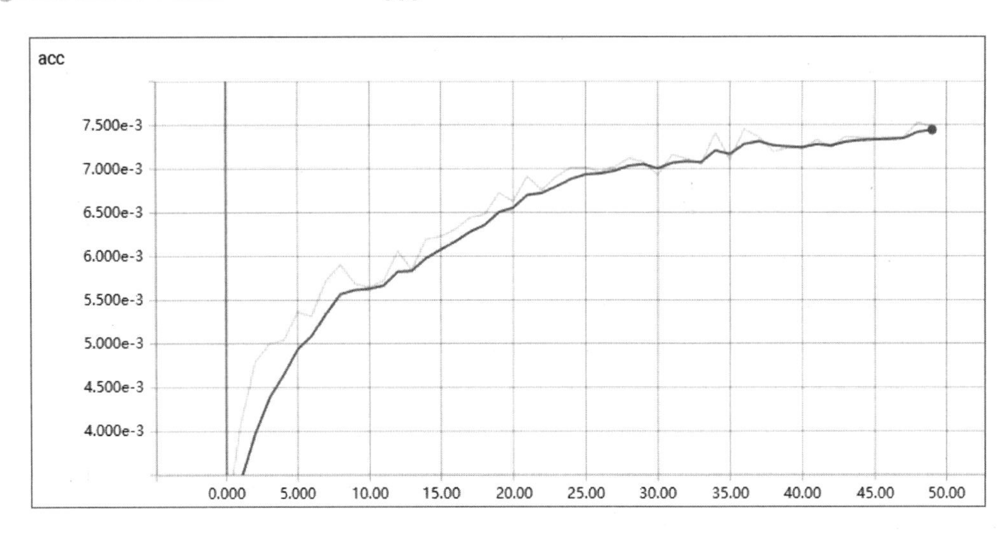

图 8-5　模型准确度（acc）曲线图

在 TensorBoard 程序中，对应的模型误差值（loss）曲线图如图 8-6 所示。

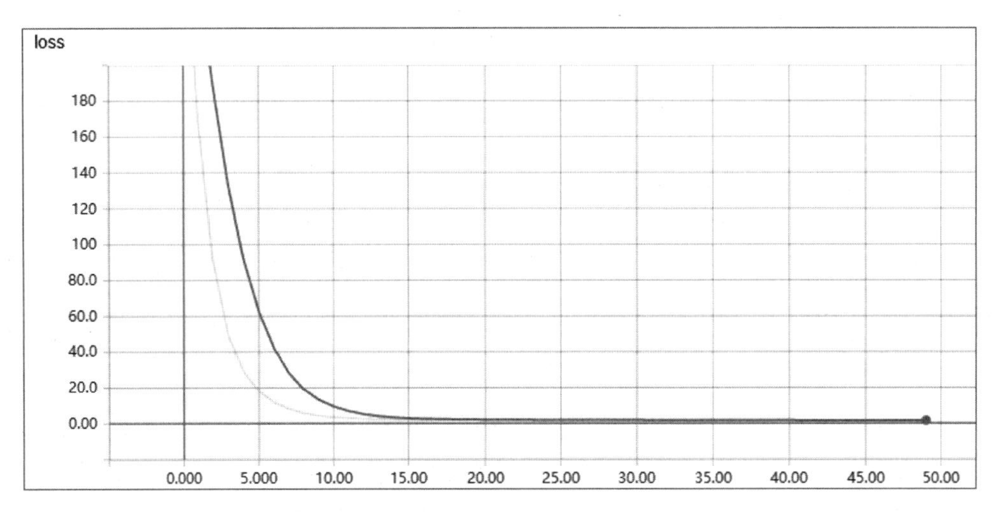

图 8-6　模型误差值（loss）曲线图

请注意，图 8-5 和图 8-6 所显示的曲线图，是我们只选择了 50 轮迭代的数据的结果，因为这样可以更容易看清模型开始时参数变化的细节。

在 TensorBoard 程序中，对应的 Graph 模型内部结构图如图 8-7 所示。

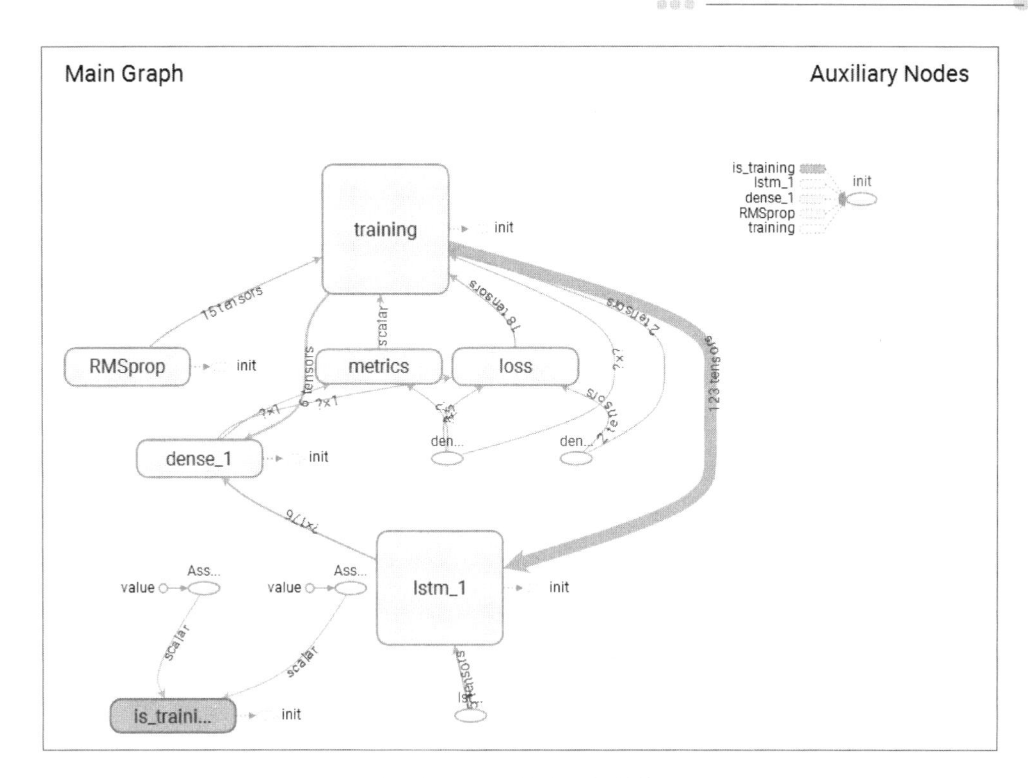

图 8-7 Graph 模型内部结构图

本案例使用的 LSTM 模型相对比较简单，在 TensorBoard 中模型的内部结构图也不是很复杂。

第 5 组代码如下：

```
#5 利用模型进行预测
print('\n#5 模型预测 ')
tn0=arrow.now()
y_pred = mx.predict(x_test)
tn=zt.timNSec('',tn0,True)
df_test['y_pred']=zdat.ds4x(y_pred,df_test.index,True)
df_test.to_csv('tmp/df_lstm010.csv',index=False)
```

利用训练好的模型，调用 predict 预测函数，根据测试数据集进行预测。

其对应的输出信息如下：

```
#5 模型预测
1.2 s, 09:36:31 ,t0, 09:36:30
```

整个测试数据集共有3000多组数据，一共用1.2秒运行完毕，是训练时间的五千分之一。这也说明，在实盘分析中，神经网络模型的训练和数据分析可以采用分离模式，以大幅度提高实盘分析速度。

第6组代码如下：

```
#6
print('\n#6 准确度分析')
print('\nky0=10')
df=df_test
dacc,dfx,a10=ztq.ai_acc_xed2ext(df.y,df.y_pred,ky0=10,fgDebug=True)
```

进行最简单的准确度分析，其对应的输出信息如下：

```
#6 准确度分析


ky0=10
n_df9,3070,n_dfk,2967
acc: 96.64%;  MSE:42.53, MAE:1.47,  RMSE:6.52, r2score:0.98, @ky0:10.00
```

在10%的误差宽容度情况下，准确度为96.64%。看起来，本案例中的LSTM模型还是不错的，但是具体如何，还有待下一个案例的数据分析。

案例8-2：LSTM价格预测模型评估

案例8-2文件名为kc802_lstm010df.py，本案例主要介绍如何对使用LSTM模型预测的股票价格数据进行分析评估。

下面我们对案例程序的主流程代码分组进行讲解。

第1组代码如下：

```
#1
print('\n#1,set.sys')
pd.set_option('display.width', 450)
pd.set_option('display.float_format', zt.xfloat3)
```

设置运行环境。

第 2 组代码如下：

```
#2
print('\n#2,读取数据')
fss='data/df_lstm010.csv'
df=pd.read_csv(fss)
zt.prx('df',df.tail())
```

读取预测的结果数据。我们将案例 8-1 的预测结果数据文件改名为 df_lstm010.csv，并保存在 data 数据目录中，便于大家学习。

如图 8-8 所示是第 2 组代码对应的部分输出信息。

y	price	price_next	price_change	y_pred
3.310	3.280	3.310	100.915	3.441
3.310	3.290	3.310	100.608	3.476
3.310	3.310	3.310	100.000	3.483
3.300	3.310	3.300	99.698	3.476
3.290	3.300	3.290	99.697	3.462

图 8-8 预测结果数据

第 3 组代码如下：

```
#3
print('\n#3 整理数据')
df2=df[df.y_pred>0]
zt.prx('df2',df2.tail())
print('\ndf.num,',len(df.index))
print('\ndf2.num,',len(df2.index))
```

整理数据，清除数值小于 0 的不合理数据。如图 8-9 所示是整理后的预测结果数据。

y	price	price_next	price_change	y_pred
3.310	3.280	3.310	100.915	3.441
3.310	3.290	3.310	100.608	3.476
3.310	3.310	3.310	100.000	3.483
3.300	3.310	3.300	99.698	3.476
3.290	3.300	3.290	99.697	3.462

图 8-9 整理后的预测结果数据

第 3 组代码的最后几行输出信息如下：

```
df.num, 3070
```

```
df2.num, 3070
```

以上输出信息表示整理前、后的数据数目，都是 3070 条，没有变化。这说明使用 lstm010 模型生成的预测数据全部是有效数据。

第 4 组代码如下：

```
#4
print('\n#4 准确度分析')
print('\nky0=10')
dacc,dfx,a10=ztq.ai_acc_xed2ext(df2.y,df2.y_pred,ky0=10,fgDebug=True)

print('\nky0=5')
dacc,dfx,a10=ztq.ai_acc_xed2ext(df2.y,df2.y_pred,ky0=5,fgDebug=True)
```

准确度（acc）分析，分别采用 10%和 5%的宽容度测试预测结果的准确度。其对应的输出信息如下：

```
#4 acc 准确度分析

ky0=10
n_df9,3070,n_dfk,2967
acc: 96.64%;  MSE:42.53, MAE:1.47,  RMSE:6.52, r2score:0.98, @ky0:10.00

ky0=5
n_df9,3070,n_dfk,1872
acc: 60.98%;  MSE:42.53, MAE:1.47,  RMSE:6.52, r2score:0.98, @ky0:5.00
```

由以上输出信息可以看出：

- 当宽容度 ky0 为 10%时，模型的准确度高达 96.64%。
- 当宽容度 ky0 为 5%时，模型的准确度为 60.98%。

前面我们说过，在进行金融数据量化分析时，因为实盘数据短期波动往往小于 10%，按 10%的误差宽容度，准确度为 96.64%，也只能作为参考。其实盘价值还不如使用 5%的宽容度，虽然宽容度为 5%时的准确度只有 60.98%。

在本案例中，因为时间关系，只经过了 500 轮迭代；而在实盘分析中，往往需要对神经网络模型进行上千轮、上万轮的迭代训练，不断优化数据。

第 5 组代码如下：

```
#5
```

```
print('\n#5 图形分析')
df2[['y','y_pred']].plot()
#
df3=df2[df2.y<100]
df3[['y','y_pred']].plot()

print('\nky0=5')
dacc,dfx,a10=ztq.ai_acc_xed2ext(df3.y,df3.y_pred,ky0=5,fgDebug=True)
```

采用图形模式，对比真实数据字段 y（next_price 字段的复制品）和预测数据字段 y_pred，绘制预测价格对比曲线图，如图 8-10 所示。

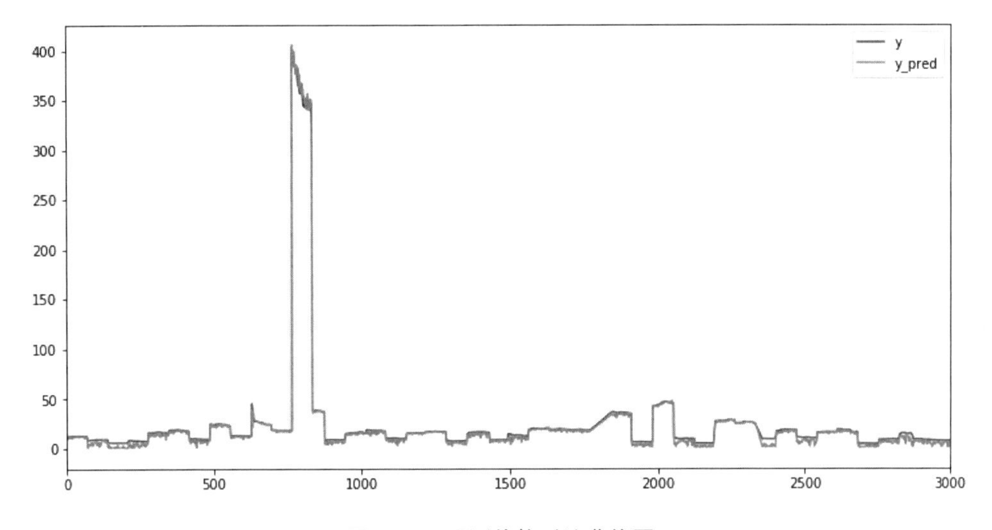

图 8-10　预测价格对比曲线图

在 8-10 中，因为大部分输入数据都在 100 以内，只有少数数据超过 100，为了强化对比效果，在程序中清理了部分大于 100 的数据。如图 8-11 所示是优化后的价格对比曲线图。

图 8-11 强化了真实数据与预测数据的误差对比。从对比中我们可以发现，在 lstm010 神经网络模型案例中，真实数据字段 y 和预测数据字段 y_pred 的曲线走势基本一致，两者之间的误差幅度并不是很大。

在第 5 组代码中，最后的代码还在清理数据后重新计算了准确度，其对应的输出信息如下：

```
#5 图形分析
ky0=5
n_df9,3000,n_dfk,1870
acc: 62.33%;  MSE:0.58, MAE:0.59,  RMSE:0.76, r2score:0.99, @ky0:5.00
```

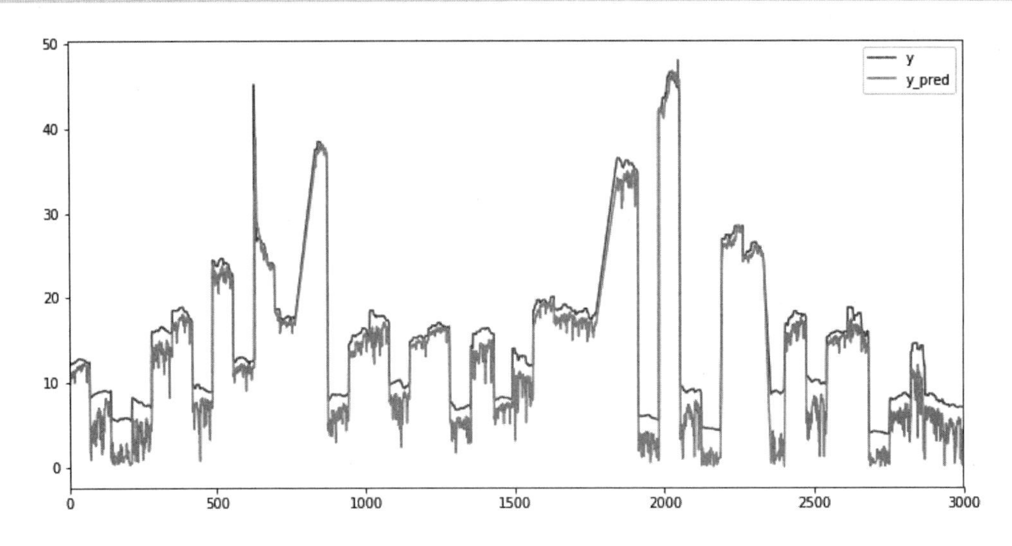

图 8-11　优化后的价格对比曲线图

清除大于 100 的预测数据后，在宽容度为 5%的情况下，准确度为 62.33%，比原来的 60.98%提高了 1.35%。

在实盘分析中，就是通过类似的手段，不断优化调整神经网络模型，以及对各种输入数据、输出数据进行优化和筛选的，以提高实盘操作的最终准确度。

8.1.2　趋势预测

趋势预测又称趋势分析，具体到金融股票领域，是指对未来市场价格的走向（上涨还是下跌）进行分析预测。

严格说来，趋势预测也是数值预测的一种，不过是把预测数据与当前数据进行了二次对比：

- 如果预测数据大于当前数据，就是上涨的。
- 如果预测数据等于当前数据，就是平稳的。

- 如果预测数据小于当前数据，就是下跌的。

对趋势预测数据的判断，不一定采用阈值 *k*，也可以是一个范围。例如，预测价格与当前价格的涨跌幅度为 5%，我们就认为是平稳的。所谓的涨跌幅度 5%，是指预测数据大于当前数据 5%，或者小于当前数据 5%。

案例 8-3：LSTM 股价趋势预测模型

前面我们说过，LSTM 模型不仅可以进行数值预测，也可以进行趋势预测。

案例 8-3 文件名为 kc803_lstm020typ.py，本案例主要介绍如何使用 LSTM 模型对未来几天股票的上涨、下跌趋势进行预测。

下面我们对案例程序的主流程代码分组进行讲解。

第 1 组代码如下：

```
#1
print('\n#1,set.sys')
pd.set_option('display.width', 450)
pd.set_option('display.float_format', zt.xfloat3)
rlog='/ailib/log_tmp'
if os.path.exists(rlog):tf.gfile.DeleteRecursively(rlog)
```

设置运行环境。注意：rlog 是 TensorBoard 神经网络可视化日志系统的 log 数据目录。

趋势预测需要对数据进行预处理。数据预处理部分比较烦琐，我们将第 2 组代码分为两组进行讲解。第 2.1 组代码如下：

```
#2.1
print('\n#2.1,读取数据')
rss,fsgn,ksgn='/ailib/TDS/','TDS2_sz50','avg'
xlst=zsys.TDS_xlst9
zt.prx('xlst',xlst)

#
df_train,df_test,x_train,y_train,x_test,
y_test=zdat.frd_TDS(rss,fsgn,ksgn,xlst)
#
```

```
    df_train,df_test,y_train,y_test=zdat.df_xed_xtyp2x(df_train,df_test,
'3',k0=99.5,k9=100.5)
    y_train,y_test=pd.get_dummies(df_train['y']).values,pd.get_dummies(df
_test['y']).values
    #
    typ_lst=y_train[0]
    num_in,num_out=len(xlst),len(typ_lst)
    print('\nnum_in,num_out:',num_in,num_out)
    #
    print('\ndf_test.tail()')
    print(df_test.tail())
    print('\nx_train.shape,',x_train.shape)
    print('\ntype(x_train),',type(x_train))
```

读取神经网络模型训练数据和测试数据，并调用 ztools_data 模块中的 df_xed_xtyp2 函数，把数据分为上涨、下跌、平稳 3 种类型。

第 2.1 组代码对应的输出信息如下：

```
    #2.1,读取数据
     xlst
    ['open', 'high', 'low', 'close', 'volume', 'avg', 'ma_2', 'ma_3', 'ma_5',
'ma_10', 'ma_15', 'ma_20', 'ma_25', 'ma_30', 'ma_50', 'ma_100', 'xyear',
'xmonth', 'xday', 'xday_week', 'xday_year', 'xweek_year']

    num_in,num_out: 22 3

    df_test.tail()
          open  high   low  close      volume   avg  ma_2  ma_3  ma_5
ma_10  ...    xmonth  xday  xday_week  xday_year  xweek_year     y  price
price_next  price_change  ktype
    3065 3.280 3.290 3.270  3.290  858158.000 3.280 3.280 3.280 3.280
3.310  ...         1     1          3          1           0 3.000  3.280
3.310       100.915      3
    3066 3.310 3.310 3.270  3.290 1654384.000 3.290 3.290 3.280 3.280
3.310  ...         1     1          3          1           0 3.000  3.290
3.310       100.608      3
    3067 3.320 3.320 3.300  3.310 1210668.000 3.310 3.300 3.290 3.290
3.300  ...         1     1          3          1           0 2.000  3.310
```

```
3.310      100.000      2
    3068 3.310 3.320 3.300  3.320  940023.000 3.310 3.310 3.310 3.290
3.300  ...        1     1        3        1         0 2.000  3.310
3.300       99.698      2
    3069 3.290 3.320 3.280  3.320 1136877.000 3.300 3.310 3.310 3.300
3.290  ...        1     1        3        1         0 2.000  3.300
3.290       99.697      2
    [5 rows x 27 columns]
    x_train.shape, (120950, 22)
    type(x_train), <class 'numpy.ndarray'>
```

第 2.2 组代码如下：

```
    #2.2
    print('\n#2.2,转换数据格式 shape')
    rxn,txn=x_train.shape[0],x_test.shape[0]
    x_train,x_test =
x_train.reshape(rxn,num_in,-1),x_test.reshape(txn,num_in,-1)
    print('\nx_train.shape,',x_train.shape)
    print('\ntype(x_train),',type(x_train))
```

转换数据格式 shape。因为 LSTM 模型的输入数据格式是三维数组，所以需要调用 NumPy 的 reshape 函数修改数据格式 shape。

其对应的输出信息如下：

```
    #2.2,转换数据格式 shape
    x_train.shape, (120950, 22, 1)
    type(x_train), <class 'numpy.ndarray'>
```

和第 2.1 组代码的最后几行输出信息对比，可以发现 x_train 训练数据集的格式，已经由二维数组变为三维数组。

第 3 组代码如下：

```
    #3
    print('\n#3,建立神经网络模型')
    mx=zks.lstm020typ(num_in,num_out)
    #
    mx.summary()
    plot_model(mx, to_file='tmp/lstm020.png')
```

调用 zai_keras 模块中的 lstm020typ 函数，根据预先设计的 LSTM 模型，生成对应的模型变量 mx，并输出相关的模型结构。

lstm020typ 函数代码如下：

```
    def lstm020typ(num_in=10,num_out=1):
        model = Sequential()
        #
        model.add(LSTM(num_in*8, return_sequences=True,input_shape=(num_in,
1)))
        model.add(Dropout(0.2))
        #
        model.add(LSTM(num_in*4))
        model.add(Dropout(0.2))
        #
        model.add(Dense(num_out, activation='softmax'))
        #
        model.compile(loss='categorical_crossentropy', optimizer='adam',
metrics=['acc'])
        #
        return model
```

lstm020typ 函数看起来略微复杂些，其实也只有几层结构。

在第 3 组代码中还调用了 summary 函数，采用文本模式生成模型结构。

```
    #3 建立神经网络模型

    _________________________________________________________________
    Layer (type)                 Output Shape              Param #
    =================================================================
    lstm_1 (LSTM)                 (None, 22, 176)           125312
    _________________________________________________________________
    dropout_1 (Dropout)            (None, 22, 176)            0
    _________________________________________________________________
    lstm_2 (LSTM)                 (None, 88)                93280
    _________________________________________________________________
    dropout_2 (Dropout)            (None, 88)                 0
    _________________________________________________________________
    dense_1 (Dense)                (None, 3)                 267
    =================================================================
```

```
Total params: 218,859
Trainable params: 218,859
Non-trainable params: 0
```

输出信息中的 num_out 数值是 3，这是因为结果数据分为 3 类，采用 One-Hot 格式，占据 3 个数据字段。

如图 8-12 所示是调用 plot_model 函数生成的 LSTM 模型结构图。

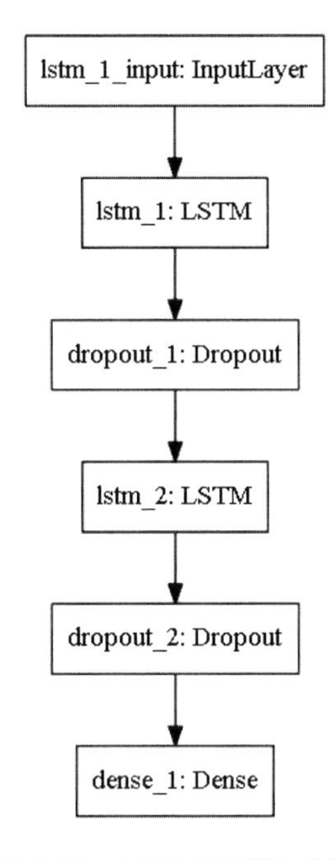

图 8-12　LSTM 模型结构图

第 4 组代码如下：

```
#4 模型训练
print('\n#4 模型训练')
tbCallBack = keras.callbacks.TensorBoard(log_dir=rlog,write_graph=True,
write_images=True)
tn0=arrow.now()
mx.fit(x_train, y_train, epochs=500,
batch_size=512,callbacks=[tbCallBack])
tn=zt.timNSec('',tn0,True)
mx.save('tmp/lstm020.dat')
```

调用 fit 训练函数，输入数据，对 mx 模型变量进行训练，同时采用 CallBack 回调模式，记录相关的 TensorBoard 日志数据。

在 TensorBoard 程序中，对应的模型准确度（acc）曲线图如图 8-13 所示。

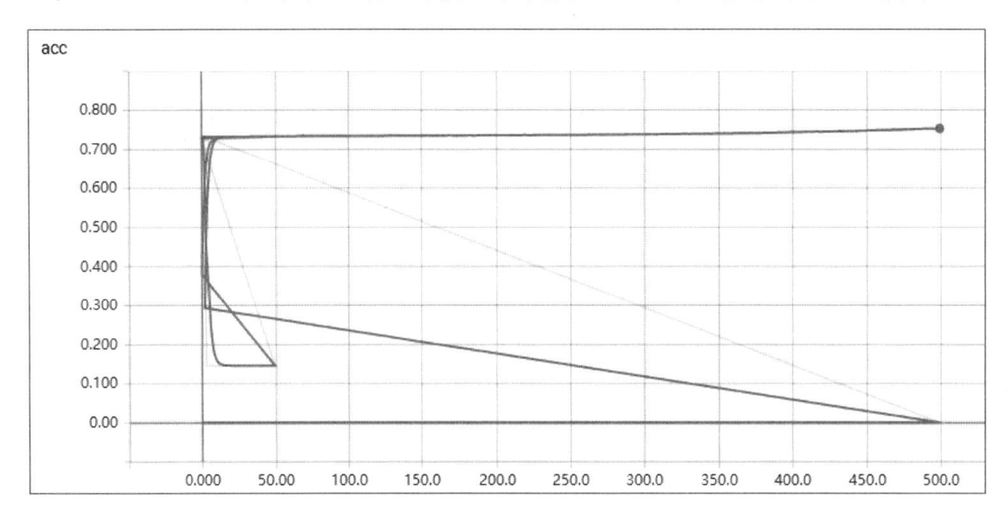

图 8-13　模型准确度（acc）曲线图

在 TensorBoard 程序中，对应的模型误差值（loss）曲线图如图 8-14 所示。

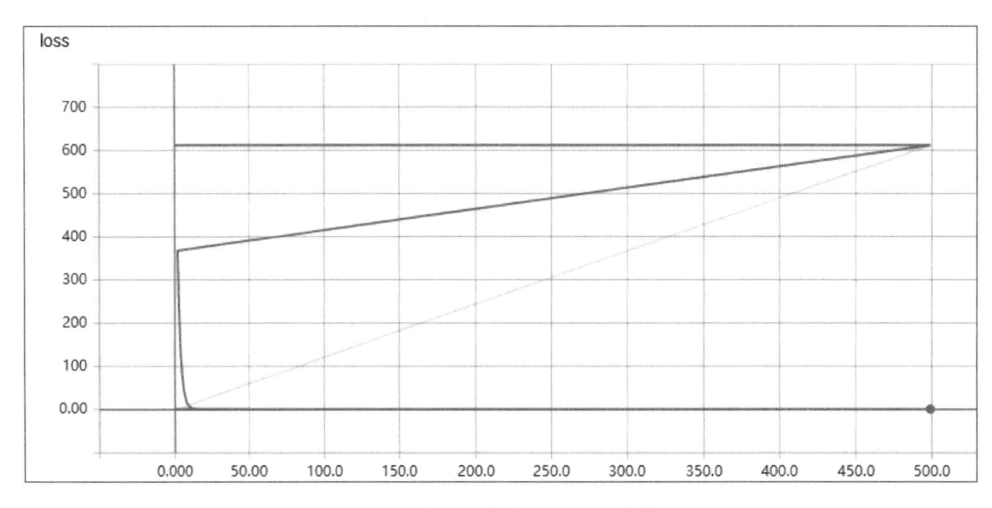

图 8-14　模型误差值（loss）曲线图

比较奇怪的是，图 8-13 和图 8-14 所示的并不是我们常见的波动曲线图，而是折线模式。笔者认为，这可能是由于 LSTM 模型在训练期间数据跳跃太大导致的。

不过这种说法存在争议，大家也可以自行研究。

在 TensorBoard 程序中，对应的 Graph 模型内部结构图如图 8-15 所示。

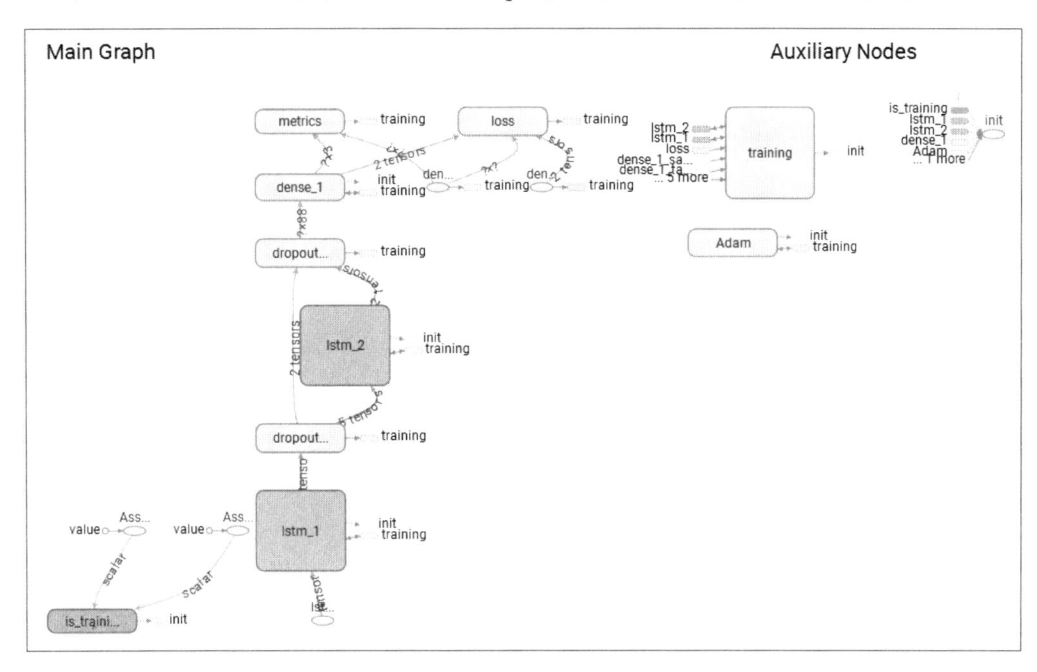

图 8-15　Graph 模型内部结构图

从图 8-5 可以看出，LSTM 模型还是比较简单的。不过，这里使用的是最简单的神经网络模型，实盘模型会相对复杂得多。

第 4 组代码，最后的输出信息如下：

```
Epoch 495/500
120950/120950 [========================] - 22s - loss: 0.6438 - acc: 0.7522
Epoch 496/500
120950/120950 [========================] - 22s - loss: 0.6426 - acc: 0.7526
Epoch 497/500
120950/120950 [========================] - 21s - loss: 0.6415 - acc: 0.7525
Epoch 498/500
120950/120950 [========================] - 22s - loss: 0.6402 - acc: 0.7533
Epoch 499/500
120950/120950 [========================] - 22s - loss: 0.6421 - acc: 0.7521
Epoch 500/500
```

```
120950/120950 [==============================] - 22s - loss: 0.6427 - acc: 0.7528
10970.28 s, 13:50:08 ,t0, 10:47:18
```

如上输出信息表示完成 500 轮迭代，共耗时 10970.28 秒，3 小时左右。笔者使用的是 GTX1080 显卡，因为有 8GB 显存，所以每轮采用的是 512 大尺寸数据，以加快运行速度。

第 5 组代码如下：

```
#5 利用模型进行预测
print('\n#5 模型预测 ')
tn0=arrow.now()
y_pred0 = mx.predict(x_test)
tn=zt.timNSec('',tn0,True)
y_pred=np.argmax(y_pred0, axis=1)+1
df_test['y_pred']=zdat.ds4x(y_pred,df_test.index,True)
df_test.to_csv('tmp/df_lstm020.csv',index=False)
```

利用训练好的模型，调用 predict 函数，根据测试数据集进行预测。

需要注意的是，趋势预测结果使用的是 One-Hot 格式，在应用时需要转换为原来的分类格式。在本案例中，使用如下代码进行转换。

```
y_pred=np.argmax(y_pred0, axis=1)+1
```

注意最后的+1 修正。One-Hot 使用的是 0 基数模式，如果不修正，则很容易出错。

第 5 组代码对应的输出信息如下：

```
#5 模型预测
2.51 s, 13:50:11 ,t0, 13:50:08
```

虽然 LSTM 模型的计算量很大，模型训练用了 3 小时左右，可是模型预测还是很快的，3000 组测试数据全部分析完毕，只用了 2.51 秒。

第 6 组代码如下：

```
#6
print('\n#6 准确度分析')
df=df_test
dacc,dfx,a10=ztq.ai_acc_xed2ext(df.y,df.y_pred,ky0=10,fgDebug=True)
```

对预测结果进行简单的准确度分析，其对应的输出信息如下：

```
#6 准确度分析
ky0,10; n_df9,3070,n_dfk,2026
acc: 65.99%;  MSE:0.63, MAE:0.44,  RMSE:0.80, r2score:-0.40, @ky0:10.00
```

以上输出信息表明，当宽容度为 10%时，模型的准确度为 65.99%。

案例 8-4：LSTM 趋势模型评估

案例 8-4 文件名为 kc804_lstm020df.py，本案例主要介绍如何对使用 LSTM 模型 2 预测的股票趋势数据进行分析评估。

下面我们对案例程序的主流程代码分组进行讲解。

第 1 组代码如下：

```
#1
print('\n#1,set.sys')
pd.set_option('display.width', 450)
pd.set_option('display.float_format', zt.xfloat3)
```

设置运行环境。

第 2 组代码如下：

```
#2
print('\n#2,读取数据')
fss='data/df_lstm020typ.csv'
df=pd.read_csv(fss)
zt.prx('df',df.tail())
```

读取预测结果数据。我们将案例 8-3 的预测结果数据文件改名为 df_lstm020typ.csv，并保存在 data 数据目录中，便于大家学习。

如图 8-16 所示是第 2 组代码读取的预测结果数据。

y	price	price_next	price_change	ktype	y_pred
3.000	3.280	3.310	100.915	3	3
3.000	3.290	3.310	100.608	3	3
2.000	3.310	3.310	100.000	2	3
2.000	3.310	3.300	99.698	2	3
2.000	3.300	3.290	99.697	2	3

图 8-16　预测结果数据

第 3 组代码如下：

```
#3
print('\n#3 整理数据')
df2=df[df.y_pred>0]
zt.prx('df2',df2.tail())
print('\ndf.num,',len(df.index))
print('\ndf2.num,',len(df2.index))
```

整理数据，清除数值小于 0 的不合理数据，如图 8-17 所示是整理后的预测结果数据。

y	price	price_next	price_change	ktype	y_pred
3.000	3.280	3.310	100.915	3	3
3.000	3.290	3.310	100.608	3	3
2.000	3.310	3.310	100.000	2	3
2.000	3.310	3.300	99.698	2	3
2.000	3.300	3.290	99.697	2	3

图 8-17　整理后的预测结果数据

第 3 组代码的最后两行输出信息如下：

```
df.num, 3070
df2.num, 3070
```

以上输出信息表示整理前、后的数据数目，都是 3070 条，没有变化。这说明使用 lstm010 模型生成的预测数据全部是有效数据。

第 4 组代码如下：

```
#4
print('\n#4 准确度分析')
print('\nky0=10')
dacc,dfx,a10=ztq.ai_acc_xed2ext(df2.y,df2.y_pred,ky0=10,fgDebug=True)

print('\nky0=5')
dacc,dfx,a10=ztq.ai_acc_xed2ext(df2.y,df2.y_pred,ky0=5,fgDebug=True)
```

准确度（acc）分析，分别采用 10%和 5%的宽容度测试预测结果的准确度。其对应的输出信息如下：

```
#4 acc 准确度分析
```

```
ky0=10; n_df9,3070,n_dfk,2026
acc: 65.99%;  MSE:0.63, MAE:0.44,  RMSE:0.80, r2score:-0.40, @ky0:10.00

ky0=5; n_df9,3070,n_dfk,2026
acc: 65.99%;  MSE:0.63, MAE:0.44,  RMSE:0.80, r2score:-0.40, @ky0:5.00
```

由以上输出信息可以看出，当宽容度 ky0 为 10%和 5%时，模型的准确度都为 65.99%。

第 5 组代码如下：

```
#5
print('\n#5 准确度分类分析')
df=df2
x1,x2=df['y'].value_counts(),df['y_pred'].value_counts()
zt.prx('x1',x1);zt.prx('x2',x2)
#
for xk in range(1,4):
    print('\nxk#,',xk)
    dfk=df[df.y_pred==xk]
    dacc,dfx,a10=ztq.ai_acc_xed2ext(dfk.y,dfk.y_pred,ky0=5,fgDebug=True)
```

对准确度进行分类分析，按照上涨、平稳、下跌 3 种类型模式分别计算模型的准确度。其对应的输出信息如下：

```
#5 准确度分类分析

 x1
3.000   2006
2.000    747
1.000    317
Name: y, dtype: int64

 x2
3   3034
1     28
2      8
Name: y_pred, dtype: int64
```

```
xk#, 1
ky0=5; n_df9,28,n_dfk,20
acc: 71.43%;  MSE:0.71, MAE:0.43,  RMSE:0.85, r2score:-0.35, @ky0:5.00

xk#, 2
ky0=5; n_df9,8,n_dfk,6
acc: 75.00%;  MSE:0.25, MAE:0.25,  RMSE:0.50, r2score:-0.33, @ky0:5.00

xk#, 3
ky0=5; n_df9,3034,n_dfk,2000
acc: 65.92%;  MSE:0.63, MAE:0.44,  RMSE:0.80, r2score:-0.44, @ky0:5.00
```

由以上输出信息可以看出，在宽容度 ky0=5 的前提下：

- 当 xk=3（上涨）时，模型的准确度为 65.92%，略低于平均准确度 65.99%。
- 当 xk=2（平稳）时，模型的准确度为 75.00%。
- 当 xk=1（下跌）时，模型的准确度为 71.43%。

虽然平稳、下跌类型模式的准确度都超过了 70%，比平均水平高，但是因为下跌类型模式的预测数据有 28 条，平稳类型模式的预测数据只有 8 条，数据量太小，没有实际应用价值。

模型整体的准确度还是以上涨类型模式为主，为 65.92%。

8.2　LSTM量化回溯分析

前面我们已经通过多个案例介绍了量化回溯的各个环节，以及神经网络模型的构建与收益，本章后面几节我们会介绍如何在量化回溯系统中使用神经网络模型，编写策略函数，并进行回溯分析。

为了全面掌握神经网络模型在量化回溯系统中的应用，首先我们会采用分解模式，通过几个案例介绍神经网络模型在量化回溯各个流程中的应用。

然后，我们再通过一个完整的案例，集中介绍在量化实盘分析中神经网络模型的使用。

在案例中使用的神经网络模型是 LSTM 模型。下面我们对 LSTM 模型进行一个简单的回顾。

量化回溯的基本流程如图 8-18 所示。

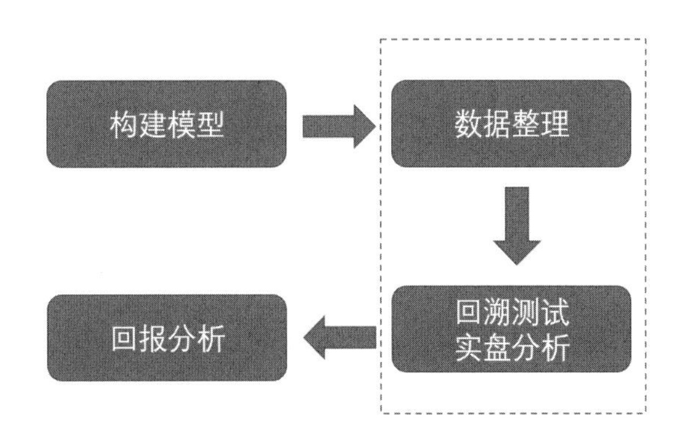

图 8-18　量化回溯的基本流程图

在图 8-18 中，右侧虚线框内的是主流程。大家可以看到，量化回溯的主流程很简单，就两个步骤。

- 数据整理：按算法模型的要求，准备输入数据。
- 回溯测试/实盘分析：如果是历史数据，就是回溯测试；如果是实时数据，就是实盘分析。

此外，还有两个辅助环节。

- 构建模型：在运行量化回溯分析流程之前，必须根据项目要求构建或者挑选对应的算法模型——神经网络模型。
- 回报分析：根据回溯测试/实盘分析的结果数据，计算各种投资回报指标。

8.2.1　构建模型

案例 8-5：构建模型

本章案例中使用的神经网络模型是 LSTM 模型，具体而言，在“构建模型”环节，我们使用的是 zai_keras.py 模块中的 lstm010 函数。

案例 8-5 文件名为 kc805_lstm_mx.py，本案例主要介绍在量化回溯系统中 LSTM 模型的构建方法。

下面我们对案例程序的主流程代码分组进行讲解。

第 1 组代码如下：

```
#1
print('\n#1,set.sys')
pd.set_option('display.width', 450)
pd.set_option('display.float_format', zt.xfloat3)
rlog='/ailib/log_tmp'
if os.path.exists(rlog):tf.gfile.DeleteRecursively(rlog)
```

设置运行环境。注意：rlog 是 TensorBoard 神经网络可视化日志系统的 log 数据目录。

使用 LSTM 模型，即使是进行数值预测，通常输入数据也采用三维数组格式，需要对数据进行预处理。数据预处理部分比较烦琐，我们将第 2 组代码分为两个小组进行讲解，其中第 2.1 组代码如下：

```
#2.1
print('\n#2.1,读取数据')
rss,fsgn,ksgn='/ailib/TDS/','TDS2_zz500','avg'
xlst=zsys.TDS_xlst9
zt.prx('xlst',xlst)
num_in,num_out=len(xlst),1
print('\nnum_in,num_out:',num_in,num_out)

#
df_train,df_test,x_train,y_train,x_test,
y_test=zdat.frd_TDS(rss,fsgn,ksgn,xlst)
print('\ndf_test.tail()')
print(df_test.tail())
print('\nx_train.shape,',x_train.shape)
print('\ntype(x_train),',type(x_train))
```

读取神经网络训练数据集和测试数据集，本案例中使用的是 2.0 版本的 TDS 金融数据集。

因为是正式进行回溯测试，所以建模使用的是 TDS 金融数据集中规模最大的 zz500（中证 500）数据集。将 zz500 中 2017 年 1 月以前的所有股票数据作为训练数据，将 2017 年 1—9 月的数据作为测试数据，这样从时间上避免了训练数据和测试数据的交叉干扰。

虽然案例中的 LSTM 模型非常简单，但是训练数据规模较大，对于初学者和中小团队而言，可以在项目初期将其作为辅助模型使用。

以下是部分输出信息：

```
#2.1,读取数据
 xlst
['open', 'high', 'low', 'close', 'volume', 'avg', 'ma_2', 'ma_3', 'ma_5', 'ma_10', 'ma_15', 'ma_20', 'ma_25', 'ma_30', 'ma_50', 'ma_100', 'xyear', 'xmonth', 'xday', 'xday_week', 'xday_year', 'xweek_year']
num_in,num_out: 22 1

x_train.shape, (120950, 22)
type(x_train), <class 'numpy.ndarray'>
```

xlst 表示神经网络模型输入数据使用的字段；num_in、num_out 分别表示神经网络模型输入数据、输出数据字段数目；x_train.shape 表示训练数据集的数据格式，即 NumPy 的二维数组。

第 2.1 组代码对应的部分输出信息如图 8-19 所示。

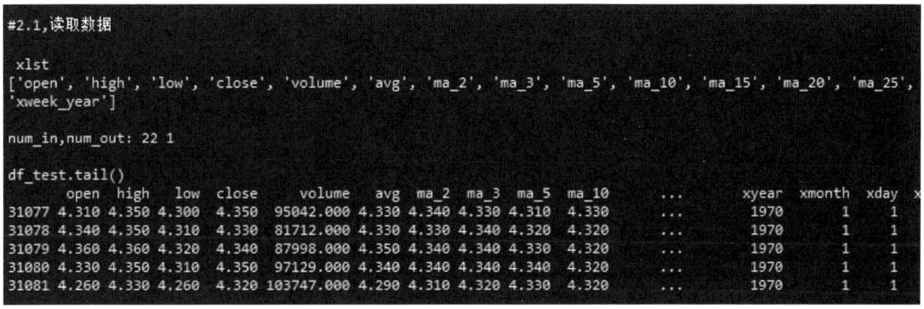

```
#2.1,读取数据

 xlst
['open', 'high', 'low', 'close', 'volume', 'avg', 'ma_2', 'ma_3', 'ma_5', 'ma_10', 'ma_15', 'ma_20', 'ma_25',
'xweek_year']

num_in,num_out: 22 1

df_test.tail()
       open  high   low  close     volume   avg  ma_2  ma_3  ma_5  ma_10      ...      xyear  xmonth  xday  x
31077 4.310 4.350 4.300  4.350  95042.000 4.330 4.340 4.330 4.310  4.330      ...       1970       1     1
31078 4.340 4.350 4.310  4.330  81712.000 4.330 4.330 4.340 4.320  4.320      ...       1970       1     1
31079 4.360 4.360 4.320  4.340  87998.000 4.350 4.340 4.350 4.330  4.320      ...       1970       1     1
31080 4.330 4.350 4.310  4.350  97129.000 4.340 4.340 4.340 4.340  4.320      ...       1970       1     1
31081 4.260 4.330 4.260  4.320 103747.000 4.290 4.310 4.320 4.330  4.320      ...       1970       1     1
```

图 8-19　TDS 金融数据集

第 2.2 组代码如下：

```
#2.2
print('\n#2.2,转换数据格式 shape')
rxn,txn=x_train.shape[0],x_test.shape[0]
x_train,x_test = 
x_train.reshape(rxn,num_in,-1),x_test.reshape(txn,num_in,-1)
print('\nx_train.shape,',x_train.shape)
print('\ntype(x_train),',type(x_train))
```

转换数据格式 shape。因为 LSTM 模型的输入数据格式是三维数组，所以需要调用 NumPy 的 reshape 函数，修改数据格式 shape。

其对应的输出信息如下：

```
#2.2,转换数据格式 shape
x_train.shape, (1547279, 22, 1)
```

和第 2.1 组代码的最后几行输出信息对比，可以发现 x_train 训练数据集的格式已经由二维数组变为三维数组。整个训练数据集共有大约 154.7 万条数据。

第 3 组代码如下：

```
#3
print('\n#3,model 建立神经网络模型')
mx=zks.lstm010(num_in,num_out)
#
mx.summary()
plot_model(mx, to_file='tmp/lstm010mx.png')
```

调用 zai_keras 模块中的 lstm010 函数，根据预先设计的 LSTM 模型，生成对应的模型变量 mx，并输出相关的模型结构。

lstm010 函数代码如下：

```
def lstm010(num_in,num_out=1):
    model = Sequential()
    #
    model.add(LSTM(num_in*8, input_shape=(num_in,1)))
    model.add(layers.Dense(1))
    #
    model.compile(loss='mse',optimizer='rmsprop', metrics=['accuracy' ])
    #
    return model
```

lstm010 函数很简单，只有几行代码，请大家自己研究。

在第 3 组代码中，还调用了 summary 函数，采用文本模式生成模型结构。

```
#3,model 建立神经网络模型

_________________________________________________________________
Layer (type)                 Output Shape              Param #
=================================================================
```

```
lstm_1 (LSTM)                (None, 176)              125312
_________________________________________________________________
dense_1 (Dense)              (None, 1)                177
=================================================================
Total params: 125,489
Trainable params: 125,489
Non-trainable params: 0
```

如图 8-20 所示是调用 plot_model 函数生成的 LSTM 模型结构图。

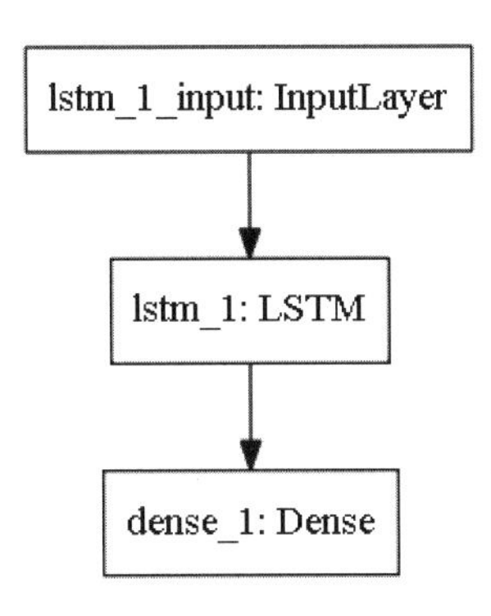

图 8-20　LSTM 模型结构图

第 4 组代码如下：

```
#4 模型训练
print('\n#4 模型训练')
tbCallBack = keras.callbacks.TensorBoard(log_dir=rlog,write_graph=True,
write_images=True)
tn0=arrow.now()
mx.fit(x_train, y_train, epochs=2000, batch_size=512 * 24,callbacks=[tbCallBack])
tn=zt.timNSec('',tn0,True)
mx.save('tmp/lstm010mx.dat')
```

调用 fit 训练函数，输入数据，对 mx 模型变量进行训练，同时采用 CallBack 回调模式，记录相关的 TensorBoard 日志数据。

第 4 组代码最后的输出信息如下：

```
Epoch 1995/2000
1547279/1547279 [==============================] - 40s - loss: 0.2323 - acc: 0.0087
Epoch 1996/2000
```

```
1547279/1547279 [====================] - 40s - loss: 0.2312 - acc: 0.0087
Epoch 1997/2000
1547279/1547279 [====================] - 40s - loss: 0.2310 - acc: 0.0087
Epoch 1998/2000
1547279/1547279 [====================] - 40s - loss: 0.2317 - acc: 0.0087
Epoch 1999/2000
1547279/1547279 [====================] - 40s - loss: 0.2305 - acc: 0.0087
Epoch 2000/2000
1547279/1547279 [====================] - 40s - loss: 0.2333 - acc: 0.0087
80613.29 s, t0, 09:30:50
```

以上输出信息表示每轮迭代需要耗时 40 秒，2000 轮迭代共耗时约 22 小时。笔者使用的是 GTX1080 显卡，因为有 8GB 显存，所以每轮采用的是 512×24 超大尺寸数据，是以往案例 512 数据尺寸的 24 倍，以加快运行速度。

如果大家使用小显存的 GPU 显卡，则可能会出现 GPU 内存不足的错误。大家可以减少 batch_size 单轮迭代输入数据的尺寸，同时降低迭代轮数，以减少模型训练时间，但最终模型的测试精度可能会有所降低。

在 TensorBoard 程序中，对应的模型准确度（acc）曲线图如图 8-21 所示。

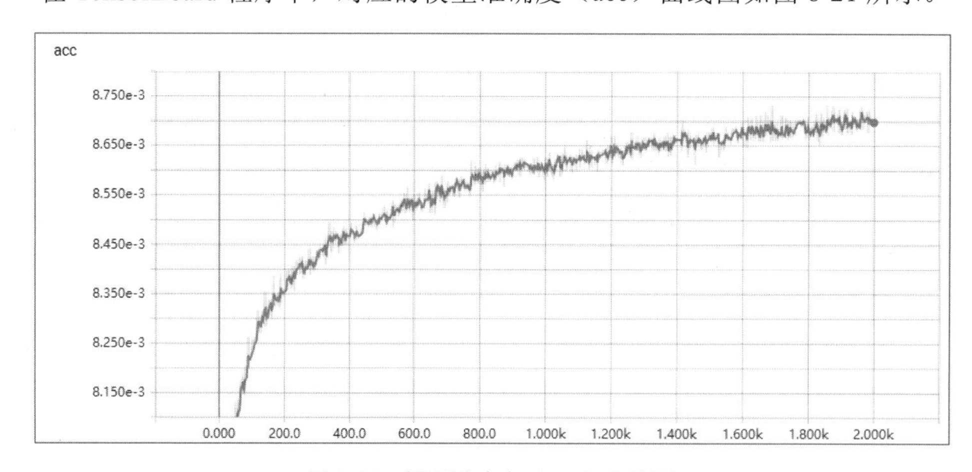

图 8-21 模型准确度（acc）曲线图

在 TensorBoard 程序中，对应的模型误差值（loss）曲线图如图 8-22 所示。

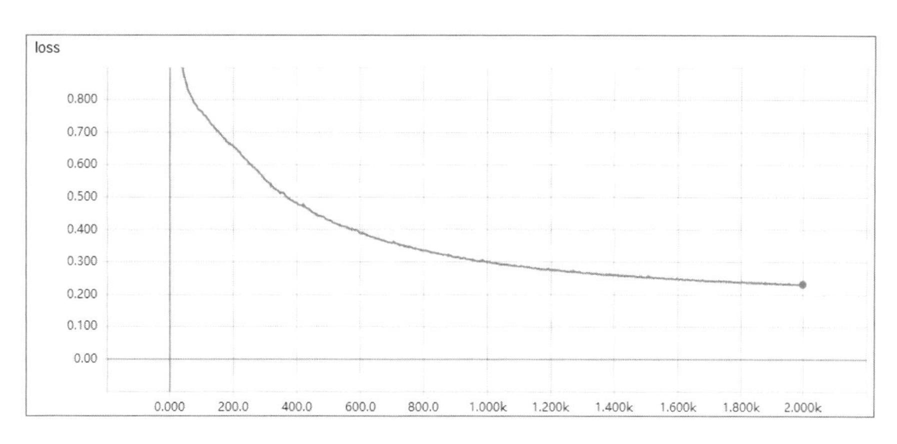

图 8-22　模型误差值（loss）曲线图

请注意，图 8-21 和图 8-22 显示的分别是 2000 轮迭代的 acc、loss 数据。大家可以发现曲线非常平滑，随着迭代轮数的增加，数据在不断收敛。而且在 2000 轮迭代训练结束时，数据没有明显的波动，曲线非常稳定。这说明还可以进一步增加迭代训练轮数，以提高模型的精度。

在 TensorBoard 程序中，对应的 Graph 模型内部结构图如图 8-23 所示。

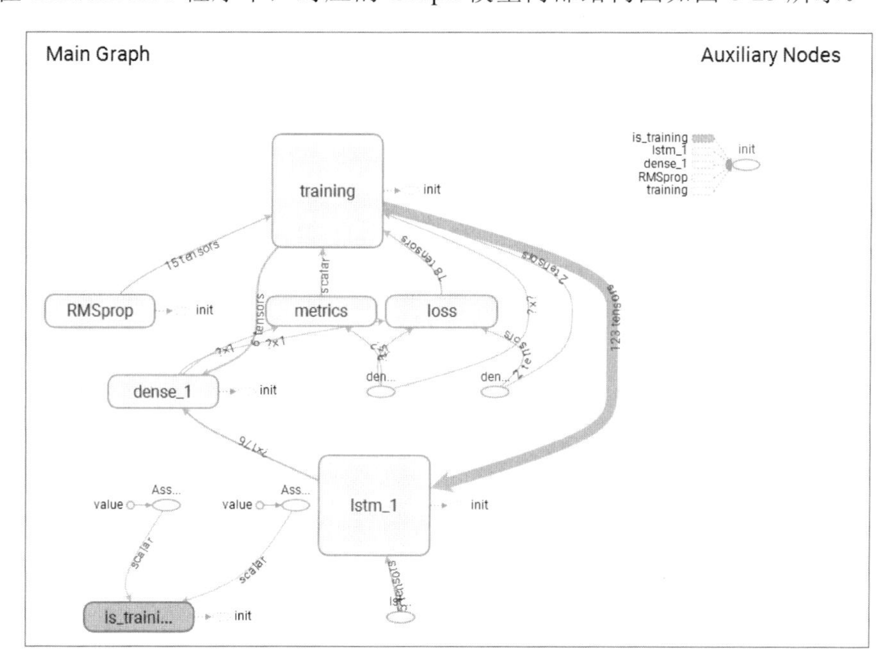

图 8-23　Graph 模型内部结构图

本案例采用的 LSTM 模型相对比较简单，在 TensorBoard 中模型的内部结构也不是很复杂。

图 8-23 看起来简单，是因为 TensorBoard 对有关模块进行了大量封装。其实，其中的每一个节点都非常复杂。如图 8-24 所示是图 8-23 正中位置 lstm 节点的展开图，大家可以双击节点上面的“+”（加号），展开该节点。

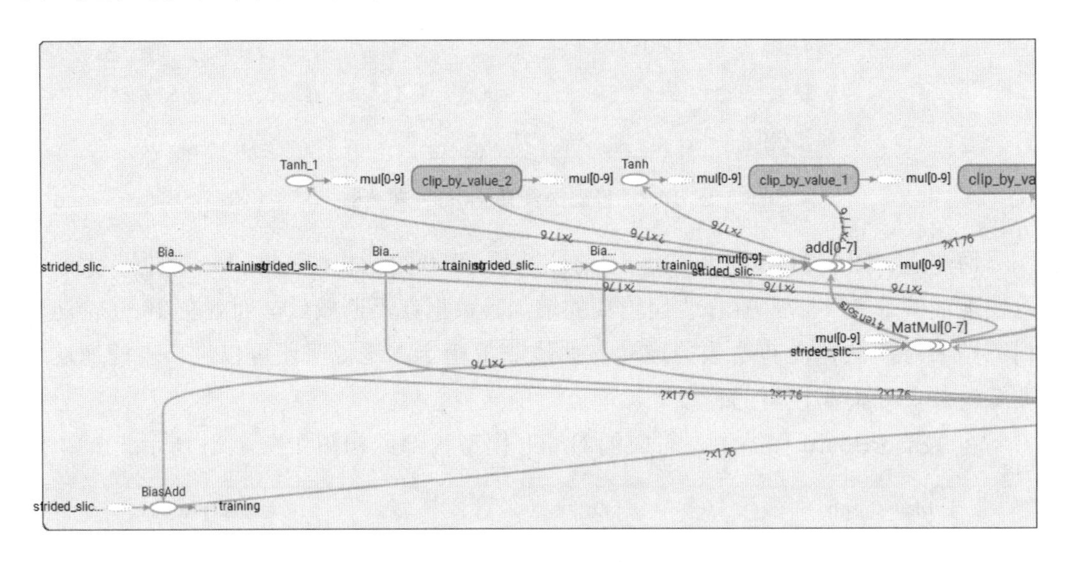

图 8-24 lstm 节点展开图

从图 8-24 右下角的缩小的全局窗口图中可以看出，该展开图还只是 lstm 节点的三分之一局部结构图。由此可见，即使是最简单的神经网络模型，其内部结构也是非常复杂的。

第 5 组代码如下：

```
#5 利用模型进行预测
print('\n#5 模型预测 ')
tn0=arrow.now()
y_pred = mx.predict(x_test)
tn=zt.timNSec('',tn0,True)
df_test['y_pred']=zdat.ds4x(y_pred,df_test.index,True)
df_test.to_csv('tmp/df_lstm010mx.csv',index=False)
```

利用训练好的模型，调用 predict 函数，根据测试数据集进行预测。

其对应的输出信息如下：

```
#5 模型预测
12.88 s, 07:54:36 ,t0, 07:54:23
```

整个测试数据集共有 3 万多组数据，一共用时 12.88 秒运行完毕，是训练时间的几千分之一。这也说明，在实盘分析中，神经网络模型的训练和数据分析可以采用分离模式，以大幅度提高实盘分析速度。

第 6 组代码如下：

```
#6
print('\n#6 准确度分析')
print('\nky0=10')
df=df_test
dacc,dfx,a10=ztq.ai_acc_xed2ext(df.y,df.y_pred,ky0=10,fgDebug=True)
```

进行最简单的准确度分析，其对应的输出信息如下：

```
#6 准确度分析
ky0=10
ky0=10; n_df9,31082,n_dfk,30534
acc: 98.24%;  MSE:0.60, MAE:0.43,  RMSE:0.78, r2score:0.99, @ky0:10.00
```

在误差宽容度为 10%的情况下，模型的准确度为 98.24%。看起来，案例中的 LSTM 模型还是不错的，但是具体如何，还有待进行量化回溯测试数据分析。

8.2.2 数据整理

百度百科“数据整理”词条的定义如下：

对于 TensorFlow 神经网络模型而言，数据整理类似于升级版本的数据清理，不仅要清理缺失、凸点等无效数据，还需要按照神经网络模型的要求，对所使用的数据进行格式转换，以便神经网络模型输入和调用数据。

案例 8-6：数据整理

案例 8-6 文件名为 kc806_lsmt_dpre.py，本案例主要介绍在 LSTM 模型量化回溯分析案例中关于数据整理的相关操作。下面我们分组进行讲解。

第 1 组代码如下：

```
#1 预处理
pd.set_option('display.width', 450)
pd.set_option('display.float_format', zt.xfloat3)
pyplt=py.offline.plot
```

预处理，设置运行环境参数。

第 2 组代码如下：

```
#2 set data
print('\n#2,set data')
inxLst=['000001']
codLst=['000001','002046','600663','000792','600029','000800']
tim0Str,tim9Str='2017-01-01','2017-09-30'
rs0=zsys.rdatCN0        #'/zDat/cn/'
prjNam,ksgn='LSTM9','avg'
ftg0='tmp/'+prjNam
print('rs0,',rs0)
```

设置基本参数，主要用于回溯初始化函数 bt_init。

其中：

- inxLst——大盘参数代码；codLst——股票池参数代码。它们都支持多组数据。
- tim0Str、tim9Str——回溯测试的起始和结束时间。
- rs0——数据文件所在的主目录。
- prjNam——回溯项目名称。
- ksgn——回溯价格参数字段名称。本案例中使用的是 avg 均值模式，与一般的 close（收盘价）有所不同。
- ftg0——回溯程序参数保存文件名的前缀。

1. 初始化回溯变量

第 3 组代码如下：

```
#3 init.qx
print('\n#3,init.qx')
```

```
qx=zbt.bt_init(rs0,codLst,inxLst,tim0Str,tim9Str,ksgn,prjNam)
ztq.tq_prVar(qx)
```

根据所设置的参数，初始化回溯测试的全局变量 qx。

TopQuant 极宽智能量化系统采用的是单变量模式，这样便于简化维护系统各个模块之间的接口，通常只需传递一个参数变量 qx 即可。

但缺点是，qx 是一个宏变量，保存了完整的股票池数据，内存占用很大，而且需要一个额外的 class（类）定义。

qx 变量的初始化，其实是集成在 ztools_tq 模块的 tq_init 函数中的。

在 ztools_bt 极宽回溯模块的 bt_init 函数内部调用了 tq_init 函数，生成 qx 变量。

运行 bt_init 函数，会生成以下信息：

```
#3,init.qx
tq_init name...
tq_init pools...

clst: ['000001', '002046', '600663', '000792', '600029', '000800']
1 / 6 /zDat/cn/day/000001.csv
2 / 6 /zDat/cn/day/002046.csv
3 / 6 /zDat/cn/day/600663.csv
4 / 6 /zDat/cn/day/000792.csv
5 / 6 /zDat/cn/day/600029.csv
6 / 6 /zDat/cn/day/000800.csv
clst: ['000001']
1 / 1 /zDat/cn/xday/000001.csv
tq_init work data...
```

以上信息表示根据股票池中的股票代码，逐一加载数据。为了提高计算性能，笔者采用了全内存计算模式，尽量把所有数据一次性加载到内存中。

第 3 组代码运行结束后，调用 tq_prVar 函数，输出 qx 变量所保存的主要数据。

```
ztq.tq_prVar(qx)
```

如图 8-25 所示是 qx 变量所保存的内部数据信息（部分）。

```
wrkStkCod        = 000800
wrkStkDat        = ......
wrkStkInfo       = ......
wrkStkNum        = 0
wrkTim           = None
wrkTimFmt        = YYYY-MM-DD
wrkTimStr        =

zsys.xxx
    rdat0, /zDat/
    rdatCN, /zDat/cn/day/
    rdatCNX, /zDat/cn/xday/
    rdatInx, /zDat/inx/
    rdatMin0, /zDat/min/
    rdatTick, /zDat/tick/

code list: ['000001', '002046', '600663', '000792', '600029', '000800']
 inx list: ['000001']

 stk info
       code  name        ename  id industry  id_industry area  id_area
1046  000001  平安银行  PAYH_000001   1       银行           25   深圳      264

 inx info
     code        ename  id  name        tim0
0  000001  SZZS_000001   0  上证指数  1994-01-01

 wrkStkDat
              open   high    low  close     volume    avg  dprice  dpricek        xtim  xyear
date
2017-10-10 14.850 14.880 14.300 14.500 613271.000 14.632  14.632   14.245  2017-10-10   2017
2017-10-11 14.460 14.610 13.790 14.120 605175.000 14.245  14.245   14.038  2017-10-11   2017
2017-10-12 14.230 14.240 13.680 14.000 399962.000 14.038  14.038   13.925  2017-10-12   2017
2017-10-13 13.930 14.030 13.770 13.970 260488.000 13.925  13.925   13.480  2017-10-13   2017
2017-10-16 13.860 13.970 13.030 13.060 587551.000 13.480  13.480      nan  2017-10-16   2017
```

图 8-25　qx 变量所保存的内部数据信息（部分）

2. 设置量化策略函数

第 4 组代码如下：

```
#4 set.BT.var
print('\n#4,set.BT.var')
qx.preFun=zsta.lstm010_dpre
qx.preVars=[10]
qx.staFun=zsta.lstm010
qx.staVars=[1.0,1.2]
```

设置量化策略函数。其中：

- qx.preFun——量化分析数据预处理函数，本案例中使用的是 lstm010_dpre 预处理函数。
- qx.preVars——预处理函数的参数变量列表。
- qx.staFun——量化分析策略函数，本案例中使用的是 lstm010 策略函数。

- qx.staVars=[1.0,1.2]——策略函数的参数变量列表。

在 TopQuant 极宽智能量化系统中，策略函数采用的是独创的“1+1”组合函数模式，即一个数据预处理函数 dataPre 和一个策略函数 sta。

这样可以简化策略函数设计，同时充分利用 Pandas、NumPy 等的矢量化高速运算函数，提高量化分析的整体性能。

通常有关的策略函数都保存在 ztools_sta 策略模块中。本案例为了便于大家掌握回溯流程，在策略函数中没有使用神经网络模型，只是普通的均值策略。有关神经网络模型在策略函数中的应用，我们在第 9 章中进行介绍。

在策略函数中，由于各种策略的要求不同，dataPre 和 sta 函数所需的参数形式、数量也有所不同。因此，我们采用了 List 动态列表格式，这样可以灵活地传递各种不同形式、不同数量的变量。

3. 数据预处理

第 5 组代码如下：

```
#5 set.bT.var
print('\n#5,call::qx.preFun')
ztq.tq_pools_call(qx,qx.preFun)
```

以上代码很简单，核心部分只有一行代码，即通过股票池主调用函数 tq_pools_call，根据股票代码调用数据预处理函数 preFun，对相关数据进行处理。

4. LSTM 模型的存取

第 6 组代码主要用于读取在案例 8-1 中经过训练的 LSTM 模型，并与 qx 变量一起保存。

我们将第 6 组代码分为两个小组进行讲解，其中第 6.1 组代码如下：

```
#6.1 load_model
print('\n#6.1,load_model')
mx=load_model('data/bt_lstm010mx2k.dat') ###
qx.aiModel['lstm010']=mx
#
mx.summary()
plot_model(mx, to_file='tmp/lstm010bt.png')
```

读取神经网络模型数据。本案例中加载的 LSTM 模型，是在案例 8-1 中生成的模型，它已经预先保存在 data/bt_lstm010mx2k.dat 文件中。

在 TopQuant 极宽智能量化系统中，支持在回溯测试中使用多种神经网络模型，模型文件采用字典模式，可以保存不同的模型数据。

```
qx.aiModel['lstm010']=mx
```

本案例只使用了 LSTM 模型。

读取模型数据后，生成模型结构图，如图 8-26 所示。

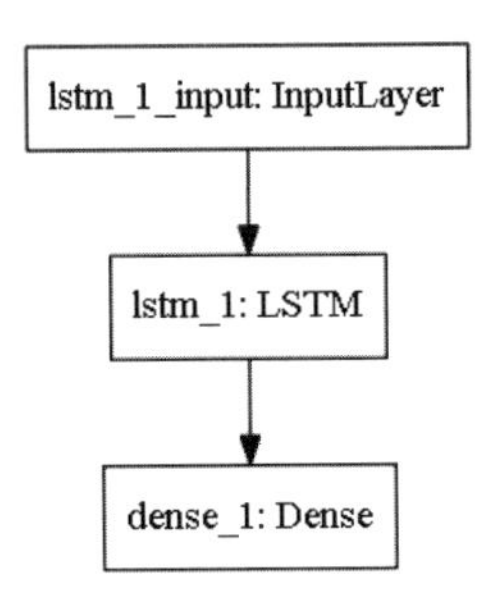

图 8-26　模型结构图

以下是采用文本模式生成的模型结构。

```
#6,load_model
_________________________________________________________________
Layer (type)                 Output Shape              Param #
=================================================================
lstm_1 (LSTM)                (None, 176)               125312
_________________________________________________________________
dense_1 (Dense)              (None, 1)                 177
=================================================================
Total params: 125,489
Trainable params: 125,489
```

第 6.2 组代码如下：

```
#6.2 var&model.wr
print('\n#6.2 var&model.wr')
fmx0='tmp/TM_';ztq.ai_varWr(qx,fmx0)
qx=ztq.ai_varRd(fmx0);
```

保存 qx 变量参数和量化分析中使用的神经网络模型。因为 qx 变量中的神经网络模型需要单独保存，所以没有使用简单的变量保存函数 f_varWr，而是使用了更加专业的智能模型保存函数 ai_varWr。

ai_varWr 函数的输入参数是文件名前缀，运行后会保存多个数据文件。其中：

- 以 pkl 为后缀的是变量数据文件，在本案例中是 tmp/TM_tqvar.pkl。
- 以 mx 为后缀的是模型数据文件，在本案例中是 tmp/TM_lstm010.mx。

本案例因为只使用了 LSTM 一种神经网络模型，所以只有一个模型数据文件。

5. 数据曲线

第 7 组和第 8 组代码都属于额外程序，主要用于查看内部数据，绘制相关的价格曲线图。通常，为了提高效率，在量化回溯程序流程中往往省略了这些代码，只有在调试、构建模型阶段才使用。

我们将第 7 组代码分为多个小组进行讲解，其中第 7.1 组代码如下：

```
#7 chk.dat
print('\n7.1 tq_pools_chk')
ztq.tq_pools_call(qx,ztq.tq_pools_chk)
```

通过股票池主调用函数 tq_pools_call，调用股票池数据查看程序 tq_pools_chk，循环检查相关的股票池交易数据。如图 8-27 所示是其中的部分输出信息。

```
7.1 tq_pools_chk

@tq_pools_chk,xcode 000001
             open   high    low  close      volume    avg  dprice  dpricek        xtim  xyear     ...      ma_10  ma_1
date                                                                                              ...
2017-10-10 11.330 11.500 11.330 11.470  747925.000 11.407  11.407   11.483  2017-10-10   2017     ...     11.223 11.25
2017-10-11 11.480 11.580 11.340 11.530  658077.000 11.483  11.483   11.535  2017-10-11   2017     ...     11.250 11.25
2017-10-12 11.540 11.580 11.470 11.550  578065.000 11.535  11.535   11.433  2017-10-12   2017     ...     11.268 11.26
2017-10-13 11.560 11.560 11.250 11.360  737375.000 11.433  11.433   11.460  2017-10-13   2017     ...     11.269 11.27
2017-10-16 11.360 11.600 11.290 11.590 1036250.000 11.460  11.460      nan  2017-10-16   2017     ...     11.281 11.29

[5 rows x 28 columns]

@tq_pools_chk,xcode 002046
             open   high    low  close    volume    avg  dprice  dpricek        xtim  xyear     ...      ma_10  ma_15
date                                                                                            ...
2017-10-10 10.430 10.590 10.390 10.590 32138.000 10.500  10.500   10.552  2017-10-10   2017     ...     10.508 10.484
2017-10-11 10.610 10.650 10.440 10.510 32601.000 10.552  10.552   10.442  2017-10-11   2017     ...     10.519 10.496
2017-10-12 10.450 10.500 10.360 10.460 35469.000 10.442  10.442   10.592  2017-10-12   2017     ...     10.496 10.503
2017-10-13 10.500 10.770 10.500 10.600 61791.000 10.592  10.592   10.418  2017-10-13   2017     ...     10.474 10.516
2017-10-16 10.530 10.580 10.270 10.290 36544.000 10.418  10.418      nan  2017-10-16   2017     ...     10.449 10.504

[5 rows x 28 columns]

@tq_pools_chk,xcode 600663
             open   high    low  close    volume    avg  dprice  dpricek        xtim  xyear     ...      ma_10  ma_15
```

图 8-27　股票池内部检查信息（部分）

第 7.2、7.3 组代码如下：

```
print('\n#7.2,plot inx -->tmp/tmp_.html')
xinx,df=qx.wrkInxCod,qx.wrkInxDat
hdr,fss='K 线图-inx '+xinx,'tmp/tmp_'+xinx+'.html'
df2=df.tail(100)
zdr.drDF_cdl(df2,ftg=fss,m_title=hdr)

print('\n#7.3,plot stk-->tmp/tmp_.html')
xcod,df=qx.wrkStkCod,qx.wrkStkDat
hdr,fss='K 线图-stk '+xcod,'tmp/tmp_'+xcod+'.html'
df2=df.tail(100)
zdr.drDF_cdl(df2,ftg=fss,m_title=hdr)
```

调用集成的 Plotly 函数，绘制大盘指数 K 线图和股票数据 K 线图，分别如图 8-28 和图 8-29 所示。

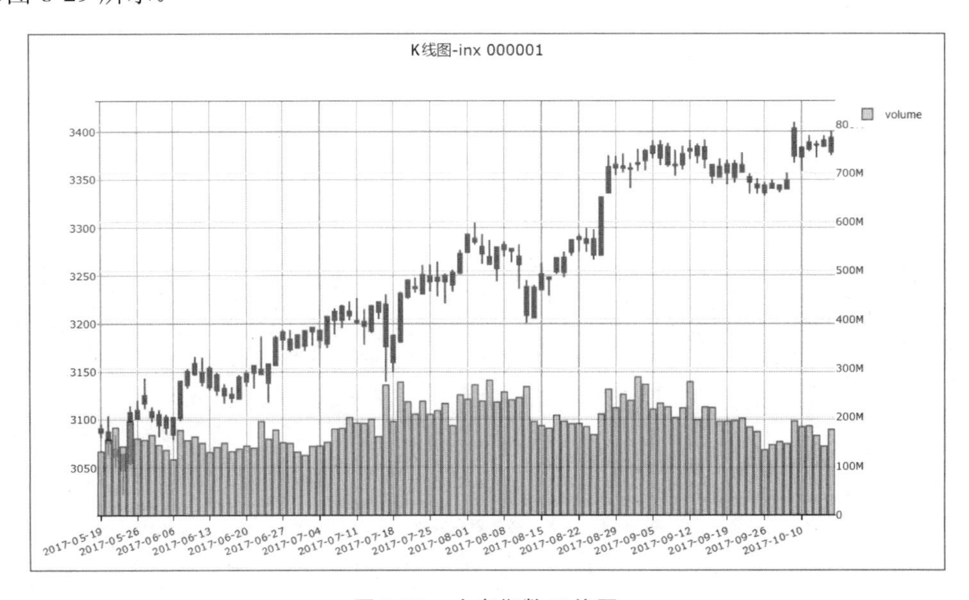

图 8-28　大盘指数 K 线图

6. 数据归一化处理

第 8 组代码对数据进行进一步整理，主要介绍调用 rebase 函数进行数据归一化处理。大家也可以根据项目需求进行其他更加深入的分析。

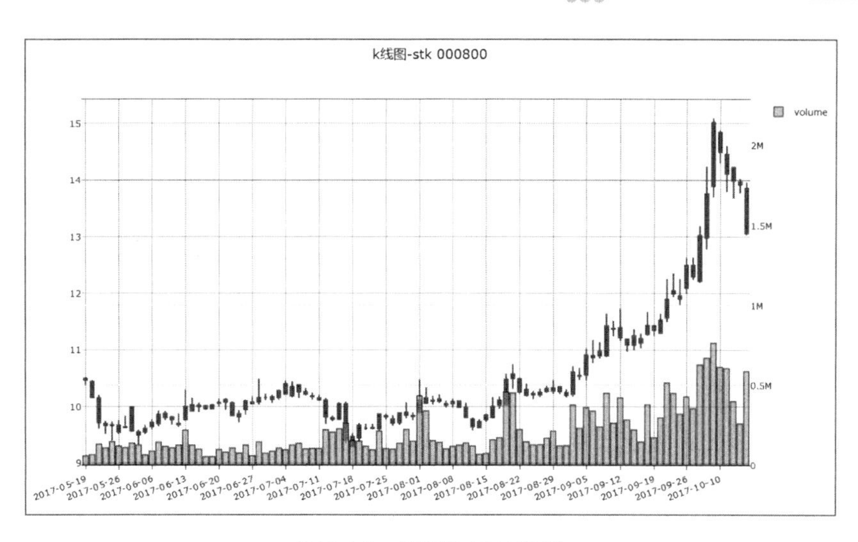

图 8-29　股票数据 K 线图

我们将第 8 组代码分为多个小组进行讲解，其中第 8.1、8.2 组代码如下：

```
#8
print('\n#8.1,stk.merge')
df9=ztq.tq_usrPoolsMerge(qx)

print('\n#8.2,dat,cut')
df2=zdat.df_kcut8tim(df9,'',tim0Str,tim9Str)
zt.prDF('\n#df2',df2)
```

按照 avg 均值将股票池、指数池的价格数据合并到一个 Pandas 的 DataFrame 表格变量中，这样便于分析，并按照回溯时间对数据进行裁剪。

整理后的数据格式如下：

```
#8.2,dat,cut
            x000001    000001  002046  600663  000792  600029  000800
date
2017-01-03  3120.750   9.002   11.743  21.812  13.016   6.941  10.962
2017-01-04  3145.700   9.024   11.923  21.881  13.094   6.980  11.095
2017-01-05  3161.520   9.034   12.513  21.918  13.128   7.084  11.210
2017-01-06  3160.790   9.012   12.682  21.986  12.969   7.079  11.385
2017-01-09  3160.160   9.006   12.730  22.019  13.117   7.064  11.555
2017-01-10  3165.290   9.016   13.064  22.048  13.168   7.383  11.550
2017-01-11  3149.180   9.012   12.660  21.893  13.142   7.348  11.360
```

```
2017-01-12  3128.460     9.012   12.428  21.561  12.954   7.200  11.280
2017-01-13  3115.380     9.019   12.130  21.463  12.672   7.173  11.112
2017-01-16  3089.340     8.997   11.441  21.652  12.276   7.168  10.735

            x000001      000001  002046  600663  000792   600029  000800
date
2017-09-18  3359.910     11.255  10.600  23.380  16.122   8.653   11.412
2017-09-19  3359.370     11.200  10.470  23.412  16.450   8.605   11.370
2017-09-20  3358.700     11.212  10.442  23.195  17.748   8.482   11.445
2017-09-21  3364.320     11.358  10.675  23.055  18.985   8.393   11.810
2017-09-22  3347.780     11.425  10.810  22.982  18.080   8.332   12.088
2017-09-25  3343.010     11.340  10.662  23.010  18.045   8.405   11.982
2017-09-26  3339.920     11.143  10.400  22.998  18.828   8.405   12.308
2017-09-27  3344.020     10.980  10.350  22.822  19.850   8.365   12.420
2017-09-28  3341.060     10.915  10.405  22.572  19.440   8.285   12.655
2017-09-29  3346.640     11.012  10.400  22.432  19.338   8.267   13.445
```

各个字段名称对应的是股票代码，大盘指数在字段名称前面加有字符“x”，x是 index（指数）的缩写。

第 8.3 组代码如下：

```
print('\n#8.3,rebase')
dfx=df2.rebase()
zt.prDF('\n#dfx',dfx)
```

对合并后的数据，调用 rebase 函数进行归一化处理。

rebase 函数并非原生的 Python、Pandas 函数，而是金融模块库 ffn 针对 Pandas 进行的二次扩展函数。

以下是经过归一化处理的数据。可以看到，第一组数据价格都是 100.000。

```
#8.3,rebase
            x000001  000001      002046  600663  000792  600029  000800
date
2017-01-03  100.000  100.000     100.000 100.000 100.000 100.000 100.000
2017-01-04  100.799  100.244     101.533 100.316 100.599 100.562 101.213
2017-01-05  101.306  100.355     106.557 100.486 100.860 102.060 102.262
2017-01-06  101.283  100.111     107.996 100.798  99.639 101.988 103.859
2017-01-09  101.263  100.044     108.405 100.949 100.776 101.772 105.410
2017-01-10  101.427  100.156     111.249 101.082 101.168 106.368 105.364
```

```
2017-01-11  100.911  100.111     107.809 100.371 100.968 105.864 103.631
2017-01-12  100.247  100.111     105.833  98.849  99.524 103.731 102.901
2017-01-13   99.828  100.189     103.296  98.400  97.357 103.342 101.368
2017-01-16   98.994  99.944      97.428  99.266  94.315 103.270  97.929

            x000001  000001   002046  600663     000792  600029  000800
date
2017-09-18  107.664  125.028  90.267 107.189     123.863 124.665 104.105
2017-09-19  107.646  124.417  89.159 107.335     126.383 123.973 103.722
2017-09-20  107.625  124.550  88.921 106.341     136.355 122.201 104.406
2017-09-21  107.805  126.172  90.905 105.699     145.859 120.919 107.736
2017-09-22  107.275  126.916  92.055 105.364     138.906 120.040 110.272
2017-09-25  107.122  125.972  90.795 105.492     138.637 121.092 109.305
2017-09-26  107.023  123.784  88.563 105.437     144.653 121.092 112.279
2017-09-27  107.154  121.973  88.138 104.630     152.505 120.516 113.300
2017-09-28  107.060  121.251  88.606 103.484     149.355 119.363 115.444
2017-09-29  107.238  122.328  88.563 102.842     148.571 119.104 122.651
```

第 8.4 组代码如下：

```
print('\n#8.4,plot,rebase')
dfx.plot()
```

绘制归一化的价格曲线图，如图 8-30 所示。

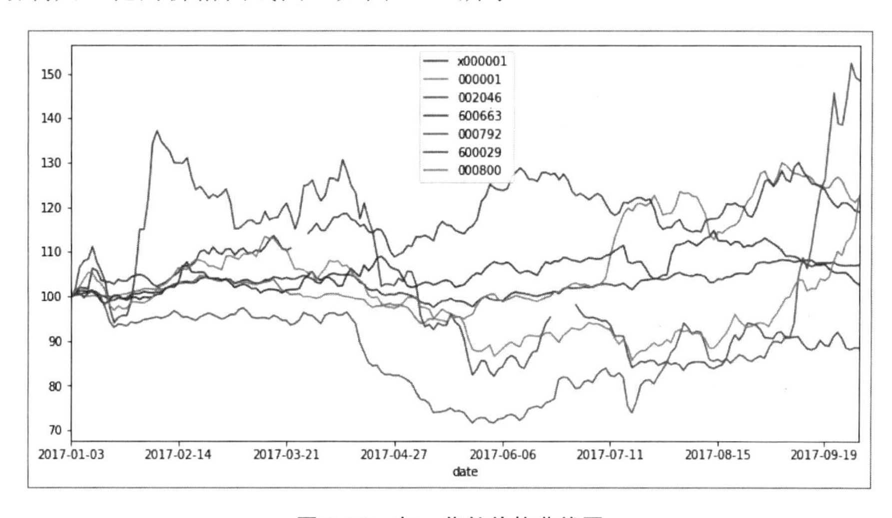

图 8-30　归一化的价格曲线图

8.2.3 回溯分析

回溯分析，其英文名称是 BackTest。具体到金融股市的量化回溯分析，就是使用过去的历史数据，对投资策略进行测试，以检验投资策略是不是有效；或者通过参数优化，调整投资策略的细节。

案例 8-7：回溯分析

案例 8-7 文件名为 kc807_bt.py，本案例主要介绍回溯分析的具体内容。下面我们分组进行讲解。

第 1 组代码如下：

```
#1 预处理
pd.set_option('display.width', 450)
pyplt=py.offline.plot
```

预处理，设置运行环境参数。

1. 读取数据

第 2 组代码如下：

```
#2 rd.var
print('\n#2,rd.var&model')
fmx0='data/TM_'; qx=ztq.ai_varRd(fmx0);
```

我们将前面在数据整理环节生成的数据文件复制并保存在 data 数据目录下。其中：

- data/TM_tqvar.pkl 是 qx 变量参数文件。
- data/TM_lstm010.mx 是案例中使用的神经网络模型文件。

如图 8-31 所示是读取数据文件后，qx 变量内部参数信息（部分）。

2. 调整回溯参数

第 3 组代码如下：

```
#3
print('\n#3 set.bt.var')
qx.staFun=zsta. lstm010
```

```
qx.staVars=[1.0,1.2]
#
qx.trd_buyNum=1000
qx.trd_buyMoney=10000
qx.trd_mode=1
#
qx.usrLevel,qx.trd_nilFlag=5,False
qx.usrMoney0nil=qx.usrMoney0*qx.usrLevel
```

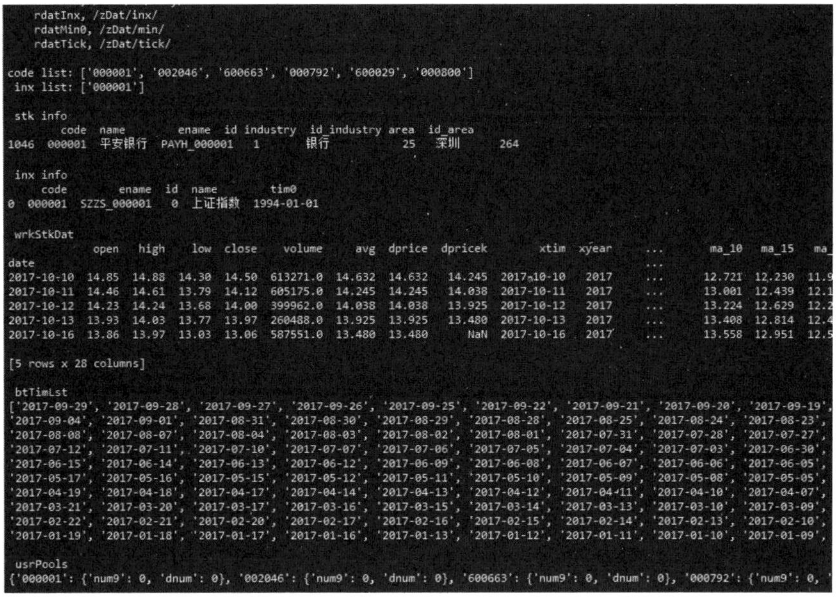

```
    rdatInx, /zDat/inx/
    rdatMin0, /zDat/min/
    rdatTick, /zDat/tick/

code list: ['000001', '002046', '600663', '000792', '600029', '000800']
 inx list: ['000001']

 stk info
       code  name        ename  id industry  id_industry area  id_area
1046  000001  平安银行  PAYH_000001   1        银行           25   深圳      264

 inx info
     code        ename  id  name        tim0
0  000001  SZZS_000001   0  上证指数  1994-01-01

 wrkStkDat
            open   high    low  close    volume     avg  dprice  dpricek       xtim  xyear    ...      ma_10   ma_15   ma_
date                                                                                          ...
2017-10-10  14.85  14.88  14.30  14.50  613271.0  14.632  14.632   14.245  2017-10-10   2017    ...     12.721  12.230  11.9
2017-10-11  14.46  14.61  13.79  14.12  605175.0  14.245  14.245   14.038  2017-10-11   2017    ...     13.001  12.439  12.1
2017-10-12  14.23  14.24  13.68  14.00  399962.0  14.038  14.038   13.925  2017-10-12   2017    ...     13.224  12.629  12.2
2017-10-13  13.93  14.03  13.77  13.97  260488.0  13.925  13.925   13.480  2017-10-13   2017    ...     13.408  12.814  12.4
2017-10-16  13.86  13.97  13.03  13.06  587551.0  13.480  13.480      NaN  2017-10-16   2017    ...     13.558  12.951  12.5

[5 rows x 28 columns]

 btTimLst
['2017-09-29', '2017-09-28', '2017-09-27', '2017-09-26', '2017-09-25', '2017-09-22', '2017-09-21', '2017-09-20', '2017-09-19',
'2017-09-04', '2017-09-01', '2017-08-31', '2017-08-30', '2017-08-29', '2017-08-28', '2017-08-25', '2017-08-24', '2017-08-23',
'2017-08-08', '2017-08-07', '2017-08-04', '2017-08-03', '2017-08-02', '2017-08-01', '2017-07-31', '2017-07-28', '2017-07-27',
'2017-07-12', '2017-07-11', '2017-07-10', '2017-07-07', '2017-07-06', '2017-07-05', '2017-07-04', '2017-07-03', '2017-06-30',
'2017-06-15', '2017-06-14', '2017-06-13', '2017-06-12', '2017-06-09', '2017-06-08', '2017-06-07', '2017-06-06', '2017-06-05',
'2017-05-17', '2017-05-16', '2017-05-15', '2017-05-12', '2017-05-11', '2017-05-10', '2017-05-09', '2017-05-08', '2017-05-05',
'2017-04-19', '2017-04-18', '2017-04-17', '2017-04-14', '2017-04-13', '2017-04-12', '2017-04-11', '2017-04-10', '2017-04-07',
'2017-03-21', '2017-03-20', '2017-03-17', '2017-03-16', '2017-03-15', '2017-03-14', '2017-03-13', '2017-03-10', '2017-03-09',
'2017-02-22', '2017-02-21', '2017-02-20', '2017-02-17', '2017-02-16', '2017-02-15', '2017-02-14', '2017-02-13', '2017-02-10',
'2017-01-19', '2017-01-18', '2017-01-17', '2017-01-16', '2017-01-13', '2017-01-12', '2017-01-11', '2017-01-10', '2017-01-09',

 usrPools
{'000001': {'num9': 0, 'dnum': 0}, '002046': {'num9': 0, 'dnum': 0}, '600663': {'num9': 0, 'dnum': 0}, '000792': {'num9': 0, '
```

图 8-31　qx 变量内部参数信息（部分）

虽然在读入的 qx 变量中已经有以上参数的设置信息，但是出于优化参数的考虑，通常会在读入 qx 变量后修改 staFun 策略函数的相关参数变量，以优化量化模型的相关参数，获取最大的投资回报收益。

需要注意的是，在本案例中，因为数据预处理函数 dataPre 已经执行过，所以无须再设置相关参数。其实，即使设置了也不会调用。

3. 回溯主函数

第 4 组代码如下：

```
# 4
print('\n#4 bt_main')
```

```
qx=zbt.bt_main(qx)
#
ztq.tq_prWrk(qx)
zt.prx('\nusrPools',qx.usrPools)
```

调用回溯主函数 bt_main，按照设定的时间周期运行回溯测试流程。

如图 8-32 所示是 bt_main 函数运行完成后输出的相关信息。

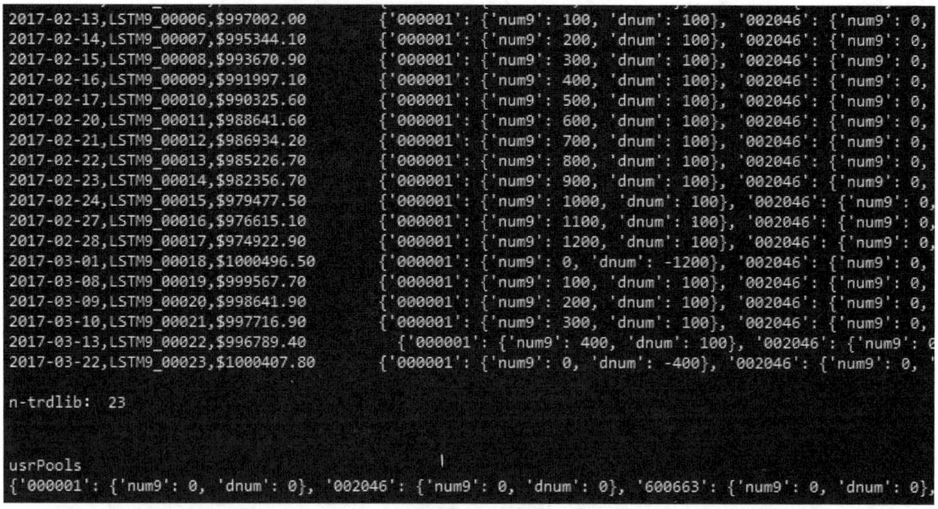

```
2017-02-13,LSTM9_00006,$997002.00      {'000001': {'num9': 100, 'dnum': 100}, '002046': {'num9': 0,
2017-02-14,LSTM9_00007,$995344.10      {'000001': {'num9': 200, 'dnum': 100}, '002046': {'num9': 0,
2017-02-15,LSTM9_00008,$993670.90      {'000001': {'num9': 300, 'dnum': 100}, '002046': {'num9': 0,
2017-02-16,LSTM9_00009,$991997.10      {'000001': {'num9': 400, 'dnum': 100}, '002046': {'num9': 0,
2017-02-17,LSTM9_00010,$990325.60      {'000001': {'num9': 500, 'dnum': 100}, '002046': {'num9': 0,
2017-02-20,LSTM9_00011,$988641.60      {'000001': {'num9': 600, 'dnum': 100}, '002046': {'num9': 0,
2017-02-21,LSTM9_00012,$986934.20      {'000001': {'num9': 700, 'dnum': 100}, '002046': {'num9': 0,
2017-02-22,LSTM9_00013,$985226.70      {'000001': {'num9': 800, 'dnum': 100}, '002046': {'num9': 0,
2017-02-23,LSTM9_00014,$982356.70      {'000001': {'num9': 900, 'dnum': 100}, '002046': {'num9': 0,
2017-02-24,LSTM9_00015,$979477.50      {'000001': {'num9': 1000, 'dnum': 100}, '002046': {'num9': 0,
2017-02-27,LSTM9_00016,$976615.10      {'000001': {'num9': 1100, 'dnum': 100}, '002046': {'num9': 0,
2017-02-28,LSTM9_00017,$974922.90      {'000001': {'num9': 1200, 'dnum': 100}, '002046': {'num9': 0,
2017-03-01,LSTM9_00018,$1000496.50     {'000001': {'num9': 0, 'dnum': -1200}, '002046': {'num9': 0,
2017-03-08,LSTM9_00019,$999567.70      {'000001': {'num9': 100, 'dnum': 100}, '002046': {'num9': 0,
2017-03-09,LSTM9_00020,$998641.90      {'000001': {'num9': 200, 'dnum': 100}, '002046': {'num9': 0,
2017-03-10,LSTM9_00021,$997716.90      {'000001': {'num9': 300, 'dnum': 100}, '002046': {'num9': 0,
2017-03-13,LSTM9_00022,$996789.40        {'000001': {'num9': 400, 'dnum': 100}, '002046': {'num9':
2017-03-22,LSTM9_00023,$1000407.80     {'000001': {'num9': 0, 'dnum': -400}, '002046': {'num9': 0,

n-trdlib:  23


usrPools
{'000001': {'num9': 0, 'dnum': 0}, '002046': {'num9': 0, 'dnum': 0}, '600663': {'num9': 0, 'dnum': 0},
```

图 8-32　回溯主函数输出的信息

其中：

- qx.trdLib 是交易记录表，按照日期记录相关的交易数据，没有交易的日期没有数据。
- qx.usrPools 是在回溯测试过程中参与交易的股票池数据。

需要注意的是，trdLib 交易记录变量和 usrPools 用户股票池变量，都是在 qx 全局变量内部定义的，这样便于简化函数 API 接口的定义。

4．保存回溯测试结果

第 5 组代码如下：

```
#5
print('\n#5 qx.rw')
fmx0='data/TM2_';ztq.ai_varWr(qx,fmx0)
```

保存回溯测试结果，用于下一阶段的投资回报分析。注意：案例中使用的是专业的智能模型保存函数 ai_varWr，保存 qx 变量参数，以及在量化分析中所使用的神经网络模型。

5. 回报分析

第 6 组代码用于进行简单的投资回报分析。我们将该组代码分为多个小组进行讲解，其中第 6.1 组代码如下：

```
print('\n#6.1 tq_prTrdlib')
ztq.tq_prTrdlib(qx)
zt.prx('userPools',qx.usrPools)
```

如图 8-33 所示是对应的输出信息。

```
qx.trdLib
       time,    ID,      cash,            usrPools
2017-01-04,LSTM9_00001,$998890.50          {'000001': {'num9': 0, 'dnum': 0}, '002046': {'num9': 0, 'dnum': 0}, '600663': {'num
2017-01-05,LSTM9_00002,$997769.50          {'000001': {'num9': 0, 'dnum': 0}, '002046': {'num9': 0, 'dnum': 0}, '600663': {'num
2017-01-09,LSTM9_00003,$1000080.50         {'000001': {'num9': 0, 'dnum': 0}, '002046': {'num9': 0, 'dnum': 0}, '600663': {'num
2017-02-09,LSTM9_00004,$999364.00          {'000001': {'num9': 0, 'dnum': 0}, '002046': {'num9': 0, 'dnum': 0}, '600663': {'num
2017-02-10,LSTM9_00005,$997393.90          {'000001': {'num9': 0, 'dnum': 0}, '002046': {'num9': 0, 'dnum': 0}, '600663': {'num
2017-02-13,LSTM9_00006,$997002.00          {'000001': {'num9': 100, 'dnum': 100}, '002046': {'num9': 0, 'dnum': 0}, '600663': {
2017-02-14,LSTM9_00007,$995344.10          {'000001': {'num9': 200, 'dnum': 100}, '002046': {'num9': 0, 'dnum': 0}, '600663': {
2017-02-15,LSTM9_00008,$993670.90          {'000001': {'num9': 300, 'dnum': 100}, '002046': {'num9': 0, 'dnum': 0}, '600663': {
2017-02-16,LSTM9_00009,$991997.10          {'000001': {'num9': 400, 'dnum': 100}, '002046': {'num9': 0, 'dnum': 0}, '600663': {
......
2017-02-23,LSTM9_00014,$982356.70          {'000001': {'num9': 900, 'dnum': 100}, '002046': {'num9': 0, 'dnum': 0}, '600663': {
2017-02-24,LSTM9_00015,$979477.50          {'000001': {'num9': 1000, 'dnum': 100}, '002046': {'num9': 0, 'dnum': 0}, '600663':
2017-02-27,LSTM9_00016,$976615.10          {'000001': {'num9': 1100, 'dnum': 100}, '002046': {'num9': 0, 'dnum': 0}, '600663':
2017-02-28,LSTM9_00017,$974922.90          {'000001': {'num9': 1200, 'dnum': 100}, '002046': {'num9': 0, 'dnum': 0}, '600663':
2017-03-01,LSTM9_00018,$1000496.50         {'000001': {'num9': 0, 'dnum': -1200}, '002046': {'num9': 0, 'dnum': 0}, '600663': {
2017-03-08,LSTM9_00019,$999567.70          {'000001': {'num9': 100, 'dnum': 100}, '002046': {'num9': 0, 'dnum': 0}, '600663': {
2017-03-09,LSTM9_00020,$998641.90          {'000001': {'num9': 200, 'dnum': 100}, '002046': {'num9': 0, 'dnum': 0}, '600663': {
2017-03-10,LSTM9_00021,$997716.90          {'000001': {'num9': 300, 'dnum': 100}, '002046': {'num9': 0, 'dnum': 0}, '600663': {
2017-03-13,LSTM9_00022,$996789.40          {'000001': {'num9': 400, 'dnum': 100}, '002046': {'num9': 0, 'dnum': 0}, '600663': {
2017-03-22,LSTM9_00023,$1000407.80         {'000001': {'num9': 0, 'dnum': -400}, '002046': {'num9': 0, 'dnum': 0}, '600663': {'

n-trdlib:  23

 userPools
{'000001': {'num9': 0, 'dnum': 0}, '002046': {'num9': 0, 'dnum': 0}, '600663': {'num9': 0, 'dnum': 0}, '000792': {'num9': 0,
```

图 8-33　回报分析输出信息

这是经过简单整理的输出信息，其中 qx.trdLib 是交易记录表，它共有 4 个字段。

- time——时间。
- ID——用户交易订单编码，按日期归组。
- Cash——当天的现金总额，已扣除当天的交易金额。
- UsrPools——用户交易股票池数据。

最下面的 userPools 和 trdLib 是用户交易股票池数据，采用的是 Python 字典模式，每只参与交易的股票数据为一组。其中：

- 字典 key 值——股票代码。
- num9——持有该股票的总数额。
- dnum——当天的交易数额，正数为买入，负数为卖出。

第 6.2 组代码如下：

```
print('\n#6.2 tq_usrStkMerge')
df_usr=ztq.tq_usrStkMerge(qx)
zt.prDF('df_usr',df_usr)
```

合并用户交易数据，如图 8-34 所示。

```
E:\00z2017\kc_demo\ztools_tq.py:453: DeprecationWarning:


.ix is deprecated. Please use
.loc for label based indexing or
.iloc for positional indexing

See the documentation here:
http://pandas.pydata.org/pandas-docs/stable/indexing.html#ix-indexer-is-deprecated

df_usr
                inx        cash  total  000001  002046  600663  000792  600029  000800
date
2017-01-04 3145.700  998890.500      0   9.024  11.923  21.881  13.094   6.980  11.095
2017-01-05 3161.520  997769.500      0   9.034  12.513  21.918  13.128   7.084  11.210
2017-01-09 3160.160 1000080.500      0   9.006  12.730  22.019  13.117   7.064  11.555
2017-02-09 3174.320  999364.000      0   9.169  15.694  22.222  12.416   7.165  11.280
2017-02-10 3191.890  997393.900      0   9.194  15.567  22.308  12.483   7.218  11.378
2017-02-13 3208.560  997002.000      0   9.243  15.265  22.282  12.596   7.272  11.513
2017-02-14 3214.690  995344.100      0   9.263  15.260  22.471  12.526   7.316  11.670
2017-02-15 3217.750  993670.900      0   9.307  15.253  23.223  12.408   7.425  11.650
2017-02-16 3219.510  991997.100      0   9.320  15.395  23.516  12.422   7.418  11.632
2017-02-17 3216.900  990325.600      0   9.290  14.895  23.031  12.368   7.425  11.780
                inx        cash  total  000001  002046  600663  000792  600029  000800
date
2017-02-23 3252.660  982356.700      0   9.388  14.331  22.712  12.528   7.602  11.710
2017-02-24 3246.940  979477.500      0   9.366  14.436  22.672  12.479   7.714  11.712
2017-02-27 3238.400  976615.100      0   9.324  14.358  22.724  12.416   7.630  11.670
2017-02-28 3234.090  974922.900      0   9.322  14.448  22.621  12.358   7.600  11.620
2017-03-01 3246.210 1000496.500      0   9.361  14.578  22.668  12.400   7.682  11.952
2017-03-08 3239.280  999567.700      0   9.288  13.744  22.350  12.571   7.620  12.000
2017-03-09 3222.400  998641.900      0   9.258  13.756  22.203  12.406   7.623  12.030
2017-03-10 3214.320  997716.900      0   9.250  13.664  22.212  12.383   7.664  11.948
2017-03-13 3219.190  996789.400      0   9.275  13.681  21.999  12.392   7.642  12.192
2017-03-22 3244.090 1000407.800      0   9.046  13.906  22.158  12.184   7.696  11.870
```

图 8-34　合并后的交易数据（部分）

其中相关的字段有：

- date——时间。
- inx——大盘指数当天的价格数据。

- cash——当天持有的现金总额。
- total——资产总值。
- 000001 等——股票代码字段，对应相关股票当天的价格数据。

价格数据由 qx.priceSgn 变量赋值设置，默认是 avg 均值模式，传统的量化程序一般使用 close（收盘价）。

图 8-34 所示的只是最简单的汇总表格，total（资产总值）都是 0，还没有进行计算整理。

第 6.3 组代码如下：

```
print('\n#6.3 tq_usrDatXed')
df2,k=ztq.tq_usrDatXed(qx,df_usr)
zt.prDF('df2',df2)
```

进一步计算回报分析的结果数据，如图 8-35 所示。

```
df2
                 inx        cash        total  000001  002046  600663  000792  600029  000800  000001_num   ...   000792_num
date                                                                                                        ...
2017-01-04 3145.700  998890.500 1000000.000   9.024  11.923  21.881  13.094   6.980  11.095           0   ...            0
2017-01-05 3161.520  997769.500 1000011.500   9.034  12.513  21.918  13.128   7.084  11.210           0   ...            0
2017-01-09 3160.160 1000080.500 1000080.500   9.006  12.730  22.019  13.117   7.064  11.555           0   ...            0
2017-02-09 3174.320  999364.000 1000080.500   9.169  15.694  22.222  12.416   7.165  11.280           0   ...            0
2017-02-10 3191.890  997393.900 1000085.800   9.194  15.567  22.308  12.483   7.218  11.378           0   ...          100
2017-02-13 3208.560  997002.000 1000107.900   9.243  15.265  22.282  12.596   7.272  11.513         100   ...            0
2017-02-14 3214.690  995344.100 1000123.100   9.263  15.260  22.471  12.526   7.316  11.670         200   ...            0
2017-02-15 3217.750  993670.900 1000175.500   9.307  15.253  23.223  12.408   7.425  11.650         300   ...            0
2017-02-16 3219.510  991997.100 1000175.900   9.320  15.395  23.516  12.422   7.418  11.632         400   ...            0
2017-02-17 3216.900  990325.600 1000168.100   9.290  14.895  23.031  12.368   7.425  11.780         500   ...            0

[10 rows x 22 columns]
                 inx        cash        total  000001  002046  600663  000792  600029  000800  000001_num    ...    000792_num
date                                                                                                          ...
2017-02-23 3252.660  982356.700 1000339.100   9.388  14.331  22.712  12.528   7.602  11.710         900    ...             0
2017-02-24 3246.940  979477.500 1000442.700   9.366  14.436  22.672  12.479   7.714  11.712        1000    ...             0
2017-02-27 3238.400  976615.100 1000291.500   9.324  14.358  22.724  12.416   7.630  11.670        1100    ...             0
2017-02-28 3234.090  974922.900 1000235.300   9.322  14.448  22.621  12.358   7.600  11.620        1200    ...             0
2017-03-01 3246.210 1000496.500 1000496.500   9.361  14.578  22.668  12.400   7.682  11.952           0    ...             0
2017-03-08 3239.280  999567.700 1000496.500   9.288  13.744  22.350  12.571   7.620  12.000         100    ...             0
2017-03-09 3222.400  998641.900 1000493.500   9.258  13.756  22.203  12.406   7.623  12.030         200    ...             0
2017-03-10 3214.320  997716.900 1000491.900   9.250  13.664  22.212  12.383   7.664  11.948         300    ...             0
2017-03-13 3219.190  996789.400 1000499.400   9.275  13.681  21.999  12.392   7.642  12.192         400    ...             0
2017-03-22 3244.090 1000407.800 1000407.800   9.046  13.906  22.158  12.184   7.696  11.870           0    ...             0
```

图 8-35　整理后的回报分析结果数据

如图 8-35 所示的数据，在图 8-34 所示数据的基础上增加了如下字段。

- xcod——股票代码名称。
- xcod_num——该代码股票的持有量。
- xcod_money——该代码股票的持有金额。
- stk-val——当天用户持有的股票总值。

从图 8-35 可以看到，每一天的 total（资产总值）已经有了对应的数据。

第 6.4 组代码如下：

```
print('\n#6.4 ret')
print('ret:',k,'%')
```

计算投资回报率，其对应的输出信息如下：

```
#6.4 ret
ret: 100.41 %
```

投资回报率只有 100.41%，扣除 1%~2%的交易成本，这个投资目前其实是亏损的。当然，这只是一个教学案例，而且所使用的模型是最简单的单层结构，还需要对有关模型进行更多的完善与优化。

以上只是回溯环节自带的最简单的回报分析，在后面的案例中，我们会介绍更加专业的投资回报分析内容。

8.2.4 专业回报分析

优秀的投资者需要在投资项目实施前进行投资回报分析，但很少人清楚如何进行分析，或者从何处获得正确的数据。

投资回报分析的难点是，很多收益无法用数据量化，而且客户预设的回报目标通常也很难达成。

在金融市场，笔者最看重的一个指标就是 ROI（Return On Investment，投资回报率）。

ROI 是指通过投资而应返回的价值，也就是企业从一项投资性商业活动中得到的经济回报。

对于专业的量化投资分析而言，不仅需要 ROI 指标，还需要更多的、更加专业的金融数据指标，请见案例 8-8。

案例 8-8：量化交易回报分析

案例 8-8 文件名为 kc808_lstm_ret.py，继续使用案例 8-3 中的量化回溯测试数据进行回报分析。这是量化分析的最后一个环节。下面我们分组进行讲解。

第 1 组代码如下：

```
#1 预处理
pd.set_option('display.width', 450)
pd.set_option('display.float_format', zt.xfloat3)
pyplt=py.offline.plot
```

预处理，设置运行环境参数。

第 2 组代码如下：

```
#2 set data
codLst=['000001','002046','600663','000792','600029','000800']
xlst=['inx','total']+codLst
#
print('\n#2.2 qx.rd')
fss='data/TM2_tqvar.pkl';qx=zt.f_varRd(fss)
```

设置数据。本案例使用 A 股数据，codLst 列表变量保存的是用户股票池中的股票代码，xlst 是股票池数据的扩展，增加了两个字段。

- inx——大盘指数价格，本书中通常是指沪指。
- total——资产总值，用于计算量化分析每天的资产总额。

数据源使用的是案例 8-4 中的回溯结果数据文件，文件名已改为 data/TM2_tqvar.pkl。

因为在回报分析环节无须使用神经网络模型，所以我们可以采用简单的 f_varRd 函数读取回溯结果数据文件。

第 3 组代码主要用于整理回溯测试的结果数据，代码较长，我们将其分为多个小组进行讲解。

第 3.1 组代码如下：

```
print('\n#3.1 tq_usrStkMerge')
df_usr=ztq.tq_usrStkMerge(qx)
zt.prDF('df_usr',df_usr)
```

合并量化结果数据，如图 8-36 所示。是对应的输出信息。

从图 8-36 可以看出，本组程序只是简单地合并相关的大盘指数、股票价格数据，total（资产总值）字段没有进行计算。

```
df_usr
                 inx        cash  total  000001  002046  600663  000792  600029  000800
date
2017-01-04 3145.700  998890.500      0   9.024  11.923  21.881  13.094   6.980  11.095
2017-01-05 3161.520  997769.500      0   9.034  12.513  21.918  13.128   7.084  11.210
2017-01-09 3160.160 1000080.500      0   9.006  12.730  22.019  13.117   7.064  11.555
2017-02-09 3174.320  999364.000      0   9.169  15.694  22.222  12.416   7.165  11.280
2017-02-10 3191.890  997393.900      0   9.194  15.567  22.308  12.483   7.218  11.378
2017-02-13 3208.560  997002.000      0   9.243  15.265  22.282  12.596   7.272  11.513
2017-02-14 3214.690  995344.100      0   9.263  15.260  22.471  12.526   7.316  11.670
2017-02-15 3217.750  993670.900      0   9.307  15.253  23.223  12.408   7.425  11.650
2017-02-16 3219.510  991997.100      0   9.320  15.395  23.516  12.422   7.418  11.632
2017-02-17 3216.900  990325.600      0   9.290  14.895  23.031  12.368   7.425  11.780
                 inx        cash  total  000001  002046  600663  000792  600029  000800
date
2017-02-23 3252.660  982356.700      0   9.388  14.331  22.712  12.528   7.602  11.710
2017-02-24 3246.940  979477.500      0   9.366  14.436  22.672  12.479   7.714  11.712
2017-02-27 3238.400  976615.100      0   9.324  14.358  22.724  12.416   7.630  11.670
2017-02-28 3234.090  974922.900      0   9.322  14.448  22.621  12.358   7.600  11.620
2017-03-01 3246.210 1000496.500      0   9.361  14.578  22.668  12.400   7.682  11.952
2017-03-08 3239.280  999567.700      0   9.288  13.744  22.350  12.571   7.620  12.000
2017-03-09 3222.400  998641.900      0   9.258  13.756  22.203  12.406   7.623  12.030
2017-03-10 3214.320  997716.900      0   9.250  13.664  22.212  12.383   7.664  11.948
2017-03-13 3219.190  996789.400      0   9.275  13.681  21.999  12.392   7.642  12.192
2017-03-22 3244.090 1000407.800      0   9.046  13.906  22.158  12.184   7.696  11.870
```

图 8-36　合并后的量化结果数据（部分）

其中指数数据在 inx 字段，股票价格数据在对应的股票代码字段，如图 8-36 中的 002046、6000663 字段等。

第 3.2 组代码如下：

```
print('\n#3.2 tq_usrDatXed')
df2,k=ztq.tq_usrDatXed(qx,df_usr)
zt.prDF('df2',df2)
```

进一步整理量化结果数据，如图 8-37 所示是部分输出信息。

```
df2
                 inx        cash       total  000001  002046  600663  000792  600029  000800  000001_num  ...    000792_num
date                                                                                                     ...
2017-01-04 3145.700  998890.500 1000000.000   9.024  11.923  21.881  13.094   6.980  11.095           0  ...             0
2017-01-05 3161.520  997769.500 1000011.500   9.034  12.513  21.918  13.128   7.084  11.210           0  ...             0
2017-01-09 3160.160 1000080.500 1000080.500   9.006  12.730  22.019  13.117   7.064  11.555           0  ...             0
2017-02-09 3174.320  999364.000 1000080.500   9.169  15.694  22.222  12.416   7.165  11.280           0  ...             0
2017-02-10 3191.890  997393.900 1000085.800   9.194  15.567  22.308  12.483   7.218  11.378           0  ...           100
2017-02-13 3208.560  997002.000 1000107.900   9.243  15.265  22.282  12.596   7.272  11.513         100  ...             0
2017-02-14 3214.690  995344.100 1000123.100   9.263  15.260  22.471  12.526   7.316  11.670         200  ...             0
2017-02-15 3217.750  993670.900 1000175.500   9.307  15.253  23.223  12.408   7.425  11.650         300  ...             0
2017-02-16 3219.510  991997.100 1000175.900   9.320  15.395  23.516  12.422   7.418  11.632         400  ...             0
2017-02-17 3216.900  990325.600 1000168.100   9.290  14.895  23.031  12.368   7.425  11.780         500  ...             0

[10 rows x 22 columns]
                 inx        cash       total  000001  002046  600663  000792  600029  000800  000001_num  ...    000792_num
date                                                                                                     ...
2017-02-23 3252.660  982356.700 1000339.100   9.388  14.331  22.712  12.528   7.602  11.710         900  ...             0
2017-02-24 3246.940  979477.500 1000442.700   9.366  14.436  22.672  12.479   7.714  11.712        1000  ...             0
2017-02-27 3238.400  976615.100 1000291.500   9.324  14.358  22.724  12.416   7.630  11.670        1100  ...             0
2017-02-28 3234.090  974922.900 1000235.300   9.322  14.448  22.621  12.358   7.600  11.620        1200  ...             0
2017-03-01 3246.210 1000496.500 1000496.500   9.361  14.578  22.668  12.400   7.682  11.952           0  ...             0
2017-03-08 3239.280  999567.700 1000496.500   9.288  13.744  22.350  12.571   7.620  12.000         100  ...             0
2017-03-09 3222.400  998641.900 1000493.500   9.258  13.756  22.203  12.406   7.623  12.030         200  ...             0
2017-03-10 3214.320  997716.900 1000491.900   9.250  13.664  22.212  12.383   7.664  11.948         300  ...             0
2017-03-13 3219.190  996789.400 1000499.400   9.275  13.681  21.999  12.392   7.642  12.192         400  ...             0
2017-03-22 3244.090 1000407.800 1000407.800   9.046  13.906  22.158  12.184   7.696  11.870           0  ...             0
```

图 8-37　进一步整理后的量化结果数据

从图 8-37 可以看出，total 字段已经有正确数据，还增加了各只股票的数量、总价等字段。

第 3.3 组代码如下：

```
print('\n#3.3 ret')
print('ret:',k,'%')
```

简单计算总的投资回报率，其对应的输出信息如下：

```
#3.3 ret
ret: 165.75 %
```

9 个月的投资回报率高达 165.75%，这是空头交易模式下的回报数据。

第 3.4 组代码如下：

```
print('\n#3.4 tq_usrDatXedFill')
df=ztq.tq_usrDatXedFill(qx,df2)
zt.prDF('df',df)
```

再一次整理结果数据，主要是填充交易订单字段中为空值的数据字段，并裁剪为便于 ffn 金融模块库处理的数据格式。

其对应的输出信息如下：

```
#3.4 tq_usrDatXedFill
 df
                inx        total   000001   002046    600663  000792  600029  000800
date
2017-01-03 3120.750          nan    9.002   11.743    21.812  13.016   6.941  10.962
2017-01-04 3145.700 1000000.000    9.024   11.923    21.881  13.094   6.980  11.095
2017-01-05 3161.520 1000115.000    9.034   12.513    21.918  13.128   7.084  11.210
2017-01-06 3160.790 1000465.000    9.012   12.682    21.986  12.969   7.079  11.385
2017-01-09 3160.160 1000805.000    9.006   12.730    22.019  13.117   7.064  11.555
2017-01-10 3165.290 1000805.000    9.016   13.064    22.048  13.168   7.383  11.550
2017-01-11 3149.180 1000805.000    9.012   12.660    21.893  13.142   7.348  11.360
2017-01-12 3128.460 1000805.000    9.012   12.428    21.561  12.954   7.200  11.280
2017-01-13 3115.380 1000805.000    9.019   12.130    21.463  12.672   7.173  11.112
2017-01-16 3089.340 1000805.000    8.997   11.441    21.652  12.276   7.168  10.735
                inx        total   000001   002046    600663  000792  600029  000800
date
```

```
2017-09-18 3359.910 1004078.000   11.255  10.600   23.380  16.122   8.653  11.412
2017-09-19 3359.370 1004078.000   11.200  10.470   23.412  16.450   8.605  11.370
2017-09-20 3358.700 1004078.000   11.212  10.442   23.195  17.748   8.482  11.445
2017-09-21 3364.320 1004078.000   11.358  10.675   23.055  18.985   8.393  11.810
2017-09-22 3347.780 1004078.000   11.425  10.810   22.982  18.080   8.332  12.088
2017-09-25 3343.010 1004078.000   11.340  10.662   23.010  18.045   8.405  11.982
2017-09-26 3339.920 1004078.000   11.143  10.400   22.998  18.828   8.405  12.308
2017-09-27 3344.020 1004078.000   10.980  10.350   22.822  19.850   8.365  12.420
2017-09-28 3341.060 1004078.000   10.915  10.405   22.572  19.440   8.285  12.655
2017-09-29 3346.640 1004078.000   11.012  10.400   22.432  19.338   8.267  13.445
```

第 4 组代码主要计算回报率，将其分为三个小组。第 4.1 组代码如下：

```
#4 ret xed
ret=ffn.to_log_returns(df[xlst]).dropna()
zt.prDF('\n#4.1,ret#1',ret)
```

按照对数格式计算回报率，其输出信息与第 4.2 组代码的输出信息类似，在此特意省略。

第 4.2 组代码如下：

```
ret=ffn.to_returns(df[xlst]).dropna()
zt.prDF('\n#4.2,ret#2',ret)
```

按照标准格式计算回报率，如图 8-38 所示是对应的回报率数据。

第 4.3 组代码如下：

```
ret[xlst]=ret[xlst].astype('float')
zt.prDF('\n#4.3,ret#3',ret)
```

整理回报率数据格式。

第 5 组代码如下：

```
#5 ret.hist
print('\n#5 ret.hist')
ax = ret.hist(figsize=(12, 5))
```

绘制回报率分布直方图，如图 8-39 所示。

```
                  inx  total  000001  002046  600663  000792  600029  000800
date
2017-01-05  0.005  0.000   0.001   0.049   0.002   0.003   0.015   0.010
2017-01-06 -0.000  0.000  -0.002   0.014   0.003  -0.012  -0.001   0.016
2017-01-09 -0.000  0.000  -0.001   0.004   0.002   0.011  -0.002   0.015
2017-01-10  0.002  0.000   0.001   0.026   0.001   0.004   0.045  -0.000
2017-01-11 -0.005  0.000  -0.000  -0.031  -0.007  -0.002  -0.005  -0.016
2017-01-12 -0.007  0.000   0.000  -0.018  -0.015  -0.014  -0.020  -0.007
2017-01-13 -0.004  0.000   0.001  -0.024  -0.005  -0.022  -0.004  -0.015
2017-01-16 -0.008  0.000  -0.002  -0.057   0.009  -0.031  -0.001  -0.034
2017-01-17  0.002  0.000   0.000  -0.034   0.010  -0.014  -0.005  -0.010
2017-01-18  0.005  0.000   0.003   0.012  -0.001   0.008   0.010   0.010
                  inx  total  000001  002046  600663  000792  600029  000800
date
2017-09-18  0.001  0.000  -0.001   0.020  -0.000   0.049  -0.004   0.022
2017-09-19 -0.000  0.000  -0.005  -0.012   0.001   0.020  -0.006  -0.004
2017-09-20 -0.000  0.000   0.001  -0.003  -0.009   0.079  -0.014   0.007
2017-09-21  0.002  0.000   0.013   0.022  -0.006   0.070  -0.010   0.032
2017-09-22 -0.005  0.000   0.006   0.013  -0.003  -0.048  -0.007   0.024
2017-09-25 -0.001  0.000  -0.007  -0.014   0.001  -0.002   0.009  -0.009
2017-09-26 -0.001  0.000  -0.017  -0.025  -0.001   0.043   0.000   0.027
2017-09-27  0.001  0.000  -0.015  -0.005  -0.008   0.054  -0.005   0.009
2017-09-28 -0.001  0.000  -0.006   0.005  -0.011  -0.021  -0.010   0.019
2017-09-29  0.002  0.000   0.009  -0.000  -0.006  -0.005  -0.002   0.062

len-DF: 182
```

图 8-38　回报率数据

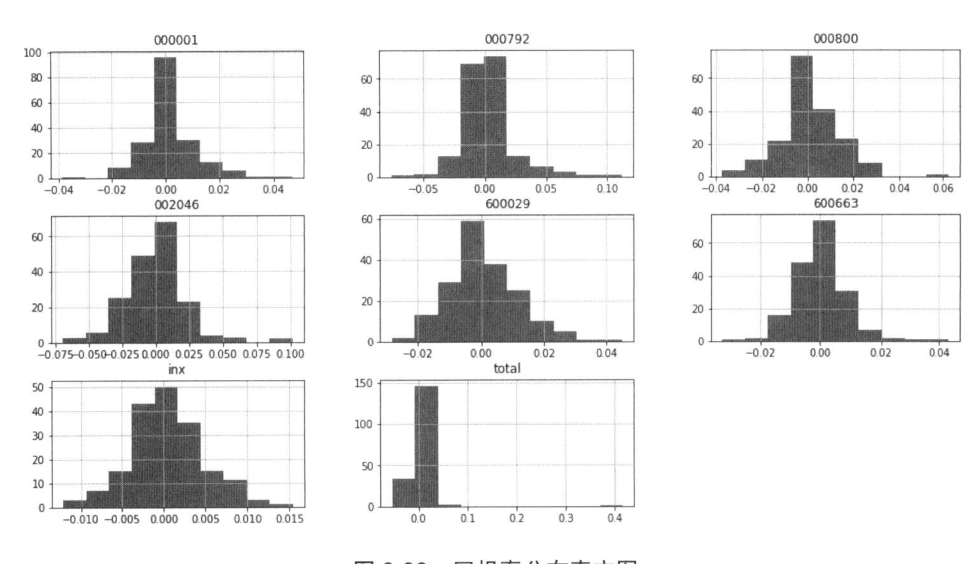

图 8-39　回报率分布直方图

第 6 组代码如下：

```
#6
print('\n# ret.corr()')
```

```
ret=ret.corr().as_format('.2f')
zt.prDF('\n#6 ret.corr',ret)
```

使用 corr 函数，根据回报率计算各只股票之间的相关性，或者说关联度。如图 8-40 所示是对应的关联度数据。

	inx	total	000001	002046	600663	000792	600029	000800
inx	1.00	0.14	0.43	0.42	0.22	0.39	0.31	0.45
total	0.14	1.00	0.08	0.05	0.07	0.02	0.19	0.17
000001	0.43	0.08	1.00	0.09	0.05	-0.02	0.18	0.13
002046	0.42	0.05	0.09	1.00	0.07	0.22	0.09	0.39
600663	0.22	0.07	0.05	0.07	1.00	0.08	0.23	-0.07
000792	0.39	0.02	-0.02	0.22	0.08	1.00	-0.04	0.35
600029	0.31	0.19	0.18	0.09	0.23	-0.04	1.00	0.09
000800	0.45	0.17	0.13	0.39	-0.07	0.35	0.09	1.00

	inx	total	000001	002046	600663	000792	600029	000800
inx	1.00	0.14	0.43	0.42	0.22	0.39	0.31	0.45
total	0.14	1.00	0.08	0.05	0.07	0.02	0.19	0.17
000001	0.43	0.08	1.00	0.09	0.05	-0.02	0.18	0.13
002046	0.42	0.05	0.09	1.00	0.07	0.22	0.09	0.39
600663	0.22	0.07	0.05	0.07	1.00	0.08	0.23	-0.07
000792	0.39	0.02	-0.02	0.22	0.08	1.00	-0.04	0.35
600029	0.31	0.19	0.18	0.09	0.23	-0.04	1.00	0.09
000800	0.45	0.17	0.13	0.39	-0.07	0.35	0.09	1.00

图 8-40　关联度数据

第 7 组代码如下：

```
#7
print('\n#7 rebase')
df2=df.rebase()
ax = df2.plot()
zt.prDF('\n#7 rebase',df2)
```

通过 rebase 函数对数据进行归一化处理。以下是对应的输出信息。

```
#7 rebase
                  inx      total     000001      002046      600663      000792      600029      000800
date
2017-01-03 100.000000  100.0000  100.000000  100.000000  100.000000  100.000000  100.000000  100.000000
2017-01-04 100.799487  100.0540  100.244390  101.532828  100.316340  100.599262  100.561879  101.213282
2017-01-05 101.306417  100.1430  100.355477  106.557098  100.485971  100.860479  102.060222  102.262361
2017-01-06 101.283025  100.2425  100.111086  107.996253  100.797726   99.638906  101.988186  103.858785
2017-01-09 101.262837  100.3010  100.044435  108.405007  100.949019  100.775968  101.772079  105.409597
2017-01-10 101.427221  100.3010  100.155521  111.249255  101.081973  101.167793  106.367959  105.363985
2017-01-11 100.910999  100.1280  100.111086  107.808907  100.371355  100.968039  105.863708  103.630724
2017-01-12 100.247056   99.0580  100.111086  105.833262   98.849257   99.523663  103.731451  102.900930
```

```
2017-01-13   99.827926   98.5605 100.188847 103.295580   98.399963   97.357099 103.342458 101.368363
2017-01-16   98.993511   98.3850  99.944457  97.428255   99.266459   94.314690 103.270422  97.929210
                  inx     total     000001     002046      600663      000792      600029      000800
date
2017-09-18 107.663542 117.7940 125.027772 90.266542 107.188703 123.862938 124.665034 104.105090
2017-09-19 107.646239 117.5420 124.416796 89.159499 107.335412 126.382913 123.973491 103.721949
2017-09-20 107.624770 166.6215 124.550100 88.921059 106.340546 136.355255 122.201412 104.406130
2017-09-21 107.804855 169.2150 126.171962 90.905220 105.698698 145.858943 120.919176 107.735815
2017-09-22 107.274854 171.4470 126.916241 92.054841 105.364020 138.905962 120.040340 110.271848
2017-09-25 107.122006 170.1405 125.972006 90.794516 105.492390 138.637062 121.092062 109.304871
2017-09-26 107.022991 168.6050 123.783604 88.563399 105.437374 144.652735 121.092062 112.278781
2017-09-27 107.154370 164.8615 121.972895 88.137614 104.630479 152.504610 120.515776 113.300493
2017-09-28 107.059521 162.4990 121.250833 88.605978 103.484321 149.354640 119.363204 115.444262
2017-09-29 107.238324 165.7535 122.328371 88.563399 102.842472 148.570990 119.103876 122.650976
```

如图 8-41 所示是归一化处理后的股票价格曲线图。

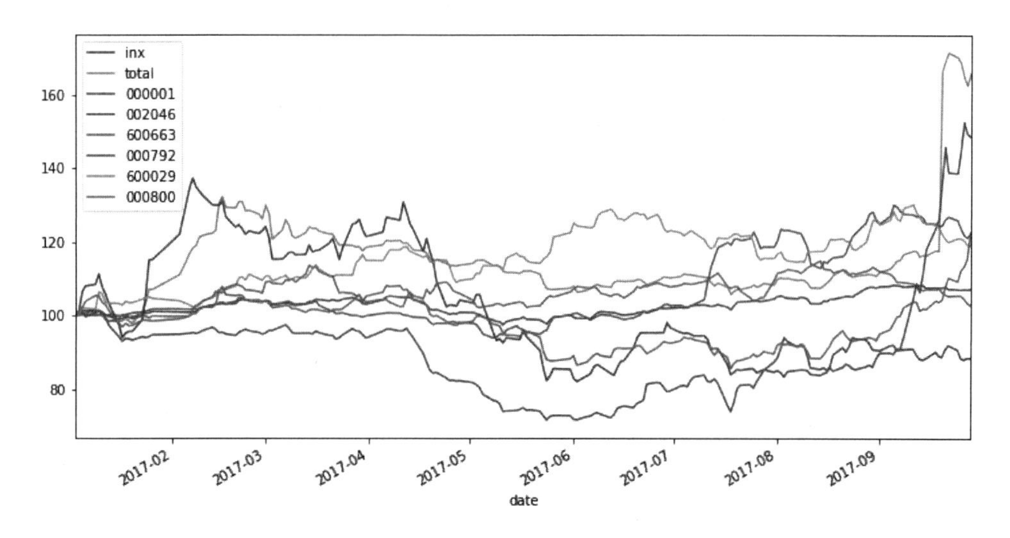

图 8-41 归一化处理后的股票价格曲线图

第 8 组代码，采用简单、快捷的方法，计算和分析交易周期内的回报数据，针对各种不同的资产业绩，提供更完整的分析图表，其中的关键就是使用 ffn 金融模块库中的 calc_stats 函数。

```
ffn.core.calc_stats()
```

该函数会创建一个 ffn.core.GroupStats 对象。GroupStats 对象采用 Python 字典模式，包装各种 ffn.core.PerformanceStats 对象，并提供多种内置的金融分析函数。

第 8 组代码较长，我们分为多个小组进行讲解。第 8.1 组代码如下：

```
print('\n#8.1 calc_stats')
perf = df.calc_stats()
perf.plot()
print(perf.display())
```

通过计算获得一个 GroupStats 对象，可以分析更详细的专业的回报分析图表。

如图 8-42 所示是专业的量化投资回报分析报表，也是 ffn 金融模块库的精华所在。

Stat	inx	total	000001	002046	600663	000792	600029	000800
Start	2017-01-04	2017-01-04	2017-01-04	2017-01-04	2017-01-04	2017-01-04	2017-01-04	2017-01-04
End	2017-09-29	2017-09-29	2017-09-29	2017-09-29	2017-09-29	2017-09-29	2017-09-29	2017-09-29
Risk-free rate	0.00%	0.00%	0.00%	0.00%	0.00%	0.00%	0.00%	0.00%
Total Return	6.39%	0.04%	22.03%	-12.77%	2.52%	47.69%	18.44%	21.18%
Daily Sharpe	1.24	1.20	1.87	-0.32	0.31	1.78	1.41	1.36
Daily Sortino	1.99	0.63	3.00	-0.49	0.51	3.13	2.67	2.11
CAGR	8.81%	0.06%	31.17%	-16.99%	3.45%	70.13%	25.94%	29.93%
Max Drawdown	-7.30%	-0.02%	-10.32%	-40.14%	-10.49%	-29.14%	-11.11%	-24.49%
Calmar Ratio	1.21	2.68	3.02	-0.42	0.33	2.41	2.33	1.22
MTD	-0.33%	0.00%	-2.68%	-2.42%	-8.63%	68.01%	-5.70%	31.43%
3m	5.19%	0.00%	18.64%	-9.76%	-4.84%	87.11%	-2.90%	32.27%
6m	3.06%	0.00%	22.53%	-29.79%	-2.64%	55.18%	3.45%	16.33%
YTD	6.39%	0.04%	22.03%	-12.77%	2.52%	47.69%	18.44%	21.18%
1Y	-	-	-	-	-	-	-	-
3Y (ann.)	-	-	-	-	-	-	-	-
5Y (ann.)	-	-	-	-	-	-	-	-
10Y (ann.)	-	-	-	-	-	-	-	-
Since Incep. (ann.)	8.81%	0.06%	31.17%	-16.99%	3.45%	70.13%	25.94%	29.93%
Daily Sharpe	1.24	1.20	1.87	-0.32	0.31	1.78	1.41	1.36
Daily Sortino	1.99	0.63	3.00	-0.49	0.51	3.13	2.67	2.11
Daily Mean (ann.)	8.83%	0.06%	28.75%	-12.06%	4.46%	59.48%	25.00%	28.84%
Daily Vol (ann.)	7.15%	0.05%	15.39%	37.28%	14.29%	33.34%	17.76%	21.18%
Daily Skew	0.12	3.95	0.70	0.63	0.69	1.25	0.61	0.26
Daily Kurt	0.70	41.83	4.55	3.30	4.06	6.10	1.27	2.20
Best Day	1.54%	0.03%	4.69%	10.17%	4.32%	11.24%	4.52%	6.24%
Worst Day	-1.21%	-0.02%	-3.86%	-6.93%	-3.27%	-7.62%	-2.83%	-3.74%
Monthly Sharpe	1.38	1.87	1.40	-0.81	0.39	1.07	0.91	0.92
Monthly Sortino	3.29	-	9.87	-1.24	0.25	4.40	8.57	2.97
Monthly Mean (ann.)	9.06%	0.05%	29.73%	-31.72%	5.24%	95.23%	22.06%	40.92%
Monthly Vol (ann.)	6.59%	0.03%	21.29%	39.16%	13.39%	88.73%	24.15%	44.29%
Monthly Skew	-0.23	1.46	1.52	-0.04	-2.26	2.26	0.15	1.67
Monthly Kurt	-1.83	0.11	2.74	-1.56	5.73	5.73	-1.59	3.56
Best Month	2.88%	0.02%	15.56%	13.10%	3.85%	68.01%	11.92%	31.43%
Worst Month	-2.10%	0.00%	-3.52%	-17.89%	-8.63%	-12.27%	-6.15%	-9.66%
Yearly Sharpe	-	-	-	-	-	-	-	-
Yearly Sortino	-	-	-	-	-	-	-	-
Yearly Mean	-	-	-	-	-	-	-	-
Yearly Vol	-	-	-	-	-	-	-	-
Yearly Skew	-	-	-	-	-	-	-	-
Yearly Kurt	-	-	-	-	-	-	-	-
Best Year	-	-	-	-	-	-	-	-
Worst Year	-	-	-	-	-	-	-	-
Avg. Drawdown	-1.67%	-0.01%	-3.08%	-27.78%	-4.82%	-8.01%	-3.62%	-5.22%
Avg. Drawdown Days	23.30	40.20	20.36	123.50	33.14	50.80	20.64	35.71
Avg. Up Month	2.45%	0.02%	5.56%	9.01%	2.02%	17.69%	6.25%	11.95%
Avg. Down Month	-0.94%	0.00%	-2.66%	-9.63%	-4.33%	-8.32%	-5.52%	-5.13%
Win Year %	-	-	-	-	-	-	-	-
Win 12m %	-	-	-	-	-	-	-	-

图 8-42　量化投资回报分析报表

在以上输出报表中，包含了以下金融指标参数。

- Total Return，总回报率。
- Risk-free rate，无风险利率
- Sharp Rate，夏普指数。
- Sortino Rate，索提诺指数
- Calmar Ratio，卡尔马比率。
- CAGR，年复合增长率。
- Max Drawdown，最大回撤。
- MTD、YTM，月度、年度指标。
- Mean，平均成交量。
- Vol，平均交易金额。
- Best Day(Monthly)，最佳交易日（月）。
- Worst Day(Monthly)，最差交易日（月）。
- Win，获利。

其中，主要的金融指标参数，如夏普指数、索提诺指数、最大回撤等，还提供了年均、月均、日均三种不同时间周期的指数。

第 8.2 组代码如下：

```
xcod='002046'
print('\n#8.2 display_monthly_return')
m1=perf[xcod].display_monthly_returns()
print(m1)
```

根据股票代码，计算单只股票各个年度的月均回报率。以下是案例中 A 股 002046 对应的月均回报率。

```
#8.2 display_monthly_return
  Year   Jan    Feb    Mar    Apr     May    Jun    Jul     Aug    Sep    Oct   Nov   Dec   YTD
------ ----- ----- ----- ------ ------ ----- ------ ----- ----- ----- ----- ----- ------
  2017 13.36   6.9 -1.29 -14.24 -17.89  13.1 -12.32  7.03 -2.42     0     0     0 -12.77
```

第 8.3 组代码如下：

```
print('\n#8.3 xcod.stats')
m2=perf[xcod].stats
print(m2)
```

以上代码，提供单只股票的投资回报分析数据。如下是案例中 A 股 002046 对应的投资回报分析数据。

```
#8.3 xcod.stats
start                  2017-01-04 00:00:00
end                    2017-09-29 00:00:00
rf                                   0.000
total_return                        -0.128
daily_sharpe                        -0.323
daily_sortino                       -0.494
cagr                                -0.170
max_drawdown                        -0.401
calmar                              -0.423
mtd                                 -0.024
three_month                         -0.098
six_month                           -0.298
one_year                               NaN
daily_mean                          -0.121
daily_vol                            0.373
daily_skew                           0.628
daily_kurt                           3.301
best_day                             0.102
worst_day                           -0.069
monthly_sharpe                      -0.810
monthly_sortino                     -1.240
monthly_mean                        -0.317
monthly_vol                          0.392
monthly_skew                        -0.044
monthly_kurt                        -1.557
best_month                           0.131
worst_month                         -0.179
avg_drawdown                        -0.278
avg_drawdown_days                  123.500
avg_up_month                         0.090
avg_down_month                      -0.096
dtype: object
```

第 9 组代码如下：

```
print('\n#9 r2')
```

```
ret = df.to_log_returns().dropna()
r2=ret.calc_mean_var_weights().as_format('.2%')
print(r2)
```

金融模块库还提供了大量常用的金融函数，可以轻松计算相关的权重矩阵数据。以上代码演示了如何使用 ffn.core 模块中的 calc_mean_var_weights 函数，计算各只股票回报率之间的均值-方差矩阵数据。以下是对应的输出信息。

```
#9 r2
000001    40.59%
000792    20.57%
000800     8.98%
002046     0.00%
600029    25.20%
600663     0.00%
inx        0.00%
total      4.66%
```

通过以上计算，我们可以发现：

- 002046、600663 两只股票和 inx（大盘指数），关联度计算结果都是 0.00%，可以归为一类。
- 其他几只股票，相互之间差别很大，各自属于一类。

以上分类，只是单纯地针对股票价格数据而言的。对于挑选股票池中的股票产品而言，还需要更细化的专业分析计算程序。

对于一般用户，以上回报分析已经足够；对于更加专业的用户，则可以参考以上程序，自行进行扩充。

TopQuant 极宽智能量化系统全程采用模块化设计，系统按照数据更新、数据整理、回溯分析、回报分析四个环节，逐步推进，而且每个环节都可以保存、读取独立的数据环境以及中间数据，方便用户扩展。

8.3　完整的LSTM量化分析程序

前面我们按照流程，分四个部分讲解了量化分析的全部内容。而在实盘分析中，为了简化操作，往往将它们集中在一个程序中。

案例 8-9：LSTM 量化分析程序

案例 8-9 文件名为 kc809_lstm_all.py，是一个完整的案例程序。因为采用 All-in-one 模式，代码较长，所以我们把全部程序分为十多个小组进行讲解。

8.3.1 数据整理

首先介绍数据整理环节的程序。第 1 组代码如下：

```
#1 预处理
pd.set_option('display.width', 450)
pd.set_option('display.float_format', zt.xfloat3)
pyplt=py.offline.plot
```

预处理，设置运行环境参数。

第 2 组代码如下：

```
#-----------step #1,data pre
#2 set data
print('\n#2,set data')
inxLst=['000001']
codLst=['000001','002046','600663','000792','600029','000800']
xlst=['inx','total']+codLst
tim0Str,tim9Str='2017-01-01','2017-09-30'
rs0=zsys.rdatCN0        #'/zDat/cn/'
prjNam,ksgn='LSTM9','avg'
ftg0='tmp/'+prjNam
print('rs0,',rs0)
```

设置基本参数，主要用于回溯初始化函数 bt_init。其中各参数的含义请见案例 8-6。

第 3 组代码如下：

```
#3 init.qx
print('\n#3,init.qx')
qx=zbt.bt_init(rs0,codLst,inxLst,tim0Str,tim9Str,ksgn,prjNam)
```

```
ztq.tq_prVar(qx)
```

根据所设置的参数，初始化回溯测试的全局变量 qx。

运行 bt_init 函数，会生成如下信息。

```
#3,init.qx
tq_init name...
tq_init pools...

clst: ['000001', '002046', '600663', '000792', '600029', '000800']
1 / 6 /zDat/cn/day/000001.csv
2 / 6 /zDat/cn/day/002046.csv
3 / 6 /zDat/cn/day/600663.csv
4 / 6 /zDat/cn/day/000792.csv
5 / 6 /zDat/cn/day/600029.csv
6 / 6 /zDat/cn/day/000800.csv

clst: ['000001']
1 / 1 /zDat/cn/xday/000001.csv
tq_init work data...
```

如上信息表示根据股票池中的股票代码，逐一加载数据。为了提高计算性能，笔者采用了全内存计算模式，尽量把所有数据一次性加载到内存中。

第 3 组代码运行完成后，调用 tq_prVar 函数，输出 qx 变量所保存的主要数据。

```
ztq.tq_prVar(qx)
```

如图 8-43 所示是部分输出信息。

第 4 组代码如下：

```
#4 set.bT.var
print('\n#4,set.BT.var')
qx.preFun=zsta.avg01_dpre
qx.preVars=[10]
qx.staFun=zsta.avg01
qx.staVars=[1.0,1.2]
```

```
wrkStkCod       = 000800
wrkStkDat       = ......
wrkStkInfo      = ......
wrkStkNum       = 0
wrkTim          = None
wrkTimFmt       = YYYY-MM-DD
wrkTimStr       =

zsys.xxx
    rdat0, /zDat/
    rdatCN, /zDat/cn/day/
    rdatCNX, /zDat/cn/xday/
    rdatInx, /zDat/inx/
    rdatMin0, /zDat/min/
    rdatTick, /zDat/tick/

code list: ['000001', '002046', '600663', '000792', '600029', '000800']
 inx list: ['000001']

 stk info
       code  name        ename  id industry  id_industry area  id_area
1046  000001  平安银行  PAYH_000001   1       银行           25   深圳      264

 inx info
    code        ename  id  name        tim0
0  000001  SZZS_000001   0  上证指数  1994-01-01

 wrkStkDat
             open   high    low  close     volume    avg  dprice  dpricek        xtim  xyear   ...
date                                                                                           ...
2017-10-12 14.230 14.240 13.680 14.000 399962.000 14.038  14.038   13.925  2017-10-12   2017   ...
2017-10-13 13.930 14.030 13.770 13.970 260488.000 13.925  13.925   13.480  2017-10-13   2017   ...
2017-10-16 13.860 13.970 13.030 13.060 587551.000 13.480  13.480   13.112  2017-10-16   2017   ...
2017-10-17 13.100 13.250 12.940 13.160 266239.000 13.112  13.112   13.038  2017-10-17   2017   ...
2017-10-18 13.200 13.250 12.810 12.890 268938.000 13.038  13.038      nan  2017-10-18   2017   ...

[5 rows x 25 columns]

 btTimLst
['2017-09-29', '2017-09-28', '2017-09-27', '2017-09-26', '2017-09-25', '2017-09-22', '2017-09-21', '
'2017-09-06', '2017-09-05', '2017-09-04', '2017-09-01', '2017-08-31', '2017-08-30', '2017-08-29', '2
'2017-08-14', '2017-08-11', '2017-08-10', '2017-08-09', '2017-08-08', '2017-08-07', '2017-08-04', '2
```

图 8-43　qx 变量所保存的内部数据信息（部分）

设置量化策略函数。其中：

- qx.preFun——量化分析数据预处理函数，本案例中使用的是 avg01_dpre 均值预处理函数。
- qx.preVars——预处理函数的参数变量列表。
- qx.staFun——量化分析策略函数，本案例中使用的是 avg01 均值策略函数。
- qx.staVars=[1.0,1.2]——策略函数的参数变量列表。

第 5 组代码如下：

```
#5 set.bT.var
print('\n#5,call::qx.preFun')
ztq.tq_pools_call(qx,qx.preFun)
```

代码很简单，核心部分只有一行代码，通过股票池主调用函数 tq_pools_call，根据股票代码调用数据预处理函数 preFun，对相关数据进行处理。

通过 tq_pools_call 函数，我们可以充分感受到 Python 语言的优雅与强大，简简单单几行代码，就可以完成其他语言的若干模块难以完成的工作。

第 6 组代码如下：

```
#6 load_model
print('\n#6,load_model')
mx=load_model('data/bt_lstm010mx2k.dat') ###
qx.aiModel['lstm010']=mx
#
mx.summary()
plot_model(mx, to_file='tmp/lstm010bt.png')
```

读取神经网络模型数据本案例中加载的 LSTM 模型，是在案例 8-1 中生成的模型，它已经预先保存在 data/bt_lstm010mx2k.dat 文件中。

读取模型数据后，生成模型结构图，如图 8-44 所示。

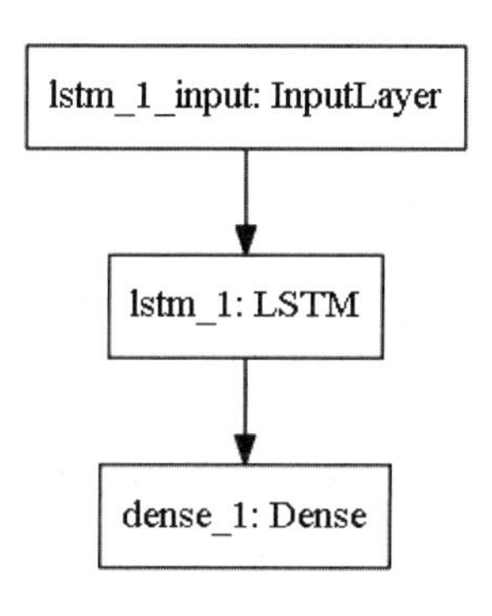

图 8-44　模型结构图

以下是采用文本模式生成的模型结构。

```
#6,load_model
_________________________________________________________________
Layer (type)                 Output Shape              Param #
=================================================================
lstm_1 (LSTM)                (None, 176)               125312
_________________________________________________________________
```

```
dense_1 (Dense)              (None, 1)                 177
=================================================================
Total params: 125,489
Trainable params: 125,489
```

8.3.2 量化回溯

以上是数据整理环节的程序，下面开始进入第二个环节——量化回溯分析。

量化分析的核心是策略，而检测策略好坏的方法就是回溯测试。

第 7 组代码如下：

```
# 7
print('\n#7 bt_main')
qx=zbt.bt_main(qx)
#
ztq.tq_prWrk(qx)
zt.prx('\nusrPools',qx.usrPools)
```

调用回溯主函数 bt_main，按照设定的时间周期运行回溯测试流程。

如图 8-45 所示是 bt-main 函数运行完成后输出的相关信息。

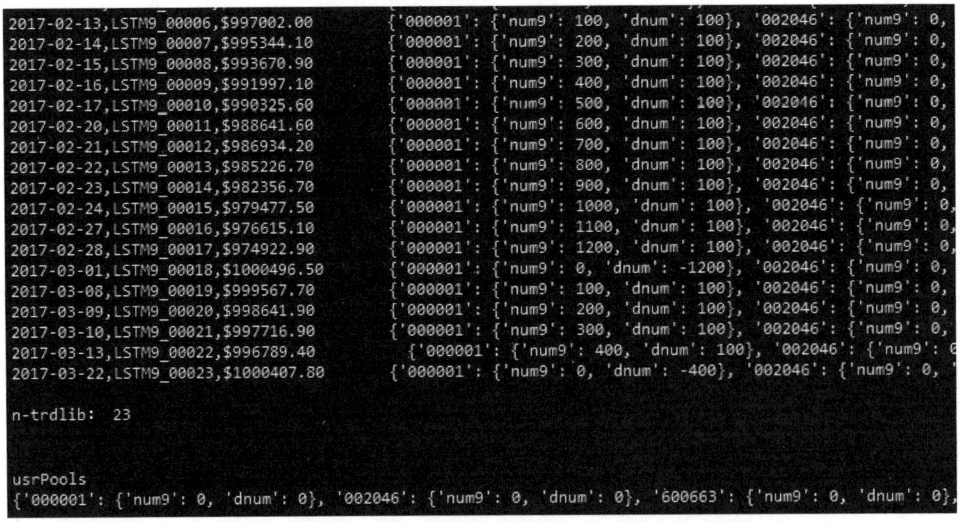

```
2017-02-13,LSTM9_00006,$997002.00       {'000001': {'num9': 100, 'dnum': 100}, '002046': {'num9': 0,
2017-02-14,LSTM9_00007,$995344.10       {'000001': {'num9': 200, 'dnum': 100}, '002046': {'num9': 0,
2017-02-15,LSTM9_00008,$993670.90       {'000001': {'num9': 300, 'dnum': 100}, '002046': {'num9': 0,
2017-02-16,LSTM9_00009,$991997.10       {'000001': {'num9': 400, 'dnum': 100}, '002046': {'num9': 0,
2017-02-17,LSTM9_00010,$990325.60       {'000001': {'num9': 500, 'dnum': 100}, '002046': {'num9': 0,
2017-02-20,LSTM9_00011,$988641.60       {'000001': {'num9': 600, 'dnum': 100}, '002046': {'num9': 0,
2017-02-21,LSTM9_00012,$986934.20       {'000001': {'num9': 700, 'dnum': 100}, '002046': {'num9': 0,
2017-02-22,LSTM9_00013,$985226.70       {'000001': {'num9': 800, 'dnum': 100}, '002046': {'num9': 0,
2017-02-23,LSTM9_00014,$982356.70       {'000001': {'num9': 900, 'dnum': 100}, '002046': {'num9': 0,
2017-02-24,LSTM9_00015,$979477.50       {'000001': {'num9': 1000, 'dnum': 100}, '002046': {'num9': 0,
2017-02-27,LSTM9_00016,$976615.10       {'000001': {'num9': 1100, 'dnum': 100}, '002046': {'num9': 0,
2017-02-28,LSTM9_00017,$974922.90       {'000001': {'num9': 1200, 'dnum': 100}, '002046': {'num9': 0,
2017-03-01,LSTM9_00018,$1000496.50      {'000001': {'num9': 0, 'dnum': -1200}, '002046': {'num9': 0,
2017-03-08,LSTM9_00019,$999567.70       {'000001': {'num9': 100, 'dnum': 100}, '002046': {'num9': 0,
2017-03-09,LSTM9_00020,$998641.90       {'000001': {'num9': 200, 'dnum': 100}, '002046': {'num9': 0,
2017-03-10,LSTM9_00021,$997716.90       {'000001': {'num9': 300, 'dnum': 100}, '002046': {'num9': 0,
2017-03-13,LSTM9_00022,$996789.40         {'000001': {'num9': 400, 'dnum': 100}, '002046': {'num9':
2017-03-22,LSTM9_00023,$1000407.80      {'000001': {'num9': 0, 'dnum': -400}, '002046': {'num9': 0,

n-trdlib:  23


usrPools
{'000001': {'num9': 0, 'dnum': 0}, '002046': {'num9': 0, 'dnum': 0}, '600663': {'num9': 0, 'dnum': 0},
```

图 8-45 回溯主函数输出的信息

第 8 组代码如下：

```
#8
print('\n#8 qx.rw')
fmx0=ftg0+'x1_';ztq.ai_varWr(qx,fmx0)
qx=ztq.ai_varRd(fmx0);
#qx=zt.f_varRd(fss);
```

保存回溯测试结果，用于下一阶段的投资回报分析。因为 qx 变量中的神经网络模型需要单独保存，所以没有使用简单的变量保存函数 f_varWr，而是使用了更加专业的智能模型保存函数 ai_varWr。

ai_varWr 函数的输入参数是文件名前缀，运行后会保存多个数据文件。其中：

- 以 pkl 为后缀的是变量数据文件，在本案例中是 tmp/LSTM9x1_tqvar.pkl。
- 以 mx 为后缀的是模型数据文件，在本案例中是 tmp/LSTM9x1_lstm010.mx。

本案例因为只使用了 LSTM 一种神经网络模型，所以只有一个模型数据文件。

8.3.3　回报分析

第 9 组代码较长，我们分组进行介绍。第 9.1 组代码如下：

```
print('\n#9.1 tq_prTrdlib')
ztq.tq_prTrdlib(qx)
zt.prx('userPools',qx.usrPools)
```

如图 8-46 所示是对应的输出信息。

对如上输出信息的介绍请参见案例 8-7。

第 9.2 组代码如下：

```
print('\n#9.2 tq_usrStkMerge')
df_usr=ztq.tq_usrStkMerge(qx)
zt.prDF('df_usr',df_usr)
```

合并用户交易数据，如图 8-47 所示。

```
#9.1 tq_prTrdlib

qx.trdLib
      time,   ID,     cash,          usrPools
2017-01-04,LSTM9_00001,$998890.50      {'000001': {'num9': 0, 'dnum': 0}, '002046': {'num9': 0, 'dnum': 0}, '600663': {'num
2017-01-05,LSTM9_00002,$997769.50      {'000001': {'num9': 0, 'dnum': 0}, '002046': {'num9': 0, 'dnum': 0}, '600663': {'num
2017-01-09,LSTM9_00003,$1000080.50     {'000001': {'num9': 0, 'dnum': 0}, '002046': {'num9': 0, 'dnum': 0}, '600663': {'num
2017-02-09,LSTM9_00004,$999364.00      {'000001': {'num9': 0, 'dnum': 0}, '002046': {'num9': 0, 'dnum': 0}, '600663': {'num
2017-02-10,LSTM9_00005,$997393.90      {'000001': {'num9': 0, 'dnum': 0}, '002046': {'num9': 0, 'dnum': 0}, '600663': {'num
2017-02-13,LSTM9_00006,$997002.00      {'000001': {'num9': 100, 'dnum': 100}, '002046': {'num9': 0, 'dnum': 0}, '600663': {
2017-02-14,LSTM9_00007,$995344.10      {'000001': {'num9': 200, 'dnum': 100}, '002046': {'num9': 0, 'dnum': 0}, '600663': {
2017-02-15,LSTM9_00008,$993670.90      {'000001': {'num9': 300, 'dnum': 100}, '002046': {'num9': 0, 'dnum': 0}, '600663': {
2017-02-16,LSTM9_00009,$991997.10      {'000001': {'num9': 400, 'dnum': 100}, '002046': {'num9': 0, 'dnum': 0}, '600663': {
......
2017-02-23,LSTM9_00014,$982356.70      {'000001': {'num9': 900, 'dnum': 100}, '002046': {'num9': 0, 'dnum': 0}, '600663': {
2017-02-24,LSTM9_00015,$979477.50      {'000001': {'num9': 1000, 'dnum': 100}, '002046': {'num9': 0, 'dnum': 0}, '600663':
2017-02-27,LSTM9_00016,$976615.10      {'000001': {'num9': 1100, 'dnum': 100}, '002046': {'num9': 0, 'dnum': 0}, '600663':
2017-02-28,LSTM9_00017,$974922.90      {'000001': {'num9': 1200, 'dnum': 100}, '002046': {'num9': 0, 'dnum': 0}, '600663':
2017-03-01,LSTM9_00018,$1000496.50     {'000001': {'num9': 0, 'dnum': -1200}, '002046': {'num9': 0, 'dnum': 0}, '600663': {
2017-03-08,LSTM9_00019,$999567.70      {'000001': {'num9': 100, 'dnum': 100}, '002046': {'num9': 0, 'dnum': 0}, '600663': {
2017-03-09,LSTM9_00020,$998641.90      {'000001': {'num9': 200, 'dnum': 100}, '002046': {'num9': 0, 'dnum': 0}, '600663': {
2017-03-10,LSTM9_00021,$997716.90      {'000001': {'num9': 300, 'dnum': 100}, '002046': {'num9': 0, 'dnum': 0}, '600663': {
2017-03-13,LSTM9_00022,$996789.40      {'000001': {'num9': 400, 'dnum': 100}, '002046': {'num9': 0, 'dnum': 0}, '600663': {
2017-03-22,LSTM9_00023,$1000407.80     {'000001': {'num9': 0, 'dnum': -400}, '002046': {'num9': 0, 'dnum': 0}, '600663': {'

n-trdlib:  23

 userPools
{'000001': {'num9': 0, 'dnum': 0}, '002046': {'num9': 0, 'dnum': 0}, '600663': {'num9': 0, 'dnum': 0}, '000792': {'num9': 0,
```

图 8-46　回报分析输出信息

```
#9.2 tq_usrStkMerge

 E:\00z2017\kc_demo\ztools_tq.py:453: DeprecationWarning:


.ix is deprecated. Please use
.loc for label based indexing or
.iloc for positional indexing

See the documentation here:
http://pandas.pydata.org/pandas-docs/stable/indexing.html#ix-indexer-is-deprecated

df_usr
                 inx        cash  total  000001  002046  600663  000792  600029  000800
date
2017-01-04 3145.700  998890.500      0   9.024  11.923  21.881  13.094   6.980  11.095
2017-01-05 3161.520  997769.500      0   9.034  12.513  21.918  13.128   7.084  11.210
2017-01-09 3160.160 1000080.500      0   9.006  12.730  22.019  13.117   7.064  11.555
2017-02-09 3174.320  999364.000      0   9.169  15.694  22.222  12.416   7.165  11.280
2017-02-10 3191.890  997393.900      0   9.194  15.567  22.308  12.483   7.218  11.378
2017-02-13 3208.560  997002.000      0   9.243  15.265  22.282  12.596   7.272  11.513
2017-02-14 3214.690  995344.100      0   9.263  15.260  22.471  12.526   7.316  11.670
2017-02-15 3217.750  993670.900      0   9.307  15.253  23.223  12.408   7.425  11.650
2017-02-16 3219.510  991997.100      0   9.320  15.395  23.516  12.422   7.418  11.632
2017-02-17 3216.900  990325.600      0   9.290  14.895  23.031  12.368   7.425  11.780
                 inx        cash  total  000001  002046  600663  000792  600029  000800
date
2017-02-23 3252.660  982356.700      0   9.388  14.331  22.712  12.528   7.602  11.710
2017-02-24 3246.940  979477.500      0   9.366  14.436  22.672  12.479   7.714  11.712
2017-02-27 3238.400  976615.100      0   9.324  14.358  22.724  12.416   7.630  11.670
2017-02-28 3234.090  974922.900      0   9.322  14.448  22.621  12.358   7.600  11.620
2017-03-01 3246.210 1000496.500      0   9.361  14.578  22.668  12.400   7.682  11.952
2017-03-08 3239.280  999567.700      0   9.288  13.744  22.350  12.571   7.620  12.000
2017-03-09 3222.400  998641.900      0   9.258  13.756  22.203  12.406   7.623  12.030
2017-03-10 3214.320  997716.900      0   9.250  13.664  22.212  12.383   7.664  11.948
2017-03-13 3219.190  996789.400      0   9.275  13.681  21.999  12.392   7.642  12.192
2017-03-22 3244.090 1000407.800      0   9.046  13.906  22.158  12.184   7.696  11.870
```

图 8-47　合并后的交易数据（部分）

对如上交易数据的解释请参见案例 8-7.

第 9.3 组代码如下：

```
print('\n#9.3 tq_usrDatXed')
df2,k=ztq.tq_usrDatXed(qx,df_usr)
zt.prDF('df2',df2)
```

进一步计算回报分析的结果数据，如图 8-48 所示是整理后的回报分析结果数据。

```
#9.3 tq_usrDatXed

 df2
                 inx        cash        total  000001  002046  600663  000792  600029  000800  000001_num  ...   000792_num
date                                                                                                        ...
2017-01-04 3145.700  998890.500 1000000.000   9.024  11.923  21.881  13.094   6.980  11.095           0  ...            0
2017-01-05 3161.520  997769.500 1000011.500   9.034  12.513  21.918  13.128   7.084  11.210           0  ...            0
2017-01-09 3160.160 1000080.500 1000080.500   9.006  12.730  22.019  13.117   7.064  11.555           0  ...            0
2017-02-09 3174.320  999364.000 1000080.500   9.169  15.694  22.222  12.416   7.165  11.280           0  ...            0
2017-02-10 3191.890  997393.900 1000085.800   9.194  15.567  22.308  12.483   7.218  11.378           0  ...          100
2017-02-13 3208.560  997002.000 1000107.900   9.243  15.265  22.282  12.596   7.272  11.513         100  ...            0
2017-02-14 3214.690  995344.100 1000123.100   9.263  15.260  22.471  12.526   7.316  11.670         200  ...            0
2017-02-15 3217.750  993670.900 1000175.500   9.307  15.253  23.223  12.408   7.425  11.650         300  ...            0
2017-02-16 3219.510  991997.100 1000175.900   9.320  15.395  23.516  12.422   7.418  11.632         400  ...            0
2017-02-17 3216.900  990325.600 1000168.100   9.290  14.895  23.031  12.368   7.425  11.780         500  ...            0

[10 rows x 22 columns]
                 inx        cash        total  000001  002046  600663  000792  600029  000800  000001_num  ...   000792_num
date                                                                                                        ...
2017-02-23 3252.660  982356.700 1000339.100   9.388  14.331  22.712  12.528   7.602  11.710         900  ...            0
2017-02-24 3246.940  979477.500 1000442.700   9.366  14.436  22.672  12.479   7.714  11.712        1000  ...            0
2017-02-27 3238.400  976615.100 1000291.500   9.324  14.358  22.724  12.416   7.630  11.670        1100  ...            0
2017-02-28 3234.090  974922.900 1000235.300   9.322  14.448  22.621  12.358   7.600  11.620        1200  ...            0
2017-03-01 3246.210 1000496.500 1000496.500   9.361  14.578  22.668  12.400   7.682  11.952           0  ...            0
2017-03-08 3239.280  999567.700 1000496.500   9.288  13.744  22.350  12.571   7.620  12.000         100  ...            0
2017-03-09 3222.400  998641.900 1000493.500   9.258  13.756  22.203  12.406   7.623  12.030         200  ...            0
2017-03-10 3214.320  997716.900 1000491.900   9.250  13.664  22.212  12.383   7.664  11.948         300  ...            0
2017-03-13 3219.190  996789.400 1000499.400   9.275  13.681  21.999  12.392   7.642  12.192         400  ...            0
2017-03-22 3244.090 1000407.800 1000407.800   9.046  13.906  22.158  12.184   7.696  11.870           0  ...            0
```

图 8-48　整理后的回报分析结果数据

对如上结果数据的解释请参见案例 8-7。

第 9.4 组代码如下。

```
print('\n#9.4 ret')
print('ret:',k,'%')
```

计算投资回报率，其对应的输出信息如下：

```
#9.4 ret
ret: 100.04 %
```

投资回报率只有 100.04%，扣除 1%~2%的交易成本，这个投资目前其实是亏损的。当然，这只是一个教学案例，而且所使用的模型是最简单的单层结构，还需要对有关模型进行更多的完善与优化。

8.3.4 专业回报分析

以下程序属于专业的回报分析环节。

第 9.5 组代码如下：

```
print('\n#9.5 tq_usrDatXedFill')
df=ztq.tq_usrDatXedFill(qx,df2)
zt.prDF('df',df)
```

再一次整理结果数据，主要是填充交易订单数值为空值的字段，并裁剪为便于 ffn 金融模块库处理的格式。

如图 8-49 所示是整理后的结果数据。

```
#9.5 tq_usrDatXedFill

 df
                 inx        total  000001  002046  600663  000792  600029  000800
date
2017-01-03 3120.750           nan   9.002  11.743  21.812  13.016   6.941  10.962
2017-01-04 3145.700 1000000.000   9.024  11.923  21.881  13.094   6.980  11.095
2017-01-05 3161.520 1000011.500   9.034  12.513  21.918  13.128   7.084  11.210
2017-01-06 3160.790 1000046.500   9.012  12.682  21.986  12.969   7.079  11.385
2017-01-09 3160.160 1000080.500   9.006  12.730  22.019  13.117   7.064  11.555
2017-01-10 3165.290 1000080.500   9.016  13.064  22.048  13.168   7.383  11.550
2017-01-11 3149.180 1000080.500   9.012  12.660  21.893  13.142   7.348  11.360
2017-01-12 3128.460 1000080.500   9.012  12.428  21.561  12.954   7.200  11.280
2017-01-13 3115.380 1000080.500   9.019  12.130  21.463  12.672   7.173  11.112
2017-01-16 3089.340 1000080.500   8.997  11.441  21.652  12.276   7.168  10.735
                 inx        total  000001  002046  600663  000792  600029  000800
date
2017-09-18 3359.910 1000407.800  11.255  10.600  23.380  16.122   8.653  11.412
2017-09-19 3359.370 1000407.800  11.200  10.470  23.412  16.450   8.605  11.370
2017-09-20 3358.700 1000407.800  11.212  10.442  23.195  17.748   8.482  11.445
2017-09-21 3364.320 1000407.800  11.358  10.675  23.055  18.985   8.393  11.810
2017-09-22 3347.780 1000407.800  11.425  10.810  22.982  18.080   8.332  12.088
2017-09-25 3343.010 1000407.800  11.340  10.662  23.010  18.045   8.405  11.982
2017-09-26 3339.920 1000407.800  11.143  10.400  22.998  18.828   8.405  12.308
2017-09-27 3344.020 1000407.800  10.980  10.350  22.822  19.850   8.365  12.420
2017-09-28 3341.060 1000407.800  10.915  10.405  22.572  19.440   8.285  12.655
2017-09-29 3346.640 1000407.800  11.012  10.400  22.432  19.338   8.267  13.445

len-DF: 184
```

图 8-49　深度整理后的结果数据

第 10 组代码如下：

```
#10 ret xed
ret=ffn.to_log_returns(df[xlst]).dropna()
ret=ffn.to_returns(df[xlst]).dropna()
```

```
ret[xlst]=ret[xlst].astype('float')
zt.prDF('\n#10,ret',ret)
```

计算回报率，如图 8-50 所示是对应的回报率数据。

```
#10,ret
              inx  total  000001  002046  600663  000792  600029  000800
date
2017-01-05  0.005  0.000   0.001   0.049   0.002   0.003   0.015   0.010
2017-01-06 -0.000  0.000  -0.002   0.014   0.003  -0.012  -0.001   0.016
2017-01-09 -0.000  0.000  -0.001   0.004   0.002   0.011  -0.002   0.015
2017-01-10  0.002  0.000   0.001   0.026   0.001   0.004   0.045  -0.000
2017-01-11 -0.005  0.000  -0.000  -0.031  -0.007  -0.002  -0.005  -0.016
2017-01-12 -0.007  0.000   0.000  -0.018  -0.015  -0.014  -0.020  -0.007
2017-01-13 -0.004  0.000   0.001  -0.024  -0.005  -0.022  -0.004  -0.015
2017-01-16 -0.008  0.000  -0.002  -0.057   0.009  -0.031  -0.001  -0.034
2017-01-17  0.002  0.000   0.000  -0.034   0.010  -0.014  -0.005  -0.010
2017-01-18  0.005  0.000   0.003   0.012  -0.001   0.008   0.010   0.010
              inx  total  000001  002046  600663  000792  600029  000800
date
2017-09-18  0.001  0.000  -0.001   0.020  -0.000   0.049  -0.004   0.022
2017-09-19 -0.000  0.000  -0.005  -0.012   0.001   0.020  -0.006  -0.004
2017-09-20 -0.000  0.000   0.001  -0.003  -0.009   0.079  -0.014   0.007
2017-09-21  0.002  0.000   0.013   0.022  -0.006   0.070  -0.010   0.032
2017-09-22 -0.005  0.000   0.006   0.013  -0.003  -0.048  -0.007   0.024
2017-09-25 -0.001  0.000  -0.007  -0.014   0.001  -0.002   0.009  -0.009
2017-09-26 -0.001  0.000  -0.017  -0.025  -0.001   0.043   0.000   0.027
2017-09-27  0.001  0.000  -0.015  -0.005  -0.008   0.054  -0.005   0.009
2017-09-28 -0.001  0.000  -0.006   0.005  -0.011  -0.021  -0.010   0.019
2017-09-29  0.002  0.000   0.009  -0.000  -0.006  -0.005  -0.002   0.062

len-DF: 182
```

图 8-50　回报率数据

第 11 组代码如下：

```
#11 ret.hist
print('\n#11 ret.hist')
ax = ret.hist(figsize=(16,8))
```

绘制回报率分布直方图，如图 8-51 所示。

第 12 组代码如下：

```
#12
ret=ret.corr().as_format('.2f')
zt.prDF('\n#12 ret.corr',ret)
```

使用 corr 函数，根据回报率计算各只股票之间的相关性，或者说关联度。如图 8-52 所示是对应的关联度数据。

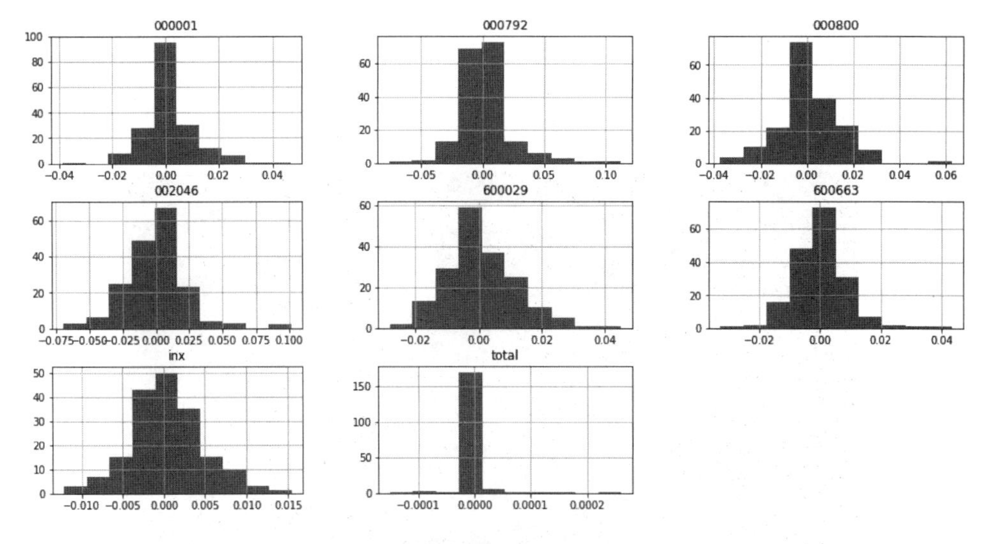

图 8-51　回报率分布直方图

```
#12 ret.corr
         inx  total 000001 002046 600663 000792 600029 000800
inx     1.00   0.14   0.43   0.42   0.22   0.39   0.31   0.45
total   0.14   1.00   0.08   0.05   0.07   0.02   0.19   0.17
000001  0.43   0.08   1.00   0.09   0.05  -0.02   0.18   0.13
002046  0.42   0.05   0.09   1.00   0.07   0.22   0.09   0.39
600663  0.22   0.07   0.05   0.07   1.00   0.08   0.23  -0.07
000792  0.39   0.02  -0.02   0.22   0.08   1.00  -0.04   0.35
600029  0.31   0.19   0.18   0.09   0.23  -0.04   1.00   0.09
000800  0.45   0.17   0.13   0.39  -0.07   0.35   0.09   1.00
         inx  total 000001 002046 600663 000792 600029 000800
inx     1.00   0.14   0.43   0.42   0.22   0.39   0.31   0.45
total   0.14   1.00   0.08   0.05   0.07   0.02   0.19   0.17
000001  0.43   0.08   1.00   0.09   0.05  -0.02   0.18   0.13
002046  0.42   0.05   0.09   1.00   0.07   0.22   0.09   0.39
600663  0.22   0.07   0.05   0.07   1.00   0.08   0.23  -0.07
000792  0.39   0.02  -0.02   0.22   0.08   1.00  -0.04   0.35
600029  0.31   0.19   0.18   0.09   0.23  -0.04   1.00   0.09
000800  0.45   0.17   0.13   0.39  -0.07   0.35   0.09   1.00
```

图 8-52　关联度数据

第 13 组代码，采用简单、快捷的方法，计算和分析交易周期内的回报数据，针对各种不同的资产业绩，提供更完整的分析图表，其中的关键就是使用 ffn 金融模块库中的 calc_stats 函数。

```
#13
print('\n#13 calc_stats')
perf = df.calc_stats()
perf.plot()
print(perf.display())
```

通过计算获得一个 GroupStats 对象，可以分析更详细的专业的回报分析图表。

如图 8-53 所示是专业的量化投资回报分析报表，也是 ffn 金融模块库的精华所在。

Stat	inx	total	000001	002046	600663	000792	600029	000800
Start	2017-01-04	2017-01-04	2017-01-04	2017-01-04	2017-01-04	2017-01-04	2017-01-04	2017-01-04
End	2017-09-29	2017-09-29	2017-09-29	2017-09-29	2017-09-29	2017-09-29	2017-09-29	2017-09-29
Risk-free rate	0.00%	0.00%	0.00%	0.00%	0.00%	0.00%	0.00%	0.00%
Total Return	6.39%	0.04%	22.03%	-12.77%	2.52%	47.69%	18.44%	21.18%
Daily Sharpe	1.24	1.20	1.87	-0.32	0.31	1.78	1.41	1.36
Daily Sortino	1.99	0.63	3.00	-0.49	0.51	3.13	2.67	2.11
CAGR	8.81%	0.06%	31.17%	-16.99%	3.45%	70.13%	25.94%	29.93%
Max Drawdown	-7.30%	-0.02%	-10.32%	-40.14%	-10.49%	-29.14%	-11.11%	-24.49%
Calmar Ratio	1.21	2.68	3.02	-0.42	0.33	2.41	2.33	1.22
MTD	-0.33%	0.00%	-2.68%	-2.42%	-8.63%	68.01%	-5.70%	31.43%
3m	5.19%	0.00%	18.64%	-9.76%	-4.84%	87.11%	-2.90%	32.27%
6m	3.06%	0.00%	22.53%	-29.79%	-2.64%	55.18%	3.45%	16.33%
YTD	6.39%	0.04%	22.03%	-12.77%	2.52%	47.69%	18.44%	21.18%
1Y	-	-	-	-	-	-	-	-
3Y (ann.)	-	-	-	-	-	-	-	-
5Y (ann.)	-	-	-	-	-	-	-	-
10Y (ann.)	-	-	-	-	-	-	-	-
Since Incep. (ann.)	8.81%	0.06%	31.17%	-16.99%	3.45%	70.13%	25.94%	29.93%
Daily Sharpe	1.24	1.20	1.87	-0.32	0.31	1.78	1.41	1.36
Daily Sortino	1.99	0.63	3.00	-0.49	0.51	3.13	2.67	2.11
Daily Mean (ann.)	8.83%	0.06%	28.75%	-12.06%	4.46%	59.48%	25.00%	28.84%
Daily Vol (ann.)	7.15%	0.05%	15.39%	37.28%	14.29%	33.34%	17.76%	21.18%
Daily Skew	0.12	3.95	0.70	0.63	0.69	1.25	0.61	0.26
Daily Kurt	0.70	41.83	4.55	3.30	4.06	6.10	1.27	2.20
Best Day	1.54%	0.03%	4.69%	10.17%	4.32%	11.24%	4.52%	6.24%
Worst Day	-1.21%	-0.02%	-3.86%	-6.93%	-3.27%	-7.62%	-2.83%	-3.74%
Monthly Sharpe	1.38	1.87	1.40	-0.81	0.39	1.07	0.91	0.92
Monthly Sortino	3.29	-	9.87	-1.24	0.25	4.40	8.57	2.97
Monthly Mean (ann.)	9.06%	0.05%	29.73%	-31.72%	5.24%	95.23%	22.06%	40.92%
Monthly Vol (ann.)	6.59%	0.03%	21.29%	39.16%	13.39%	88.73%	24.15%	44.29%
Monthly Skew	-0.23	1.46	1.52	-0.04	-2.26	2.26	0.15	1.67
Monthly Kurt	-1.83	0.11	2.74	-1.56	5.73	5.73	-1.59	3.56
Best Month	2.88%	0.02%	15.56%	13.10%	3.85%	68.01%	11.92%	31.43%
Worst Month	-2.10%	0.00%	-3.52%	-17.89%	-8.63%	-12.27%	-6.15%	-9.66%
Yearly Sharpe	-	-	-	-	-	-	-	-
Yearly Sortino	-	-	-	-	-	-	-	-
Yearly Mean	-	-	-	-	-	-	-	-
Yearly Vol	-	-	-	-	-	-	-	-
Yearly Skew	-	-	-	-	-	-	-	-
Yearly Kurt	-	-	-	-	-	-	-	-
Best Year	-	-	-	-	-	-	-	-
Worst Year	-	-	-	-	-	-	-	-
Avg. Drawdown	-1.67%	-0.01%	-3.08%	-27.78%	-4.82%	-8.01%	-3.62%	-5.22%
Avg. Drawdown Days	23.30	40.20	20.36	123.50	33.14	50.80	20.64	35.71
Avg. Up Month	2.45%	0.02%	5.56%	9.01%	2.02%	17.69%	6.25%	11.95%
Avg. Down Month	-0.94%	0.00%	-2.66%	-9.63%	-4.33%	-8.32%	-5.52%	-5.13%
Win Year %	-	-	-	-	-	-	-	-
Win 12m %	-	-	-	-	-	-	-	-

图 8-53　量化投资回报分析报表

其中各参数的含义请参见案例 8-8。

第 14 组代码如下：

```
#14
print('\n#14 r2')
```

```
ret = df.to_log_returns().dropna()
r2=ret.calc_mean_var_weights().as_format('.2%')
print(r2)
```

ffn 金融模块库还提供了大量常用的金融函数，可以轻松计算相关的权重矩阵数据。以上代码演示了如何使用 ffn.core 模块中的 calc_mean_var_weights 函数，计算各只股票回报率之间的均值-方差矩阵数据。以下是对应的输出信息。

```
#14 r2
000001    42.41%
000792    21.47%
000800     9.40%
002046     0.00%
600029    26.34%
600663     0.00%
inx       0.00%
total     0.39%
```

通过以上计算，我们可以发现：

- 002046、600663 两只股票和 inx（大盘指数）、total（整体收益），计算结果都在0.00%左右，可以归为一类。
- 000001、000792、000800、600029 几只股票，与其他股票的差别很大，各自属于一类。

以上分类，只是单纯地针对股票价格数据而言的。对于挑选挑选股票池中的股票产品而言，还需要更细化的专业分析计算程序。

9

第 9 章

日线数据回溯分析

在新版本的TopQuant极宽智能量化系统中，主要更新之处是：集成了TensorFlow神经网络系统；调整了基于量化流程的系统架构。

调整后的系统架构采用的是瑞士军刀模式，在量化流程的每一个环节都提供了单个或者多个标准的Python、Pandas格式的数据交换接口，而且都采用数据文件格式，包括系统中所使用的神经网络模型。

所有的数据文件都采用行业标准格式，便于用户扩展和移植，以及在不同的应用分析平台进行交叉对比研究。

本章将重点介绍量化流程的数据整理、回溯测试（实盘分析）和回报分析三个环节。

9.1 数据整理

数据整理通常包括以下几个部分。

- 数据更新：主要用于实盘操作，对于历史数据回溯，无须每次在回溯分析前都进行数据更新。
- 数据清洗：过滤无效数据，按照量化模型的要求和格式，准备好相应的输入数据，特别是神经网络模型，通常采用的是NumPy的ndarray多维数组格式。

- 参数设置：包括数据预处理函数 preFun 和策略函数 staFun 的设置，以及相关参数的设置。

案例 9-1：数据更新

如果是回溯分析，只采用历史数据，则一般不需要数据更新环节；如果是实盘分析、实盘交易，那么每次在运行程序前都必须进行数据更新。

数据更新是实盘分析、实盘交易和模拟分析最大的不同之一，有时即使有完整的量化回溯系统以及相关案例，也无法进行实盘分析，获取每天最新的推荐产品，就是因为没有在运行量化回溯分析程序前更新数据。

案例 9-1 文件名为 kc901_dataget.py，主要介绍数据更新的相关操作。

数据更新包括三个环节。

- 大盘指数数据更新。
- 股票分时数据更新。
- 股票日线数据更新。

其中后面两个环节，在进行实盘分析时选择一个即可。

此外，如果进行的是日内交易、高频交易，则需要下载当天的实时数据。请大家根据案例及案例中下载函数的源码，自行修改相关代码。

下面我们对案例程序分组进行讲解。第 1 组代码如下：

```
#1 数据文件总目录
rs0=zsys.rdatCN0
print('\n#1 rs0:',rs0)
```

设置数据文件总目录，默认是\zdat\cn\，其中 cn 表示中国股市。

第 2 组代码如下：

```
#2 指数索引文件，数据文件保存目录
finx,rss='inx\\inx_code.csv',rs0+'xday/'
print('\n#2,finx,',finx)
#下载大盘指数文件
zddown.down_stk_inx(rss,finx);
```

下载大盘指数日线数据，包括沪市指数、深市指数、创业板指数等二十多种常用的大盘指数。

第 3 组代码较长，我们将其分为两组，其中第 3.1 组代码如下：

```
#3.1  下载股票分时数据
rsm=zsys.rdatMin0
print('\n#3,rsm:',rsm)
#
xtyp='5'
xss=xtyp
if len(xtyp)==1:xss='0'+xss
rss=rsm+'M'+xss+'/'
print('rss:',rss)
#
#finx='inx\\stk_code.csv';
finx='data\\bt-stk06.csv';
#codLst=['000001','002046','600663','000792','600029','000800']
print('\n#3.1 下载股票分时数据,finx,',finx)
zddown.down_stk_all(rss,finx,xtyp)
```

根据股票池代码文件 inx_code.csv，下载股票分时数据，默认是 5 分钟的分时数据，目录为：\zdat\min\m05\。

在 TopDown 极宽金融数据下载软件中，根据 A 股代码索引文件 stk_code.csv，下载全部 3000 多只股票的代码需要很长时间，所以在实盘分析中，可以只下载自定义股票池中的股票。

如上程序下载的就是股票池代码索引文件 bt-stk06.csv 中的股票数据，只有 6 只股票。

第 3.2 组代码如下：

```
#3.2 下载指数分时数据
print('\n#3.2 下载指数分时数据,finx,',finx)
#rs0=zsys.rdatMin0+'M05/'
rss=rs0+'XM'+xss+'/'
finx='inx\\inx_code.csv';
zddown.down_stk_all(rss,finx,xtyp,True)
```

根据指数索引文件 inx_code.csv，下载指数分时数据，默认是 5 分钟的分时数据，目录为：\zdat\min\xm05\。

股票分时数据与指数分时数据都保存在 min 目录下，只是用 xm05 来表示指数分时数据的目录。

第 4 组代码如下：

```
#4  下载股票日线数据
rss=rs0+'day/'
print('\n#4,rss:',rss)


#
#finx='inx\\stk_code.csv';
finx='data\\bt-stk06.csv';
zddown.down_stk_all(rss,finx,'D')
```

和第 3 组代码类似，不过下载的是日线数据，使用的也是股票池索引文件，以提高下载速度。

以上下载程序，下载的都不是当天的最新数据，而是前一天的交易数据。为了获取每天的最新交易数据，通常都在每天 16:00 点，即交易所收市 1 小时，有关网站服务器数据更新完成后，再运行数据更新程序，这样下载的就是当天的最新数据了。

通常，都是先采用股票池代码文件，快速下载用户所需的数据，然后再运行量化回溯分析程序，根据当天的数据推荐次日可以交易的股票代码。

运行完量化回溯分析程序，一定要记得每天更新股票数据，通常使用 TopDown 极宽金融数据下载软件，一般每天需要更新以下三类数据。

- 大盘指数数据更新，程序文件名为 tdown_cnSTK_inx.py。
- 股票分时数据更新，程序文件名为 tdown_cnMin.py。
- 股票日线数据更新，程序文件名为 tdown_cnSTK.py。

特别是分时数据，因为 TuShare 新版本的 k 函数接口使用的是腾讯服务器，只提供最近 1~3 个月的分时数据，不提供更早时间周期的分时数据，因此需要自己随时积累。

案例 9-2：数据整理

案例 9-2 文件名为 kc902_bt01dpre.py，主要介绍数据整理的相关操作。下面我们分组进行讲解。

第 1 组代码如下：

```
#1 预处理
pd.set_option('display.width', 450)
pyplt=py.offline.plot
```

预处理，设置运行环境参数。

第 2 组代码如下：

```
#2 set data
print('\n#2,set data')
inxLst=['000001']
codLst=['000001','002046','600663','000792','600029','000800']
tim0Str,tim9Str='2017-01-01','2017-09-30'
rs0=zsys.rdatCN0        #'/zDat/cn/'
prjNam,ksgn='T1','avg'
ftg0='tmp/'+prjNam
print('rs0,',rs0)
```

设置基本参数，主要用于回溯初始化函数 bt_init。

其中：

- inxLst——大盘参数代码；codLst——股票池参数代码。它们都支持多组数据。
- tim0Str、tim9Str——回溯测试的起始和结束时间。
- rs0——数据文件所在的主目录。
- prjNam——回溯项目名称。
- ksgn——回溯价格参数字段名称。本案例使用的是 avg 均值模式，与一般的 close（收盘价）有所不同。
- ftg0——回溯程序参数保存文件名前缀。

1. 回溯时间参数

无论是日线数据，还是 Tick 数据和分时数据，tim0Str 和 tim9Str 两个时间参数变量都采用标准的“YYYY-MM-DD”字符串格式，这是因为回溯都是按交易日进行的，回溯的单步间隔是由数据节点周期间隔决定的。

- 如果是日线数据，则每次回溯的单步数据就是每天的日线数据。
- 如果数据源是 5 分钟的分时数据，则单步回溯数据就是每隔 5 分钟的交易数据。
- 在特殊情况下，如果直接使用 Tick 数据，则单步回溯数据就是每一笔 Tick 交易数据。

单步回溯数据，类似于神经网络模型训练函数 fit 中的 bat-size 单笔数据输入尺寸，就是每一次提交的数据，或者传统回溯程序的 bar 数据节点包。

tim0Str 和 tim9Str 两个时间参数变量，在输入时要注意一些细节。例如 2017 年 1 月 5 日，应该输入“2017-01-05”。2017 年必须是完整的 4 位字符，不能是缩写“17”。另外，不要漏掉 1 月和 5 日前面的字符“0”。

tim0Str 和 tim9Str 两个时间参数变量都可以采用空字符，其中：

- tim9Str 为空字符串时，表示使用当前时间。
- tim0Str 为空字符串时，表示 tim9str 前 30 个周期，如果是日线数据，就是 30 天前。

2. 初始化回溯变量

第 3 组代码如下：

```
#3 init.qx
print('\n#3,init.qx')
qx=zbt.bt_init(rs0,codLst,inxLst,tim0Str,tim9Str,ksgn,prjNam)
ztq.tq_prVar(qx)
```

根据所设置的参数，初始化回溯测试的全局变量 qx。

TopQuant 极宽智能量化系统采用的是单变量模式，这样便于简化维护系统各个模块之间的接口，通常只需要传递一个变量 qx 即可。

其缺点是，qx 是一个宏变量，保存了完整的股票池数据，内存占用很大，而且需要一个额外的 class（类）定义。

qx 变量的初始化，其实是集成在 ztools_tq 模块的初始化函数 tq_init 中的。

在 ztools_bt 极宽回溯模块的回溯数据初始化函数 bt_init 内部调用了 tq_init 函数，生成 qx 变量。

运行 bt_init 函数，会生成如下信息。

```
#3,init.qx
tq_init name...
tq_init pools...

clst: ['000001', '002046', '600663', '000792', '600029', '000800']
1 / 6 /zDat/cn/day/000001.csv
2 / 6 /zDat/cn/day/002046.csv
3 / 6 /zDat/cn/day/600663.csv
```

```
4 / 6 /zDat/cn/day/000792.csv
5 / 6 /zDat/cn/day/600029.csv
6 / 6 /zDat/cn/day/000800.csv

clst: ['000001']
1 / 1 /zDat/cn/xday/000001.csv
tq_init work data...
```

如上信息表示根据股票池中的股票代码，逐一加载数据。为了提高计算性能，笔者采用了全内存计算模式，尽量把所有数据一次性加载到内存中。

如果股票池品种太多，内存过小，那么最简单的解决办法是增加内存，或者使用 dash 等 Python 的大数据模块库进行扩展。

此外，也可以把股票池分成几个小组，分组进行回溯分析。

第 3 组代码运行完成后，调用 tq_prVar 函数，输出 qx 变量所保存的主要数据。

```
ztq.tq_prVar(qx)
```

如图 9-1 所示是 qx 变量内部数据信息（部分）。

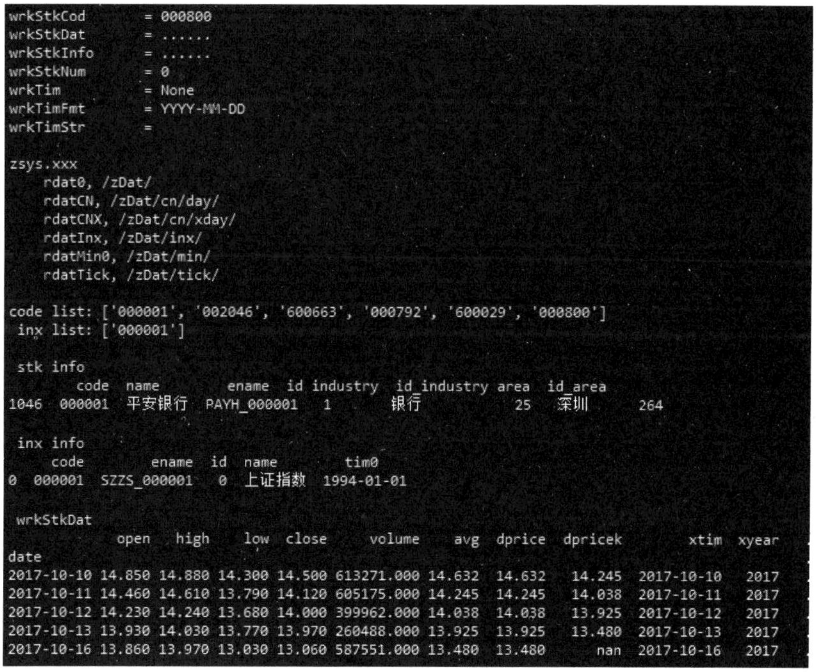

```
wrkStkCod       = 000800
wrkStkDat       = ......
wrkStkInfo      = ......
wrkStkNum       = 0
wrkTim          = None
wrkTimFmt       = YYYY-MM-DD
wrkTimStr       =

zsys.xxx
    rdat0, /zDat/
    rdatCN, /zDat/cn/day/
    rdatCNX, /zDat/cn/xday/
    rdatInx, /zDat/inx/
    rdatMin0, /zDat/min/
    rdatTick, /zDat/tick/

code list: ['000001', '002046', '600663', '000792', '600029', '000800']
 inx list: ['000001']

 stk info
       code  name       ename  id industry  id_industry area  id_area
1046  000001  平安银行  PAYH_000001  1      银行          25   深圳      264

 inx info
     code       ename  id  name       tim0
0  000001  SZZS_000001  0  上证指数  1994-01-01

 wrkStkDat
             open   high    low  close     volume    avg  dprice  dpricek       xtim  xyear
date
2017-10-10 14.850 14.880 14.300 14.500 613271.000 14.632  14.632   14.245 2017-10-10   2017
2017-10-11 14.460 14.610 13.790 14.120 605175.000 14.245  14.245   14.038 2017-10-11   2017
2017-10-12 14.230 14.240 13.680 14.000 399962.000 14.038  14.038   13.925 2017-10-12   2017
2017-10-13 13.930 14.030 13.770 13.970 260488.000 13.925  13.925   13.480 2017-10-13   2017
2017-10-16 13.860 13.970 13.030 13.060 587551.000 13.480  13.480      nan 2017-10-16   2017
```

图 9-1　qx 变量内部数据信息（部分）

3．设置量化策略函数

第 4 组代码如下：

```
#4 set.BT.var
print('\n#4,set.bT.var')
qx.preFun=zsta.avg01_dpre
qx.preVars=[10]
qx.staFun=zsta.avg01
qx.staVars=[1.1,1.1]
```

设置量化策略函数。其中：

- qx.preFun——量化分析数据预处理函数。本案例中使用的是 avg01_dpre 均值预处理函数。
- qx.preVars——预处理函数的参数变量列表。
- qx.staFun——量化分析策略函数。本案例中使用的是 avg01 均值策略函数。
- qx.staVars=[1.1,1.1]——策略函数的参数变量列表。

在 TopQuant 极宽智能量化系统中，策略函数采用的是独创的“1+1”组合函数模式，即一个数据预处理函数 dataPre 和一个策略函数 sta。

这样可以简化策略函数的设计，同时充分利用 Pandas、NumPy 等的矢量化高速运算函数，提高量化分析的整体性能。

通常有关的策略函数都保存在 ztools_sta 策略模块中，本案例为了便于大家掌握回溯流程，在策略函数中没有使用神经网络模型，只是普通的均值策略。

在策略函数中，由于各种策略的要求不同，dataPre 和 sta 函数所需的参数形式、数量也有所不同。因此，我们采用 List 动态列表格式，可以灵活传递各种不同形式、不同数量的变量。

4．数据预处理

第 5 组代码如下：

```
#5 set.bT.var
print('\n#5,call::qx.preFun')
ztq.tq_pools_call(qx,qx.preFun)
```

代码很简单，核心部分只有一行代码，通过股票池主调用函数 tq_pools_call，根据股票代码调用数据预处理函数 preFun，对相关数据进行处理。

5. 股票池主调用函数

股票池主调用函数 tq_pools_call 位于 ztools_tq 模块中，其源码如下：

```
def tq_pools_call(qx,xfun):
    for xcod in qx.stkCodeLst:
        qx.wrkStkCod=xcod
        qx.wrkStkDat=qx.stkPools[xcod]
        #sta_dataPre(qx)
        xfun(qx)
        qx.stkPools[xcod]=qx.wrkStkDat
        #
    return qx
```

从以上源码可以看出，股票池主调用函数 tq_pools_call 的代码很简单，就是一个 for 循环，按照股票代码分别运行 xfun 函数。

这里使用的是 preFun 函数，核心部分就两行代码：

```
for xcod in qx.stkCodeLst:
    xfun(qx)
```

从 tq_pools_call 函数我们可以充分感受到 Python 语言的优雅与强大，简简单单几行代码，就可以完成其他语言的若干模块难以完成的工作。

6. 保存数据

第 6 组代码如下：

```
#6 save.var
print('\n#6,save.var')
fss=ftg0+'x1.pkl';zt.f_varWr(fss,qx)
qx=zt.f_varRd(fss);
ztq.tq_prVar(qx)
```

保存 qx 变量数据，以便下一环节使用。本案例没有使用神经网络模型，数据格式相对简单，只有一个数据文件。

以上程序，保存 qx 变量数据后，再次读取并调用 tq_prVar 函数，打印输出 qx 变量内部的相关数据信息，如图 9-2 所示。

```
#6,save.var

obj:qx


aiMKeys          = []
aiModel          = {}
btTim0           = 2017-01-01T00:00:00+00:00
btTim0Str        = 2017-01-01
btTim9           = 2017-09-30T00:00:00+00:00
btTim9Str        = 2017-09-30
btTimNum         = 273
inxCodeLst       = ['000001']
inxNamTbl        = ......
inxPools         = ......
preFun           = <function avg01_dpre at 0x000001D695E6FC80>
preVars          = [10]
priceDateFlag    = True
priceSgn         = avg
prjNam           = T1
rdat0            = /zDat/cn/
rtmp             = tmp/
staFun           = <function avg01 at 0x000001D695E6FD08>
staVars          = [1.1, 1.1]
stkCodeLst       = ......
stkNamTbl        = ......
```

图 9-2　输出信息

对比图 9-2 和图 9-1 的 qx 变量输出信息，大家会看到两者完全一样，这说明 qx 变量数据的保存和重新读取都是正确的。

7. 数据曲线

第 7 组和第 8 组代码主要用于查看内部数据，绘制相关的价格曲线图。通常为了提高效率在量化回溯程序中往往会省略这些代码，只有在调试、构建模型阶段才使用。

我们将第 7 组代码分为三组，其中第 7.1 组代码如下：

```
#7 chk.dat
print('\n7.1 tq_pools_chk')
ztq.tq_pools_call(qx,ztq.tq_pools_chk)
```

通过股票池主调用函数 tq_pools_call，调用股票池数据查看程序 tq_pools_chk，循环检查相关的股票池交易数据。

tq_pools_chk 的代码如下：

```
def tq_pools_chk(qx):
    print('\n@tq_pools_chk,xcode',qx.wrkStkCod)
    print(qx.wrkStkDat.tail())
```

如图 9-3 所示是部分输出信息。

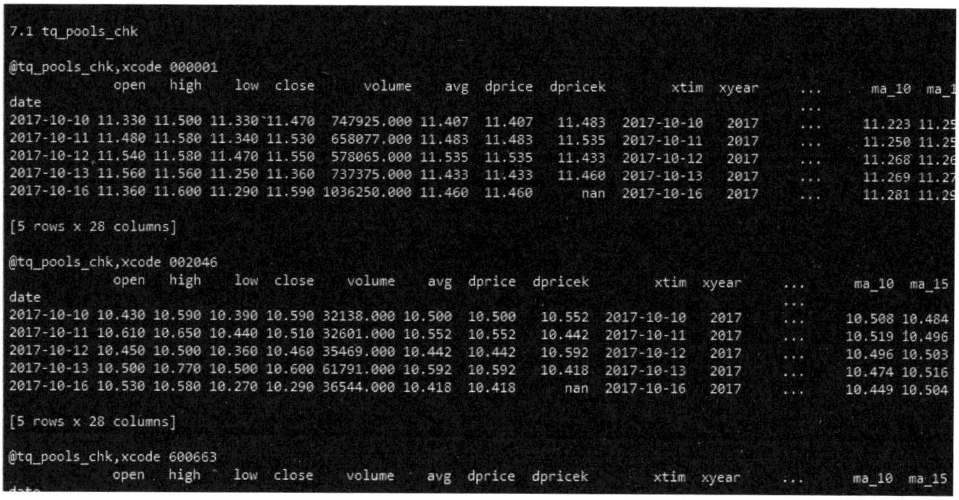

```
7.1 tq_pools_chk

@tq_pools_chk,xcode 000001
             open   high    low  close      volume    avg  dprice  dpricek        xtim  xyear    ...    ma_10  ma_1
date                                                                                             ...
2017-10-10 11.330 11.500 11.330 11.470  747925.000 11.407  11.407   11.483  2017-10-10   2017    ...   11.223 11.25
2017-10-11 11.480 11.580 11.340 11.530  658077.000 11.483  11.483   11.535  2017-10-11   2017    ...   11.250 11.25
2017-10-12 11.540 11.580 11.470 11.550  578065.000 11.535  11.535   11.433  2017-10-12   2017    ...   11.268 11.26
2017-10-13 11.560 11.560 11.250 11.360  737375.000 11.433  11.433   11.460  2017-10-13   2017    ...   11.269 11.27
2017-10-16 11.360 11.600 11.290 11.590 1036250.000 11.460  11.460      nan  2017-10-16   2017    ...   11.281 11.29

[5 rows x 28 columns]

@tq_pools_chk,xcode 002046
             open   high    low  close    volume    avg  dprice  dpricek        xtim  xyear    ...    ma_10  ma_15
date                                                                                           ...
2017-10-10 10.430 10.590 10.390 10.590 32138.000 10.500  10.500   10.552  2017-10-10   2017    ...   10.508 10.484
2017-10-11 10.610 10.650 10.440 10.510 32601.000 10.552  10.552   10.442  2017-10-11   2017    ...   10.519 10.496
2017-10-12 10.450 10.500 10.360 10.460 35469.000 10.442  10.442   10.592  2017-10-12   2017    ...   10.496 10.503
2017-10-13 10.500 10.770 10.500 10.600 61791.000 10.592  10.592   10.418  2017-10-13   2017    ...   10.474 10.516
2017-10-16 10.530 10.580 10.270 10.290 36544.000 10.418  10.418      nan  2017-10-16   2017    ...   10.449 10.504

[5 rows x 28 columns]

@tq_pools_chk,xcode 600663
             open   high    low  close    volume    avg  dprice  dpricek        xtim  xyear    ...    ma_10  ma_15
```

图 9-3　股票池内部数据检查信息

第 7.2、7.3 组代码如下：

```
print('\n#7.2,plot inx -->tmp/tmp_.html')
xinx,df=qx.wrkInxCod,qx.wrkInxDat
hdr,fss='K 线图-inx '+xinx,'tmp/tmp_'+xinx+'.html'
df2=df.tail(100)
zdr.drDF_cdl(df2,ftg=fss,m_title=hdr)

print('\n#7.3,plot stk-->tmp/tmp_.html')
xcod,df=qx.wrkStkCod,qx.wrkStkDat
hdr,fss='K 线图-stk '+xcod,'tmp/tmp_'+xcod+'.html'
df2=df.tail(100)
zdr.drDF_cdl(df2,ftg=fss,m_title=hdr)
```

调用集成的 Plotly 函数，绘制大盘指数 K 线图和股票数据 K 线图，分别如图 9-4 和图 9-5 所示。

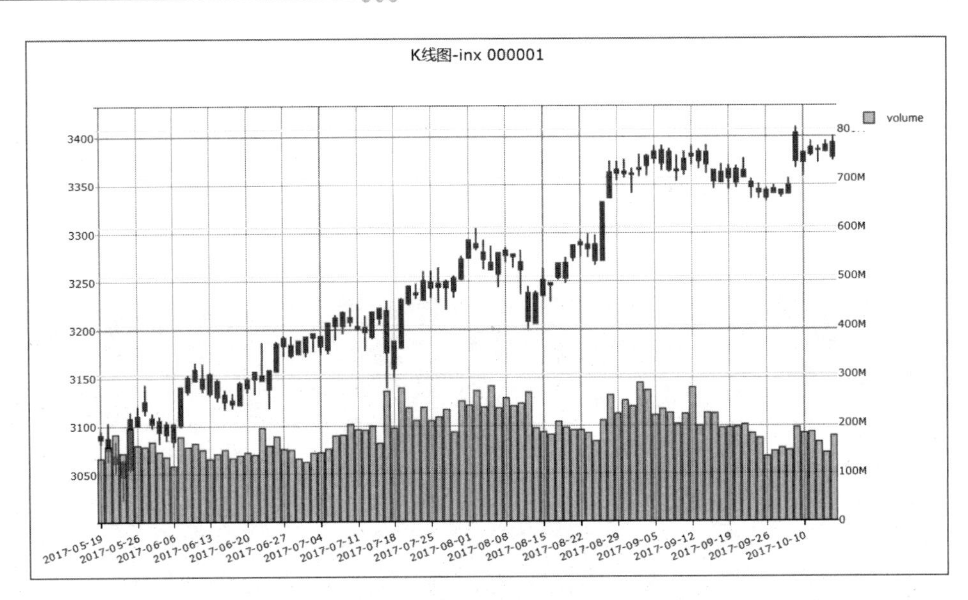

图 9-4　大盘指数 K 线图

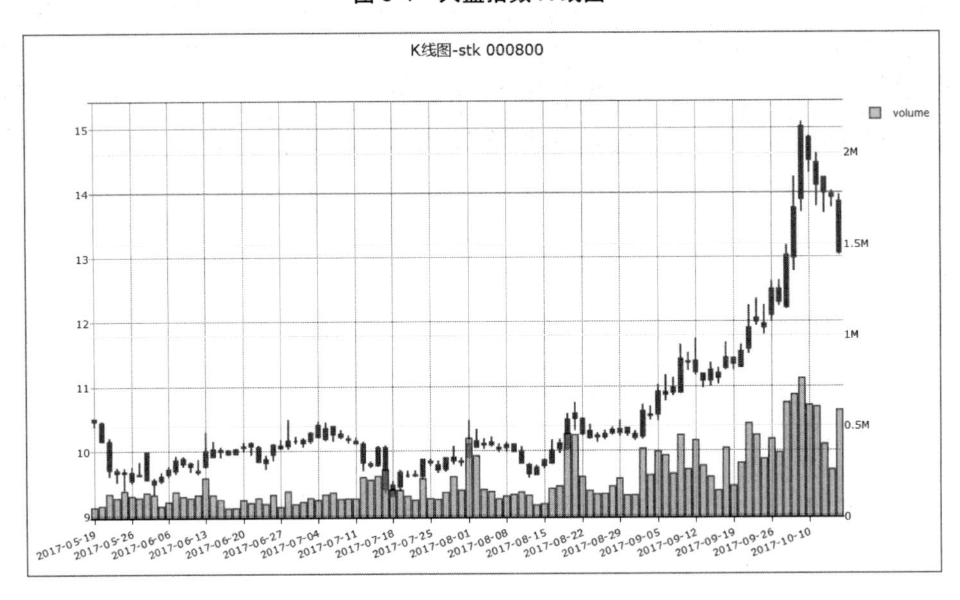

图 9-5　股票数据 K 线图

8. 数据归一化处理

第 8 组代码对数据进行进一步整理，主要是数据归一化处理，大家也可以根据项目需求进行其他更加深入的分析。

我们将第 8 组代码分为几个小组，其中 8.1、8.2 组代码如下：

```
#8
print('\n#8.1,stk.merge')
df9=ztq.tq_usrPoolsMerge(qx)

print('\n#8.2,dat,cut')
df2=zdat.df_kcut8tim(df9,'',tim0Str,tim9Str)
zt.prDF('\n#df2',df2)
```

按 avg 均值将股票池、指数池的价格数据合并到一个 Pandas 的 DataFrame 表格变量中，这样便于分析，并按照回溯时间对数据进行裁剪。

整理后的数据格式如下：

```
#8.2,dat,cut
             x000001  000001  002046  600663  000792  600029  000800
date
2017-01-03 3120.750   9.002  11.743  21.812  13.016   6.941  10.962
2017-01-04 3145.700   9.024  11.923  21.881  13.094   6.980  11.095
2017-01-05 3161.520   9.034  12.513  21.918  13.128   7.084  11.210
2017-01-06 3160.790   9.012  12.682  21.986  12.969   7.079  11.385
2017-01-09 3160.160   9.006  12.730  22.019  13.117   7.064  11.555
2017-01-10 3165.290   9.016  13.064  22.048  13.168   7.383  11.550
2017-01-11 3149.180   9.012  12.660  21.893  13.142   7.348  11.360
2017-01-12 3128.460   9.012  12.428  21.561  12.954   7.200  11.280
2017-01-13 3115.380   9.019  12.130  21.463  12.672   7.173  11.112
2017-01-16 3089.340   8.997  11.441  21.652  12.276   7.168  10.735

             x000001  000001  002046  600663  000792  600029  000800
date
2017-09-18 3359.910  11.255  10.600  23.380  16.122   8.653  11.412
2017-09-19 3359.370  11.200  10.470  23.412  16.450   8.605  11.370
2017-09-20 3358.700  11.212  10.442  23.195  17.748   8.482  11.445
2017-09-21 3364.320  11.358  10.675  23.055  18.985   8.393  11.810
2017-09-22 3347.780  11.425  10.810  22.982  18.080   8.332  12.088
2017-09-25 3343.010  11.340  10.662  23.010  18.045   8.405  11.982
2017-09-26 3339.920  11.143  10.400  22.998  18.828   8.405  12.308
2017-09-27 3344.020  10.980  10.350  22.822  19.850   8.365  12.420
2017-09-28 3341.060  10.915  10.405  22.572  19.440   8.285  12.655
2017-09-29 3346.640  11.012  10.400  22.432  19.338   8.267  13.445
```

各个字段名称对应的是股票代码，大盘指数在字段名称前面加有字符“x”，x 是 index（指数）的缩写。

第 8.3 组代码如下：

```
print('\n#8.3,rebase')
dfx=df2.rebase()
zt.prDF('\n#dfx',dfx)
```

对合并后的数据，调用 rebase 函数进行归一化处理。

rebase 函数并非原生的 Python、Pandas 函数，而是 ffn 金融模块库针对 Pandas 进行的二次扩展函数。

以下是经过归一化处理的数据。可以看到，第一组数据价格都是 100.000。

```
#8.3,rebase
           x000001      000001   002046    600663   000792    600029    000800
date
2017-01-03  100.000     100.000  100.000   100.000  100.000   100.000   100.000
2017-01-04  100.799     100.244  101.533   100.316  100.599   100.562   101.213
2017-01-05  101.306     100.355  106.557   100.486  100.860   102.060   102.262
2017-01-06  101.283     100.111  107.996   100.798  99.639    101.988   103.859
2017-01-09  101.263     100.044  108.405   100.949  100.776   101.772   105.410
2017-01-10  101.427     100.156  111.249   101.082  101.168   106.368   105.364
2017-01-11  100.911     100.111  107.809   100.371  100.968   105.864   103.631
2017-01-12  100.247     100.111  105.833   98.849   99.524    103.731   102.901
2017-01-13   99.828     100.189  103.296   98.400   97.357    103.342   101.368
2017-01-16   98.994     99.944   97.428    99.266   94.315    103.270   97.929

             x000001     000001    002046    600663    000792    600029    000800
date
2017-09-18    107.664   125.028    90.267   107.189 123.863    124.665   104.105
2017-09-19    107.646   124.417    89.159   107.335   126.383   123.973   103.722
2017-09-20    107.625   124.550    88.921   106.341   136.355   122.201   104.406
2017-09-21    107.805   126.172    90.905   105.699   145.859   120.919   107.736
2017-09-22    107.275   126.916    92.055   105.364   138.906   120.040   110.272
2017-09-25    107.122   125.972    90.795   105.492   138.637   121.092   109.305
2017-09-26    107.023   123.784    88.563   105.437   144.653   121.092   112.279
2017-09-27    107.154   121.973    88.138   104.630   152.505   120.516   113.300
2017-09-28    107.060   121.251    88.606   103.484   149.355   119.363   115.444
2017-09-29    107.238   122.328    88.563   102.842   148.571   119.104   122.651
```

第 8.4 组代码如下：

```
print('\n#8.4,plot,rebase')
dfx.plot()
```

绘制归一化的价格曲线图，如图 9-6 所示。

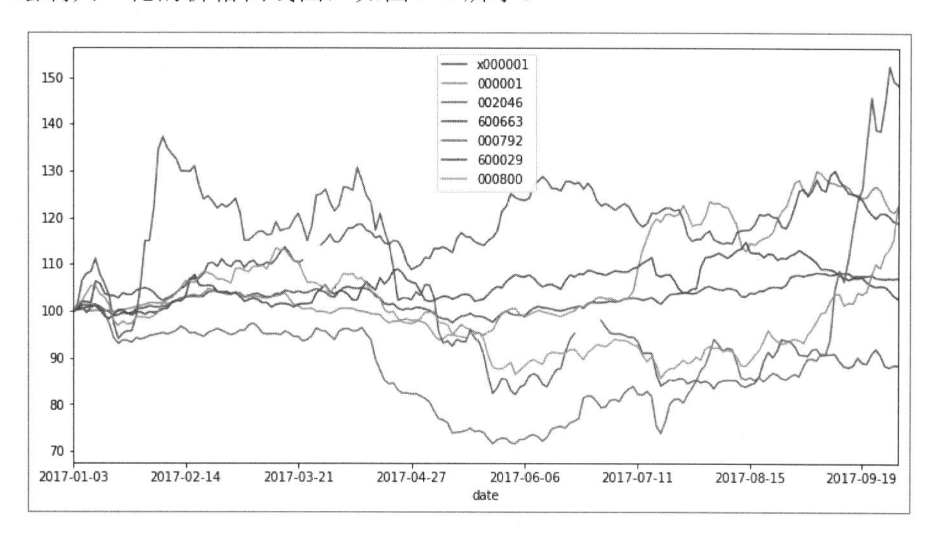

图 9-6　归一化的价格曲线图

数据整理环节完成后，可以保存当前的变量参数文件，以便回溯测试或者参数优化等流程使用。

此外，还可以在数据整理环节增加相关的输出节点、输出图形，以方便调试分析。

9.2　回溯分析

量化分析的核心是策略，而检测策略好坏的方法就是回溯测试。

9.2.1　回溯主函数

TopQuant 极宽智能量化系统的回溯函数全部保存在 ztools_bt 模块中，核心函数就三个。

- bt_main：回溯主函数，逐一周期测试输入数据，如果是日线数据，就按每一个交易日调用分析函数。bt_main 通过调用策略函数，分析对当前周期的股票是买入、卖出还是忽略。如果有合适的买入、卖出数据，就及时通过变量，发出买入、卖出的交易信号。
- bt_main_1day_pools：单一时间节点回溯函数，针对指定时间，按股票池代码，循环调用具体的回溯分析函数，如果是单只股票，这个环节可以省略。
- bt_main_1code：回溯分析函数，调用预设的 staFun 策略函数，具体分析输入数据，判断操作模式是买入、卖出还是忽略。

9.2.2 交易信号

具体的量化策略，是通过 bt_main_1code 函数的如下代码执行的。

```
if dprice>0:qx.wrkStkNum=qx.staFun(qx)
```

dprice 是当天该股票的交易价格数据，如果 dprice 大于 0，则说明交易正在进行，股票没有下市或者停牌，可以调用 staFun 策略函数。

staFun 策略函数的返回值保存在 qx.wrkStkNum 变量中，表示当前交易的股票数目。该变量可以视为交易信号，如果：

- qx.wrkStkNum 大于 0，执行买入操作。
- qx.wrkStkNum 小于 0，执行卖出操作。
- qx.wrkStkNum 等于 0，不执行任何操作。

系统支持定额与定量两种交易模式，由变量 qx.trd_mode 决定。

- 当 qx.trd_mode=1 时，为定量交易模式，每次交易都买入预先设定数量的股票，具体的买入数量由变量 qx.trd_buyNum 决定，默认每次买入 1000 股。
- 当 qx.trd_mode=2 时，为定额交易模式，每次交易都买入预先设定金额的股票，具体的买入金额由变量 qx.trd_buyMoney 决定，默认每次买入 1 万单位货币。

在进行实盘操作时，股票池一般每周清理一次，考虑控制最低交易成本，A 股单只股票单次交易额度一般是 5 万元人民币左右。

需要注意的是，系统卖出是一次性全部卖出的，这是为了简化系统设计，如果有特殊要求，则可以修改相关的程序代码。

9.3 交易接口函数

具体的交易接口函数和买卖操作，主要通过调用 sta_buy 和 sta_sell 函数完成的，这两个函数位于 ztools_sta 策略模块中。

- sta_buy：买入策略函数。
- sta_sell：卖出策略函数。

所有的策略决定买卖时，都是通过这两个函数统一进行的，这样设计是为了统一交易接口，便于用户修改和扩展。

以下是在 avg 均值策略函数中，对买卖函数的具体调用。

```
if fgSell:stknum=sta_sell(qx)
  if fgBuy and(stknum==0):stknum=sta_buy(qx)
```

以上是惯用的卖出优先模式，这也是现金为王的指导思想在量化分析中的具体应用。

系统支持空头交易，由变量 qx.trd_nilFlag 赋值控制。

- qx.trd_nilFlag=True，即当空头标志变量为 True（真）时，支持空头交易。
- qx.trd_nilFlag=False，即当空头标志变量为 False（假）时，取消空头交易，默认不支持空头交易。

当 qx.trd_nilFlag=True 时，还有两个空头辅助变量将起作用。

- qx.usrLevel：空头杠杆指数变量。按用户起点金额（变量为 qx.trd_buyMoney0）的倍数，提供空头上限金额支持。空头上限金额保存在变量 qx.usrMoney0nil 中。

```
qx.usrMoney0nil=qx.usrMoney0*qx.usrLevel
```

- qx.usrMoney0nil：空头上限金额变量。只有当空头标志变量 qx.trd_nilFlag 为 True 时，qx.usrMoney0nil 和 qx.usrLevel 变量才起作用。

案例 9-3：回溯分析

案例 9-3 文件名为 kc903_bt01.py，主要介绍回溯分析的具体内容。下面我们分组进行讲解。

第 1 组代码如下：

```
#1 预处理
pd.set_option('display.width', 450)
pyplt=py.offline.plot
```

预处理，设置运行环境参数。

1. 读取数据

第 2 组代码如下：

```
#2 rd.var
print('\n#2,rd.var')
fss='data/bt-T1x1.pkl';qx=zt.f_varRd(fss);
ztq.tq_prVar(qx)
```

我们将案例 9-2 数据整理的结果复制并保存在 data/bt-T1x1.pkl 文件中，这样可以减少数据预处理的时间，特别是当股票池的股票数目较多时，还可以节省内存。

如图 9-7 所示是读取数据后，qx 变量内部参数信息（部分）。

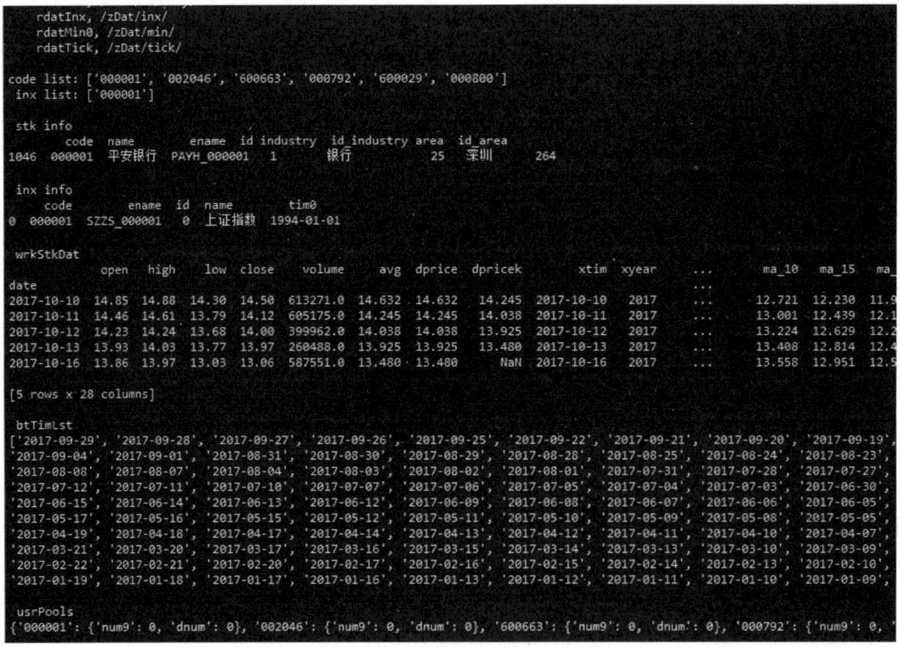

```
    rdatInx, /zDat/inx/
    rdatMin0, /zDat/min/
    rdatTick, /zDat/tick/

code list: ['000001', '002046', '600663', '000792', '600029', '000800']
 inx list: ['000001']

 stk info
       code  name        ename  id industry  id_industry area  id_area
1046  000001  平安银行  PAYH_000001   1        银行           25   深圳      264

 inx info
     code        ename  id  name        tim0
0  000001  SZZS_000001   0  上证指数  1994-01-01

 wrkStkDat
            open   high    low  close    volume     avg  dprice  dpricek        xtim  xyear     ...       ma_10   ma_15   ma_
date                                                                                             ...
2017-10-10  14.85  14.88  14.30  14.50  613271.0  14.632  14.632   14.245  2017-10-10   2017     ...      12.721  12.230  11.9
2017-10-11  14.46  14.61  13.79  14.12  605175.0  14.245  14.245   14.038  2017-10-11   2017     ...      13.001  12.439  12.1
2017-10-12  14.23  14.24  13.68  14.00  399962.0  14.038  14.038   13.925  2017-10-12   2017     ...      13.224  12.629  12.2
2017-10-13  13.93  14.03  13.77  13.97  260488.0  13.925  13.925   13.480  2017-10-13   2017     ...      13.408  12.814  12.4
2017-10-16  13.86  13.97  13.03  13.06  587551.0  13.480  13.480      NaN  2017-10-16   2017     ...      13.558  12.951  12.5

[5 rows x 28 columns]

 btTimLst
['2017-09-29', '2017-09-28', '2017-09-27', '2017-09-26', '2017-09-25', '2017-09-22', '2017-09-21', '2017-09-20', '2017-09-19',
'2017-09-04', '2017-09-01', '2017-08-31', '2017-08-30', '2017-08-29', '2017-08-28', '2017-08-25', '2017-08-24', '2017-08-23',
'2017-08-08', '2017-08-07', '2017-08-04', '2017-08-03', '2017-08-02', '2017-08-01', '2017-07-31', '2017-07-28', '2017-07-27',
'2017-07-12', '2017-07-11', '2017-07-10', '2017-07-07', '2017-07-06', '2017-07-05', '2017-07-04', '2017-07-03', '2017-06-30',
'2017-06-15', '2017-06-14', '2017-06-13', '2017-06-12', '2017-06-09', '2017-06-08', '2017-06-07', '2017-06-06', '2017-06-05',
'2017-05-17', '2017-05-16', '2017-05-15', '2017-05-12', '2017-05-11', '2017-05-10', '2017-05-09', '2017-05-08', '2017-05-05',
'2017-04-19', '2017-04-18', '2017-04-17', '2017-04-14', '2017-04-13', '2017-04-12', '2017-04-11', '2017-04-10', '2017-04-07',
'2017-03-21', '2017-03-20', '2017-03-17', '2017-03-16', '2017-03-15', '2017-03-14', '2017-03-13', '2017-03-10', '2017-03-09',
'2017-02-22', '2017-02-21', '2017-02-20', '2017-02-17', '2017-02-16', '2017-02-15', '2017-02-14', '2017-02-13', '2017-02-10',
'2017-01-19', '2017-01-18', '2017-01-17', '2017-01-16', '2017-01-13', '2017-01-12', '2017-01-11', '2017-01-10', '2017-01-09',

 usrPools
{'000001': {'num9': 0, 'dnum': 0}, '002046': {'num9': 0, 'dnum': 0}, '600663': {'num9': 0, 'dnum': 0}, '000792': {'num9': 0, '
```

图 9-7　qx 变量内部参数信息（部分）

2. 调整回溯参数

第 3 组代码如下：

```
#3
print('\n#3 set.bt.var')
qx.staFun=zsta.avg01
qx.staVars=[1.0,1.2]
#
qx.trd_buyNum=1000
qx.trd_buyMoney=10000
qx.trd_mode=1
#
qx.usrLevel,qx.trd_nilFlag=5,False
qx.usrMoney0nil=qx.usrMoney0*qx.usrLevel
```

虽然在读入的 qx 变量中已经有以上参数的设置信息，但是出于优化参数的考虑，通常会在读入 qx 变量后修改 staFun 策略函数的相关参数变量，以优化量化模型的相关参数，获取最大的投资回报收益。

需要注意的是，在本案例中，因为数据预处理函数 dataPre 已经执行过，所以无须再设置数据预处理相关参数，即使设置了也不会调用。

3. 回溯主函数

第 4 组代码如下：

```
# 4
print('\n#4 bt_main')
qx=zbt.bt_main(qx)
#
ztq.tq_prWrk(qx)
zt.prx('\nusrPools',qx.usrPools)
```

调用回溯主函数 bt_main，按照设定的时间周期运行回溯测试流程。

如图 9-8 所示是 bt_main 函数运行完成后输出的相关信息。

其中：

- qx.trdLib 是交易记录表，按照日期记录相关的交易数据，没有交易的日期没有数据。

- qx.usrPools 是在回溯测试过程中参与交易的股票池数据。

```
2017-02-17,T1_00024,$384259.00    {'000001': {'num9': 2000, 'dnum': 0}, '002046': {'num9': 3000, 'dnum': 1000}, '6006
2017-02-20,T1_00025,$357390.00    {'000001': {'num9': 2000, 'dnum': 0}, '002046': {'num9': 4000, 'dnum': 1000}, '6006
2017-02-21,T1_00026,$330335.00    {'000001': {'num9': 2000, 'dnum': 0}, '002046': {'num9': 5000, 'dnum': 1000}, '6006
2017-02-22,T1_00027,$315837.00    {'000001': {'num9': 2000, 'dnum': 0}, '002046': {'num9': 6000, 'dnum': 1000}, '6006
2017-02-23,T1_00028,$278794.00    {'000001': {'num9': 2000, 'dnum': 0}, '002046': {'num9': 7000, 'dnum': 1000}, '6006
2017-02-24,T1_00029,$229974.00    {'000001': {'num9': 2000, 'dnum': 0}, '002046': {'num9': 8000, 'dnum': 1000}, '6006
2017-02-27,T1_00030,$159482.00    {'000001': {'num9': 3000, 'dnum': 1000}, '002046': {'num9': 9000, 'dnum': 1000}, '6
2017-02-28,T1_00031,$89113.00     {'000001': {'num9': 4000, 'dnum': 1000}, '002046': {'num9': 10000, 'dnum': 1000}, '
2017-03-01,T1_00032,$39467.00     {'000001': {'num9': 4000, 'dnum': 0}, '002046': {'num9': 11000, 'dnum': 1000}, '600
2017-03-02,T1_00033,$15902.00     {'000001': {'num9': 5000, 'dnum': 1000}, '002046': {'num9': 12000, 'dnum': 1000}, '
2017-03-03,T1_00034,$6639.00      {'000001': {'num9': 6000, 'dnum': 1000}, '002046': {'num9': 12000, 'dnum': 0}, '600
2017-09-20,T1_00035,$317621.00    {'000001': {'num9': 6000, 'dnum': 0}, '002046': {'num9': 12000, 'dnum': 0}, '600663
2017-09-21,T1_00036,$286173.00    {'000001': {'num9': 6000, 'dnum': 0}, '002046': {'num9': 12000, 'dnum': 0}, '600663
2017-09-22,T1_00037,$254859.00    {'000001': {'num9': 6000, 'dnum': 0}, '002046': {'num9': 12000, 'dnum': 0}, '600663
2017-09-25,T1_00038,$223444.00    {'000001': {'num9': 6000, 'dnum': 0}, '002046': {'num9': 12000, 'dnum': 0}, '600663
2017-09-26,T1_00039,$170498.00    {'000001': {'num9': 7000, 'dnum': 1000}, '002046': {'num9': 13000, 'dnum': 1000}, '
2017-09-27,T1_00040,$117981.00    {'000001': {'num9': 8000, 'dnum': 1000}, '002046': {'num9': 14000, 'dnum': 1000}, '
2017-09-28,T1_00041,$65804.00     {'000001': {'num9': 9000, 'dnum': 1000}, '002046': {'num9': 15000, 'dnum': 1000}, '
2017-09-29,T1_00042,$13693.00     {'000001': {'num9': 10000, 'dnum': 1000}, '002046': {'num9': 16000, 'dnum': 1000},

n-trdlib:  42


usrPools
{'000001': {'num9': 10000, 'dnum': 0}, '002046': {'num9': 16000, 'dnum': 0}, '600663': {'num9': 24000, 'dnum': 0}, '
```

图 9-8　回溯主函数输出的信息

4．保存回溯测试结果

第 5 组代码如下：

```
#5
print('\n#5 qx.rw')
fss='tmp/bt-T1x2.pkl';zt.f_varWr(fss,qx)
#qx=zt.f_varRd(fss);#ztq.tq_prVar(qx)
```

保存回溯测试结果，用于下一阶段的投资回报分析。

5．回报分析

第 6 组代码用于进行简单的投资回报分析。我们将第 6 组代码分为几个小组进行讲解。其中第 6.1 组代码如下：

```
print('\n#6.1 tq_prTrdlib')
ztq.tq_prTrdlib(qx)
zt.prx('userPools',qx.usrPools)
```

如图 9-9 所示是对应的输出信息。

```
#6.1 tq_prTrdlib

qx.trdLib
       time,   ID,     cash,           usrPools
2017-01-03,T1_00001,$971247.00   {'000001': {'num9': 0, 'dnum': 0}, '002046': {'num9': 0, 'dnum': 0}, '600663': {'num9': 1000, 'dnum': 1
2017-01-04,T1_00002,$949366.00   {'000001': {'num9': 0, 'dnum': 0}, '002046': {'num9': 0, 'dnum': 0}, '600663': {'num9': 2000, 'dnum': 1
2017-01-05,T1_00003,$927448.00   {'000001': {'num9': 0, 'dnum': 0}, '002046': {'num9': 0, 'dnum': 0}, '600663': {'num9': 3000, 'dnum': 1
2017-01-06,T1_00004,$905462.00   {'000001': {'num9': 0, 'dnum': 0}, '002046': {'num9': 0, 'dnum': 0}, '600663': {'num9': 4000, 'dnum': 1
2017-01-09,T1_00005,$883443.00   {'000001': {'num9': 0, 'dnum': 0}, '002046': {'num9': 0, 'dnum': 0}, '600663': {'num9': 5000, 'dnum': 1
2017-01-11,T1_00006,$861550.00   {'000001': {'num9': 0, 'dnum': 0}, '002046': {'num9': 0, 'dnum': 0}, '600663': {'num9': 6000, 'dnum': 1
2017-01-12,T1_00007,$827035.00   {'000001': {'num9': 0, 'dnum': 0}, '002046': {'num9': 0, 'dnum': 0}, '600663': {'num9': 7000, 'dnum': 1
2017-01-13,T1_00008,$769658.00   {'000001': {'num9': 0, 'dnum': 0}, '002046': {'num9': 1000, 'dnum': 1000}, '600663': {'num9': 8000, 'dn
2017-01-16,T1_00009,$704557.00   {'000001': {'num9': 1000, 'dnum': 1000}, '002046': {'num9': 2000, 'dnum': 1000}, '600663': {'num9': 900
......
2017-03-02,T1_00033,$15902.00    {'000001': {'num9': 5000, 'dnum': 1000}, '002046': {'num9': 12000, 'dnum': 1000}, '600663': {'num9': 17
2017-03-03,T1_00034,$6639.00     {'000001': {'num9': 6000, 'dnum': 1000}, '002046': {'num9': 12000, 'dnum': 0}, '600663': {'num9': 17000
2017-09-20,T1_00035,$317621.00   {'000001': {'num9': 6000, 'dnum': 0}, '002046': {'num9': 12000, 'dnum': 0}, '600663': {'num9': 17000, '
2017-09-21,T1_00036,$286173.00   {'000001': {'num9': 6000, 'dnum': 0}, '002046': {'num9': 12000, 'dnum': 0}, '600663': {'num9': 18000, '
2017-09-22,T1_00037,$254859.00   {'000001': {'num9': 6000, 'dnum': 0}, '002046': {'num9': 12000, 'dnum': 0}, '600663': {'num9': 19000, '
2017-09-25,T1_00038,$223444.00   {'000001': {'num9': 6000, 'dnum': 0}, '002046': {'num9': 12000, 'dnum': 0}, '600663': {'num9': 20000, '
2017-09-26,T1_00039,$170498.00   {'000001': {'num9': 7000, 'dnum': 1000}, '002046': {'num9': 13000, 'dnum': 1000}, '600663': {'num9': 21
2017-09-27,T1_00040,$117981.00   {'000001': {'num9': 8000, 'dnum': 1000}, '002046': {'num9': 14000, 'dnum': 1000}, '600663': {'num9': 22
2017-09-28,T1_00041,$65804.00    {'000001': {'num9': 9000, 'dnum': 1000}, '002046': {'num9': 15000, 'dnum': 1000}, '600663': {'num9': 23
2017-09-29,T1_00042,$13693.00    {'000001': {'num9': 10000, 'dnum': 1000}, '002046': {'num9': 16000, 'dnum': 1000}, '600663': {'num9': 2

n-trdlib:  42

 userPools
{'000001': {'num9': 10000, 'dnum': 0}, '002046': {'num9': 16000, 'dnum': 0}, '600663': {'num9': 24000, 'dnum': 0}, '000792': {'num9': 0,
```

图 9-9　回报分析输出信息

这是经过简单整理的输出信息，其中 qx.trdLib 是交易记录表，它共有 4 个字段。

- time——时间。
- ID——用户交易订单编码，按日期归组。
- cash——当天的现金总额，已扣除当天的交易金额。
- usrPools——用户交易股票池数据。

最下面的 userPools 和 trdLib 是用户交易股票池数据，采用的是 Python 字典模式，每只参与交易的股票数据为一组。其中：

- 字典 key 值——股票代码。
- num9——持有该股票的总数额。
- dnum——当天的交易数额，正数为买入，负数为卖出。

第 6.2 组代码如下：

```
print('\n#6.2 tq_usrStkMerge')
df_usr=ztq.tq_usrStkMerge(qx)
zt.prDF('df_usr',df_usr)
```

合并用户交易数据，如图 9-10 所示。

其中相关的字段有：

- date——时间。
- inx——大盘指数当天的价格数据。

- cash——当天持有的现金总额。
- total——资产总值。
- 000001 等——股票代码字段，对应相关股票当天的价格数据。

```
#6.2 tq_usrStkMerge

 df_usr
                inx      cash  total  000001  002046  600663  000792  600029  000800
date
2017-01-03  3120.75  971247.0      0   9.002  11.743  21.812  13.016   6.941  10.962
2017-01-04  3145.70  949366.0      0   9.024  11.923  21.881  13.094   6.980  11.095
2017-01-05  3161.52  927448.0      0   9.034  12.513  21.918  13.128   7.084  11.210
2017-01-06  3160.79  905462.0      0   9.012  12.682  21.986  12.969   7.079  11.385
2017-01-09  3160.16  883443.0      0   9.006  12.730  22.019  13.117   7.064  11.555
2017-01-11  3149.18  861550.0      0   9.012  12.660  21.893  13.142   7.348  11.360
2017-01-12  3128.46  827035.0      0   9.012  12.428  21.561  12.954   7.200  11.280
2017-01-13  3115.38  769658.0      0   9.019  12.130  21.463  12.672   7.173  11.112
2017-01-16  3089.34  704557.0      0   8.997  11.441  21.652  12.276   7.168  10.735
2017-01-17  3094.26  654640.0      0   8.999  11.049  21.866  12.110   7.134  10.625


                inx      cash  total  000001  002046  600663  000792  600029  000800
date
2017-03-02  3241.50   15902.0      0   9.337  14.228  22.493  12.489   7.684  11.970
2017-03-03  3216.32    6639.0      0   9.263  13.526  22.266  12.486   7.588  11.913
2017-09-20  3358.70  317621.0      0  11.212  10.442  23.195  17.748   8.482  11.445
2017-09-21  3364.32  286173.0      0  11.358  10.675  23.055  18.985   8.393  11.810
2017-09-22  3347.78  254859.0      0  11.425  10.810  22.982  18.080   8.332  12.088
2017-09-25  3343.01  223444.0      0  11.340  10.662  23.010  18.045   8.405  11.982
2017-09-26  3339.92  170498.0      0  11.143  10.400  22.998  18.828   8.405  12.308
2017-09-27  3344.02  117981.0      0  10.980  10.350  22.822  19.850   8.365  12.420
2017-09-28  3341.06   65804.0      0  10.915  10.405  22.572  19.440   8.285  12.655
2017-09-29  3346.64   13693.0      0  11.012  10.400  22.432  19.338   8.267  13.445

len-DF: 42
```

图 9-10　合并后的交易数据（部分）

价格数据由 qx.priceSgn 变量赋值设置，默认是 avg 均值模式，传统的量化程序一般使用 close（收盘价）。

图 9-10 所示的只是最简单的汇总表格，total（资产总值）都是 0，还没有进行计算整理。

第 6.3 组代码如下：

```
print('\n#6.3 tq_usrDatXed')
df2,k=ztq.tq_usrDatXed(qx,df_usr)
zt.prDF('df2',df2)
```

进一步计算回报分析的结果数据，如图 9-11 所示。

```
#6.3 tq_usrDatXed
df2.tail()
              inx      cash  total  000001  002046  600663  000792  600029  000800
date
2017-09-25  3343.01  223444.0      0  11.340  10.662  23.010  18.045   8.405  11.982
2017-09-26  3339.92  170498.0      0  11.143  10.400  22.998  18.828   8.405  12.308
2017-09-27  3344.02  117981.0      0  10.980  10.350  22.822  19.850   8.365  12.420
2017-09-28  3341.06   65804.0      0  10.915  10.405  22.572  19.440   8.285  12.655
2017-09-29  3346.64   13693.0      0  11.012  10.400  22.432  19.338   8.267  13.445
df3.tail()
              inx      cash      total  000001  002046  600663  000792  600029  000800  000001_num    ...      000792_num  6
date                                                                                                  ...
2017-09-25  3343.01  223444.0  1132677.0  11.340  10.662  23.010  18.045   8.405  11.982        6000    ...               0
2017-09-26  3339.92  170498.0  1132023.0  11.143  10.400  22.998  18.828   8.405  12.308        7000    ...               0
2017-09-27  3344.02  117981.0  1127320.0  10.980  10.350  22.822  19.850   8.365  12.420        8000    ...               0
2017-09-28  3341.06   65804.0  1123690.0  10.915  10.405  22.572  19.440   8.285  12.655        9000    ...               0
2017-09-29  3346.64   13693.0  1130460.0  11.012  10.400  22.432  19.338   8.267  13.445       10000    ...               0

[5 rows x 22 columns]

 df2
              inx      cash      total  000001  002046  600663  000792  600029  000800  000001_num    ...     000792_num  60
date                                                                                                  ...
2017-01-03  3120.75  971247.0  1000000.0   9.002  11.743  21.812  13.016   6.941  10.962           0    ...              0
2017-01-04  3145.70  949366.0  1000108.0   9.024  11.923  21.881  13.094   6.980  11.095           0    ...              0
2017-01-05  3161.52  927448.0  1000286.0   9.034  12.513  21.918  13.128   7.084  11.210           0    ...              0
2017-01-06  3160.79  905462.0  1000485.0   9.012  12.682  21.986  12.969   7.079  11.385           0    ...              0
2017-01-09  3160.16  883443.0  1000602.0   9.006  12.730  22.019  13.117   7.064  11.555           0    ...              0
2017-01-11  3149.18  861550.0  1000256.0   9.012  12.660  21.893  13.142   7.348  11.360           0    ...              0
2017-01-12  3128.46  827035.0   998116.0   9.012  12.428  21.561  12.954   7.200  11.280           0    ...           1000
2017-01-13  3115.38  769658.0   997121.0   9.019  12.130  21.463  12.672   7.173  11.112           0    ...           2000
2017-01-16  3089.34  704557.0   996770.0   8.997  11.441  21.652  12.276   7.168  10.735        1000    ...           3000
2017-01-17  3094.26  654640.0   997162.0   8.999  11.049  21.866  12.110   7.134  10.625        2000    ...           4000

[10 rows x 22 columns]
```

图 9-11　整理后的回报分析结果数据

整理后的回报分析结果数据，在图 9-10 所示数据的基础上增加了如下字段。

- xcod——股票代码名称。
- xcod_num——该代码股票的持有量。
- xcod_money——该代码股票的持有金额。
- stk-val——当天用户持有的股票总值。

从图 9-11 可以看到，每一天的 total（资产总值）已经有了对应的数据。

第 6.4 组代码如下：

```
print('\n#6.4 ret')
print('ret:',k,'%')
```

计算投资回报率，其对应的输出信息如下：

```
#6.4 ret
ret: 113.05 %
```

不错，投资回报率为 113.05%。投资周期为 9 个月，换算成年化利润，差不多为 120%，比基金经理的年均收益水平 115%还高一点。

对于任何投资策略而言，最重要的指标只有一个，就是投资回报率。

案例 9-4：多模式回溯分析

案例 9-4 文件名为 kc904_bt02.py，主要介绍多模式回溯分析的相关操作。

案例 9-4 只有第 3 组代码与案例 9-3 不同，在本案例中是调整回溯参数部分，通过不同的参数运行不同的程序，以获得多个相关的回报率数据。

第 3 组代码如下：

```
#3
print('\n#3 set.bt.var')
qx.staFun=zsta.avg01
qx.staVars=[1.0,1.2]
#
qx.trd_buyNum=1000
qx.trd_buyMoney=10000
qx.trd_mode=1
#
qx.usrLevel,qx.trd_nilFlag=5,False
qx.usrMoney0nil=qx.usrMoney0*qx.usrLevel
```

其中主要使用了以下几个变量参数。

- qx.trd_mode——交易模式，1 为定量交易模式，2 为定额交易模式。
- qx.trd_buyNum——当为定量交易模式时，每次交易买入的数量。
- qx.trd_buyMoney——当为定额交易模式时，每次交易买入的金额。
- qx.trd_nilFlag——空头标志变量，当为 True 时，支持空头交易；当为 False 时，禁止空头交易。
- qx.usrLevel——空头杠杆指数变量。
- qx.usrMoney0nil——空头上限金额变量。

如表 9-1 所以是 12 种测试模式的回报率及相关变量参数设置。

如图 9-12 所示是对应于表 9-1 的多模式量化回溯分析的回报率柱形图。

从图 9-12 和表 9-1 可以看出，本案例采用 avg 均值策略、空头投资模式，投资回报率普遍高于非空头模式，平均回报率高 50%~60%。考虑到 10%~15%的配资成本，空头模式应该是可以考虑的量化投资模式。

以上测试均只考虑 5 倍杠杆模式，其他变量参数的调整虽然对回报率结果也有影响，但影响不大。

表 9-1　12 种测试模式的回报率及相关变量参数设置

测试模式	投资回报率（%）	变量参数设置
m1-1k	113.05	trd_nilFlag=False;trd_mode=1;trd_buyNum=1000
m1-3k	116.55	trd_nilFlag=False;trd_mode=1;trd_buyNum=3000
m1-5k	112.88	trd_nilFlag=False;trd_mode=1;trd_buyNum=5000
m1-w1	113.64	trd_nilFlag=False;trd_mode=2;trd_ buyMoney =10000
m1-w3	124.25	trd_nilFlag=False;trd_mode=2;trd_ buyMoney =30000
m1-w5	121.92	trd_nilFlag=False;trd_mode=2;trd_ buyMoney =50000
n1-1k	177.44	trd_nilFlag=True;trd_mode=1;trd_buyNum=1000
n1-3k	174.49	trd_nilFlag=True;trd_mode=1;trd_buyNum=3000
n1-5k	165.75	trd_nilFlag=True;trd_mode=1;trd_buyNum=5000
n1-w1	179.61	trd_nilFlag=True;trd_mode=2;trd_ buyMoney =10000
n1-w3	195.68	trd_nilFlag=True;trd_mode=2;trd_ buyMoney =30000
n1-w5	191.54	trd_nilFlag=True;trd_mode=2;trd_ buyMoney =50000

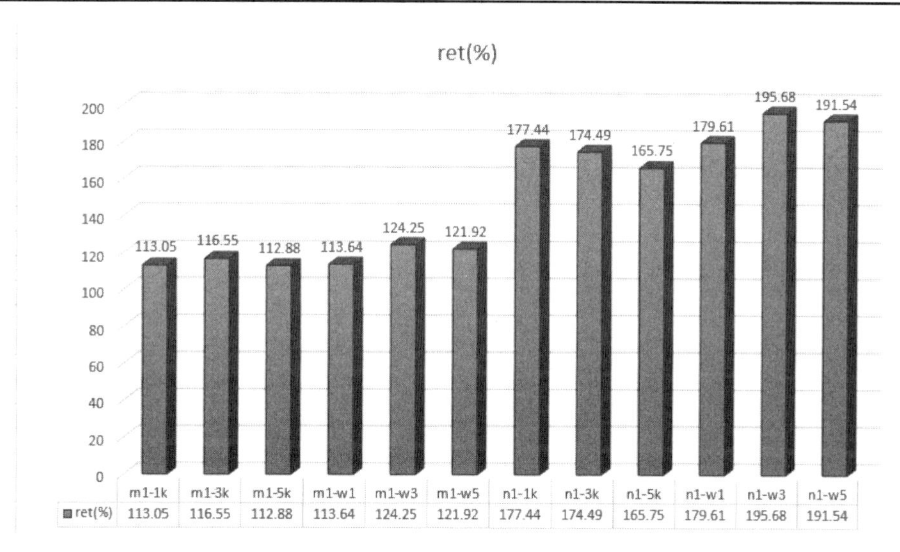

图 9-12　多模式量化回溯分析的回报率柱形图

需要注意的是，以上测试数据，只是少数几只股票在单一时间周期（9 个月）的测试结果。在进行实盘操作时，应该挑选更多的股票组合，在更多的时间周期，进行多次更加全面的测试。

第 10 章 Tick 数据回溯分析

为了更加专业地介绍回报分析，首先介绍一个轻量级的量化回溯分析模块库——ffn 金融模块库，它提供了大量专业级的量化回溯金融指标。

10.1 ffn金融模块库

如图 10-1 所示是 ffn 金融模块库项目网站首页。

ffn 金融模块库，英文全称是 Financial Functions for Python，专业的 Python 金融函数模块库，项目网址是：http://pmorissette.github.io/ffn/。

ffn 金融模块库提供了多种金融量化分析参数指标，包括绩效测量、绘图及常用的数据变换等功能。

案例 10-1：ffn 功能演示

案例 10-1 文件名为 kca01_ffn.py，主要介绍 ffn 金融模块库的基本应用。

下面我们分组进行讲解。

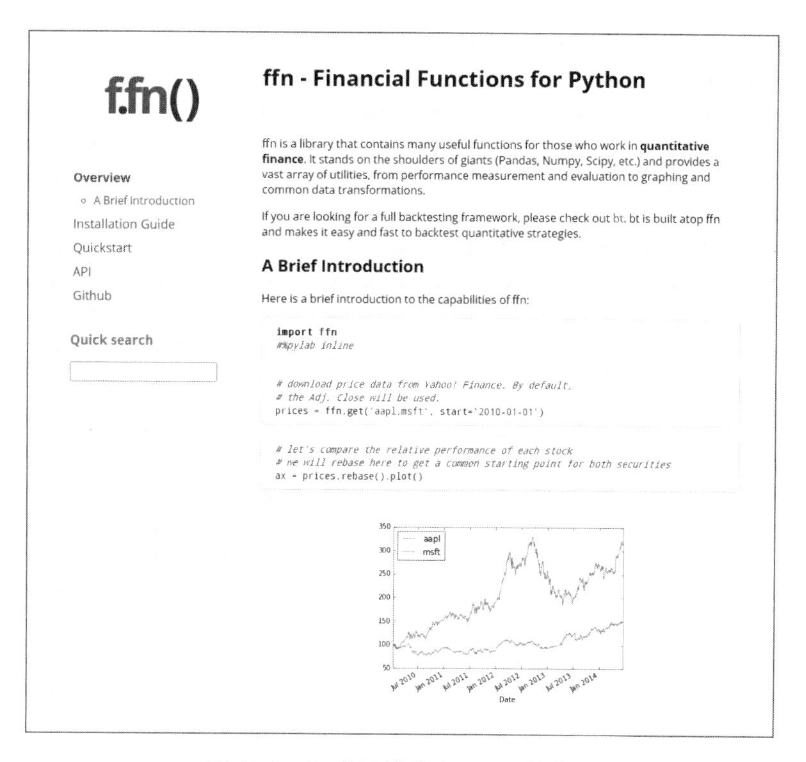

图 10-1　ffn 金融模块库项目网站首页

第 1 组代码如下：

```
#1 预处理
pd.set_option('display.width', 450)
pyplt=py.offline.plot
```

预处理，设置运行环境参数。

第 2 组代码如下：

```
#2 set data
xlst=['agg','hyg','spy','eem','efa']
fdat='data/bt05.csv'
print('\n#2,xlst,',xlst)
```

设置数据。本案例中使用的是美股数据，xlst 是股票池中美股的股票代码。其对应的输出信息如下：

```
#2,xlst, ['agg', 'hyg', 'spy', 'eem', 'efa']
```

第 3 组代码如下：

```
#3,rd data
df=pd.read_csv(fdat,index_col=0,parse_dates =True)
zt.prDF('\n#3,df',df)
```

读取数据文件，并输出相关的信息。

```
#3,df
                agg         hyg          spy          eem          efa
Date
2010-01-04      83.907196   54.968685    97.314377    36.997562    45.222374
2010-01-05      84.288956   55.229492    97.571968    37.266090    45.262234
2010-01-06      84.240196   55.372288    97.640663    37.344055    45.453545
2010-01-07      84.142731   55.595821    98.052856    37.127495    45.278175
2010-01-08      84.191467   55.682705    98.379143    37.422020    45.636898
2010-01-11      84.126488   55.633057    98.516518    37.344055    46.011551
2010-01-12      84.662506   55.347408    97.597740    36.746349    45.469498
2010-01-13      84.305191   55.471634    98.422066    36.858955    45.852127
2010-01-14      84.524483   55.533726    98.688271    36.763660    46.202869
2010-01-15      84.686890   55.310177    97.580559    36.339199    45.477467

                agg         hyg          spy          eem          efa
Date
2017-08-03      109.860001  88.480003    246.960007   43.790001    67.370003
2017-08-04      109.680000  88.500000    247.410004   43.950001    67.459999
2017-08-07      109.669998  88.459999    247.869995   44.250000    67.489998
2017-08-08      109.570000  88.080002    247.259995   44.259998    67.129997
2017-08-09      109.669998  87.739998    247.250000   43.860001    67.019997
2017-08-10      109.779999  87.180000    243.759995   42.820000    66.070000
2017-08-11      109.870003  87.330002    244.119995   42.919998    65.949997
2017-08-14      109.820000  87.790001    246.539993   43.360001    66.430000
2017-08-15      109.660004  87.820000    246.509995   43.410000    66.379997
2017-08-16      109.860001  87.830002    246.940002   43.860001    66.760002

len-DF: 1919
```

由输出信息可以看出，数据文件是 agg 等 5 只美股股票，2010 年 1 月至 2017 年 8 月的股票价格数据，字段名包括 Date（日期）和股票代码。

第 4 组代码主要用于计算回报率。我们将该组代码分为三个小组，其中第 4.1 组代码如下：

```
#4 ret xed
ret=ffn.to_log_returns(df[xlst]).dropna()
zt.prDF('\n#4.1,ret#1',ret)
```

按照对数格式计算回报率，其对应的输出信息如下：

```
#4.1,ret#1
                agg        hyg         spy        eem         efa
Date
2010-01-05   0.004539   0.004733    0.002644   0.007232    0.000881
2010-01-06  -0.000579   0.002582    0.000704   0.002090    0.004218
2010-01-07  -0.001158   0.004029    0.004213  -0.005816   -0.003866
2010-01-08   0.000579   0.001562    0.003322   0.007902    0.007891
2010-01-11  -0.000772  -0.000892    0.001395  -0.002086    0.008176
2010-01-12   0.006351  -0.005148   -0.009370  -0.016135   -0.011851
2010-01-13  -0.004229   0.002242    0.008411   0.003060    0.008380
2010-01-14   0.002598   0.001119    0.002701  -0.002589    0.007620
2010-01-15   0.001920  -0.004034   -0.011288  -0.011613   -0.015825
2010-01-19  -0.001632   0.000449    0.012418   0.020060    0.009768

                agg          hyg          spy          eem          efa
Date
2017-08-03   0.002005    -0.001919    -0.001942    -0.004102    0.000594
2017-08-04  -0.001640     0.000226     0.001820     0.003647    0.001335
2017-08-07  -0.000091    -0.000452     0.001857     0.006803    0.000445
2017-08-08  -0.000912    -0.004305    -0.002464     0.000226   -0.005348
2017-08-09   0.000912    -0.003868    -0.000040    -0.009079   -0.001640
2017-08-10   0.001003    -0.006403    -0.014216    -0.023997   -0.014276
2017-08-11   0.000820     0.001719     0.001476     0.002333   -0.001818
2017-08-14  -0.000455     0.005254     0.009864     0.010200    0.007252
2017-08-15  -0.001458     0.000342    -0.000122     0.001152   -0.000753
2017-08-16   0.001822     0.000114     0.001743     0.010313    0.005708
```

第 4.2 组代码如下：

```
ret=ffn.to_returns(df[xlst]).dropna()
```

```
zt.prDF('\n#4.2,ret#2',ret)
```

按照标准格式计算回报率，其对应的输出信息如下：

```
#4.2,ret#2
                 agg         hyg         spy         eem         efa
Date
2010-01-05  0.004550    0.004745    0.002647    0.007258    0.000881
2010-01-06  -0.000578   0.002586    0.000704    0.002092    0.004227
2010-01-07  -0.001157   0.004037    0.004222    -0.005799   -0.003858
2010-01-08  0.000579    0.001563    0.003328    0.007933    0.007923
2010-01-11  -0.000772   -0.000892   0.001396    -0.002083   0.008209
2010-01-12  0.006372    -0.005135   -0.009326   -0.016005   -0.011781
2010-01-13  -0.004220   0.002244    0.008446    0.003064    0.008415
2010-01-14  0.002601    0.001119    0.002705    -0.002585   0.007649
2010-01-15  0.001921    -0.004025   -0.011224   -0.011546   -0.015700
2010-01-19  -0.001630   0.000449    0.012496    0.020262    0.009816

                 agg         hyg         spy         eem         efa
Date
2017-08-03  0.002007    -0.001918   -0.001940   -0.004094   0.000594
2017-08-04  -0.001638   0.000226    0.001822    0.003654    0.001336
2017-08-07  -0.000091   -0.000452   0.001859    0.006826    0.000445
2017-08-08  -0.000912   -0.004296   -0.002461   0.000226    -0.005334
2017-08-09  0.000913    -0.003860   -0.000040   -0.009037   -0.001639
2017-08-10  0.001003    -0.006382   -0.014115   -0.023712   -0.014175
2017-08-11  0.000820    0.001721    0.001477    0.002335    -0.001816
2017-08-14  -0.000455   0.005267    0.009913    0.010252    0.007278
2017-08-15  -0.001457   0.000342    -0.000122   0.001153    -0.000753
2017-08-16  0.001824    0.000114    0.001744    0.010366    0.005725
```

第 4.3 组代码如下：

```
ret[xlst]=ret[xlst].astype('float')
zt.prDF('\n#4.3,ret#3',ret)
```

整理回报率结果的数据格式，输出信息与前面类似，在此不再重复。

第 5 组代码如下：

```
#5 ret.hist
```

```
print('\n#5 ret.hist')
ax = ret.hist(figsize=(12, 5))
```

绘制回报率分布直方图，如图 10-2 所示。

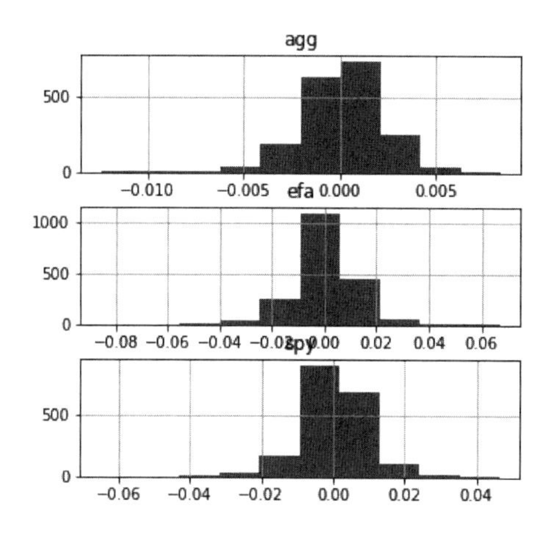

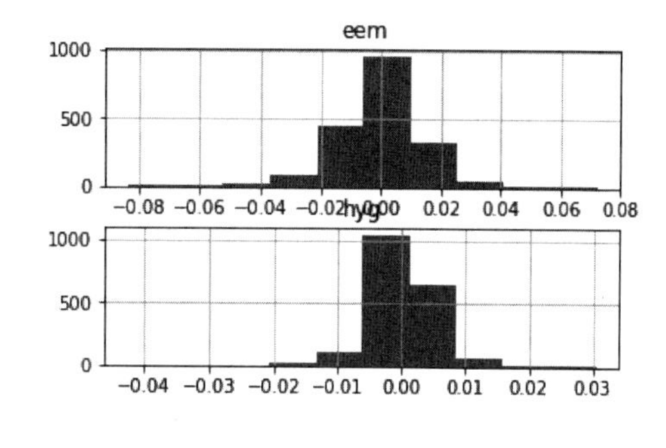

图 10-2　回报率分布直方图

第 6 组代码如下：

```
#6
print('\n# ret.corr()')
ret=ret.corr().as_format('.2f')
zt.prDF('\n#6 ret.corr',ret)
```

使用 corr 函数，根据回报率计算各只股票之间的相关性，或者说关联度。其对应的输出信息如下：

```
#6 ret.corr
        agg     hyg     spy     eem     efa
agg     1.00    -0.08   -0.29   -0.17   -0.24
hyg     -0.08   1.00    0.75    0.72    0.73
spy     -0.29   0.75    1.00    0.84    0.89
eem     -0.17   0.72    0.84    1.00    0.87
efa     -0.24   0.73    0.89    0.87    1.00

        agg     hyg     spy     eem     efa
agg     1.00    -0.08   -0.29   -0.17   -0.24
```

```
hyg      -0.08   1.00    0.75    0.72    0.73
spy      -0.29   0.75    1.00    0.84    0.89
eem      -0.17   0.72    0.84    1.00    0.87
efa      -0.24   0.73    0.89    0.87    1.00
```

第 7 组代码如下：

```
#7
print('\n#7 rebase')
df2=df.rebase()
ax = df2.plot()
zt.prDF('\n#7 rebase',df2)
```

通过 rebase 函数，对数据进行归一化处理。以下是对应的输出信息。

```
#7 rebase
                    agg          hyg          spy          eem          efa
Date
2010-01-04    100.000000   100.000000   100.000000   100.000000  100.000000
2010-01-05    100.454979   100.474465   100.264700   100.725799  100.088142
2010-01-06    100.396867   100.734242   100.335291   100.936529  100.511187
2010-01-07    100.280709   101.140897   100.758859   100.351193  100.123392
2010-01-08    100.338792   101.298958   101.094151   101.147259  100.916635
2010-01-11    100.261351   101.208637   101.235317   100.936529  101.745103
2010-01-12    100.900173   100.688980   100.291183    99.321001  100.546464
2010-01-13    100.474328   100.914974   101.138258    99.625362  101.392570
2010-01-14    100.735678   101.027933   101.411810    99.367791  102.168163
2010-01-15    100.929234   100.621248   100.273528    98.220523  100.564086

                agg          hyg          spy          eem          efa
Date
2017-08-03  130.930369   160.964380   253.775459   118.359153   148.974937
2017-08-04  130.715845   161.000759   254.237875   118.791614   149.173944
2017-08-07  130.703924   160.927988   254.710560   119.602475   149.240281
2017-08-08  130.584747   160.236691   254.083726   119.629499   148.444213
2017-08-09  130.703924   159.618150   254.073455   118.548355   148.200970
2017-08-10  130.835023   158.599392   250.487135   115.737356   146.100247
2017-08-11  130.942289   158.872278   250.857070   116.007639   145.834885
2017-08-14  130.882696   159.709116   253.343854   117.196914   146.896313
```

```
2017-08-15    130.692014    159.763691    253.313028    117.332056    146.785742
2017-08-16    130.930369    159.781887    253.754902    118.548355    147.626045
```

归一化处理后的股票价格曲线图如图 10-3 所示。

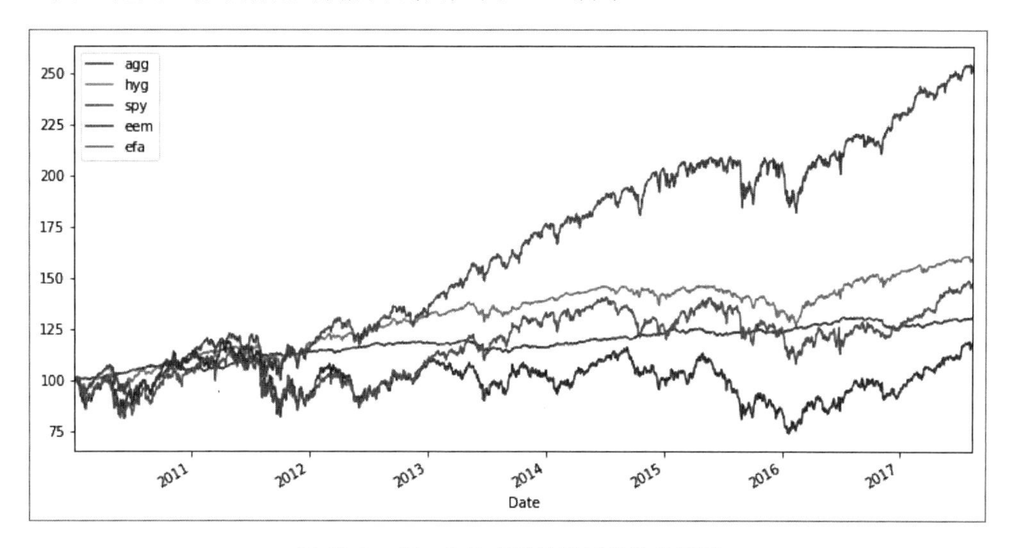

图 10-3　归一化处理后的股票价格曲线图

第 8 组代码，采用简单、快捷的方法，计算和分析交易周期内的回报数据，针对各种不同的资产业绩，提供更完整的分析图表，其中的关键就是使用 ffn 金融模块库中的 calc_stats 函数。

```
ffn.core.calc_stats()
```

该函数会创建一个 ffn.core.GroupStats 对象。GroupStats 对象采用 Python 字典模式，包装各种 ffn.core.PerformanceStats 对象，并提供多种内置的金融分析函数。

第 8 组代码较长，我们将其分为几个小组，其中第 8.1 组代码如下：

```
print('\n#8.1 calc_stats')
perf = df.calc_stats()
perf.plot()
print(perf.display())
```

通过计算获得一个 GroupStats 对象，可以分析更详细的专业的回报分析图表。

以下输出信息是专业的量化投资回报分析报表，也是 ffn 金融模块库的精华所在。

```
Stat              agg          hyg          spy          eem          efa
```

```
--------------  ----------  ---------  ----------  --------  ---------
Start                 2010-01-04    2010-01-04  2010-01-04  2010-01-04    2010-01-04
End                   2017-08-16    2017-08-16  2017-08-16  2017-08-16    2017-08-16
Risk-free rate        0.00%         0.00%       0.00%       0.00%         0.00%

Total Return          30.93%        59.78%      153.75%     18.55%        47.63%
Daily Sharpe          1.07          0.82        0.90        0.21          0.36
Daily Sortino         1.57          1.04        1.14        0.30          0.47
CAGR                  3.60%         6.35%       13.01%      2.26%         5.25%
Max Drawdown          -5.14%        -13.44%     -18.61%     -37.51%       -25.86%
Calmar Ratio          0.70          0.47        0.70        0.06          0.20

MTD                   0.40%         -0.80%      0.07%       0.14%         -0.25%
3m                    1.40%         0.73%       3.36%       5.72%         2.80%
6m                    2.89%         2.77%       6.18%       14.30%        11.84%
YTD                   3.15%         4.56%       11.49%      25.86%        17.51%
1Y                    0.18%         6.98%       15.60%      18.22%        16.27%
3Y (ann.)             2.54%         3.04%       9.99%       1.23%         2.88%
5Y (ann.)             2.26%         4.81%       14.02%      3.52%         8.14%
10Y (ann.)            3.60%         6.35%       13.01%      2.26%         5.25%
Since Incep. (ann.)  3.60%          6.35%       13.01%      2.26%         5.25%

Daily Sharpe          1.07          0.82        0.90        0.21          0.36
Daily Sortino         1.57          1.04        1.14        0.30          0.47
Daily Mean (ann.)     3.60%         6.47%       13.35%      4.67%         6.96%
Daily Vol (ann.)      3.35%         7.90%       14.92%      22.03%        19.17%
Daily Skew            -0.35         -0.39       -0.39       -0.17         -0.43
Daily Kurt            1.73          7.46        4.32        3.00          5.36
Best Day              0.84%         3.05%       4.65%       7.20%         6.74%
Worst Day             -1.24%        -4.26%      -6.51%      -8.34%        -8.59%

Monthly Sharpe        1.19          0.94        1.14        0.29          0.48
Monthly Sortino       1.72          1.58        1.81        0.44          0.73
Monthly Mean (ann.)  3.43%          6.80%       13.78%      5.44%         7.36%
Monthly Vol (ann.)    2.89%         7.23%       12.11%      18.76%        15.43%
Monthly Skew            -0.45       0.20        -0.13       -0.04         -0.24
Monthly Kurt            0.93        2.09        0.53        1.34          0.53
```

```
Best Month          2.05%       8.49%      10.91%     16.27%      11.61%
Worst Month         -2.57%      -5.30%     -7.95%     -17.89%     -11.19%

Yearly Sharpe      0.95         0.91         1.22         0.11         0.42
Yearly Sortino      -       -          -          0.24     1.01
Yearly Mean        3.07%        5.49%        12.63%       1.89%        5.67%
Yearly Vol         3.24%        6.05%        10.38%       17.17%       13.44%
Yearly Skew        -0.15        -0.56        1.03         0.20         0.01
Yearly Kurt        -0.22        0.61         1.86         -1.56        -2.03
Best Year          7.70%        13.41%       32.31%       25.86%       21.44%
Worst Year         -1.98%       -5.02%       1.23%        -18.79%      -12.23%

Avg. Drawdown      -0.50%       -1.03%       -1.54%       -5.41%       -3.93%
Avg. Drawdown Days 23.21        18.05        16.58        143.68       63.02
Avg. Up Month       0.77%       1.61%        2.90%        4.54%        3.51%
Avg. Down Month    -0.52%       -1.78%       -2.80%       -3.54%       -3.43%
Win Year %         85.71%       85.71%       100.00%      42.86%       57.14%
Win 12m %          80.25%       83.95%       92.59%       58.02%       58.02%
```

在以上输出报表中，包含了多种金融指标参数。

- Total Return，总回报率。
- Risk-free rate，无风险利率
- Sharp Rate，夏普指数。
- Sortino Rate，索提诺指数
- Calmar Ratio，卡尔马比率。
- CAGR，年复合增长率。
- Max Drawdown，最大回撤。
- MTD、YTM，月度、年度指标。
- Mean，平均成交量。
- Vol，平均交易金额。
- Best Day(Monthly)，最佳交易日（月）。
- Worst Day(Monthly)，最差交易日（月）。
- Win，获利。

其中，主要的金融指标参数如夏普指数、索提诺指数、最大回撤等，还提供了

年均、月均、日均三种不同时间周期的指数。

第 8.2 组代码如下：

```
print('\n#8.2 display_monthly_return')
m1=perf['agg'].display_monthly_returns()
print(m1)
```

根据股票代码，计算单只股票各个年度的月均回报率。以下是案例中美股 agg 对应的月度回报率数据

```
#8.2 display_monthly_return
  Year      Jan   Feb    Mar    Apr     May    Jun    Jul    Aug     Sep    Oct    Nov    Dec    YTD
------      ----  -----  -----  -----  -----  -----  -----  -----  -----  -----  -----  -----  -----
  2010      1.3   0.2    -0.01  0.97    1.08  1.77   0.85   1.29    0.01   0.15  -0.83  -0.68   6.24
  2011     -0.09  0.29  -0.22   1.57    1.24  -0.45  1.69   1.52    0.77   0.13  -0.33   1.36   7.7
  2012      0.73 -0.01  -0.57   0.91    1.08  -0.02  1.36   0       0.27  -0.05   0.27  -0.25   3.75
  2013     -0.62  0.59   0.1    0.97   -2     -1.57  0.27  -0.83    1.12   0.83  -0.25  -0.56  -1.98
  2014      1.54  0.38  -0.15   0.82    1.18  -0.06 -0.25   1.15   -0.61   1.06   0.66   0.15   6
  2015      2.05 -0.89   0.37  -0.32   -0.44  -1.08  0.86  -0.34    0.81   0.07  -0.39  -0.19   0.48
  2016      1.24  0.89   0.87   0.25    0.01   1.94  0.54  -0.22    0.05  -0.82  -2.57   0.25   2.41
  2017      0.21  0.65  -0.06   0.91    0.69  -0.02  0.33   0.4     0      0      0      0      3.15
```

第 8.3 组代码如下：

```
print('\n#8.3 xcod.stats')
m2=perf['agg'].stats
print(m2)
```

以上代码，提供单只股票的投资回报分析数据。以下是案例中美股 agg 对应的投资回报分析数据。

```
#8.3 xcod.stats
start                      2010-01-04 00:00:00
end                        2017-08-16 00:00:00
rf                                  0
total_return                        0.309304
daily_sharpe                        1.07467
daily_sortino                       1.57083
cagr                                0.0360288
max_drawdown                       -0.0514298
```

```
calmar                                0.700543
mtd                                   0.00402123
three_month                           0.0140272
six_month                             0.0288919
ytd                                   0.0315404
one_year                              0.00177263
three_year                            0.0253707
five_year                             0.0226094
daily_mean                            0.0359707
daily_vol                             0.0334714
daily_skew                            -0.347517
daily_kurt                            1.72669
best_day                              0.00839541
worst_day                             -0.0124395
monthly_sharpe                        1.18862
monthly_sortino                       1.72268
monthly_mean                          0.0342978
monthly_vol                           0.0288552
monthly_skew                          -0.453222
monthly_kurt                          0.926445
best_month                            0.020523
worst_month                           -0.0256571
yearly_sharpe                         0.94817
yearly_mean                           0.0307426
yearly_vol                            0.032423
yearly_skew                           -0.154589
yearly_kurt                           -0.219864
best_year                             0.0769671
worst_year                            -0.0197772
avg_drawdown                          -0.00498489
avg_drawdown_days                     23.215
avg_up_month                          0.0076705
avg_down_month                        -0.00520961
win_year_perc                         0.857143
twelve_month_win_perc                 0.802469
```

第 9 组代码如下：

```
print('\n#9 r2')
ret = df.to_log_returns().dropna()
r2=ret.calc_mean_var_weights().as_format('.2%')
print(r2)
```

ffn 金融模块库还提供了大量常用的金融函数，可以轻松计算相关的权重矩阵数据。以上代码演示了如何使用 ffn.core 模块中的 calc_mean_var_weights 函数，计算各只股票回报率之间的均值-方差矩阵数据。以下是对应的输出信息。

```
#9 r2
agg    82.69%
eem     0.00%
efa     0.00%
hyg     0.14%
spy    17.17%
```

通过以上计算，我们可以发现：

- eem、hyg、efa 三只股票，计算结果都在 0.00%左右，可以归为一类。
- agg、spy 两只股票，与其他股票的差别很大，各自属于一类。

以上分类，只是单纯地针对股票价格数据而言的。对于挑选股票池中的股票产品而言，还需要更细化的专业分析计算程序。

案例 10-2：量化交易回报分析

案例 10-2 文件名为 kca02_bt01ret.py，使用案例 8-3 中的量化回溯测试数据进行回报分析。

下面我们分组进行讲解。第 1 组代码如下：

```
#1 预处理
pd.set_option('display.width', 450)
pyplt=py.offline.plot
```

预处理，设置运行环境参数。

第 2 组代码如下：

```
#2 set data
```

```
codLst=['000001','002046','600663','000792','600029','000800']
xlst=['inx','total']+codLst
#
print('\n#2 qx.rd')
fss='data/bt-T1x2.pkl';#zt.f_varWr(fss,qx)
qx=zt.f_varRd(fss);#ztq.tq_prVar(qx)
```

设置数据。本案例使用 A 股数据，codLst 列表变量保存的是用户股票池的股票代码，xlst 是股票池数据的扩展，增加了两个字段。

- inx——大盘指数价格，本书中通常是指沪指。
- total——资产总值，用于计算量化分析每天的资产总额。

数据源使用的是案 8-3 的回溯测试的结果数据文件，文件名已改为 data/bt-T1x2.pkl。

第 3 组代码主要用于整理回溯测试的结果数据。该组代码较长，我们将其分为几个小组。

第 3.1 组代码如下：

```
print('\n#3.1 tq_usrStkMerge')
df_usr=ztq.tq_usrStkMerge(qx)
zt.prDF('df_usr',df_usr)
```

合并量化分析结果数据，其对应的输出信息如下：

```
#3.1 tq_usrStkMerge

 df_usr
                 inx      cash      total  000001  002046  600663   000792    600029  000800
date
2017-01-03    3120.75  856235.0       0    9.002  11.743  21.812  13.016     6.941  10.962
2017-01-04    3145.70  746830.0       0    9.024  11.923  21.881  13.094     6.980  11.095
2017-01-05    3161.52  637240.0       0    9.034  12.513  21.918  13.128     7.084  11.210
2017-01-06    3160.79  527310.0       0    9.012  12.682  21.986  12.969     7.079  11.385
2017-01-09    3160.16  417215.0       0    9.006  12.730  22.019  13.117     7.064  11.555
2017-01-11    3149.18  307750.0       0    9.012  12.660  21.893  13.142     7.348  11.360
2017-01-12    3128.46  135175.0       0    9.012  12.428  21.561  12.954     7.200  11.280
2017-01-13    3115.38 -151710.0       0    9.019  12.130  21.463  12.672     7.173  11.112
2017-01-16    3089.34 -477215.0       0    8.997  11.441  21.652  12.276     7.168  10.735
2017-01-17    3094.26 -726800.0       0    8.999  11.049  21.866  12.110     7.134  10.625
```

```
                inx        cash      total  000001  002046  600663   000792    600029  000800
date
2017-03-08    3239.28 -4933225.0      0   9.288  13.744  22.350  12.571      7.620  12.000
2017-03-09    3222.40 -4979515.0      0   9.258  13.756  22.203  12.406      7.623  12.030
2017-09-20    3358.70 -3424605.0      0  11.212  10.442  23.195  17.748      8.482  11.445
2017-09-21    3364.32 -3486920.0      0  11.358  10.675  23.055  18.985      8.393  11.810
2017-09-22    3347.78 -3643490.0      0  11.425  10.810  22.982  18.080      8.332  12.088
2017-09-25    3343.01 -3800565.0      0  11.340  10.662  23.010  18.045      8.405  11.982
2017-09-26    3339.92 -4065295.0      0  11.143  10.400  22.998  18.828      8.405  12.308
2017-09-27    3344.02 -4327880.0      0  10.980  10.350  22.822  19.850   8.365  12.420
2017-09-28    3341.06 -4588765.0      0  10.915  10.405  22.572  19.440   8.285  12.655
2017-09-29    3346.64 -4849320.0      0  11.012  10.400  22.432  19.338   8.267  13.445
```

由以上输出信息可以看出，本组程序只是简单地合并相关的大盘指数数据，股票价格数据和 total（资产总值）字段都没有进行计算。

其中指数数据在 inx 字段，股票价格数据在对应的股票代码字段，如图 8-36 中的 002046、6000663 字段等。

第 3.2 组代码如下：

```
print('\n#3.2 tq_usrDatXed')
df2,k=ztq.tq_usrDatXed(qx,df_usr)
zt.prDF('df2',df2)
```

进一步整理量化分析结果数据，如图 10-4 所示是部分输出信息。

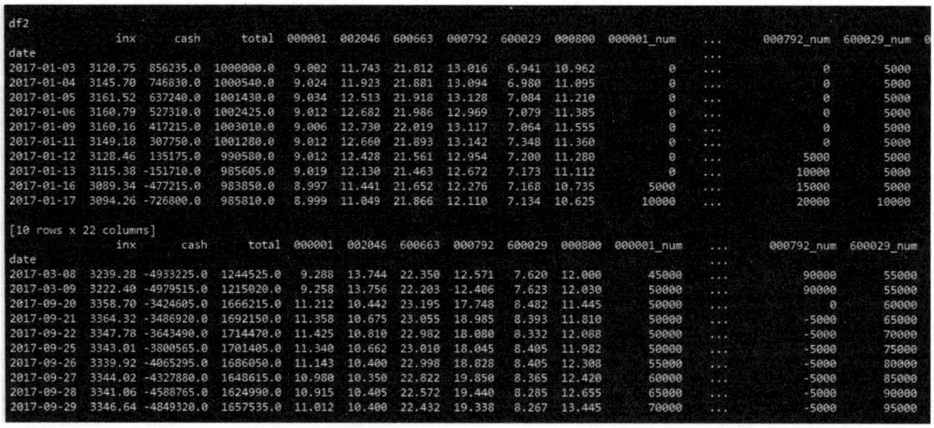

```
df2
                inx      cash      total  000001  002046  600663  000792  600029  000800  000001_num    ...     000792_num  600029_num  0
date                                                                                                  ...
2017-01-03  3120.75  856235.0  1000000.0   9.002  11.743  21.812  13.016   6.941  10.962           0    ...              0        5000
2017-01-04  3145.70  746830.0  1000540.0   9.024  11.923  21.881  13.094   6.980  11.095           0    ...              0        5000
2017-01-05  3161.52  637240.0  1001430.0   9.034  12.513  21.918  13.128   7.084  11.210           0    ...              0        5000
2017-01-06  3160.79  527310.0  1002425.0   9.012  12.682  21.986  12.969   7.079  11.385           0    ...              0        5000
2017-01-09  3160.16  417215.0  1003010.0   9.006  12.730  22.019  13.117   7.064  11.555           0    ...              0        5000
2017-01-11  3149.18  307750.0  1001280.0   9.012  12.660  21.893  13.142   7.348  11.360           0    ...              0        5000
2017-01-12  3128.46  135175.0   990580.0   9.012  12.428  21.561  12.954   7.200  11.280           0    ...           5000        5000
2017-01-13  3115.38 -151710.0   985605.0   9.019  12.130  21.463  12.672   7.173  11.112           0    ...          10000        5000
2017-01-16  3089.34 -477215.0   983850.0   8.997  11.441  21.652  12.276   7.168  10.735        5000    ...          15000        5000
2017-01-17  3094.26 -726800.0   985810.0   8.999  11.049  21.866  12.110   7.134  10.625       10000    ...          20000       10000

[10 rows x 22 columns]
                inx        cash      total  000001  002046  600663  000792  600029  000800  000001_num    ...     000792_num  600029_num
date                                                                                                    ...
2017-03-08  3239.28 -4933225.0  1244525.0   9.288  13.744  22.350  12.571   7.620  12.000       45000    ...          90000       55000
2017-03-09  3222.40 -4979515.0  1215020.0   9.258  13.756  22.203  12.406   7.623  12.030       50000    ...          90000       55000
2017-09-20  3358.70 -3424605.0  1666215.0  11.212  10.442  23.195  17.748   8.482  11.445       50000    ...              0       60000
2017-09-21  3364.32 -3486920.0  1692150.0  11.358  10.675  23.055  18.985   8.393  11.810       50000    ...          -5000       65000
2017-09-22  3347.78 -3643490.0  1714470.0  11.425  10.810  22.982  18.080   8.332  12.088       50000    ...          -5000       70000
2017-09-25  3343.01 -3800565.0  1701405.0  11.340  10.662  23.010  18.045   8.405  11.982       50000    ...          -5000       75000
2017-09-26  3339.92 -4065295.0  1686050.0  11.143  10.400  22.998  18.828   8.405  12.308       55000    ...          -5000       80000
2017-09-27  3344.02 -4327880.0  1648615.0  10.980  10.350  22.822  19.850   8.365  12.420       60000    ...          -5000       85000
2017-09-28  3341.06 -4588765.0  1624990.0  10.915  10.405  22.572  19.440   8.285  12.655       65000    ...          -5000       90000
2017-09-29  3346.64 -4849320.0  1657535.0  11.012  10.400  22.432  19.338   8.267  13.445       70000    ...          -5000       95000
```

图 10-4 进一步整理的量化分析结果数据

从图 10-5 可以看出，total 字段已经有了正确的数据，还增加了各只股票的数量、总价等字段。

第 3.3 组代码如下：

```
print('\n#3.3 ret')
print('ret:',k,'%')
```

简单计算总的回报率，其对应的输出信息如下：

```
#3.3 ret
ret: 165.75 %
```

9 个月的投资回报率高达 165.75%，这是空头交易模式下的回报数据。

第 3.4 组代码如下：

```
print('\n#3.4 tq_usrDatXedFill')
df=ztq.tq_usrDatXedFill(qx,df2)
zt.prDF('df',df)
```

再一次整理结果数据，主要是填充交易订单数值为空值的字段，并裁剪为便于 ffn 金融模块库处理的格式。

其对应的输出信息如下：

```
 df
              inx       total       000001   002046  600663  000792  600029  000800
date
2017-01-03    3120.75   1000000.0   9.002    11.743  21.812  13.016   6.941  10.962
2017-01-04    3145.70   1000540.0   9.024    11.923  21.881  13.094   6.980  11.095
2017-01-05    3161.52   1001430.0   9.034    12.513  21.918  13.128   7.084  11.210
2017-01-06    3160.79   1002425.0   9.012    12.682  21.986  12.969   7.079  11.385
2017-01-09    3160.16   1003010.0   9.006    12.730  22.019  13.117   7.064  11.555
2017-01-10    3165.29   1003010.0   9.016    13.064  22.048  13.168   7.383  11.550
2017-01-11    3149.18   1001280.0   9.012    12.660  21.893  13.142   7.348  11.360
2017-01-12    3128.46   990580.0    9.012    12.428  21.561  12.954   7.200  11.280
2017-01-13    3115.38   985605.0    9.019    12.130  21.463  12.672   7.173  11.112
2017-01-16    3089.34   983850.0    8.997    11.441  21.652  12.276   7.168  10.735
              inx       total       000001   002046  600663  000792  600029  000800
date
2017-09-18    3359.91   1177940.0   11.255   10.600  23.380  16.122   8.653  11.412
```

```
2017-09-19    3359.37  1175420.0     11.200   10.470 23.412 16.450   8.605 11.370
2017-09-20    3358.70  1666215.0     11.212   10.442 23.195 17.748   8.482 11.445
2017-09-21    3364.32  1692150.0     11.358   10.675 23.055 18.985   8.393 11.810
2017-09-22    3347.78  1714470.0     11.425   10.810 22.982 18.080   8.332 12.088
2017-09-25    3343.01  1701405.0     11.340   10.662 23.010 18.045   8.405 11.982
2017-09-26    3339.92  1686050.0     11.143   10.400 22.998 18.828   8.405 12.308
2017-09-27    3344.02  1648615.0     10.980   10.350 22.822 19.850   8.365 12.420
2017-09-28    3341.06  1624990.0     10.915   10.405 22.572 19.440   8.285 12.655
2017-09-29    3346.64  1657535.0     11.012   10.400 22.432 19.338   8.267 13.445
```

第 4 组代码主要用于计算回报率。我们将该组代码分为三个小组进行讲解，其中第 4.1 组代码如下：

```
#4 ret xed
ret=ffn.to_log_returns(df[xlst]).dropna()
zt.prDF('\n#4.1,ret#1',ret)
```

按照对数格式计算回报率，其对应的输出信息如下：

```
#4.1,ret#1
                inx      total      000001     002046    600663      000792     600029    000800
date
2017-01-04  0.007963  0.000540   0.002441   0.015212  0.003158   0.005975   0.005603  0.012060
2017-01-05  0.005016  0.000889   0.001108   0.048299  0.001690   0.002593   0.014790  0.010312
2017-01-06 -0.000231  0.000993  -0.002438   0.013416  0.003098  -0.012185  -0.000706  0.015490
2017-01-09 -0.000199  0.000583  -0.000666   0.003778  0.001500   0.011347  -0.002121  0.014822
2017-01-10  0.001622  0.000000   0.001110   0.025899  0.001316   0.003881   0.044169 -0.000433
2017-01-11 -0.005103 -0.001726  -0.000444  -0.031413 -0.007055  -0.001976  -0.004752 -0.016587
2017-01-12 -0.006601 -0.010744   0.000000  -0.018495 -0.015281  -0.014409  -0.020347 -0.007067
2017-01-13 -0.004190 -0.005035   0.000776  -0.024270 -0.004556  -0.022010  -0.003757 -0.015006
2017-01-16 -0.008394 -0.001782  -0.002442  -0.058478  0.008767  -0.031749  -0.000697 -0.034516
2017-01-17  0.001591  0.001990   0.000222  -0.034863  0.009835  -0.013615  -0.004755 -0.010300
               inx       total      000001     002046    600663      000792     600029    000800
date
2017-09-18  0.000744  0.012816  -0.000622  0.019529  -0.000428   0.048288  -0.004497  0.022150
2017-09-19 -0.000161 -0.002142  -0.004899 -0.012340  0.001368   0.020141  -0.005563 -0.003687
2017-09-20 -0.000199  0.348929  0.001071  -0.002678 -0.009312   0.075947  -0.014397  0.006575
2017-09-21  0.001672  0.015445  0.012938   0.022068 -0.006054   0.067376  -0.010548  0.031394
2017-09-22 -0.004928  0.013104  0.005882   0.012567 -0.003171  -0.048843  -0.007295  0.023267
```

```
2017-09-25 -0.001426 -0.007650 -0.007468 -0.013786  0.001218  -0.001938  0.008723 -0.008808
2017-09-26 -0.000925 -0.009066 -0.017525 -0.024880 -0.000522   0.042476  0.000000  0.026844
2017-09-27  0.001227 -0.022453 -0.014736 -0.004819 -0.007682   0.052859 -0.004770  0.009059
2017-09-28 -0.000886 -0.014434 -0.005937  0.005300 -0.011015  -0.020871 -0.009610  0.018744
2017-09-29  0.001669  0.019830  0.008848 -0.000481 -0.006222  -0.005261 -0.002175  0.060555
```

第 4.2 组代码如下：

```
ret=ffn.to_returns(df[xlst]).dropna()
zt.prDF('\n#4.2,ret#2',ret)
```

按照标准格式计算回报率，其对应的输出信息如下：

```
#4.2,ret#2
                inx      total     000001     002046     600663     000792     600029     000800
date
2017-01-04  0.007995  0.000540  0.002444  0.015328  0.003163  0.005993  0.005619  0.012133
2017-01-05  0.005029  0.000890  0.001108  0.049484  0.001691  0.002597  0.014900  0.010365
2017-01-06 -0.000231  0.000994 -0.002435  0.013506  0.003102 -0.012112 -0.000706  0.015611
2017-01-09 -0.000199  0.000584 -0.000666  0.003785  0.001501  0.011412 -0.002119  0.014932
2017-01-10  0.001623  0.000000  0.001110  0.026237  0.001317  0.003888  0.045159 -0.000433
2017-01-11 -0.005090 -0.001725 -0.000444 -0.030925 -0.007030 -0.001974 -0.004741 -0.016450
2017-01-12 -0.006579 -0.010686  0.000000 -0.018325 -0.015165 -0.014305 -0.020142 -0.007042
2017-01-13 -0.004181 -0.005022  0.000777 -0.023978 -0.004545 -0.021769 -0.003750 -0.014894
2017-01-16 -0.008359 -0.001781 -0.002439 -0.056801  0.008806 -0.031250 -0.000697 -0.033927
2017-01-17  0.001593  0.001992  0.000222 -0.034263  0.009884 -0.013522 -0.004743 -0.010247
                inx      total     000001     002046     600663     000792     600029     000800
date
2017-09-18  0.000745  0.012898 -0.000622  0.019721 -0.000428  0.049473 -0.004487  0.022397
2017-09-19 -0.000161 -0.002139 -0.004887 -0.012264  0.001369  0.020345 -0.005547 -0.003680
2017-09-20 -0.000199  0.417549  0.001071 -0.002674 -0.009269  0.078906 -0.014294  0.006596
2017-09-21  0.001673  0.015565  0.013022  0.022314 -0.006036  0.069698 -0.010493  0.031892
2017-09-22 -0.004916  0.013190  0.005899  0.012646 -0.003166 -0.047669 -0.007268  0.023539
2017-09-25 -0.001425 -0.007620 -0.007440 -0.013691  0.001218 -0.001936  0.008761 -0.008769
2017-09-26 -0.000924 -0.009025 -0.017372 -0.024573 -0.000522  0.043392  0.000000  0.027207
2017-09-27  0.001228 -0.022203 -0.014628 -0.004808 -0.007653  0.054281 -0.004759  0.009100
2017-09-28 -0.000885 -0.014330 -0.005920  0.005314 -0.010954 -0.020655 -0.009564  0.018921
2017-09-29  0.001670  0.020028  0.008887 -0.000481 -0.006202 -0.005247 -0.002173  0.062426
```

第 4.3 组代码如下：

```
ret[xlst]=ret[xlst].astype('float')
zt.prDF('\n#4.3,ret#3',ret)
```

整理回报率结果的数据格式，输出信息与前面类似，在此不再重复。

第 5 组代码如下：

```
#5 ret.hist
print('\n#5 ret.hist')
ax = ret.hist(figsize=(12, 5))
```

绘制回报率分布直方图，如图 10-5 所示。

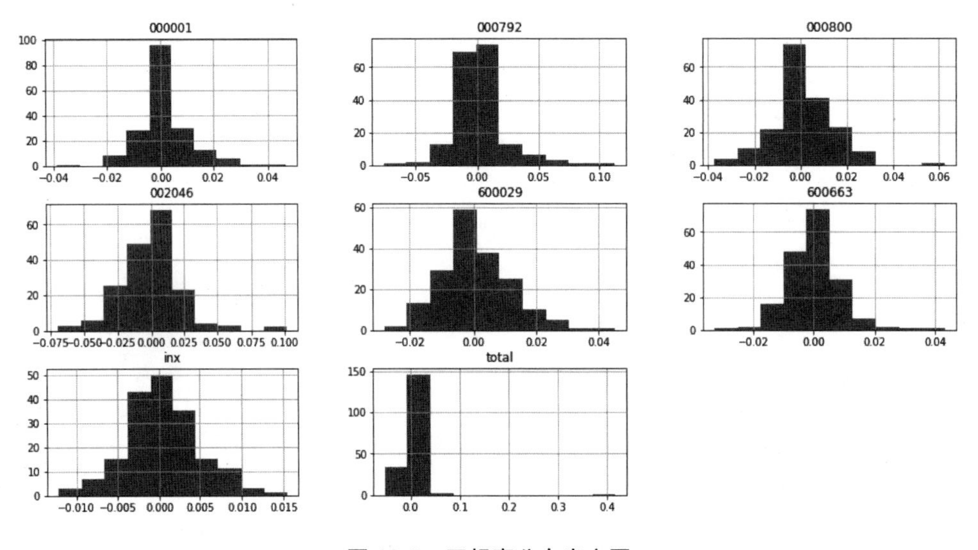

图 10-5　回报率分布直方图

第 6 组代码如下：

```
#6
print('\n# ret.corr()')
ret=ret.corr().as_format('.2f')
zt.prDF('\n#6 ret.corr',ret)
```

使用 corr 函数，根据回报率计算各只股票之间的相关性，或者说关联度。其对应的输出信息如下：

```
#6 ret.corr
         inx  total 000001 002046 600663 000792 600029 000800
inx     1.00   0.13   0.42   0.42   0.22   0.39   0.31   0.46
total   0.13   1.00   0.07   0.19   0.01   0.32  -0.04   0.22
000001  0.42   0.07   1.00   0.09   0.05  -0.02   0.18   0.13
002046  0.42   0.19   0.09   1.00   0.07   0.22   0.09   0.39
600663  0.22   0.01   0.05   0.07   1.00   0.08   0.23  -0.06
000792  0.39   0.32  -0.02   0.22   0.08   1.00  -0.04   0.35
600029  0.31  -0.04   0.18   0.09   0.23  -0.04   1.00   0.09
000800  0.46   0.22   0.13   0.39  -0.06   0.35   0.09   1.00
         inx  total 000001 002046 600663 000792 600029 000800
inx     1.00   0.13   0.42   0.42   0.22   0.39   0.31   0.46
total   0.13   1.00   0.07   0.19   0.01   0.32  -0.04   0.22
000001  0.42   0.07   1.00   0.09   0.05  -0.02   0.18   0.13
002046  0.42   0.19   0.09   1.00   0.07   0.22   0.09   0.39
600663  0.22   0.01   0.05   0.07   1.00   0.08   0.23  -0.06
000792  0.39   0.32  -0.02   0.22   0.08   1.00  -0.04   0.35
600029  0.31  -0.04   0.18   0.09   0.23  -0.04   1.00   0.09
000800  0.46   0.22   0.13   0.39  -0.06   0.35   0.09   1.00
```

第 7 组代码如下：

```
#7
print('\n#7 rebase')
df2=df.rebase()
ax = df2.plot()
zt.prDF('\n#7 rebase',df2)
```

通过 rebase 函数，对数据进行归一化处理。以下是对应的输出信息。

```
#7 rebase
                  inx     total      000001      002046      600663      000792      600029      000800
date
2017-01-03 100.000000 100.0000 100.000000 100.000000 100.000000 100.000000 100.000000 100.000000
2017-01-04 100.799487 100.0540 100.244390 101.532828 100.316340 100.599262 100.561879 101.213282
2017-01-05 101.306417 100.1430 100.355477 106.557098 100.485971 100.860479 102.060222 102.262361
2017-01-06 101.283025 100.2425 100.111086 107.996253 100.797726  99.638906 101.988186 103.858785
2017-01-09 101.262837 100.3010 100.044435 108.405007 100.949019 100.775968 101.772079 105.409597
2017-01-10 101.427221 100.3010 100.155521 111.249255 101.081973 101.167793 106.367959 105.363985
```

```
2017-01-11  100.910999  100.1280  100.111086  107.808907  100.371355  100.968039  105.863708  103.630724
2017-01-12  100.247056   99.0580  100.111086  105.833262   98.849257   99.523663  103.731451  102.900930
2017-01-13   99.827926   98.5605  100.188847  103.295580   98.399963   97.357099  103.342458  101.368363
2017-01-16   98.993511   98.3850   99.944457   97.428255   99.266459   94.314690  103.270422   97.929210
                  inx     total     000001      002046      600663      000792      600029      000800
date
2017-09-18  107.663542  117.7940  125.027772   90.266542  107.188703  123.862938  124.665034  104.105090
2017-09-19  107.646239  117.5420  124.416796   89.159499  107.335412  126.382913  123.973491  103.721949
2017-09-20  107.624770  166.6215  124.550100   88.921059  106.340546  136.355255  122.201412  104.406130
2017-09-21  107.804855  169.2150  126.171962   90.905220  105.698698  145.858943  120.919176  107.735815
2017-09-22  107.274854  171.4470  126.916241   92.054841  105.364020  138.905962  120.040340  110.271848
2017-09-25  107.122006  170.1405  125.972006   90.794516  105.492390  138.637062  121.092062  109.304871
2017-09-26  107.022991  168.6050  123.783604   88.563399  105.437374  144.652735  121.092062  112.278781
2017-09-27  107.154370  164.8615  121.972895   88.137614  104.630479  152.504610  120.515776  113.300493
2017-09-28  107.059521  162.4990  121.250833   88.605978  103.484321  149.354640  119.363204  115.444262
2017-09-29  107.238324  165.7535  122.328371   88.563399  102.842472  148.570990  119.103876  122.650976
```

如图 10-6 所示是归一化处理后的股票价格曲线图。

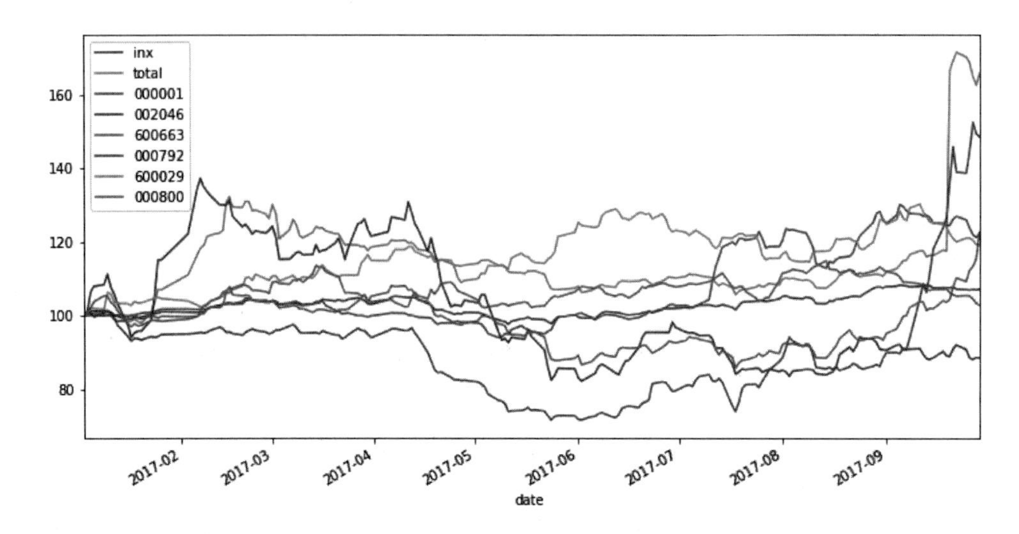

图 10-6　归一化处理后的股票价格曲线图

第 8 组代码，采用简单、快捷的方法，计算和分析交易周期内的回报数据，针对各种不同的资产业绩，提供更完整的分析图表，其中的关键就是使用 ffn 金融模块库中的 calc_stats 函数。

```
ffn.core.calc_stats()
```

该函数会创建一个 ffn.core.GroupStats 对象。GroupStats 对象采用 Python 字典模式，包装各种 ffn.core.PerformanceStats 对象，并提供多种内置的金融分析函数。

第 8 组代码较长，我们将其分为几个小组，其中第 8.1 组代码如下：

```
print('\n#8.1 calc_stats')
perf = df.calc_stats()
perf.plot()
print(perf.display())
```

通过计算获得一个 GroupStats 对象，可以分析更详细的专业回报分析图表。

以下输出信息是专业的量化投资回报分析报表，也是 ffn 金融模块库的精华所在。

```
#8.1 calc_stats
Stat                 inx        total      000001     002046     600663     000792     600029     000800
------------------- ---------- ---------- ---------- ---------- ---------- ---------- ---------- ----------
Start               2017-01-03 2017-01-03 2017-01-03 2017-01-03 2017-01-03 2017-01-03 2017-01-03 2017-01-03
End                 2017-09-29 2017-09-29 2017-09-29 2017-09-29 2017-09-29 2017-09-29 2017-09-29 2017-09-29
Risk-free rate      0.00%      0.00%      0.00%      0.00%      0.00%      0.00%      0.00%      0.00%

Total Return        7.24%      65.75%     22.33%     -11.44%    2.84%      48.57%     19.10%     22.65%
Daily Sharpe        1.38       1.54       1.88       -0.27      0.34       1.80       1.45       1.43
Daily Sortino       2.23       6.60       3.02       -0.40      0.56       3.16       2.74       2.23
CAGR                9.95%      98.60%     31.48%     -15.20%    3.88%      71.18%     26.79%     31.95%
Max Drawdown        -7.30%     -20.04%    -10.32%    -40.14%    -10.49%    -29.14%    -11.11%    -24.49%
Calmar Ratio        1.36       4.92       3.05       -0.38      0.37       2.44       2.41       1.30

MTD                 -0.33%     49.73%     -2.68%     -2.42%     -8.63%     68.01%     -5.70%     31.43%
3m                  5.19%      50.26%     18.64%     -9.76%     -4.84%     87.11%     -2.90%     32.27%
6m                  3.06%      39.68%     22.53%     -29.79%    -2.64%     55.18%     3.45%      16.33%
YTD                 7.24%      65.75%     22.33%     -11.44%    2.84%      48.57%     19.10%     22.65%
1Y                  -          -          -          -          -          -          -          -
3Y (ann.)           -          -          -          -          -          -          -          -
5Y (ann.)           -          -          -          -          -          -          -          -
10Y (ann.)          -          -          -          -          -          -          -          -
Since Incep. (ann.) 9.95%      98.60%     31.48%     -15.20%    3.88%      71.18%     26.79%     31.95%
```

```
Daily Sharpe            1.38     1.54     1.88     -0.27    0.34     1.80     1.45     1.43
Daily Sortino           2.23     6.60     3.02     -0.40    0.56     3.16     2.74     2.23
Daily Mean (ann.)       9.88%    80.85%   28.93%   -9.88%   4.87%    59.98%   25.64%   30.35%
Daily Vol (ann.)        7.18%    52.50%   15.35%   37.23%   14.26%   33.25%   17.72%   21.16%
Daily Skew              0.12     10.94    0.70     0.62     0.69     1.25     0.60     0.25
Daily Kurt              0.65     137.06   4.59     3.29     4.08     6.14     1.28     2.19
Best Day                1.54%    41.75%   4.69%    10.17%   4.32%    11.24%   4.52%    6.24%
Worst Day               -1.21%   -5.40%   -3.86%   -6.93%   -3.27%   -7.62%   -2.83%   -3.74%

Monthly Sharpe          1.38     1.26     1.40     -0.81    0.39     1.07     0.91     0.92
Monthly Sortino         3.29     12.23    9.87     -1.24    0.25     4.40     8.57     2.97
Monthly Mean (ann.)     9.06%    82.57%   29.73%   -31.72%  5.24%    95.23%   22.06%   40.92%
Monthly Vol (ann.)      6.59%    65.64%   21.29%   39.16%   13.39%   88.73%   24.15%   44.29%
Monthly Skew            -0.23    2.07     1.52     -0.04    -2.26    2.26     0.15     1.67
Monthly Kurt            -1.83    4.29     2.74     -1.56    5.73     5.73     -1.59    3.56
Best Month              2.88%    49.73%   15.56%   13.10%   3.85%    68.01%   11.92%   31.43%
Worst Month             -2.10%   -6.10%   -3.52%   -17.89%  -8.63%   -12.27%  -6.15%   -9.66%

Yearly Sharpe           -        -        -        -        -        -        -        -
Yearly Sortino          -        -        -        -        -        -        -        -
Yearly Mean             -        -        -        -        -        -        -        -
Yearly Vol              -        -        -        -        -        -        -        -
Yearly Skew             -        -        -        -        -        -        -        -
Yearly Kurt             -        -        -        -        -        -        -        -
Best Year               -        -        -        -        -        -        -        -
Worst Year              -        -        -        -        -        -        -        -

Avg. Drawdown           -1.67%   -6.90%   -3.08%   -27.78%  -4.82%   -8.01%   -3.62%   -5.22%
Avg. Drawdown Days      23.30    59.75    20.36    123.50   33.14    50.80    20.64    35.71
Avg. Up Month           2.45%    18.11%   5.56%    9.01%    2.02%    17.69%   6.25%    11.95%
Avg. Down Month         -0.94%   -4.34%   -2.66%   -9.63%   -4.33%   -8.32%   -5.52%   -5.13%
Win Year %              -        -        -        -        -        -        -        -
Win 12m %
```

在以上输出报表中，包含了多种金融指标参数。关于各参数的解释请参见案例10-1。

第 8.2 组代码如下：

```
xcod='002046'
print('\n#8.2 display_monthly_return')
m1=perf[xcod].display_monthly_returns()
print(m1)
```

根据股票代码，计算单只股票各个年度的月均回报率。以下是案例中 A 股 002046 对应的月度回报率数据。

```
#8.2 display_monthly_return
Year      Jan   Feb   Mar     Apr     May    Jun    Jul     Aug   Sep    Oct   Nov   Dec   YTD
------    ----- ----- -----  ------  ------  -----  ------  ----- -----  ----- ----- ----- ------
  2017    15.1  6.9   -1.29  -14.24  -17.89  13.1   -12.32  7.03  -2.42      0     0     0 -11.44
```

第 8.3 组代码如下：

```
print('\n#8.3 xcod.stats')
m2=perf[xcod].stats
print(m2)
```

以上代码，提供单只股票的投资回报分析数据。以下是案例中 A 股 002046 对应的投资回报分析数据。

```
#8.3 xcod.stats
start                  2017-01-03 00:00:00
end                    2017-09-29 00:00:00
rf                             0
total_return                   -0.114366
daily_sharpe                   -0.265422
daily_sortino                  -0.404827
cagr                           -0.152028
max_drawdown                   -0.401439
calmar                         -0.378708
mtd                            -0.0242072
three_month                    -0.0976139
six_month                      -0.297867
one_year                       NaN
daily_mean                     -0.0988069
daily_vol                      0.372263
daily_skew                     0.618022
daily_kurt                     3.29495
```

```
best_day                        0.101652
worst_day                       -0.0693283
monthly_sharpe                  -0.809883
monthly_sortino                 -1.23975
monthly_mean                    -0.317181
monthly_vol                     0.391638
monthly_skew                    -0.0444323
monthly_kurt                    -1.55706
best_month                      0.13095
worst_month                     -0.178904
avg_drawdown                    -0.27784
avg_drawdown_days               123.5
avg_up_month                    0.0900669
avg_down_month                  -0.096331
```

第 9 组代码如下：

```
print('\n#9 r2')
ret = df.to_log_returns().dropna()
r2=ret.calc_mean_var_weights().as_format('.2%')
print(r2)
```

ffn 金融模块库还提供了大量常用的金融函数，可以轻松计算相关的权重矩阵数据。以上代码演示了如何使用 ffn.core 模块中的 calc_mean_var_weights 函数，计算各只股票回报率之间的均值-方差矩阵数据。以下是对应的输出信息。

```
#9 r2
000001    20.09%
000792    22.64%
000800    12.45%
002046     0.00%
600029    17.57%
600663     1.51%
inx        4.45%
total        21.29%
```

通过以上计算，我们可以发现：

- 000001、000792 两只股票，计算结果都在 20.00%左右，可以归为一类。
- 600663，002046 两只股票，计算结果都在 1.00%左右，可以归为一类。

- 000800、600029 两只股票，与其他股票的差别很大，各自属于一类。

以上分类，只是单纯地针对股票价格数据而言的。对于挑选股票池中的股票产品而言，还需要更细化的专业分析计算程序。

以上回报分析，对于一般用户已经足够；对于更加专业的用户，则可以参考以上程序，自行进行扩充。

TopQuant 极宽智能量化系统全程采用模块化设计，系统按数据更新、数据整理、回溯分析、回报分析四个环节逐步推进，而且每个环节都可以保存、读取独立的数据环境变量，以方便用户扩展。

案例 10-3：完整的量化分析程序

前面我们按照量化流程，分环节讲解了量化分析的全部内容，而在实盘分析中，为了简化操作，往往将它们集中在一个程序中。

案例 10-3 文件名为 kca03_bt01all.py，通过一个完整的案例程序，采用同样的数据、策略，把整个量化分析程序集中讲解一遍。

虽然是全部流程，但是根据实盘经验，数据更新还是采用独立的程序，因此在运行本案例程序前，最好是重新运行一次案例 9-1 的数据更新程序，以获得最新的交易数据。

本案例采用 All-in-one 模式，代码较长，所以我们把全部程序分为十余个小组，分组进行讲解。

1. 数据整理

第 1 组代码如下：

```
#1 预处理
pd.set_option('display.width', 450)
pd.set_option('display.float_format', zt.xfloat3)
pyplt=py.offline.plot
```

预处理，设置运行环境参数。

第 2 组代码如下：

```
#----------step #1,data pre
```

```
#2 set data
print('\n#2,set data')
inxLst=['000001']
codLst=['000001','002046','600663','000792','600029','000800']
xlst=['inx','total']+codLst
tim0Str,tim9Str='2017-01-01','2017-09-30'
rs0=zsys.rdatCN0        #'/zDat/cn/'
prjNam,ksgn='T10','avg'
ftg0='tmp/'+prjNam
print('rs0,',rs0)
```

设置基本参数，主要用于回溯初始化函数 bt_init。

其中：

- inxLst 是大盘参数代码，codLst 是股票池参数代码，它们都支持多组数据。
- tim0Str 和 tim9Str 分别为回溯测试的起始和结束时间。
- rs0 是数据文件所在的主目录。
- prjNam 是回溯项目名称。
- ksgn 是回溯价格参数字段名称。本案例使用的是 avg 均值模式，与一般的 close（收盘价）有所不同。
- ftg0 是回溯程序参数保存文件名前缀。

第 3 组代码如下：

```
#3 init.qx
print('\n#3,init.qx')
qx=zbt.bt_init(rs0,codLst,inxLst,tim0Str,tim9Str,ksgn,prjNam)
ztq.tq_prVar(qx)
```

根据所设置的参数，初始化回溯测试的全局变量 qx。

运行 bt_init 函数，会生成如下信息。

```
#3,init.qx
tq_init name...
tq_init pools...

clst: ['000001', '002046', '600663', '000792', '600029', '000800']
1 / 6 /zDat/cn/day/000001.csv
2 / 6 /zDat/cn/day/002046.csv
```

```
3 / 6 /zDat/cn/day/600663.csv
4 / 6 /zDat/cn/day/000792.csv
5 / 6 /zDat/cn/day/600029.csv
6 / 6 /zDat/cn/day/000800.csv

clst: ['000001']
1 / 1 /zDat/cn/xday/000001.csv
tq_init work data...
```

如上信息表示根据股票池中的股票代码，逐一加载数据。为了提高计算性能，笔者采用了全内存计算模式，尽量把所有数据一次性加载到内存中。

第 3 组代码运行完成后，调用 tq_prVar 函数，输出 qx 变量所保存的主要数据。

```
ztq.tq_prVar(qx)
```

如图 10-7 所示是部分输出信息。

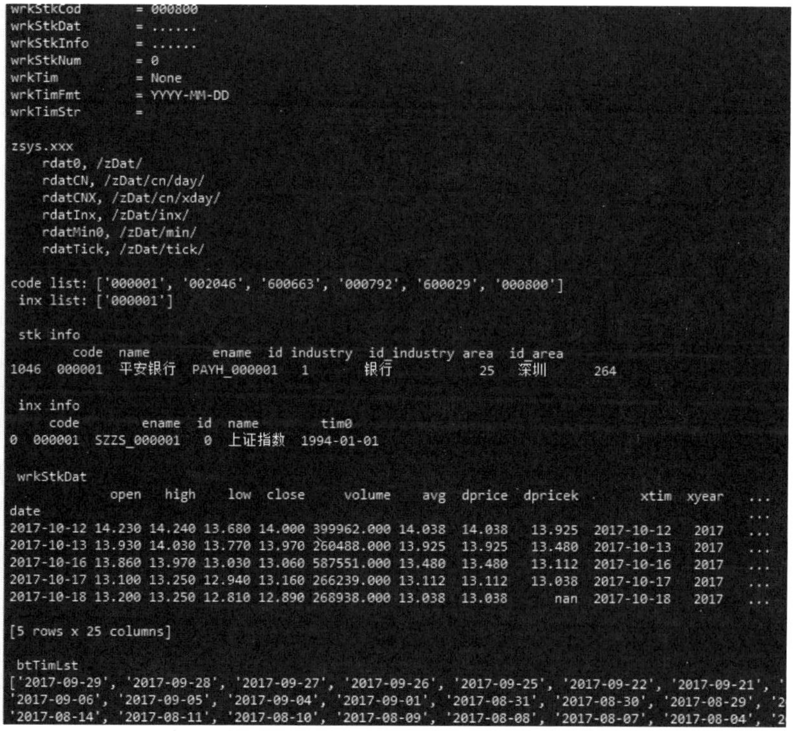

```
wrkStkCod      = 000800
wrkStkDat      = ......
wrkStkInfo     = ......
wrkStkNum      = 0
wrkTim         = None
wrkTimFmt      = YYYY-MM-DD
wrkTimStr      =

zsys.xxx
    rdat0, /zDat/
    rdatCN, /zDat/cn/day/
    rdatCNX, /zDat/cn/xday/
    rdatInx, /zDat/inx/
    rdatMin0, /zDat/min/
    rdatTick, /zDat/tick/

code list: ['000001', '002046', '600663', '000792', '600029', '000800']
 inx list: ['000001']

 stk info
       code  name        ename  id industry  id_industry area  id_area
1046  000001  平安银行  PAYH_000001   1        银行            25   深圳      264

 inx info
     code        ename  id  name        tim0
0  000001  SZZS_000001   0  上证指数  1994-01-01

 wrkStkDat
             open   high    low  close     volume    avg  dprice  dpricek        xtim  xyear  ...
date                                                                                          ...
2017-10-12 14.230 14.240 13.680 14.000 399962.000 14.038  14.038   13.925  2017-10-12   2017  ...
2017-10-13 13.930 14.030 13.770 13.970 260488.000 13.925  13.925   13.480  2017-10-13   2017  ...
2017-10-16 13.860 13.970 13.030 13.060 587551.000 13.480  13.480   13.112  2017-10-16   2017  ...
2017-10-17 13.100 13.250 12.940 13.160 266239.000 13.112  13.112   13.038  2017-10-17   2017  ...
2017-10-18 13.200 13.250 12.810 12.890 268938.000 13.038  13.038      nan  2017-10-18   2017  ...

[5 rows x 25 columns]

 btTimLst
['2017-09-29', '2017-09-28', '2017-09-27', '2017-09-26', '2017-09-25', '2017-09-22', '2017-09-21', '
'2017-09-06', '2017-09-05', '2017-09-04', '2017-09-01', '2017-08-31', '2017-08-30', '2017-08-29', '2
'2017-08-14', '2017-08-11', '2017-08-10', '2017-08-09', '2017-08-08', '2017-08-07', '2017-08-04', '2
```

图 10-7　qx 变量内部数据信息（部分）

第 4 组代码如下：

```
#4 set.bT.var
print('\n#4,set.BT.var')
qx.preFun=zsta.avg01_dpre
qx.preVars=[10]
qx.staFun=zsta.avg01
qx.staVars=[1.1,1.1]
```

设置量化策略函数。其中：

- qx.preFun——量化分析数据预处理函数。本案例中使用的是 avg01_dpre 均值预处理函数。
- qx.preVars——预处理函数的参数变量列表。
- qx.staFun——量化分析策略函数。本案例中使用的是 avg01 均值策略函数。
- qx.staVars=[1.1,1.1]——策略函数的参数变量列表。

第 5 组代码如下：

```
#5 set.bT.var
print('\n#5,call::qx.preFun')
ztq.tq_pools_call(qx,qx.preFun)
```

通过股票池主调用函数 tq_pools_call，根据股票代码调用数据预处理函数 preFun，对相关数据进行整理。

第 6 组代码如下：

```
#6 save.var
print('\n#6,save.var')
fss=ftg0+'x1.pkl';zt.f_varWr(fss,qx)
qx=zt.f_varRd(fss);#ztq.tq_prVar(qx)
```

保存 qx 变量数据，以便下一环节使用。本案例没有使用神经网络模型，数据格式相对简单，只有一个数据文件。

以上程序，保存 qx 变量数据后，再次读取并调用 tq_prVar 函数，打印输出 qx 变量内部相关的数据信息，如图 10-8 所示。

2. 量化回溯

第 7 组代码如下：

```
# 7
```

```
print('\n#7 bt_main')
qx=zbt.bt_main(qx)
#
ztq.tq_prWrk(qx)
zt.prx('\nusrPools',qx.usrPools)
```

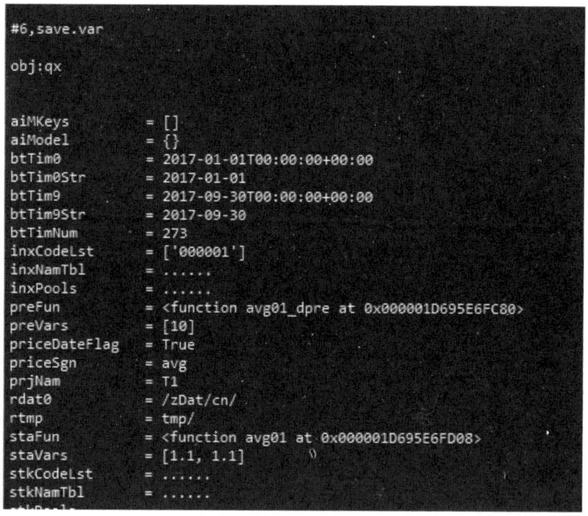

```
#6,save.var

obj:qx


aiMKeys         = []
aiModel         = {}
btTim0          = 2017-01-01T00:00:00+00:00
btTim0Str       = 2017-01-01
btTim9          = 2017-09-30T00:00:00+00:00
btTim9Str       = 2017-09-30
btTimNum        = 273
inxCodeLst      = ['000001']
inxNamTbl       = ......
inxPools        = ......
preFun          = <function avg01_dpre at 0x000001D695E6FC80>
preVars         = [10]
priceDateFlag   = True
priceSgn        = avg
prjNam          = T1
rdat0           = /zDat/cn/
rtmp            = tmp/
staFun          = <function avg01 at 0x000001D695E6FD08>
staVars         = [1.1, 1.1]
stkCodeLst      = ......
stkNamTbl       = ......
```

图 10-8　输出信息

调用 bt_main 函数，按照设定的时间周期，运行回溯测试流程。

如图 10-9 所示是 bt_main 函数运行完成后输出的相关信息。

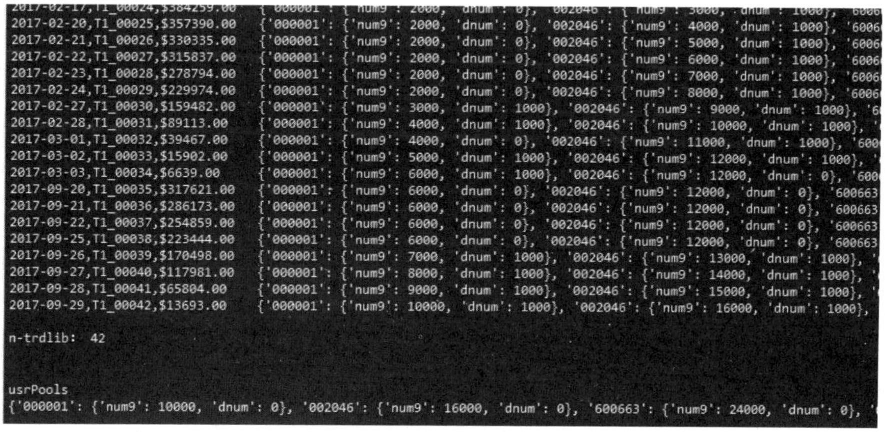

```
2017-02-20,T1_00025,$357390.00   {'000001': {'num9': 2000, 'dnum': 0}, '002046': {'num9': 4000, 'dnum': 1000},
2017-02-21,T1_00026,$330335.00   {'000001': {'num9': 2000, 'dnum': 0}, '002046': {'num9': 5000, 'dnum': 1000},
2017-02-22,T1_00027,$315837.00   {'000001': {'num9': 2000, 'dnum': 0}, '002046': {'num9': 6000, 'dnum': 1000},
2017-02-23,T1_00028,$278794.00   {'000001': {'num9': 2000, 'dnum': 0}, '002046': {'num9': 7000, 'dnum': 1000},
2017-02-24,T1_00029,$229974.00   {'000001': {'num9': 2000, 'dnum': 0}, '002046': {'num9': 8000, 'dnum': 1000},
2017-02-27,T1_00030,$159482.00   {'000001': {'num9': 3000, 'dnum': 1000}, '002046': {'num9': 9000, 'dnum': 1000},
2017-02-28,T1_00031,$89113.00    {'000001': {'num9': 4000, 'dnum': 1000}, '002046': {'num9': 10000, 'dnum': 1000},
2017-03-01,T1_00032,$39467.00    {'000001': {'num9': 4000, 'dnum': 0}, '002046': {'num9': 11000, 'dnum': 1000},
2017-03-02,T1_00033,$15902.00    {'000001': {'num9': 5000, 'dnum': 1000}, '002046': {'num9': 12000, 'dnum': 1000},
2017-03-03,T1_00034,$6639.00     {'000001': {'num9': 6000, 'dnum': 1000}, '002046': {'num9': 12000, 'dnum': 0},
2017-09-20,T1_00035,$317621.00   {'000001': {'num9': 6000, 'dnum': 0}, '002046': {'num9': 12000, 'dnum': 0}, '600663
2017-09-21,T1_00036,$286173.00   {'000001': {'num9': 6000, 'dnum': 0}, '002046': {'num9': 12000, 'dnum': 0}, '600663
2017-09-22,T1_00037,$254859.00   {'000001': {'num9': 6000, 'dnum': 0}, '002046': {'num9': 12000, 'dnum': 0}, '600663
2017-09-25,T1_00038,$223444.00   {'000001': {'num9': 6000, 'dnum': 0}, '002046': {'num9': 12000, 'dnum': 0}, '600663
2017-09-26,T1_00039,$170498.00   {'000001': {'num9': 7000, 'dnum': 1000}, '002046': {'num9': 13000, 'dnum': 1000},
2017-09-27,T1_00040,$117981.00   {'000001': {'num9': 8000, 'dnum': 1000}, '002046': {'num9': 14000, 'dnum': 1000},
2017-09-28,T1_00041,$65804.00    {'000001': {'num9': 9000, 'dnum': 1000}, '002046': {'num9': 15000, 'dnum': 1000},
2017-09-29,T1_00042,$13693.00    {'000001': {'num9': 10000, 'dnum': 1000}, '002046': {'num9': 16000, 'dnum': 1000},

n-trdlib:  42


usrPools
{'000001': {'num9': 10000, 'dnum': 0}, '002046': {'num9': 16000, 'dnum': 0}, '600663': {'num9': 24000, 'dnum': 0},
```

图 10-9　回溯主函数的输出信息

其中：

- qx.trdLib 是交易记录表，按照日期记录相关的交易数据，没有交易的日期没有数据。
- qx.usrPools 是在回溯测试过程中，参与交易的股票池数据。

第 8 组代码如下：

```
#8
print('\n#8 qx.rw')
fss=ftg0+'x2.pkl';zt.f_varWr(fss,qx)
qx=zt.f_varRd(fss);
```

保存回溯测试结果，用于下一阶段的投资回报分析。

3. 回报分析

第 9 组代码较长，我们分组进行讲解。第 9.1 组代码如下：

```
print('\n#9.1 tq_prTrdlib')
ztq.tq_prTrdlib(qx)
zt.prx('userPools',qx.usrPools)
```

如图 10-10 所示是对应的输出信息。

```
#9.1 tq_prTrdlib

qx.trdLib
        time,    ID,      cash,              usrPools
2017-01-03,T10_00001,$992652.40          {'000001': {'num9': 100, 'dnum': 100}, '002046': {'num9': 100, 'dnum': 100}, '600663': {'num9': 100, 'dnum':
2017-01-04,T10_00002,$985252.70          {'000001': {'num9': 200, 'dnum': 100}, '002046': {'num9': 200, 'dnum': 100}, '600663': {'num9': 200, 'dnum':
2017-01-05,T10_00003,$977764.00          {'000001': {'num9': 300, 'dnum': 100}, '002046': {'num9': 300, 'dnum': 100}, '600663': {'num9': 300, 'dnum':
2017-01-06,T10_00004,$970252.70          {'000001': {'num9': 400, 'dnum': 100}, '002046': {'num9': 400, 'dnum': 100}, '600663': {'num9': 400, 'dnum':
2017-01-09,T10_00005,$962703.60          {'000001': {'num9': 500, 'dnum': 100}, '002046': {'num9': 500, 'dnum': 100}, '600663': {'num9': 500, 'dnum':
2017-01-10,T10_00006,$955080.70          {'000001': {'num9': 600, 'dnum': 100}, '002046': {'num9': 600, 'dnum': 100}, '600663': {'num9': 600, 'dnum':
2017-01-11,T10_00007,$947539.20E:\00z2017\kc_demo\ztools_tq.py:453: DeprecationWarning:


.ix is deprecated. Please use
.loc for label based indexing or
.iloc for positional indexing

See the documentation here:
http://pandas.pydata.org/pandas-docs/stable/indexing.html#ix-indexer-is-deprecated

        {'000001': {'num9': 700, 'dnum': 100}, '002046': {'num9': 700, 'dnum': 100}, '600663': {'num9': 700, 'dnum': 100}, '000792': {'num9': 700, 'd
2017-01-12,T10_00008,$940095.70          {'000001': {'num9': 800, 'dnum': 100}, '002046': {'num9': 800, 'dnum': 100}, '600663': {'num9': 800, 'dnum':
2017-01-13,T10_00009,$932738.80          {'000001': {'num9': 900, 'dnum': 100}, '002046': {'num9': 900, 'dnum': 100}, '600663': {'num9': 900, 'dnum':
......
2017-09-18,T10_00175,$87112.40   {'000001': {'num9': 4600, 'dnum': 100}, '002046': {'num9': 14700, 'dnum': 100}, '600663': {'num9': 17500, 'dnum': 100
2017-09-19,T10_00176,$80606.70   {'000001': {'num9': 4700, 'dnum': 100}, '002046': {'num9': 14800, 'dnum': 100}, '600663': {'num9': 17600, 'dnum': 100
2017-09-20,T10_00177,$74129.10   {'000001': {'num9': 4800, 'dnum': 100}, '002046': {'num9': 14900, 'dnum': 100}, '600663': {'num9': 17700, 'dnum': 100
2017-09-21,T10_00178,$67600.00   {'000001': {'num9': 4900, 'dnum': 100}, '002046': {'num9': 15000, 'dnum': 100}, '600663': {'num9': 17800, 'dnum': 100
2017-09-22,T10_00179,$61036.30   {'000001': {'num9': 5000, 'dnum': 100}, '002046': {'num9': 15100, 'dnum': 100}, '600663': {'num9': 17900, 'dnum': 100
2017-09-25,T10_00180,$54496.40   {'000001': {'num9': 5100, 'dnum': 100}, '002046': {'num9': 15200, 'dnum': 100}, '600663': {'num9': 18000, 'dnum': 100
2017-09-26,T10_00181,$47971.00   {'000001': {'num9': 5200, 'dnum': 100}, '002046': {'num9': 15300, 'dnum': 100}, '600663': {'num9': 18100, 'dnum': 100
2017-09-27,T10_00182,$41477.30   {'000001': {'num9': 5300, 'dnum': 100}, '002046': {'num9': 15400, 'dnum': 100}, '600663': {'num9': 18200, 'dnum': 100
2017-09-28,T10_00183,$33050.10   {'000001': {'num9': 5400, 'dnum': 100}, '002046': {'num9': 15500, 'dnum': 100}, '600663': {'num9': 18300, 'dnum': 100
2017-09-29,T10_00184,$271948.70          {'000001': {'num9': 5500, 'dnum': 100}, '002046': {'num9': 15600, 'dnum': 100}, '600663': {'num9': 18400, 'dn

n-trdlib:  184

 userPools
{'000001': {'num9': 5500, 'dnum': 0}, '002046': {'num9': 15600, 'dnum': 0}, '600663': {'num9': 18400, 'dnum': 0}, '000792': {'num9': 200, 'dnum': 0},
```

图 10-10　回报分析输出信息

图中 qx.trdLib 是交易记录表，它共有 4 个字段。

- time——时间。
- ID——用户交易订单编码，按日期归组。
- cash——当天的现金总额，已扣除当天的交易金额。
- usrPools——用户交易股票池数据。

最下面的 userPools 和 trdLib 是用户交易股票池数据，采用 Python 字典模式，每只参与交易的股票数据为一组，其中：

- 字典 key 值——股票代码。
- num9——持有该股票的总数额。
- dnum——当天的交易数额，正数为买入，负数为卖出。

第 9.2 组代码如下：

```
print('\n#9.2 tq_usrStkMerge')
df_usr=ztq.tq_usrStkMerge(qx)
zt.prDF('df_usr',df_usr)
```

合并用户交易数据，如图 10-11 所示是合并后的交易数据（部分）。

```
#9.2 tq_usrStkMerge

 df_usr
                inx       cash  total  000001  002046  600663  000792  600029  000800
date
2017-01-03 3120.750 992652.400      0   9.002  11.743  21.812  13.016   6.941  10.962
2017-01-04 3145.700 985252.700      0   9.024  11.923  21.881  13.094   6.980  11.095
2017-01-05 3161.520 977764.000      0   9.034  12.513  21.918  13.128   7.084  11.210
2017-01-06 3160.790 970252.700      0   9.012  12.682  21.986  12.969   7.079  11.385
2017-01-09 3160.160 962703.600      0   9.006  12.730  22.019  13.117   7.064  11.555
2017-01-10 3165.290 955080.700      0   9.016  13.064  22.048  13.168   7.383  11.550
2017-01-11 3149.180 947539.200      0   9.012  12.660  21.893  13.142   7.348  11.360
2017-01-12 3128.460 940095.700      0   9.012  12.428  21.561  12.954   7.200  11.280
2017-01-13 3115.380 932738.800      0   9.019  12.130  21.463  12.672   7.173  11.112
2017-01-16 3089.340 925511.900      0   8.997  11.441  21.652  12.276   7.168  10.735
                inx       cash  total  000001  002046  600663  000792  600029  000800
date
2017-09-18 3359.910  87112.400      0  11.255  10.600  23.380  16.122   8.653  11.412
2017-09-19 3359.370  80606.700      0  11.200  10.470  23.412  16.450   8.605  11.370
2017-09-20 3358.700  74129.100      0  11.212  10.442  23.195  17.748   8.482  11.445
2017-09-21 3364.320  67600.000      0  11.358  10.675  23.055  18.985   8.393  11.810
2017-09-22 3347.780  61036.300      0  11.425  10.810  22.982  18.080   8.332  12.088
2017-09-25 3343.010  54496.400      0  11.340  10.662  23.010  18.045   8.405  11.982
2017-09-26 3339.920  47971.000      0  11.143  10.400  22.998  18.828   8.405  12.308
2017-09-27 3344.020  41477.300      0  10.980  10.350  22.822  19.850   8.365  12.420
2017-09-28 3341.060  33050.100      0  10.915  10.405  22.572  19.440   8.285  12.655
2017-09-29 3346.640 271948.700      0  11.012  10.400  22.432  19.338   8.267  13.445
```

图 10-11 合并后的交易数据（部分）

其中相关的字段有：

- date——时间。

- inx——大盘指数当天的价格数据。
- cash——当天持有的现金总额。
- total——资产总值。
- 000001 等——股票代码字段，对应相关股票当天的价格数据。

第 9.3 组代码如下：

```
print('\n#9.3 tq_usrDatXed')
df2,k=ztq.tq_usrDatXed(qx,df_usr)
zt.prDF('df2',df2)
```

进一步整理回报分析的结果数据，如图 10-12 所示是对应的输出结果数据。

```
#9.3 tq_usrDatXed

 df2
                inx       cash       total  000001  002046  600663  000792  600029  000800  000001_num   ...    000792_num
date                                                                                                     ...
2017-01-03 3120.750 992652.400 1000000.000   9.002  11.743  21.812  13.016   6.941  10.962         100   ...           100
2017-01-04 3145.700 985252.700 1000052.100   9.024  11.923  21.881  13.094   6.980  11.095         200   ...           200
2017-01-05 3161.520 977764.000 1000230.100   9.034  12.513  21.918  13.128   7.084  11.210         300   ...           300
2017-01-06 3160.790 970252.700 1000297.900   9.012  12.682  21.986  12.969   7.079  11.385         400   ...           400
2017-01-09 3160.160 962703.600 1000449.100   9.006  12.730  22.019  13.117   7.064  11.555         500   ...           500
2017-01-10 3165.290 955080.700 1000818.100   9.016  13.064  22.048  13.168   7.383  11.550         600   ...           600
2017-01-11 3149.180 947539.200 1000329.700   9.012  12.660  21.893  13.142   7.348  11.360         700   ...           700
2017-01-12 3128.460 940095.700  999643.700   9.012  12.428  21.561  12.954   7.200  11.280         800   ...           800
2017-01-13 3115.380 932738.800  998950.900   9.019  12.130  21.463  12.672   7.173  11.112         900   ...           900
2017-01-16 3089.340 925511.900  997780.900   8.997  11.441  21.652  12.276   7.168  10.735        1000   ...          1000

[10 rows x 22 columns]
                inx       cash       total  000001  002046  600663  000792  600029  000800  000001_num   ...    000792_num
date                                                                                                     ...
2017-09-18 3359.910  87112.400 1052397.000  11.255  10.600  23.380  16.122   8.653  11.412        4600   ...             0
2017-09-19 3359.370  80606.700 1049232.400  11.200  10.470  23.412  16.450   8.605  11.370        4700   ...             0
2017-09-20 3358.700  74129.100 1044247.300  11.212  10.442  23.195  17.748   8.482  11.445        4800   ...             0
2017-09-21 3364.320  67600.000 1050853.700  11.358  10.675  23.055  18.985   8.393  11.810        4900   ...             0
2017-09-22 3347.780  61036.300 1055788.500  11.425  10.810  22.982  18.080   8.332  12.088        5000   ...             0
2017-09-25 3343.010  54496.400 1053017.300  11.340  10.662  23.010  18.045   8.405  11.982        5100   ...             0
2017-09-26 3339.920  47971.000 1053682.200  11.143  10.400  22.998  18.828   8.405  12.308        5200   ...             0
2017-09-27 3344.020  41477.300 1050199.200  10.980  10.350  22.822  19.850   8.365  12.420        5300   ...             0
2017-09-28 3341.060  33050.100 1048996.700  10.915  10.405  22.572  19.440   8.285  12.655        5400   ...           100
2017-09-29 3346.640 271948.700 1061003.800  11.012  10.400  22.432  19.338   8.267  13.445        5500   ...           200
```

图 10-12　整理后的回报分析结果数据

整理后的回报分析结果数据，在图 10-13 所示数据的基础上增加了如下字段。

- xcod——股票代码名称。
- xcod_num——该代码股票的持有量。
- xcod_money——该代码股票的持有金额。
- stk-val——当天用户持有的股票总值。

从图 10-14 可以看到，total 已经有了对应的数据。

第 9.4 组代码如下：

```
print('\n#9.4 ret')
```

```
print('ret:',k,'%')
```

计算投资回报率，其对应的输出信息如下：

```
#9.4 ret
ret: 106.1 %
```

投资回报率为 106.1%，投资周期只有 9 个月，换算成年化利润，差不多为 115%。

对于任何投资策略而言，最重要的指标只有一个，就是投资回报率。

以上只是回溯分析环节自带的最简单的回报分析，下面介绍更加专业的投资回报分析。

4．专业回报分析

第 9.5 组代码如下：

```
print('\n#9.5 tq_usrDatXedFill')
df=ztq.tq_usrDatXedFill(qx,df2)
zt.prDF('df',df)
```

再一次整理结果数据，主要是填充交易订单数值为空值的字段，并裁剪为便于 ffn 金融模块库处理的格式。

如图 10-13 所示是对应的输出信息。

```
#9.5 tq_usrDatXedFill

 df
                 inx        total  000001  002046  600663  000792  600029  000800
date
2017-01-03  3120.750  1000000.000   9.002  11.743  21.812  13.016   6.941  10.962
2017-01-04  3145.700  1000052.100   9.024  11.923  21.881  13.094   6.980  11.095
2017-01-05  3161.520  1000230.100   9.034  12.513  21.918  13.128   7.084  11.210
2017-01-06  3160.790  1000297.900   9.012  12.682  21.986  12.969   7.079  11.385
2017-01-09  3160.160  1000449.100   9.006  12.730  22.019  13.117   7.064  11.555
2017-01-10  3165.290  1000818.100   9.016  13.064  22.048  13.168   7.383  11.550
2017-01-11  3149.180  1000329.700   9.012  12.660  21.893  13.142   7.348  11.360
2017-01-12  3128.460   999643.700   9.012  12.428  21.561  12.954   7.200  11.280
2017-01-13  3115.380   998950.900   9.019  12.130  21.463  12.672   7.173  11.112
2017-01-16  3089.340   997780.900   8.997  11.441  21.652  12.276   7.168  10.735
                 inx        total  000001  002046  600663  000792  600029  000800
date
2017-09-18  3359.910  1052397.000  11.255  10.600  23.380  16.122   8.653  11.412
2017-09-19  3359.370  1049232.400  11.200  10.470  23.412  16.450   8.605  11.370
2017-09-20  3358.700  1044247.300  11.212  10.442  23.195  17.748   8.482  11.445
2017-09-21  3364.320  1050853.700  11.358  10.675  23.055  18.985   8.393  11.810
2017-09-22  3347.780  1055788.500  11.425  10.810  22.982  18.080   8.332  12.088
2017-09-25  3343.010  1053017.300  11.340  10.662  23.010  18.045   8.405  11.982
2017-09-26  3339.920  1053682.200  11.143  10.400  22.998  18.828   8.405  12.308
2017-09-27  3344.020  1050199.200  10.980  10.350  22.822  19.850   8.365  12.420
2017-09-28  3341.060  1048996.700  10.915  10.405  22.572  19.440   8.285  12.655
2017-09-29  3346.640  1061003.800  11.012  10.400  22.432  19.338   8.267  13.445
```

图 10-13　深度整理后的回报分析结果数据

第 10 组代码如下：

```
#10 ret xed
ret=ffn.to_log_returns(df[xlst]).dropna()
ret=ffn.to_returns(df[xlst]).dropna()
ret[xlst]=ret[xlst].astype('float')
zt.prDF('\n#10,ret',ret)
```

计算回报率，其对应的输出信息如下：

```
#10,ret
               inx   total    000001   002046   600663   000792   600029   000800
date
2017-01-04   0.008   0.000    0.002    0.015    0.003    0.006    0.006    0.012
2017-01-05   0.005   0.000    0.001    0.049    0.002    0.003    0.015    0.010
2017-01-06  -0.000   0.000   -0.002    0.014    0.003   -0.012   -0.001    0.016
2017-01-09  -0.000   0.000   -0.001    0.004    0.002    0.011   -0.002    0.015
2017-01-10   0.002   0.000    0.001    0.026    0.001    0.004    0.045   -0.000
2017-01-11  -0.005  -0.000   -0.000   -0.031   -0.007   -0.002   -0.005   -0.016
2017-01-12  -0.007  -0.001    0.000   -0.018   -0.015   -0.014   -0.020   -0.007
2017-01-13  -0.004  -0.001    0.001   -0.024   -0.005   -0.022   -0.004   -0.015
2017-01-16  -0.008  -0.001   -0.002   -0.057    0.009   -0.031   -0.001   -0.034
2017-01-17   0.002  -0.000    0.000   -0.034    0.010   -0.014   -0.005   -0.010
               inx   total    000001   002046   600663   000792   600029   000800
date
2017-09-18   0.001   0.006   -0.001    0.020   -0.000    0.049   -0.004    0.022
2017-09-19  -0.000  -0.003   -0.005   -0.012    0.001    0.020   -0.006   -0.004
2017-09-20  -0.000  -0.005    0.001   -0.003   -0.009    0.079   -0.014    0.007
2017-09-21   0.002   0.006    0.013    0.022   -0.006    0.070   -0.010    0.032
2017-09-22  -0.005   0.005    0.006    0.013   -0.003   -0.048   -0.007    0.024
2017-09-25  -0.001  -0.003   -0.007   -0.014    0.001   -0.002    0.009   -0.009
2017-09-26  -0.001   0.001   -0.017   -0.025   -0.001    0.043    0.000    0.027
2017-09-27   0.001  -0.003   -0.015   -0.005   -0.008    0.054   -0.005    0.009
2017-09-28  -0.001  -0.001   -0.006    0.005   -0.011   -0.021   -0.010    0.019
2017-09-29   0.002   0.011    0.009   -0.000   -0.006   -0.005   -0.002    0.062
```

第 11 组代码如下：

```
#11 ret.hist
print('\n#11 ret.hist')
ax = ret.hist(figsize=(16,8))
```

绘制回报率分布直方图，如图 10-14 所示。

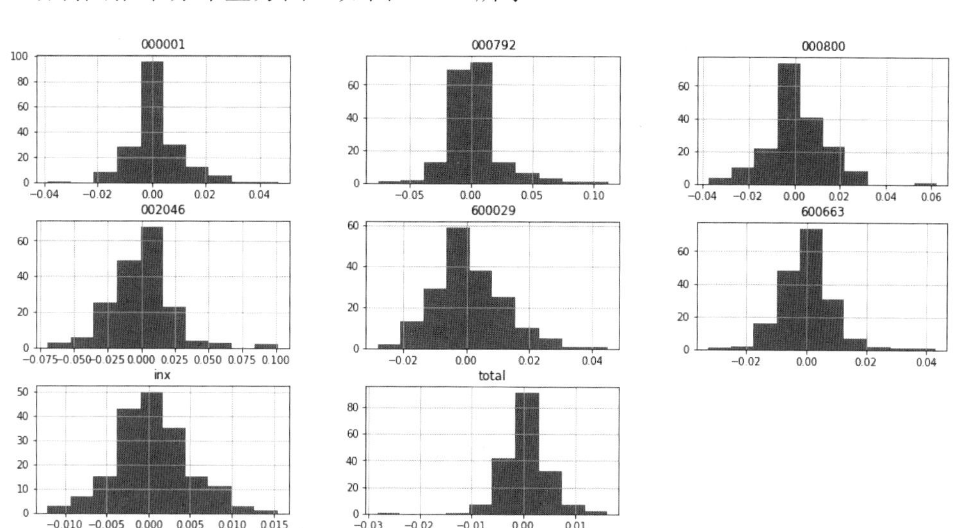

图 10-14　回报率分布直方图

第 12 组代码如下：

```
#12
ret=ret.corr().as_format('.2f')
zt.prDF('\n#12 ret.corr',ret)
```

使用 corr 函数，根据回报率计算各只股票之间的相关性，或者说关联度。其对应的输出信息如下：

```
#12 ret.corr
         inx total 000001 002046 600663 000792 600029 000800
inx      1.00  0.53   0.42   0.42   0.22   0.39   0.31   0.46
total    0.53  1.00   0.25   0.45   0.54   0.43   0.31   0.52
000001  0.42  0.25   1.00   0.09   0.05  -0.02   0.18   0.13
002046  0.42  0.45   0.09   1.00   0.07   0.22   0.09   0.39
600663  0.22  0.54   0.05   0.07   1.00   0.08   0.23  -0.06
000792  0.39  0.43  -0.02   0.22   0.08   1.00  -0.04   0.35
600029  0.31  0.31   0.18   0.09   0.23  -0.04   1.00   0.09
000800  0.46  0.52   0.13   0.39  -0.06   0.35   0.09   1.00
         inx total 000001 002046 600663 000792 600029 000800
inx      1.00  0.53   0.42   0.42   0.22   0.39   0.31   0.46
```

```
total   0.53  1.00  0.25  0.45  0.54  0.43  0.31  0.52
000001  0.42  0.25  1.00  0.09  0.05 -0.02  0.18  0.13
002046  0.42  0.45  0.09  1.00  0.07  0.22  0.09  0.39
600663  0.22  0.54  0.05  0.07  1.00  0.08  0.23 -0.06
000792  0.39  0.43 -0.02  0.22  0.08  1.00 -0.04  0.35
600029  0.31  0.31  0.18  0.09  0.23 -0.04  1.00  0.09
000800  0.46  0.52  0.13  0.39 -0.06  0.35  0.09  1.00
```

第 13 组代码，采用简单、快捷的方法，计算和分析交易周期内的回报数据，针对各种不同的资产业绩，提供更完整的分析图表，其中的关键就是使用 ffn 金融模块库中的 calc_stats 函数。

```
#13
print('\n#13 calc_stats')
perf = df.calc_stats()
perf.plot()
print(perf.display())
```

通过计算获得一个 GroupStats 对象，可以分析更详细的专业的回报分析图表。例如，绘制类似于使用 rebase 函数归一化处理的股票价格曲线图，如图 10-15 所示。

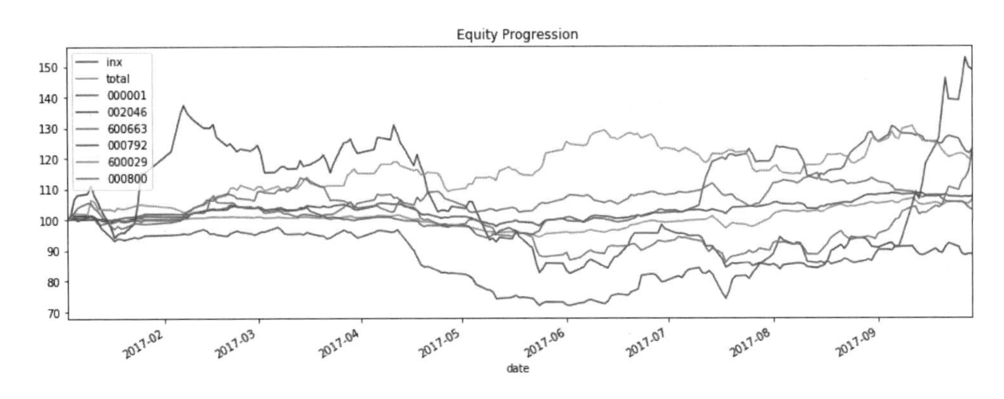

图 10-15　归一化处理的股票价格曲线图

以下输出信息是专业的量化投资回报分析报表，也是 ffn 金融模块库的精华所在。

```
#13 calc_stats
Stat                 inx        total       000001      002046      600663      000792      600029      000800
-------------------  ---------- ----------  ----------  ----------  ----------  ----------  ----------  ----------
Start                2017-01-03 2017-01-03  2017-01-03  2017-01-03  2017-01-03  2017-01-03  2017-01-03  2017-01-03
```

```
End             2017-09-29 2017-09-29 2017-09-29 2017-09-29 2017-09-29 2017-09-29 2017-09-29 2017-09-29
Risk-free rate      0.00%      0.00%      0.00%      0.00%      0.00%      0.00%      0.00%      0.00%

Total Return        7.24%      6.10%     22.33%    -11.44%      2.84%     48.57%     19.10%     22.65%
Daily Sharpe        1.38       1.15       1.88      -0.27       0.34       1.80       1.45       1.43
Daily Sortino       2.23       1.43       3.02      -0.40       0.56       3.16       2.74       2.23
CAGR               9.95%      8.37%     31.48%    -15.20%      3.88%     71.18%     26.79%     31.95%
Max Drawdown       -7.30%     -7.24%    -10.32%    -40.14%    -10.49%    -29.14%    -11.11%    -24.49%
Calmar Ratio        1.36       1.16       3.05      -0.38       0.37       2.44       2.41       1.30

MTD                -0.33%      1.04%     -2.68%     -2.42%     -8.63%     68.01%     -5.70%     31.43%
3m                 5.19%      7.13%     18.64%     -9.76%     -4.84%     87.11%     -2.90%     32.27%
6m                 3.06%      4.98%     22.53%    -29.79%     -2.64%     55.18%      3.45%     16.33%
YTD                 7.24%      6.10%     22.33%    -11.44%      2.84%     48.57%     19.10%     22.65%
1Y                  -          -          -          -          -          -          -          -
3Y (ann.)           -          -          -          -          -          -          -          -
5Y (ann.)           -          -          -          -          -          -          -          -
10Y (ann.)          -          -          -          -          -          -          -          -
Since Incep. (ann.) 9.95%      8.37%     31.48%    -15.20%      3.88%     71.18%     26.79%     31.95%

Daily Sharpe        1.38       1.15       1.88      -0.27       0.34       1.80       1.45       1.43
Daily Sortino       2.23       1.43       3.02      -0.40       0.56       3.16       2.74       2.23
Daily Mean (ann.)   9.88%      8.42%     28.93%     -9.88%      4.87%     59.98%     25.64%     30.35%
Daily Vol (ann.)    7.18%      7.34%     15.35%     37.23%     14.26%     33.25%     17.72%     21.16%
Daily Skew          0.12      -0.95       0.70       0.62       0.69       1.25       0.60       0.25
Daily Kurt          0.65       8.20       4.59       3.29       4.08       6.14       1.28       2.19
Best Day            1.54%      1.63%      4.69%     10.17%      4.32%     11.24%      4.52%      6.24%
Worst Day          -1.21%     -2.83%     -3.86%     -6.93%     -3.27%     -7.62%     -2.83%     -3.74%

Monthly Sharpe      1.38       1.01       1.40      -0.81       0.39       1.07       0.91       0.92
Monthly Sortino     3.29       1.88       9.87      -1.24       0.25       4.40       8.57       2.97
Monthly Mean (ann.) 9.06%      8.98%     29.73%    -31.72%      5.24%     95.23%     22.06%     40.92%
Monthly Vol (ann.)  6.59%      8.89%     21.29%     39.16%     13.39%     88.73%     24.15%     44.29%
Monthly Skew       -0.23       0.28       1.52      -0.04      -2.26       2.26       0.15       1.67
Monthly Kurt       -1.83      -0.36       2.74      -1.56       5.73       5.73      -1.59       3.56
Best Month          2.88%      4.96%     15.56%     13.10%      3.85%     68.01%     11.92%     31.43%
Worst Month        -2.10%     -2.71%     -3.52%    -17.89%     -8.63%    -12.27%     -6.15%     -9.66%
```

```
Yearly Sharpe        -         -         -         -         -         -         -         -
Yearly Sortino       -         -         -         -         -         -         -         -
Yearly Mean          -         -         -         -         -         -         -         -
Yearly Vol           -         -         -         -         -         -         -         -
Yearly Skew          -         -         -         -         -         -         -         -
Yearly Kurt          -         -         -         -         -         -         -         -
Best Year            -         -         -         -         -         -         -         -
Worst Year           -         -         -         -         -         -         -         -

Avg. Drawdown        -1.67%    -1.10%    -3.08%    -27.78%   -4.82%    -8.01%    -3.62%    -5.22%
Avg. Drawdown Days   23.30     16.69     20.36     123.50    33.14     50.80     20.64     35.71
Avg. Up Month        2.45%     2.20%     5.56%     9.01%     2.02%     17.69%    6.25%     11.95%
Avg. Down Month      -0.94%    -1.67%    -2.66%    -9.63%    -4.33%    -8.32%    -5.52%    -5.13%
Win Year %           -         -         -         -         -         -         -         -
Win 12m %            -         -         -         -         -         -         -         -
```

在以上输出报表中，包含了多种金融指标参数。关于各参数解释请参见案例10-1。

第 14 组代码如下：

```
#14
print('\n#14 r2')
ret = df.to_log_returns().dropna()
r2=ret.calc_mean_var_weights().as_format('.2%')
print(r2)
```

ffn 金融模块库还提供了大量常用的金融函数，可以轻松计算相关的权重矩阵数据。以上代码演示了如何使用 ffn.core 模块中的 calc_mean_var_weights 函数，计算各只股票回报率之间的均值-方差矩阵数据。以下是对应的输出信息。

```
#14 r2
000001    41.51%
000792    21.16%
000800    10.55%
002046     0.00%
600029    26.78%
600663     0.00%
```

```
inx        0.00%
total      0.00%
```

通过以上计算，我们可以发现：

- 002046、600663 两只股票与 inx（大盘指数）、total（整体收益），计算结果都为 0.00%，可以归为一类。
- 000001、000792、000800、600029 几只股票，与其他股票的差别很大，各自属于一类。

以上分类，只是单纯地针对股票价格数据而言的。对于挑选股票池中的股票产品而言，还需要更细化的专业分析计算程序。

10.2　Tick分时数据量化分析

前面我们介绍的都是基于日线数据的量化程序，本节将介绍如何使用分时数据进行量化回溯分析。

TopQuant 极宽智能量化系统采用灵活的模块化设计，无论是日线数据还是分时数据，抑或是 Tick 数据，都可直接或间接导入系统，进行量化分析。

系统采用 OHLC 标准数据格式，无论是股票、期货，还是原油、外汇、贵重金属等金融交易产品，只要有标准的 OHLC 交易数据，就可以直接使用。

如果是日内交易、高频交易，则通常很少直接使用 Tick 数据，都是把 Tick 数据转换为分时数据，再调用量化程序的。

系统默认采用 5 分钟的分时数据。关于其他分时数据，可以参考 tq_init 和 bt_init 两个初始化函数的源程序，修改相关的代码即可。

案例 10-4：Tick 分时量化分析程序

案例 10-4 文件名为 kca04_btmin.py，主要介绍如何使用分时数据进行量化回溯分析。

在运行本案例程序前，最好是重新运行一次案例 9-1 的数据更新程序，以获得最新的交易数据。案例 9-1 程序集成了日线数据和 5 分钟分时数据的更新程序。

本案例采用 All-in-one 模式，代码较长，所以我们把全部程序分为十余个小组，分组进行讲解。

1. 数据整理

第 1 组代码如下：

```
#1 预处理
pd.set_option('display.width', 450)
pd.set_option('display.float_format', zt.xfloat3)
pyplt=py.offline.plot
```

预处理，设置运行环境参数。

第 2 组代码如下：

```
#2 set data
print('\n#2,set data')
inxLst=['000001']
codLst=['000001','002046','600663','000792','600029','000800']
xlst=['inx','total']+codLst
tim0Str,tim9Str='2017-09-26','2017-10-18'
rs0=zsys.rdatMin0        #'/zDat/min/'
prjNam,ksgn='TM5','avg'
ftg0='tmp/'+prjNam
print('rs0,',rs0)
```

设置基本参数，主要用于回溯初始化函数 bt_init。其中各参数解释请参见案例 10-3。

案例 10-4 的第 2 组代码，与案例 10-3 有如下不同之处。

第一处不同：

```
tim0Str,tim9Str='2017-09-26','2017-10-18'
```

由于分时数据、Tick 数据的数据量远远大于日线数据，在回溯测试时，往往以日、周为单位。以上时间设置，考虑到国庆假期，休市一周，所以时间间隔较大。

第二处不同：

```
rs0=zsys.rdatMin0        #'/zDat/min/'
```

数据目录是/zDat/min/。在系统初始化时，会根据目录中的 min 字符，自动识别为分时数据目录，具体参看 tq_init 函数的相关代码。

因此，数据目录最好采用默认目录，同时不要包含 min 字符，以免出现意外错误。

第三处不同：

```
prjNam,ksgn='TM5','avg'
```

prjNam（项目名称）改为 TM5，其中 M5 是 5 分钟分时数据的意思。

严格来说，每个项目都应该采用独立的项目名称。

第 3 组代码如下：

```
#3 init.qx
print('\n#3,init.qx')
qx=zbt.bt_init(rs0,codLst,inxLst,tim0Str,tim9Str,ksgn,prjNam)
ztq.tq_prVar(qx)
```

根据所设置的参数，初始化回溯测试的全局变量 qx。

运行 bt_init 函数，会生成如下信息。

```
#3,init.qx
tq_init name...
tq_init pools...

clst: ['000001', '002046', '600663', '000792', '600029', '000800']
1 / 6 /zDat/min/m05/000001.csv
2 / 6 /zDat/min/m05/002046.csv
3 / 6 /zDat/min/m05/600663.csv
4 / 6 /zDat/min/m05/000792.csv
5 / 6 /zDat/min/m05/600029.csv
6 / 6 /zDat/min/m05/000800.csv

clst: ['000001']
1 / 1 /zDat/min/xm05/000001.csv
tq_init work data...
```

以上输出信息，表示根据股票池中的股票代码，逐一加载数据。为了提高计算性能，笔者采用了全内存计算模式，尽量把所有数据一次性加载到内存中。

注意输出信息中的数据目录，是 min 分时数据目录。

第 3 组代码运行完成后，调用 tq_prVar 函数，输出 qx 变量所保存的主要数据。

```
ztq.tq_prVar(qx)
```

如图 10-16 所示是部分输出信息。

```
wrkStkInfo      = ......
wrkStkNum       = 0
wrkTim          = None
wrkTimFmt       = YYYY-MM-DD HH:mm:ss
wrkTimStr       =

zsys.xxx
    rdat0, /zDat/
    rdatCN, /zDat/cn/day/
    rdatCNX, /zDat/cn/xday/
    rdatInx, /zDat/inx/
    rdatMin0, /zDat/min/
    rdatTick, /zDat/tick/

code list: ['000001', '002046', '600663', '000792', '600029', '000800']
 inx list: ['000001']

 stk info
        code  name        ename  id industry  id_industry area  id_area
1046  000001  平安银行  PAYH_000001   1        银行              25   深圳       264

 inx info
     code       ename  id  name       tim0
0  000001  SZZS_000001   0  上证指数  1994-01-01

 wrkStkDat
                    open    high     low  close    volume     avg  dprice  dpricek               xtim  xyear
date
2017-10-19 14:40 12.940 12.950 12.880 12.900 3289.000 12.918  12.918   12.913  2017-10-19 14:40   2017
2017-10-19 14:45 12.900 12.950 12.880 12.920 6507.000 12.913  12.913   12.908  2017-10-19 14:45   2017
2017-10-19 14:50 12.920 12.920 12.890 12.900 5980.000 12.908  12.908   12.922  2017-10-19 14:50   2017
2017-10-19 14:55 12.910 12.940 12.900 12.940 8920.000 12.922  12.922   12.958  2017-10-19 14:55   2017
2017-10-19 15:00 12.950 12.970 12.940 12.970 5224.000 12.958  12.958      nan  2017-10-19 15:00   2017
```

图 10-16　qx 变量内部数据信息（部分）

第 4 组代码如下：

```
#4 set.bT.var
print('\n#4,set.BT.var')
qx.preFun=zsta.avg01_dpre
qx.preVars=[10]
qx.staFun=zsta.avg01
qx.staVars=[1.1,1.1]
```

设置量化策略函数。其中各参数的解释请参见案例 10-3。

第 5 组代码如下：

```
#5 set.bT.var
print('\n#5,call::qx.preFun')
ztq.tq_pools_call(qx,qx.preFun)
```

通过股票池主调用函数 tq_pools_call，根据股票代码调用数据预处理函数

preFun，对相关数据进行整理。

第 6 组代码如下：

```
#6 save.var
print('\n#6,save.var')
fss=ftg0+'x1.pkl';zt.f_varWr(fss,qx)
qx=zt.f_varRd(fss);#ztq.tq_prVar(qx)
```

保存 qx 变量数据，以便下一环节使用，本案例没有使用神经网络模型，数据格式相对简单，只有一个数据文件。

以上程序，保存 qx 变量数据后，再次读取并调用 tq_prVar 函数，打印输出 qx 变量内部相关的数据信息，如图 10-17 所示。

```
#6,save.var

obj:qx


aiMKeys         = []
aiModel         = {}
btTim0          = 2017-01-01T00:00:00+00:00
btTim0Str       = 2017-01-01
btTim9          = 2017-09-30T00:00:00+00:00
btTim9Str       = 2017-09-30
btTimNum        = 273
inxCodeLst      = ['000001']
inxNamTbl       = ......
inxPools        = ......
preFun          = <function avg01_dpre at 0x000001D695E6FC80>
preVars         = [10]
priceDateFlag   = True
priceSgn        = avg
prjNam          = T1
rdat0           = /zDat/cn/
rtmp            = tmp/
staFun          = <function avg01 at 0x000001D695E6FD08>
staVars         = [1.1, 1.1]
stkCodeLst      = ......
stkNamTbl       = ......
```

图 10-17 输出信息

2. 量化回溯

第 7 组代码如下：

```
# 7
print('\n#7 bt_main')
qx=zbt.bt_main(qx)
#
ztq.tq_prWrk(qx)
zt.prx('\nusrPools',qx.usrPools)
```

调用回溯主函数 bt_main，按照设定的时间周期，运行回溯测试流程。

如图 10-18 所示是 bt_main 函数运行完成后输出的相关信息。

```
 wrkStkDat.tail
                    open   high    low  close   volume    avg  dprice  dpricek             xtim  xyear
date
2017-10-19 14:15 12.890 12.900 12.870 12.870 2483.000 12.882  12.882   12.855  2017-10-19 14:15   2017
2017-10-19 14:20 12.870 12.890 12.820 12.840 3764.000 12.855  12.855   12.852  2017-10-19 14:20   2017
2017-10-19 14:25 12.840 12.880 12.820 12.870 3756.000 12.852  12.852   12.855  2017-10-19 14:25   2017
2017-10-19 14:30 12.870 12.870 12.830 12.850 2421.000 12.855  12.855   12.890  2017-10-19 14:30   2017
2017-10-19 14:35 12.850 12.950 12.820 12.940 5424.000 12.890  12.890   12.918  2017-10-19 14:35   2017
2017-10-19 14:40 12.940 12.950 12.880 12.900 3289.000 12.918  12.918   12.913  2017-10-19 14:40   2017
2017-10-19 14:45 12.900 12.950 12.880 12.920 6507.000 12.913  12.913   12.908  2017-10-19 14:45   2017
2017-10-19 14:50 12.920 12.920 12.890 12.900 5980.000 12.908  12.908   12.922  2017-10-19 14:50   2017
2017-10-19 14:55 12.910 12.940 12.900 12.940 8920.000 12.922  12.922   12.958  2017-10-19 14:55   2017
2017-10-19 15:00 12.950 12.970 12.940 12.970 5224.000 12.958  12.958      nan  2017-10-19 15:00   2017

[10 rows x 30 columns]

 btTimLst
['2017-09-26 09:35', '2017-09-26 09:40', '2017-09-26 09:45', '2017-09-26 09:50', '2017-09-26 09:55', '20
35', '2017-10-09 10:40', '2017-10-09 10:45', '2017-10-09 10:50', '2017-10-09 10:55', '2017-10-09 11:00',
 13:10', '2017-10-13 13:15', '2017-10-13 13:20', '2017-10-13 13:25', '2017-10-13 13:30', '2017-10-13 13:

 usrPools
{'000001': {'num9': 11800, 'dnum': 0}, '002046': {'num9': 11800, 'dnum': 0}, '600663': {'num9': 11800, '
```

图 10-18　回溯主函数的输出信息

第 8 组代码如下：

```
#8
print('\n#8 qx.rw')
fss=ftg0+'x2.pkl';zt.f_varWr(fss,qx)
qx=zt.f_varRd(fss);
```

保存回溯测试结果，用于下一阶段的投资回报分析。

3. 回报分析

第 9 组代码较长，我们分组进行讲解。第 9.1 组代码如下：

```
print('\n#9.1 tq_prTrdlib')
ztq.tq_prTrdlib(qx)
zt.prx('userPools',qx.usrPools)
```

如图 10-19 所示是对应的输出信息。

图中 qx.trdLib 是交易记录表，它共有 4 个字段。请注意字段 time，分时数据的时间不仅有日期，还包括小时和分钟数据。其他字段的含义请参见案例 10-3。

```
#9.1 tq_prTrdlib

qx.trdLib
        time,   ID,     cash,           usrPools
2017-09-26 09:35,TM5_00001,$991678.10    {'000001': {'num9': 100, 'dnum': 100}, '002046': {'num9': 100, 'dnum': 10(
2017-09-26 09:40,TM5_00002,$983335.70    {'000001': {'num9': 200, 'dnum': 100}, '002046': {'num9': 200, 'dnum': 10(
2017-09-26 09:45,TM5_00003,$974982.20    {'000001': {'num9': 300, 'dnum': 100}, '002046': {'num9': 300, 'dnum': 10(
2017-09-26 09:50,TM5_00004,$966586.30    {'000001': {'num9': 400, 'dnum': 100}, '002046': {'num9': 400, 'dnum': 10(
2017-09-26 09:55,TM5_00005,$958135.40    {'000001': {'num9': 500, 'dnum': 100}, '002046': {'num9': 500, 'dnum': 10(
2017-09-26 10:00,TM5_00006,$949668.50    {'000001': {'num9': 600, 'dnum': 100}, '002046': {'num9': 600, 'dnum': 10(
2017-09-26 10:05,TM5_00007,$941188.00    {'000001': {'num9': 700, 'dnum': 100}, '002046': {'num9': 700, 'dnum': 10(
2017-09-26 10:10,TM5_00008,$932706.70    {'000001': {'num9': 800, 'dnum': 100}, '002046': {'num9': 800, 'dnum': 10(
2017-09-26 10:15,TM5_00009,$924215.30    {'000001': {'num9': 900, 'dnum': 100}, '002046': {'num9': 900, 'dnum': 10(
E:\00z2017\kc_demo\ztools_tq.py:453: DeprecationWarning:


.ix is deprecated. Please use
.loc for label based indexing or
.iloc for positional indexing

See the documentation here:
http://pandas.pydata.org/pandas-docs/stable/indexing.html#ix-indexer-is-deprecated

......
2017-09-28 10:40,TM5_00110,$68350.70     {'000001': {'num9': 11000, 'dnum': 100}, '002046': {'num9': 11000, 'dnum':
2017-09-28 10:45,TM5_00111,$59915.40     {'000001': {'num9': 11100, 'dnum': 100}, '002046': {'num9': 11100, 'dnum':
2017-09-28 10:50,TM5_00112,$51487.50     {'000001': {'num9': 11200, 'dnum': 100}, '002046': {'num9': 11200, 'dnum':
2017-09-28 10:55,TM5_00113,$43068.00     {'000001': {'num9': 11300, 'dnum': 100}, '002046': {'num9': 11300, 'dnum':
2017-09-28 11:00,TM5_00114,$34643.90     {'000001': {'num9': 11400, 'dnum': 100}, '002046': {'num9': 11400, 'dnum':
2017-09-28 11:05,TM5_00115,$26213.90     {'000001': {'num9': 11500, 'dnum': 100}, '002046': {'num9': 11500, 'dnum':
2017-09-28 11:10,TM5_00116,$17779.30     {'000001': {'num9': 11600, 'dnum': 100}, '002046': {'num9': 11600, 'dnum':
2017-09-28 11:15,TM5_00117,$9328.00      {'000001': {'num9': 11700, 'dnum': 100}, '002046': {'num9': 11700, 'dnum':
2017-09-28 11:20,TM5_00118,$875.90       {'000001': {'num9': 11800, 'dnum': 100}, '002046': {'num9': 11800, 'dnum':
2017-09-28 11:25,TM5_00119,$47.10        {'000001': {'num9': 11800, 'dnum': 0}, '002046': {'num9': 11800, 'dnum': (

n-trdlib:  119

 userPools
{'000001': {'num9': 11800, 'dnum': 0}, '002046': {'num9': 11800, 'dnum': 0}, '600663': {'num9': 11800, 'dnum': 0},
```

图 10-19　回报分析输出信息

第 9.2 组代码如下：

```
print('\n#9.2 tq_usrStkMerge')
df_usr=ztq.tq_usrStkMerge(qx)
zt.prDF('df_usr',df_usr)
```

合并用户交易数据，如图 10-20 所示是合并后的交易数据（部分）。

其中相关字段的含义请参见案例 10-3。

第 9.3 组代码如下：

```
print('\n#9.3 tq_usrDatXed')
df2,k=ztq.tq_usrDatXed(qx,df_usr)
zt.prDF('df2',df2)
```

进一步整理回报分析的结果数据，如图 10-21 所示是对应的输出结果数据。

```
#9.2 tq_usrStkMerge

 df_usr
                    inx       cash  total  000001  002046  600663  000792  600029  000800
date
2017-09-26 14:55 11.040 602242.900      0  11.040  10.325  22.955  20.020   8.410  12.528
2017-09-26 15:00 11.040 593714.900      0  11.045  10.358  22.955  20.020   8.412  12.490
2017-09-27 09:35 11.040 585189.800      0  11.038  10.332  22.928  20.038   8.398  12.517
2017-09-27 09:40 11.060 576659.300      0  11.058  10.335  22.960  20.080   8.392  12.480
2017-09-27 09:45 11.040 568166.300      0  11.035  10.340  22.920  19.798   8.395  12.442
2017-09-27 09:50 11.010 559674.200      0  11.012  10.372  22.920  19.825   8.402  12.390
2017-09-27 09:55 10.980 551164.900      0  10.978  10.375  22.908  19.992   8.410  12.430
2017-09-27 10:00 10.980 542642.500      0  10.980  10.358  22.898  20.102   8.418  12.468
2017-09-27 10:05 10.980 534099.800      0  10.985  10.360  22.938  20.310   8.407  12.427
2017-09-27 10:10 11.010 525536.700      0  11.008  10.385  22.950  20.460   8.398  12.430
                    inx      cash  total  000001  002046  600663  000792  600029  000800
date
2017-09-28 10:40 10.900 68350.700      0  10.897  10.512  22.508  19.250   8.292  12.900
2017-09-28 10:45 10.890 59915.400      0  10.890  10.505  22.505  19.225   8.300  12.928
2017-09-28 10:50 10.880 51487.500      0  10.882  10.495  22.530  19.162   8.295  12.915
2017-09-28 10:55 10.870 43068.000      0  10.872  10.493  22.560  19.132   8.290  12.848
2017-09-28 11:00 10.860 34643.900      0  10.865  10.500  22.560  19.198   8.298  12.820
2017-09-28 11:05 10.870 26213.900      0  10.872  10.510  22.555  19.240   8.298  12.825
2017-09-28 11:10 10.870 17779.300      0  10.870  10.490  22.530  19.303   8.295  12.858
2017-09-28 11:15 10.890  9328.000      0  10.892  10.488  22.510  19.418   8.292  12.913
2017-09-28 11:20 10.900   875.900      0  10.905  10.488  22.520  19.430   8.290  12.888
2017-09-28 11:25 10.880    47.100      0  10.880  10.472  22.522  19.435   8.288  12.862
```

图 10-20　合并后的交易数据（部分）

```
#9.3 tq_usrDatXed

 df2
                    inx       cash        total  000001  002046  600663  000792  600029  000800  000001_num   ...      000792_num  600029
date                                                                                                           ...
2017-09-26 14:55 11.040 602242.900 1003049.500  11.040  10.325  22.955  20.020   8.410  12.528        4700   ...            4700
2017-09-26 15:00 11.040 593714.900 1003058.900  11.045  10.358  22.955  20.020   8.412  12.490        4800   ...            4800
2017-09-27 09:35 11.040 585189.800 1002919.700  11.038  10.332  22.928  20.038   8.398  12.517        4900   ...            4900
2017-09-27 09:40 11.060 576659.300 1003184.300  11.058  10.335  22.960  20.080   8.392  12.480        5000   ...            5000
2017-09-27 09:45 11.040 568166.300 1001309.300  11.035  10.340  22.920  19.798   8.395  12.442        5100   ...            5100
2017-09-27 09:50 11.010 559674.200 1001263.400  11.012  10.372  22.920  19.825   8.402  12.390        5200   ...            5200
2017-09-27 09:55 10.980 551164.900 1002157.800  10.978  10.375  22.908  19.992   8.410  12.430        5300   ...            5300
2017-09-27 10:00 10.980 542642.500 1002852.100  10.980  10.358  22.898  20.102   8.418  12.468        5400   ...            5400
2017-09-27 10:05 10.980 534099.800 1003948.300  10.985  10.360  22.938  20.310   8.407  12.427        5500   ...            5500
2017-09-27 10:10 11.010 525536.700 1005070.300  11.008  10.385  22.950  20.460   8.398  12.430        5600   ...            5600

[10 rows x 22 columns]
                    inx   cash       total  000001  002046  600663  000792  600029  000800  000001_num   ...      000792_num  600029_num
date                                                                                                    ...
2017-09-26 14:05 10.880 47.100 312545.400  10.880  10.472  22.522  19.435   8.288  12.862        3700   ...            3700        3700
2017-09-26 14:10 10.880 47.100 320991.300  10.880  10.472  22.522  19.435   8.288  12.862        3800   ...            3800        3800
2017-09-26 14:15 10.880 47.100 329437.200  10.880  10.472  22.522  19.435   8.288  12.862        3900   ...            3900        3900
2017-09-26 14:20 10.880 47.100 337883.100  10.880  10.472  22.522  19.435   8.288  12.862        4000   ...            4000        4000
2017-09-26 14:25 10.880 47.100 346329.000  10.880  10.472  22.522  19.435   8.288  12.862        4100   ...            4100        4100
2017-09-26 14:30 10.880 47.100 354774.900  10.880  10.472  22.522  19.435   8.288  12.862        4200   ...            4200        4200
2017-09-26 14:35 10.880 47.100 363220.800  10.880  10.472  22.522  19.435   8.288  12.862        4300   ...            4300        4300
2017-09-26 14:40 10.880 47.100 371666.700  10.880  10.472  22.522  19.435   8.288  12.862        4400   ...            4400        4400
2017-09-26 14:45 10.880 47.100 380112.600  10.880  10.472  22.522  19.435   8.288  12.862        4500   ...            4500        4500
2017-09-26 14:50 10.880 47.100 388558.500  10.880  10.472  22.522  19.435   8.288  12.862        4600   ...            4600        4600
```

图 10-21　整理后的回报分析结果数据

整理后的回报分析结果数据，在图 10-20 所示数据的基础上增加了如下字段。

- xcod——股票代码名称。
- xcod_num——该代码股票的持有量。
- xcod_money——该代码股票的持有金额。
- stk-val——当天用户持有的股票总值。

从图 10-21 可以看到，total 已经有了对应的数据。

第 9.4 组代码如下：

```
print('\n#9.4 ret')
print('ret:',k,'%')
```

计算投资回报率，其对应的输出信息如下：

```
#9.4 ret
ret: 38.86 %
```

投资回报率为 38.86%，这是一个亏损的策略。

4. 专业回报分析

第 9.5 组代码如下：

```
print('\n#9.5 tq_usrDatXedFill')
df=ztq.tq_usrDatXedFill(qx,df2)
zt.prDF('df',df)
```

再一次整理结果数据，主要是填充交易订单数值为空值的字段，并裁剪为便于 ffn 金融模块库处理的格式。

如图 10-22 所示是对应的输出信息。

```
#9.5 tq_usrDatXedFill

 df
                        inx        total  000001  002046  600663  000792  600029  000800
date
2017-09-26 14:55:00  11.040  1003049.500  11.040  10.325  22.955  20.020   8.410  12.528
2017-09-26 15:00:00  11.040  1003058.900  11.045  10.358  22.955  20.020   8.412  12.490
2017-09-27 09:35:00  11.040  1002919.700  11.038  10.332  22.928  20.038   8.398  12.517
2017-09-27 09:40:00  11.060  1003184.300  11.058  10.335  22.960  20.080   8.392  12.480
2017-09-27 09:45:00  11.040  1001309.300  11.035  10.340  22.920  19.798   8.395  12.442
2017-09-27 09:50:00  11.010  1001263.400  11.012  10.372  22.920  19.825   8.402  12.390
2017-09-27 09:55:00  10.980  1002157.800  10.978  10.375  22.908  19.992   8.410  12.430
2017-09-27 10:00:00  10.980  1002852.100  10.980  10.358  22.898  20.102   8.418  12.468
2017-09-27 10:05:00  10.980  1003948.300  10.985  10.360  22.938  20.310   8.407  12.427
2017-09-27 10:10:00  11.010  1005070.300  11.008  10.385  22.950  20.460   8.398  12.430
                        inx        total  000001  002046  600663  000792  600029  000800
date
2017-10-17 14:15:00  11.570  1001126.500  11.570  10.157  22.795  16.328   8.082  13.170
2017-10-17 14:20:00  11.560  1001150.100  11.558  10.158  22.782  16.280   8.080  13.172
2017-10-17 14:25:00  11.550  1001150.100  11.550  10.140  22.772  16.275   8.078  13.172
2017-10-17 14:30:00  11.550  1001303.500  11.548  10.152  22.778  16.285   8.075  13.185
2017-10-17 14:35:00  11.540  1001185.500  11.542  10.165  22.770  16.252   8.075  13.175
2017-10-17 14:40:00  11.540  1000890.500  11.538  10.158  22.762  16.225   8.070  13.150
2017-10-17 14:45:00  11.540  1000654.500  11.538  10.135  22.748  16.228   8.065  13.130
2017-10-17 14:50:00  11.520  1000630.900  11.522  10.130  22.752  16.210   8.068  13.128
2017-10-17 14:55:00  11.520  1000560.100  11.525  10.135  22.752  16.195   8.065  13.122
2017-10-17 15:00:00  11.520  1000831.500  11.522  10.168  22.748  16.188   8.068  13.145
```

图 10-22　深度整理后的回报分析结果数据

第 10 组代码如下：

```
#10 ret xed
ret=ffn.to_log_returns(df[xlst]).dropna()
ret=ffn.to_returns(df[xlst]).dropna()
ret[xlst]=ret[xlst].astype('float')
zt.prDF('\n#10,ret',ret)
```

计算回报率，其对应的输出信息如下：

```
#10,ret
                        inx    total    000001    002046  600663  000792  600029   000800
date
2017-09-26 15:00:00  0.000    0.000    0.000     0.003   0.000   0.000   0.000   -0.003
2017-09-27 09:35:00  0.000   -0.000   -0.001    -0.003  -0.001   0.001  -0.002    0.002
2017-09-27 09:40:00  0.002    0.000    0.002     0.000   0.001   0.002  -0.001   -0.003
2017-09-27 09:45:00 -0.002    0.002   -0.002     0.000  -0.002  -0.014   0.000   -0.003
2017-09-27 09:50:00 -0.003   -0.000   -0.002     0.003   0.000   0.001   0.001   -0.004
2017-09-27 09:55:00 -0.003    0.001   -0.003     0.000  -0.001   0.008   0.001    0.003
2017-09-27 10:00:00  0.000    0.001    0.000    -0.002  -0.000   0.006   0.001    0.003
2017-09-27 10:05:00  0.000    0.001    0.000     0.000   0.002   0.010  -0.001   -0.003
2017-09-27 10:10:00  0.003    0.001    0.002     0.002   0.001   0.007  -0.001    0.000
2017-09-27 10:15:00  0.001    0.000    0.001    -0.000  -0.002   0.002   0.000    0.001
                        inx    total    000001    002046  600663  000792  600029   000800
date
2017-10-17 14:15:00  0.001    0.000    0.001    -0.000   0.000  -0.002   0.000    0.000
2017-10-17 14:20:00 -0.001    0.000   -0.001     0.000  -0.001  -0.003  -0.000    0.000
2017-10-17 14:25:00 -0.001    0.000   -0.001    -0.002  -0.000  -0.000  -0.000    0.000
2017-10-17 14:30:00  0.000    0.000   -0.000     0.001   0.000   0.001  -0.000    0.001
2017-10-17 14:35:00 -0.001   -0.000   -0.001     0.001  -0.000  -0.002   0.000   -0.001
2017-10-17 14:40:00  0.000   -0.000   -0.000    -0.001  -0.000  -0.002  -0.001   -0.002
2017-10-17 14:45:00  0.000   -0.000    0.000    -0.002  -0.001   0.000  -0.001   -0.002
2017-10-17 14:50:00 -0.002   -0.000   -0.001    -0.000   0.000  -0.001   0.000   -0.000
2017-10-17 14:55:00  0.000   -0.000    0.000     0.000   0.000  -0.001  -0.000   -0.000
2017-10-17 15:00:00  0.000    0.000   -0.000     0.003  -0.000  -0.000   0.000    0.002
```

第 11 组代码如下：

```
#11 ret.hist
print('\n#11 ret.hist')
ax = ret.hist(figsize=(16,8))
```

绘制回报率分布直方图，如图 10-23 所示。

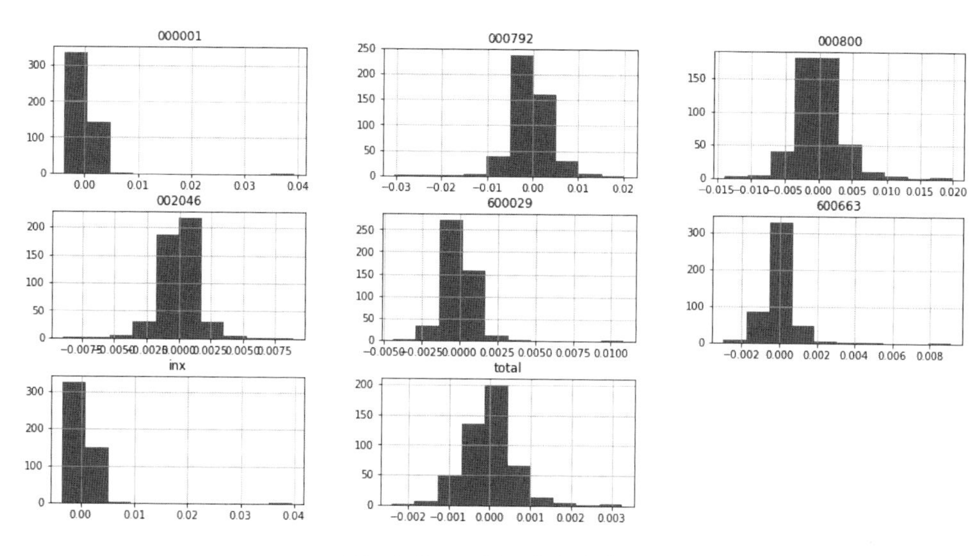

图 10-23　回报率分布直方图

第 12 组代码如下：

```
#12
ret=ret.corr().as_format('.2f')
zt.prDF('\n#12 ret.corr',ret)
```

使用 corr 函数，根据回报率计算各只股票之间的相关性，或者说关联度。其对应的输出信息如下：

```
#12 ret.corr
         inx    total   000001  002046  600663  000792  600029  000800
inx      1.00   0.06    0.99    0.21    0.39    0.04    0.41    0.04
total    0.06   1.00    0.05    0.09    -0.05   0.20    0.01    0.88
000001   0.99   0.05    1.00    0.22    0.41    0.04    0.41    0.03
002046   0.21   0.09    0.22    1.00    0.20    0.02    0.27    0.06
600663   0.39   -0.05   0.41    0.20    1.00    0.04    0.36    -0.12
```

```
000792  0.04   0.20   0.04   0.02   0.04   1.00   0.10   0.03
600029  0.41   0.01   0.41   0.27   0.36   0.10   1.00   -0.00
000800  0.04   0.88   0.03   0.06   -0.12  0.03   -0.00  1.00
        inx    total  000001 002046 600663 000792 600029 000800
inx     1.00   0.06   0.99   0.21   0.39   0.04   0.41   0.04
total   0.06   1.00   0.05   0.09   -0.05  0.20   0.01   0.88
000001  0.99   0.05   1.00   0.22   0.41   0.04   0.41   0.03
002046  0.21   0.09   0.22   1.00   0.20   0.02   0.27   0.06
600663  0.39   -0.05  0.41   0.20   1.00   0.04   0.36   -0.12
000792  0.04   0.20   0.04   0.02   0.04   1.00   0.10   0.03
600029  0.41   0.01   0.41   0.27   0.36   0.10   1.00   -0.00
000800  0.04   0.88   0.03   0.06   -0.12  0.03   -0.00  1.00
```

第 13 组代码，采用简单、快捷的方法，计算和分析交易周期内的回报数据，针对各种不同的资产业绩，提供更完整的分析图表，其中的关键就是使用 ffn 金融模块库中的 calc_stats 函数。

```
#13
print('\n#13 calc_stats')
perf = df.calc_stats()
perf.plot()
print(perf.display())
```

通过计算获得一个 GroupStats 对象，可以分析更详细的专业的回报分析图表。例如，绘制类似于使用 rebase 函数归一化处理的股票价格曲线图，如图 10-24 所示。

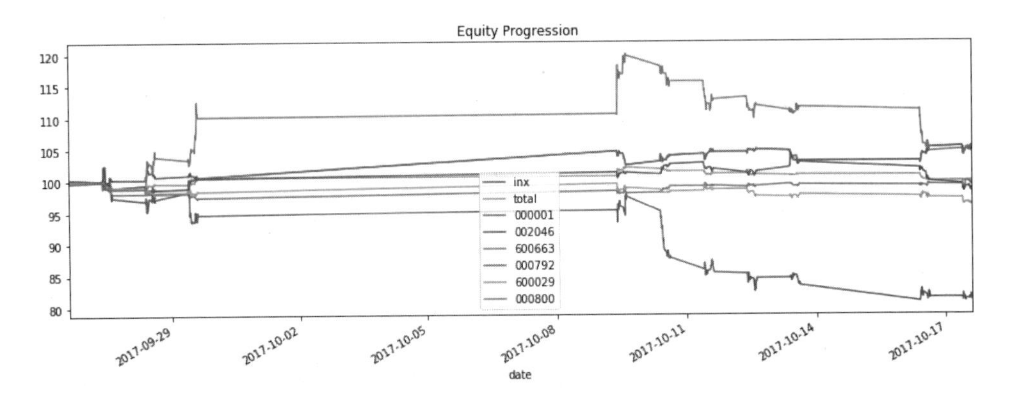

图 10-24　归一化处理的股票价格曲线图

图 10-24 有一个 Bug，因为国庆假期，数据中断，图形出现缺口，没有优化，这是 Pandas 集成 Matplotlab 的问题，期待以后的版本能进行弥补。

如图 10-25 所示是专业的量化投资回报分析报表，也是 ffn 金融模块库的精华所在。

#13 calc_stats

Stat	inx	total	000001	002046	600663	000792	600029	000800
Start	2017-09-26	2017-09-26	2017-09-26	2017-09-26	2017-09-26	2017-09-26	2017-09-26	2017-09-26
End	2017-10-17	2017-10-17	2017-10-17	2017-10-17	2017-10-17	2017-10-17	2017-10-17	2017-10-17
Risk-free rate	0.00%	0.00%	0.00%	0.00%	0.00%	0.00%	0.00%	0.00%
Total Return	4.35%	-0.22%	4.37%	-1.52%	-0.90%	-19.14%	-4.07%	4.92%
Daily Sharpe	0.64	-0.11	0.65	-0.31	-0.32	-1.56	-1.29	0.48
Daily Sortino	2.16	-0.18	1.91	-0.44	-0.56	-1.94	-2.17	0.84
CAGR	109.62%	-3.78%	110.25%	-23.39%	-14.57%	-97.51%	-51.42%	130.72%
Max Drawdown	-2.33%	-2.34%	-2.37%	-5.73%	-2.84%	-21.25%	-4.19%	-13.49%
Calmar Ratio	46.97	-1.62	46.56	-4.08	-5.12	-4.59	-12.26	9.69
MTD	3.78%	-0.75%	3.76%	-1.97%	1.76%	-14.58%	-2.44%	-4.66%
3m	-	-	-	-	-	-	-	-
6m	-	-	-	-	-	-	-	-
YTD	4.35%	-0.22%	4.37%	-1.52%	-0.90%	-19.14%	-4.07%	4.92%
1Y	-	-	-	-	-	-	-	-
3Y (ann.)	-	-	-	-	-	-	-	-
5Y (ann.)	-	-	-	-	-	-	-	-
10Y (ann.)	-	-	-	-	-	-	-	-
Since Incep. (ann.)	109.62%	-3.78%	110.25%	-23.39%	-14.57%	-97.51%	-51.42%	130.72%
Daily Sharpe	0.64	-0.11	0.65	-0.31	-0.32	-1.56	-1.29	0.48
Daily Sortino	2.16	-0.18	1.91	-0.44	-0.56	-1.94	-2.17	0.84
Daily Mean (ann.)	2.29%	-0.11%	2.30%	-0.77%	-0.46%	-10.88%	-2.16%	2.68%
Daily Vol (ann.)	3.59%	1.01%	3.52%	2.47%	1.45%	6.98%	1.68%	5.63%
Daily Skew	11.29	0.66	11.71	0.33	2.76	-1.00	2.36	1.03
Daily Kurt	194.48	3.70	204.35	7.16	24.69	8.58	24.99	5.09
Best Day	3.96%	0.33%	3.94%	0.89%	0.92%	2.04%	1.09%	1.99%
Worst Day	-0.35%	-0.24%	-0.38%	-0.90%	-0.30%	-3.05%	-0.44%	-1.39%
Monthly Sharpe	-	-	-	-	-	-	-	-
Monthly Sortino	-	-	-	-	-	-	-	-
Monthly Mean (ann.)	45.41%	-9.03%	45.06%	-23.60%	21.10%	-174.90%	-29.31%	-55.96%
Monthly Vol (ann.)	-	-	-	-	-	-	-	-
Monthly Skew	-	-	-	-	-	-	-	-
Monthly Kurt	-	-	-	-	-	-	-	-
Best Month	3.78%	-0.75%	3.76%	-1.97%	1.76%	-14.58%	-2.44%	-4.66%
Worst Month	3.78%	-0.75%	3.76%	-1.97%	1.76%	-14.58%	-2.44%	-4.66%
Yearly Sharpe	-	-	-	-	-	-	-	-
Yearly Sortino	-	-	-	-	-	-	-	-
Yearly Mean	-	-	-	-	-	-	-	-
Yearly Vol	-	-	-	-	-	-	-	-
Yearly Skew	-	-	-	-	-	-	-	-
Yearly Kurt	-	-	-	-	-	-	-	-
Best Year	-	-	-	-	-	-	-	-
Worst Year	-	-	-	-	-	-	-	-
Avg. Drawdown	-0.76%	-0.61%	-0.91%	-1.05%	-1.48%	-8.12%	-2.22%	-2.43%
Avg. Drawdown Days	1.14	2.38	1.64	1.50	10.00	6.67	10.00	1.64
Avg. Up Month	3.78%	-	3.76%	-	1.76%	-	-	-
Avg. Down Month	-	-0.75%	-	-1.97%	-	-14.58%	-2.44%	-4.66%
Win Year %	-	-	-	-	-	-	-	-
Win 12m %	-	-	-	-	-	-	-	-

图 10-25　专业的量化投资回报分析报表

在该回报分析报表中，包含了多种金融指标参数。关于各参数的解释请参见案例 10-1。

第 14 组代码如下：

```
#14
print('\n#14 r2')
ret = df.to_log_returns().dropna()
r2=ret.calc_mean_var_weights().as_format('.2%')
print(r2)
```

ffn 金融模块库还提供了大量常用的金融函数，可以轻松计算相关的权重矩阵数据。以上代码演示了如何使用 ffn.core 模块中的 calc_mean_var_weights 函数，计算各只股票回报率之间的均值-方差矩阵数据。

以下是对应的输出信息。

```
#14 r2
000001    36.31%
000792     0.00%
000800    30.88%
002046     0.00%
600029     0.00%
600663     0.00%
inx       32.81%
```

通过以上计算，我们可以发现：

- 000001、000800 两只股票和 inx（大盘指数），计算结果都在 30.00%左右，可以归为一类。
- 其他几只股票，计算结果都是 0.00%，可以归为一类。

总　　结

Python 量化回溯、TensorFlow、PyTorch 等神经网络模型，都是近年来兴起的科技前沿项目，有关理论、平台、工具目前尚处于摸索阶段。

《零起点 Python 量化》“三部曲”系列图书，以及 TopQuant 极宽智能量化系统，只是作为入门教程，抛砖引玉。

书中的有关案例、程序以教学为主，进行了很多简化，以便大家能够快速理解相关内容，以最短的时间了解 Python 量化回溯的整个流程，以及数据分析、机器学习、神经网络的应用。

神经网络、深度学习在量化实盘中的应用，是全世界都在研究的顶尖课题，目前尚未有很好的模型与应用案例。

本书仅仅作为入门课程，具体的实盘策略，有待广大读者进一步深入学习 TensorFlow、PyTorch 等新一代深度学习平台。

最重要的是，还有待广大的一线实盘操作人员，结合专业的金融操盘经验，与各种神经网络模型融会贯通，构建更加符合金融量化实际的神经网络模型，从而获得更好的投资回报收益。

附录 A

TensorFlow 1.1 函数接口变化

自 TensorFlow 1.0 以后，系统逐步稳定，功能更加强大，不过许多函数接口发生了重大变化，也有些函数迁移到 contrib 中，在运行老版本代码时，经常出现兼容性错误。在此，我们集中做一个简单说明，以方便大家查询。

为了帮助用户升级老版本的 TensorFlow Python 代码，以匹配新的 API 接口，谷歌公司提供了一个转换脚本，详见：

https://github.com/tensorflow/tensorflow/tree/master/tensorflow/tools/compatibility

另外，谷歌公司网站也提供了有关的 API 接口变化文档，详见：

https://www.tensorflow.org/install/migration

1. 功能增加和调整

- XLA（实验版）：初始版本的 XLA，针对 TensorFlow 图（Graph）的专用编译器，面向 CPU 和 GPU。
- TensorFlow Debugger（tfdbg）：命令行界面和 API。
- 添加了新的 Python 3 Docker 图像。
- 使 pip 包兼容 Pypi。现在 TensorFlow 可以通过“pip install tensorflow”命令安装。
- 更改了几个 Python API 的调用方式，使其更类似于 NumPy。
- 增加了新的（实验版）Java API。
- Android：全新的人物检测+跟踪演示实现，带有额外的 YOLO 对象检测器支持。
- Android：全新的基于摄像头的图像风格转换演示，使用了神经网络艺术风格转换技术。

2. API 接口变动

- TensorFlow/Models 已经被移动到一个单独的 github 库。
- 除法和模运算符（/、//、%）匹配 Python（flooring）语义。这也适用于 tf.div 和 tf.mod。要获取基于强制整数截断的行为，可以使用 tf.truncatediv 和 tf.truncatemod。
- 推荐使用 tf.divide()作为除法函数。tf.div()将保留，但它的语义不会回应 Python 3 或 from future 机制。
- tf.reverse()取轴的索引要反转。例如 f.reverse(a,[True,False,True])必须写为 tf.reverse(a,[0,2])。tf.reverse_v2()将保持到 TensorFlow 1.0 最终版。
- tf.mul、tf.sub 和 tf.neg 不再使用，改为使用 tf.multiply、tf.subtract 和 tf.negative。
- tf.pack 和 tf.unpack 被弃用，改为使用 tf.stack 和 tf.unstack。
- TensorArray.pack 和 TensorArray.unpack 正在被弃用过程中，将来计划启用 TensorArray.stack 和 TensorArray.unstack。
- tf.listdiff 已被重命名为 tf.setdiff1d，以匹配 NumPy 命名。
- tf.inv 已被重命名为 tf.reciprocal（组件的倒数），以避免与 np.inv 混淆，后者是矩阵求逆。
- tf.round 使用 banker 的舍入（round to even）语义来匹配 NumPy。
- tf.split 以相反的顺序并使用不同的关键字接收参数。现在将 NumPy order 匹配为 tf.split(value,num_or_size_splits,axis)。
- tf.sparse_split 采用相反顺序的参数，并使用不同的关键字。现在将 NumPy order 匹配为 tf.sparse_split(sp_input,num_split,axis)。注意：暂时要求 tf.sparse_split 需要关键字参数。
- tf.concat 以相反的顺序并使用不同的关键字接收参数。注意：现在将 NumPy order 匹配为 tf.concat(values,axis,name)。
- 在默认情况下，tf.image.decode_jpeg 使用更快的 DCT 方法，牺牲一点保真度来提高速度。通过指定属性 dct_method ='INTEGER_ACCURATE'，可以恢复到旧版本行为。
- tf.complex_abs 已从 Python 界面中删除。tf.abs 支持复杂张量，现在使用 tf.abs。
- Template.var_scope 属性被重命名为.variable_scope。

- SyncReplicasOptimizer 已被删除，SyncReplicasOptimizerV2 被重命名为 SyncReplicas Optimizer。
- tf.zeros_initializer()和 tf.ones_initializer()返回一个必须用 initializer 参数调用的可调用值，在代码中用 tf.zeros_initializer()替换 tf.zeros_initializer。
- SparseTensor.shape 已被重命名为 SparseTensor.dense_shape。与 SparseTensorValue.shape 相同。
- 分别替换 tf.scalar_summary、tf.histogram_summary、tf.audio_summary、tf.image_summary 为 tf.summary.scalar、tf.summary.histogram、tf.summary.audio、tf.summary.image。新的摘要 ops 以名字（而不是标签）作为它们的第一个参数，这意味着现在摘要 ops 遵从 TensorFlow 名称范围。
- 使用 tf.summary.FileWriter 和 tf.summary.FileWriterCache 替换 tf.train.SummaryWriter 和 tf.train.SummaryWriterCache。
- 从公共 API 中删除 RegisterShape。使用 C++形状函数注册。
- Python API 中的_ref dtypes 已被弃用。
- 在 C++ API（in tensorflow/cc）中，Input、Output 等已经从 tensorflow::ops 命名空间移动到 TensorFlow。
- 将{softmax,sparse_softmax,sigmoid}_cross_entropy_with_logits 的 arg order 更改为(labels,predictions)，并强制使用已命名的 args。

3. 变量函数

tf.VARIABLES → tf.GLOBAL_VARIABLES
tf.all_variables → tf.global_variables
tf.initialize_all_variables → tf.global_variables_initializer
tf.initialize_local_variables → tf.local_variables_initializer
tf.initialize_variables → tf.variables_initializer

4. 函数更新

tf.audio_summary → tf.summary.audio
tf.contrib.deprecated.histogram_summary → tf.summary.histogram
tf.contrib.deprecated.scalar_summary → tf.summary.scalar
tf.histogram_summary → tf.summary.histogram

tf.image_summary → tf.summary.image

tf.merge_all_summaries → tf.summary.merge_all

tf.merge_summary → tf.summary.merge

tf.scalar_summary → tf.summary.scalar

tf.train.SummaryWriter → tf.summary.FileWriter

5. 数值计算函数

tf.sub → tf.subtract

tf.mul → tf.multiply

tf.div → tf.divide

tf.mod → tf.truncatemod

tf.inv → tf.reciprocal

tf.list_diff → tf.setdiff1d

tf.listdiff → tf.setdiff1d

tf.neg → tf.negative

tf.select → tf.where

6. 其他变动和 Bug 修正

- 添加了新运算 ops：parallel_stack。
- 为 RecordReader/RecordWriter 增加了 tf io 压缩选项常量。
- 添加了 sparse_column_with_vocabulary_file，指定将字符串特征转换为 ID 的特征栏（Feature Column）。
- 添加了 index_to_string_table，返回一个将索引映射到字符串的查找表。
- 添加了 string_to_index_table，返回一个将字符串与索引匹配的查找表。
- 添加了 ParallelForWithWorkerId 函数。
- 支持从 contrib/session_bundle 的 v2 中的检查点文件恢复会话。
- 添加了 tf.contrib.image.rotate 函数，用于进行任意大小角度的旋转。
- 添加了 tf.contrib.framework.filter_variables 函数，过滤基于正则表达式的变量列表。
- 可以为 make_template()添加 custom_getter_param。
- 添加了关于如何处理 recursive_create_dir 现有目录的注释。
- 添加了 QR 因式分解的操作。

- Python API 中的分割和 mod 使用 flooring（Python）语义。
- Android：TensorFlow 推理库 cmake/gradle build 归在 contrib/android/cmake 下面。
- Android：更强大的会话初始化（Session initialization）代码。
- Android：当调试模式激活时，TensorFlow stats 直接显示在 demo 和日志中。
- Android：全新/更好的 README.md 文档。
- saved_model 可用作 tf.saved_model。
- Empty op 是有状态的。
- 提高 CPU 上 ASSIGN 运算的 scatter_update 的速度。
- 更改 reduce_join，使其处理 reduction_indices 的方式与其他 reduce_ops 相同。
- 将 TensorForestEstimator 移动到 contrib/tensor_forest。
- 默认启用编译器优化，并允许在 configure 中进行配置。
- 指标权重 broadcasting 更加严格。
- 添加了新的类似于队列的 StagingArea 和新运算 ops：stages、unstage。

附录 B

神经网络常用算法模型

1. 算法模型分类

简单来说，人工智能算法模型可以分为以下两大类。

- 以 SKLearn 为代表的传统机器学习算法模型。
- 以 TensorFlow 为代表的神经网络、深度学习算法模型。

这种分类方法有些简单、粗暴，例如最新版本的 SKLearn 已经内置了部分神经网络算法模型，如 MLP（多路感知器），TensorFlow 系统也可以构建简单的线性回归、逻辑回归算法模型。

深度学习（Deep Learning）是神经网络算法的最新分支，它受益于当代硬件的快速发展。目前众多研究者的研究方向主要集中于构建更大、更复杂的神经网络上，许多方法正在聚焦半监督学习问题，其中用于训练的大数据集只包含很少的标记。

目前深度学习有三大基础主流架构。

- SDA（自编码算法）
- RBM（径向基函数网络）
- CNN（卷积神经网络）

其他算法模型基本上都是基于以上架构的衍生版本，或者复合版本。

2. 深度学习基本算法

(1) 人工神经网络算法

人工神经网络(Artificial Neural Network,ANN)是受生物神经网络启发而构建的算法模型。它是一种模式匹配,常被用于解决回归和分类问题,但其拥有庞大的子域,由数百种算法和各类问题的变体组成。如图 B-1 所示是人工神经网络结构图。其算法以数学模型模拟神经元活动,是基于模仿大脑神经网络结构和功能而建立的一种信息处理系统。

人工神经网络由一个或者多个神经元组成。而一个神经元包括输入、输出和“内部处理器”。神经元从输入端接收信息,通过“内部处理器”对这些信息进行一定的处理,最后通过输出端输出。

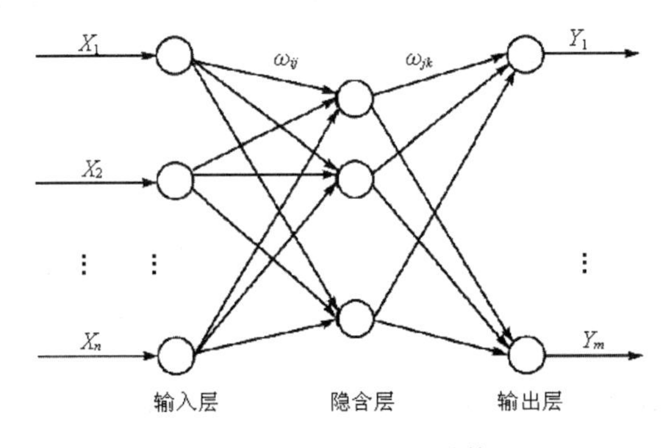

图 B-1　人工神经网络结构图

人工神经网络算法有多层和单层之分,每一层都包含若干神经元,各神经元之间用带可变权重的有向弧连接,网络通过对已知信息的反复学习训练,通过逐步调整改变神经元连接权重的方法,达到处理信息、模拟输入与输出之间关系的目的。

人工神经网络算法不需要知道输入与输出之间的确切关系,不需要大量参数,只需要知道引起输出变化的非恒定因素,即非常量性参数即可。与传统的数据处理方法相比,人工神经网络技术在处理模糊数据、随机性数据、非线性数据方面具有明显优势,对规模大、结构复杂、信息不明确的系统尤为适用。

人工神经网络是由大量处理单元(神经元)互相连接而成的网络,实际上它并不完全模拟生物的神经系统,而是一种抽象、简化和模拟。

人工神经网络算法的优点是,在语音、语义、视觉、各类游戏(如围棋)的任务中表现极好；算法可以快速调整以适应新的问题。人工神经网络算法的缺点是，需要大量数据进行训练；训练要求很高的硬件配置；模型处于“黑箱状态”，难以理解内部机制；元参数（Meta Parameter）与网络拓扑选择困难。

人工神经网络算法的信息处理是通过神经元的相互作用，来实现人工神经网络的学习和识别各神经元连接权系数的动态演化过程的。

（2）感知器神经网络

感知器（Perceptron）是神经网络中的一个概念，由 Frank Rosenblatt 于 1950 年第一次引入。感知器是有单层计算单元的神经网络，由线性元件及阈值元件组成。

加拿大著名生理心理学家赫布先生认为，神经网络的学习过程最终发生在神经元之间的突触部位，突触的联结强度随着突触前后神经元的活动而变化，变化的量与两个神经元的活性之和成正比。之后人们相继提出了各种各样的学习算法。

（3）单层感知器算法

单层感知器（Single Layer Perceptron，SLP）是最简单的神经网络。它包含输入层和输出层，而输入层和输出层是直接相连的。

在输入层计算中，每一个输入端和其上的权值相乘，然后将这些乘积相加得到乘积和。如果乘积和大于临界值（一般是 0），输入端就取 1；如果小于临界值，就取–1。

单层感知器具有简单的特性，可以提供快速的计算，能够实现 NOT、OR、AND 等简单的逻辑计算。但是对于稍微复杂的异或运算就无能无力了。下面介绍的多层感知器就能解决这个问题。

单层感知器的优点是模型简单、易于实现、计算速度快；缺点是仅能解决线性可分问题。

（3）多层感知器算法

多层感知器（Multi-Layer Perceptron，MLP），又称多层神经网络。

MLP 包含多层计算，是一种前向结构的神经网络模型，映射一组输入向量到一组输出向量。

MLP 算法是常见的神经网络算法，它由一个输入层、一个输出层和一个或多个隐藏层组成。

在 MLP 中所有神经元都差不多，每个神经元都有几个输入（连接前一层）神经元和输出（连接后一层）神经元，该神经元会将相同值传递给与之相连的多个输出神经元，如图 B-2 所示。

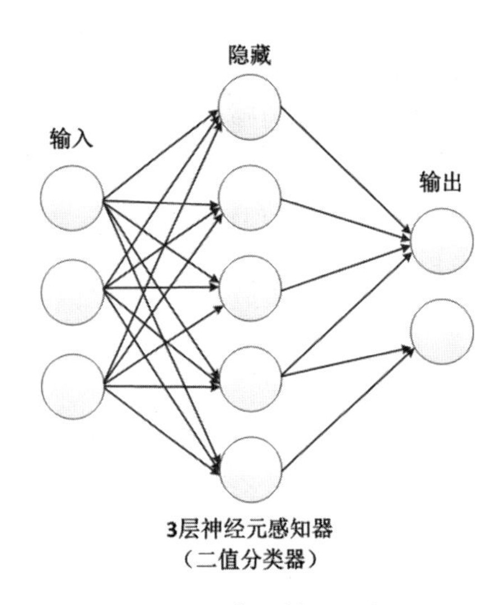

图 B-2　多层神经网络

相对于 SLP，MLP 的输出端从一个变成了多个；输入端和输出端之间有两层：输出层和隐藏层。

MLP 可以看作一个有向图，由多个节点层组成，每一层全连接到下一层。除了输入节点，每个节点都是一个带有非线性激活函数的神经元（或称处理单元）。一种被称为反向传播（BP）算法的监督学习方法常被用来训练 MLP。MLP 是感知器的推广，克服了感知器不能对线性不可分数据进行识别的弱点。

若每个神经元的激活函数都是线性函数，那么任意层数的 MLP 都可被简化成一个等价的单层感知器。

实际上，MLP 本身可以使用任何形式的激活函数，比如阶梯函数或逻辑乙形函数（Logistic Sigmoid Function），但为了使用反向传播算法进行有效学习，激活函数必须限制为可微函数。由于具有良好的可微性，很多乙形函数，尤其是双曲正切函数（Hyperbolic Tangent）和逻辑乙形函数，被采用为激活函数。

常被 MLP 用来进行学习的反向传播算法，在模式识别领域中是标准的监督学习算法，并在计算神经学及并行分布式处理领域中持续成为被研究的课题。MLP 已被证明是一种通用的函数近似方法，可以被用来拟合复杂的函数，或者解决分类问题。

20 世纪 80 年代，MLP 算法曾是相当流行的机器学习方法，拥有广泛的应用场景，比如语音识别、图像识别、机器翻译等。但自 20 世纪 90 年代以来，MLP 遇到了来自更为简单的支持向量机（SVM）的强劲竞争。近年来，由于深度学习的成功，

MLP 算法又重新得到了关注。

（4）线性神经网络算法

线性神经网络（Linear Neural Network，INN）是比较简单的一种神经网络，由一个或多个线性神经元构成。INN 采用线性函数作为传递函数，所以输出可以是任意值。

线性神经网络可以采用基于最小二乘 LMS 的 Widrow-Hoff 学习规则，调节网络的权值和阈值，如图 B-3 所示。

线性神经网络算法只能处理反映输入/输出样本向量空间的线性映射关系和线性可分问题。

线性神经网络算法的传递函数是线性函数，输入和输出之间是简单的纯比例关系，而且神经元的个数可以是多个。

线性神经网络在函数拟合、信号滤波、预测、控制等方面有广泛的应用。

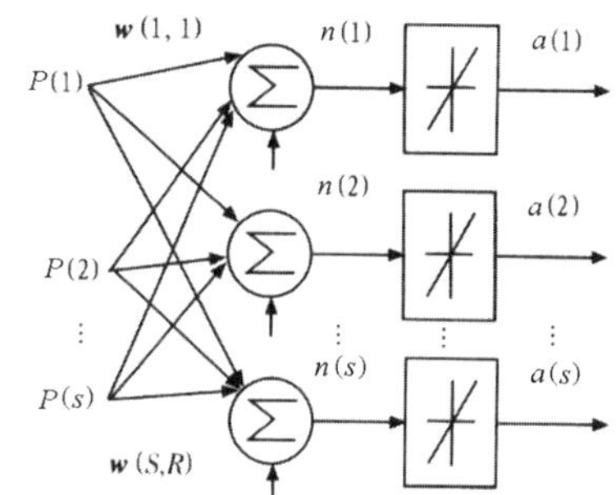

图 B-3　线性神经网络算法

由于线性神经网络的误差曲面是一个多维抛物面，所以在学习率足够小的情况下，对于基于最小二乘梯度下降原理进行训练的线性神经网络模型，总是可以找到一个最优解。不过，线性神经网络模型的训练并不能总是达到零误差。

线性神经网络算法的缺点是，只能处理输入和输出样本向量空间的线性映射关系。而且，性能会受到网络规模、训练集大小的限制。

（5）前馈神经网络算法

前馈神经网络（Feed-Forward Neural Network，FFNN）如图 B-4 所示。

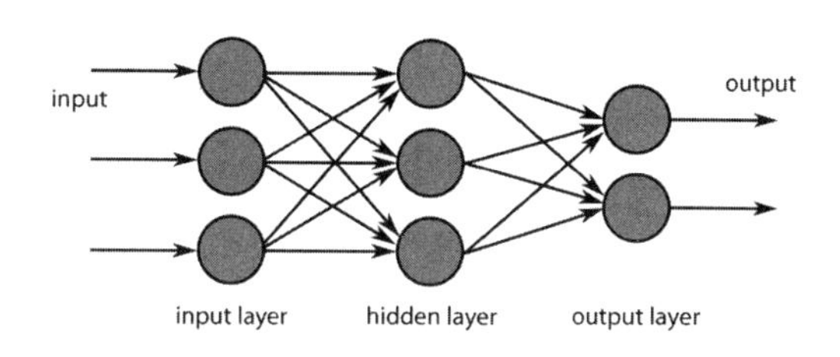

图 B-4　前馈神经网络

FFNN 算法是由一层层感知器组成的，这些感知器将接收到的信息传递到下一层输入，由网络中的最后一层输出结果。在给定层中的各个节点之间没有连接，没有原始输入和最终输出的图层称为隐藏图层。

通常 FFNN 用反向传播算法训练，因为网络会将“进来的”和“我们希望出来的”两个数据集配对。这也被称为监督学习，相对的是无监督学习，在无监督学习的情况下，我们只负责输入，由网络自己负责输出。

FFNN 算法非常简捷，直接从前往后传输信息（分别是输入和输出）。FFNN 算法模型通常有很多层，包括输入层、隐藏层、输出层。单独一层不会有连接，一般相邻的两层是全部相连的（每一层的每个神经元都与另一层的每个神经元相连）。

从某种意义上说，最简单的 FFNN 算法模型也是最实用的网络结构，有两个输入单元和一个输出单元，可以用来为逻辑控制口建模。

（6）反向传播算法

反向传播神经网络（Back Propagation Neural Network），是基于误差反向传播算法的多层前向神经网络。反向传播神经网络算法简称 BP 算法。

BP 神经网络是目前应用最广泛的神经网络之一。事实上，目前实际应用的 90% 的神经网络系统都是基于 BP 算法的，如图 B-5 所示。

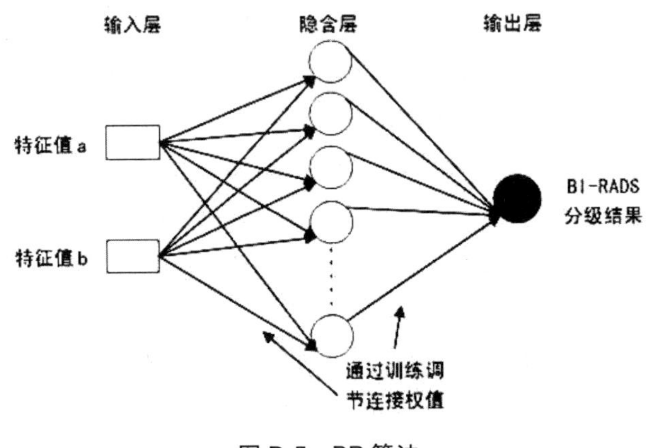

图 B-5　BP 算法

BP 算法克服了 MLP（多层感知器）、INN（线性神经网络）的局限性，可以实现任意线性或者非线性的函数映射，可以解决经典的“超智能体”问题（逻辑异或问题），以及其他一些问题。

从本质上讲，BP 算法就是以网络误差平方作为损失函数，采用梯度下降法来计算损失函数的最小值的。

BP 算法是一种由输入层、中间层和输出层组成的阶层型神经网络，中间层可扩展为多层。相邻层之间各神经元进行全连接，各神经元间根据输入数据，产生连接 Weight（权重）参数。然后，按减小希望输出与实际输出误差的方向，从输出层经各中间层逐层修正各连接权重，回到输入层。此过程反复交替进行，直至网络的全局误差趋向给定的极小值，即完成学习的过程。

首先，BP 算法最主要的优点是具有极强的非线性映射能力。理论上，对于一个三层和三层以上的 BP 网络，只要隐层神经元数目足够多，该网络就能以任意精度，逼近一个非线性函数。

其次，BP 算法具有对外界刺激和输入信息进行联想记忆的能力。这是因为它采用了分布并行的信息处理方式，对信息的提取必须采用联想的方式，才能将相关神经元全部调动起来。

BP 算法通过预先存储的信息和学习机制进行自适应训练，可以从不完整的信息和噪声干扰中恢复原始的完整信息。这种能力使其在图像复原、语言处理、模式识别等方面具有重要应用。

最后，BP 算法对外界输入样本有很强的识别与分类能力。由于它具有强大的非线性处理能力，因此可以较好地进行非线性分类，解决了神经网络发展史上的非线性分类难题。

另外，BP 算法具有优化计算能力，可以在已知的约束条件下，寻找一组参数组合，使该组合确定的目标函数达到最小。不过，其优化计算存在局部极小问题，必须通过改进完善。

由于在 BP 网络训练中稳定性要求学习率很小，所以梯度下降法使得训练很慢。动量法因为学习率的提高通常比单纯的梯度下降法要快一些，但在实际应用中速度还是不够。这两种方法通常只应用于递增训练。

BP 算法的神经元采用的激活函数一般是 sigmoid 类型的激活函数，如 sigmoid 的 logsig、tansig 函数和线性函数 pureline，所以可以实现输入、输出之间的任意非线性映射，这一特点使得 BP 神经网络在函数逼近、模式识别、数据压缩等领域有着更广泛的应用。

BP 算法模型最后一层神经元的特性决定了整个网络的输出特性，当最后一层神经元采用 sigmoid 类型的函数时，整个神经元的输出都会被限制在一个较小的范围内，如果最后一层神经元采用的是线性函数 pureline，则整个网络的输出可以是任意值。

BP 算法采用的是基于 BP 神经元的多层前向结构。BP 网络一般具有一个或者多个隐层，隐层神经元一般采用 sigmoid 类型的传递函数，而输出层一般采用 pureline 类型的传递函数。理论已经证明，当隐层神经元数目足够多时，可以以任意精度逼近任何一个具有有限个断点的非线性函数。

BP 算法采用的误差反向传播算法实际上是 Widrow-Hoff 算法在多层前向神经网络中的推广。和 Widrow-Hoff 算法类似，在 BP 算法中，网络的权值和阈值通常是沿着网络误差变化的负梯度方向进行调节的，最终使得网络的误差达到极小值或者最小值，也就是说，在这一刻，误差梯度是 0。

由于梯度下降算法的固有缺陷，标准的 BP 算法收敛速度慢，容易陷入局部最小值，所以后来又有许多改进算法，如动量因子学习算法、变速率学习算法、弹性学习算法、共轭梯度学习算法等。

BP 算法的缺点是在实际设计过程中，需要反复试凑隐层神经元的个数，分析隐层神经元的作用机理，不断进行训练才可能得到比较满意的结果。

（7）自编码算法

对许多机器学习研究者来说，自编码（Auto Encoder，AE）算法是一个非常激动人心的无监督学习方法，该算法取得的进展已经超过了研究人员数十年研究的手选编码特征。

AE 算法是一种无监督的机器学习技术，利用神经网络产生的低维来代表高维输入。传统上，依靠线性降维方法，如主成分分析（PCA），找到最大方差在高维数据上的方向。

在传统机器学习算法中，主成分分析的线性度限制了可以提取的特征维度，AE 算法使用的非线性神经网络克服了这些限制。

AE 算法由两个主要部分组成，即编码器网络和解码器网络。编码器网络在训练和部署的时候被使用，而解码器网络只是在训练的时候被使用，如图 B-6 所示。

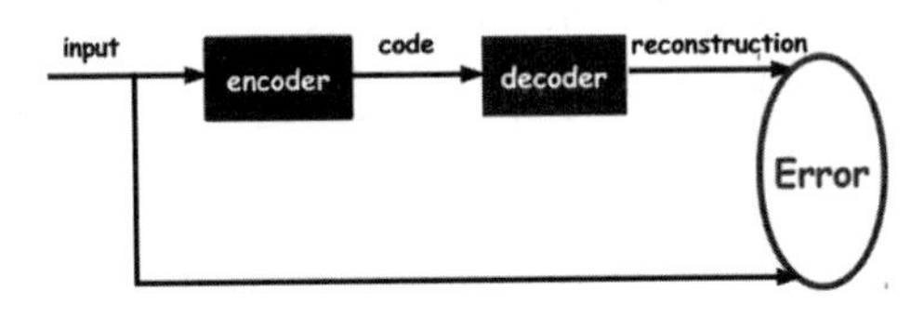

图 B-6　AE 算法

AE 算法只是 FFNN（前馈神经网络）算法的一种不同的用法，从本质上讲，称不上是与 FFNN 不同的另一种网络。

（8）稀疏自编码算法

稀疏编码（Sparse Coding）的概念来自于神经生物学。有生物学家提出，哺乳类动物在长期的进化过程中，生成了能够快速、准确、低代价地表示自然图像的视觉神经方面的能力。

可以想象，我们的眼睛每看到的一幅画面，都是由上亿像素构成的，而对于每一幅图像我们都只用很少的代价重建与存储，我们把它叫作稀疏编码。

稀疏编码的目的，是在大量的数据集中选取很小一部分作为元素来重建新的数据。稀疏编码的难点之一，是其最优化目标函数的求解。

稀疏自编码（Sparse Auto Encoder，SAE）算法是自编码算法的扩展，在自编码算法的基础上，加上 L1 的规律限制（L1 主要是约束每一层节点中的大部分都要为 0，只有少数不为 0），就可以得到 SAE 算法，如图 B-7 所示。

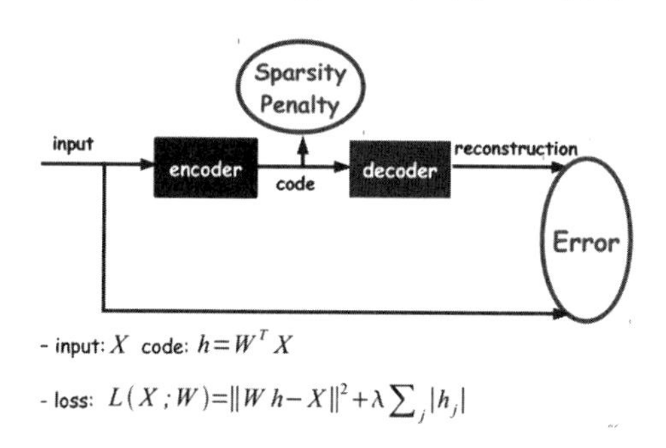

图 B-7 SAE 算法

SAE 算法与自编码算法相反，它不是让网络在更小的“空间”或节点上表征一堆信息，而是将信息编码在更大的空间中表征信息。

在 SAE 算法模型中，网络不是在中间收敛的，而是在中间膨胀的。这种类型的网络可以被用来从一个数据集中提取很多小的特征。

（9）变分自编码算法

变分自编码算法，其英文全称是 Variational Auto Encoder，简称 VAE 算法。

算法模型和 AE 算法模型拥有同样的架构。VAE 算法通过贝叶斯原理处理概率推理和独立（Probabilistic Inference and Independence），以及依靠重新参数化（Re-parametrisation）来实现这种不同的表征。

如图 B-8 所示，VAE 算法的原理很复杂。简单来说，VAE 算法类似于 Dropout（丢弃层）的逆向模型，Dropout 模型的原理是，通过每次迭代丢弃部分数据，模拟真实环境，提高模型的精度；VAE 算法则是，每次迭代，根据输入数据的特点，通过添加噪声等手段自动生成类似的样本数据，提高学习效果。

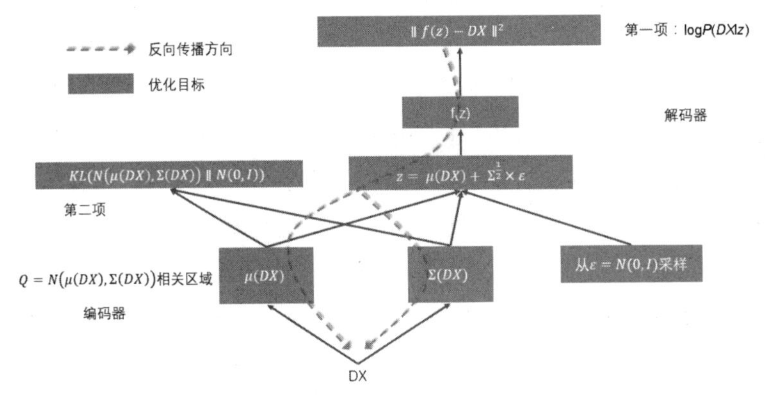

图 B-8　VAE 算法

以 MNIST 手写图像数据集为例，这些伪造的样本可以看作是手写字体的合成图像。VAE 算法生成的数据，类似于一个新的空间，称为潜在空间（Latent Space），程序可以从这里采样出数据，任何数据都可以通过解码器导入一幅真实的手写字体的图像。

VAE 算法类似于随机森林算法，虽然效果在同类算法中遥遥领先，但至今都没有合适的理论解释。VAE 算法虽然有理论支持，但过于复杂，初学者很难理解，建议还是采用黑箱模式，将其归入黑魔法之列。

（10）降噪自编码算法

降噪自编码（Denoising Auto Encoder，DAE）算法，是自编码算法的改进版本。

DAE 算法在自动编码算法的基础上训练数据加入噪声，所以自动编码器必须学习去除这种噪声，从而获得真正的没有被噪声污染过的输入。因此，这就迫使编码器去学习输入信号的更加稳定的表达，这也是它的泛化能力比一般编码器强的原因。DAE 算法可以通过梯度下降算法进行训练。

DAE 算法的原理是：在采用无监督方法分层预训练深度网络的权值时，为了增强学习到较鲁棒的特征，在网络的可视层（即数据的输入层）引入随机噪声。

DAE 算法的这种模式类似于 Dropout（丢弃层）的做法，每次迭代，随机丢掉部分内容以增强系统的容错能力。

使用 DAE 算法时，可以用被破坏的输入数据重构出原始的数据（指没被破坏的数据），所以它训练出来的特征会更稳定。

3．径向基神经网络算法

径向基神经网络算法，全称是径向基函数神经网络算法，英文全称是 Radical Basis Function，简称 RBF 算法。

RBF 算法是以径向基函数作为激活函数的前馈神经网络算法，该算法具有单隐层的三层前馈网络（前馈反向传播网络）。

- 输入层：输入数据源。
- 隐含层：视所描述问题的需要而定，隐单元的变换函数是对中心点径向对称且衰减的非负非线性函数。
- 输出层：线性的输出结果。

RBF 神经网络是一种局部逼近网络，它模拟了人脑中局部调整、相互覆盖接收域，或称感受野（Receptive Field），能够以任意精度逼近任意连续函数，特别适合于解决分类问题。

RBF 神经网络具有其他前馈网络所不具有的最佳逼近性能和全局最优特性，并且结构简单，训练速度快。同时，它也是一种可以广泛应用于模式识别、非线性函数逼近等领域的神经网络模型。

RBF 神经网络能够逼近任意的非线性函数，可以处理系统内的难以解析的规律性，具有良好的泛化能力，并有很快的学习收敛速度，已成功应用于非线性函数逼近、时间序列分析、数据分类、模式识别、信息处理、图像处理、系统建模、控制和故障诊断等领域。

如图 B-9 所示是 RBF 算法与普通神经网络算法的对比图。

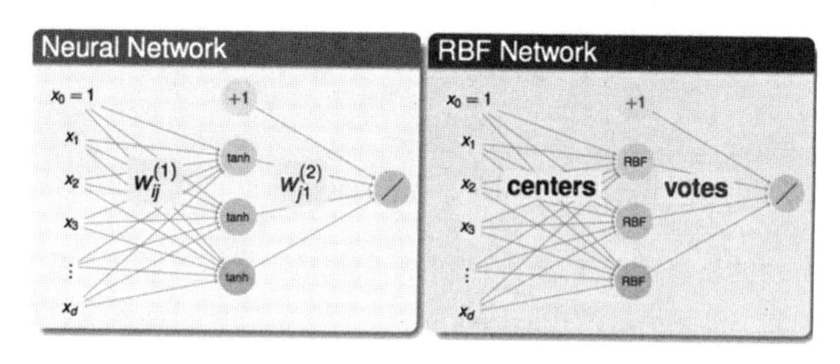

图 B-9　RBF 算法与普通神经网络算法的对比图

从上面的对比图可以看出，两者的隐含层不同，RBF 神经网络采用的激活函数或者映射是径向基函数（距离+高斯）等，而输出层都一样，是特征转换后的线性融合。

基本思想：用 RBF 作为隐函数的“基”构成隐含层空间，这样就可以将输入向量直接（即不需要通过权接）映射到隐空间。当 RBF 的中心点确定以后，这种映射关系也就确定了。而隐含层空间到输出层的映射是线性的，即网络的输出是隐单元输出的线性加权和。此处的权即为网络可调参数。

径向基神经网络常用的学习算法如下：

- 数据中心聚类法。
- 数据中心监督法。
- 正交最小二乘法。

为什么 RBF 神经网络学习收敛得比较快？当网络的一个或多个可调参数（权值或阈值）对任何一个输出都有影响时，这样的网络称为全局逼近网络。由于对于每次输入，网络上的每一个权值都要调整，从而导致全局逼近网络的学习速度很慢。BP 网络就是一个典型的例子。

如果对于输入空间的某个局部区域只有少数几个连接权值影响输出，则该网络称为局部逼近网络。常见的局部逼近网络有 RBF 网络、小脑模型（CMAC）网络、B 样条网络等。

（1）广义回归神经网络算法

广义回归神经网络（GRNN）算法，是 RBF 算法的改进版本，如图 B-10 所示。

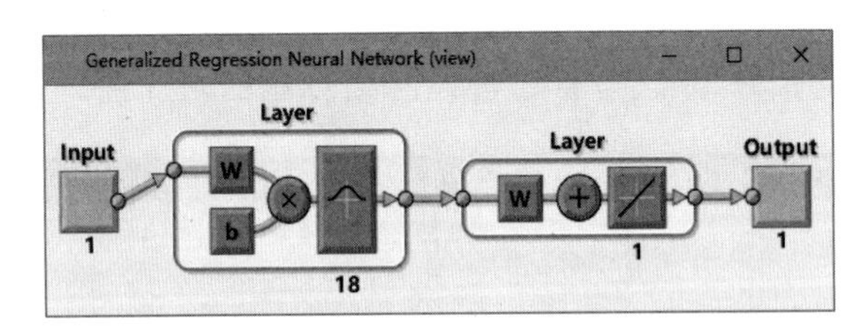

图 B-10　GRNN 算法

GRNN 算法的显著特点就是，网络的隐层和输出层的神经元个数都和输入样本向量的个数相同，其输出层是特殊的线性层，即隐层的输出向量和输出权值向量进行规则化内积。也就是说，对于内积所得的向量中的每一个元素，分别除以隐层输出向量中的各个元素的总和。

GRNN 算法具有很强的非线性映射能力和学习速度，比 RBF 算法具有更强的优势，GRNN 算法在样本数据少时预测效果很好。此外，GRNN 算法还可以用于处理不稳定数据。

GRNN 实际上是一种规则化的径向基函数网络，常用于解决函数逼近问题。其优点是，当隐层神经元足够多时，该网络能够以任意精度逼近一个平滑函数；其缺点是，当输入样本很多时，网络十分庞大，计算复杂，不适合训练样本过多的情况。

GRNN 算法无需权重参数，所以模型不用训练就可以直接使用，且速度快，而且曲线拟合得非常自然。

虽然理论上 GRNN 算法的样本精准度不如 RBF 算法，但在实际测试中，GRNN 算法的表现甚至超越了 BP 算法，特别是当数据精准度比较差时，GRNN 算法有着很大的优势。

（2）概率神经网络算法

概率神经网络（Probabilistic Neural Network，PNN）算法是基于统计原理中贝叶斯策略的神经网络模型，在分类功能上与最优 Bayes 贝叶斯分类器等价，其实质是基于贝叶斯最小风险准则发展而来的一种并行算法。

PNN 不像传统的多层前向网络，需要用 BP 算法进行反向误差传播的计算，而是采用完全前向的计算过程。从本质上说，它属于一种有监督的网络分类器，基于贝叶斯最小风险准则。

PNN 算法的优点是，它有着坚实的数学理论基础；训练时间短，不易产生局部最优，而且它的分类正确率较高；无论分类问题多么复杂，只要有足够多的训练数据，就可以保证获得贝叶斯准则下的最优解。PNN 算法的缺点是，当输入样本庞大时，网络复杂，计算速度比较慢。

PNN 算法模型一般有 4 层，即输入层、模式层（隐含层）、求和层（竞争层、类别层）和输出层。

- 输入层：负责接收数据的输入，将特征向量传入网络，输入层个数是样本特征的个数。
- 模式层（隐含层）：对数据进行收集整理，通过连接权值与输入层连接。计算输入特征向量与训练集中各个模式的匹配程度，也就是相似度，将其距离送入高斯函数得到模式层的输出。模式层（隐含层）的神经元个数是输入样本矢量的个数，也就是有多少个样本，该层就有多少个神经元。模式层的激活函数通常使用高斯函数。

- 求和层（竞争层、类别层）：负责将各个类的模式层单元连接起来，这一层的神经元个数是样本的类别数目，决定数据整理完后，归属于哪一个类别的信息。
- 输出层：负责输出求和层中得分最高的那一类。

PNN 是 RBF 神经网络的一个分支，属于前馈网络的一种，人工神经元可以响应周围单元，通常包括卷积层和池化层。PNN 算法的隐层神经元的个数与输入样本向量的个数相同，输出层神经元的个数等于训练样本数据的种类个数。

（3）卷积神经网络算法

卷积神经网络（Convolutional Neural Network，CNN）算法，可以直接输入原始图像，避免了对图像进行复杂的前期预处理。

和其他大多数神经网络算法不同，CNN 算法主要用于图像处理，但也可应用于音频等其他类型的数据，如图 B-11 所示。

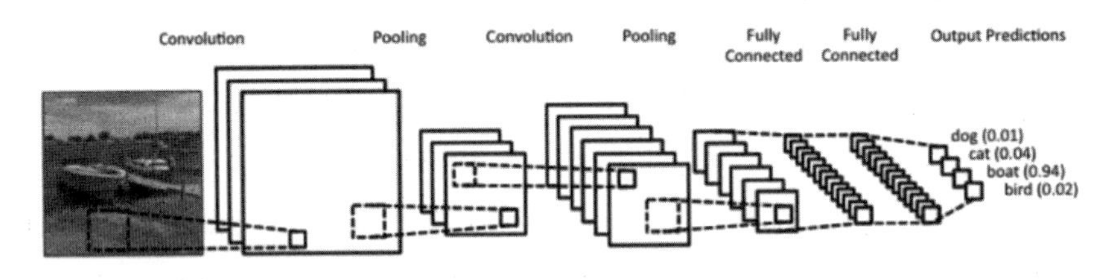

图 B-11　卷积神经网络算法

图像分类是 CNN 算法的一种典型应用，在 CNN 模型输入端往往有一个扫描层，用于对图像数据进行预处理。

CNN 算法中的卷积是指来自于后续层的权重的融合，可用于标记输出层。

CNN 算法的优点是，当存在非常大型的数据集、大量特征和复杂的分类任务时，其效果往往非常理想。

CNN 算法采用固定的窗口，从左至右、从上往下遍历图像，如图 B-12 所示。我们将该窗口称为卷积核，每次卷积（与前面遍历对应）都会计算其卷积特征。

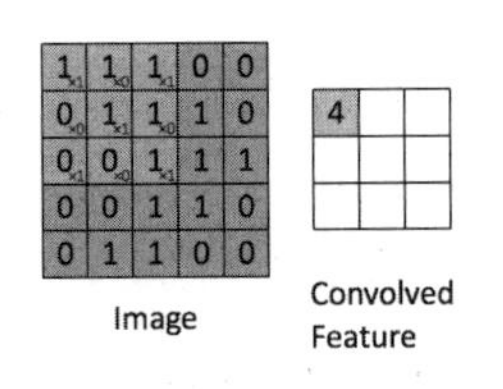

图 B-12　卷积网络遍历窗口

我们可以使用卷积特征来做边缘检测，从而允许 CNN 描述图像中的物体，案例如图 B-13 所示。CNN 边缘检测案例使用的卷积特征矩阵如图 B-14 所示。

图 B-13　CNN 边缘检测案例

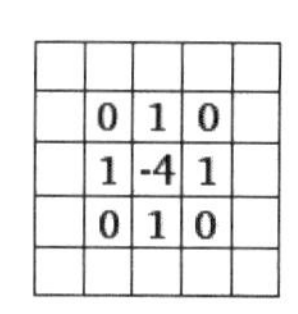

	0	1	0	
	1	-4	1	
	0	1	0	

图 B-14　卷积特征矩阵

（4）深度卷积神经网络算法

在工程实践中，往往使用多个甚至十几个 CNN 组合结构，这种多层次的 CNN 组合模型就是深度卷积神经网络（DCNN），如图 B-15 所示。

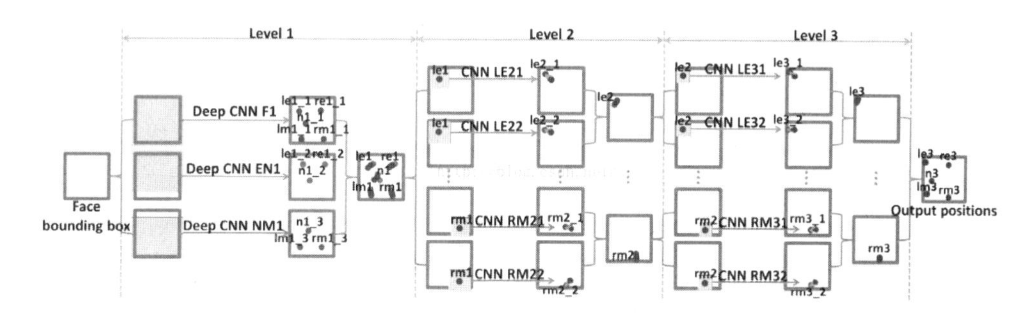

图 B-15　深度卷积神经网络

DCNN 算法往往还会在末端连接一个前馈神经网络，以便进一步处理数据，特别是非线性项目。

DCNN 算法的优点有以下两个。

- 可以自动从特定领域的图像中提取特征，不需要任何特征工程技术。
- 非常适合用来分析图像信息。

DCNN 算法可以训练有很多层的网络。

- 叠加多个层，建立改进的特征空间。
- 初始层用来学习最基本的特征（如颜色、边缘等）。
- 后面的层用来学习更高级的特征（针对输入数据集的特征）。
- 最终层的特征被送入分类层。

（5）区域卷积神经网络

区域卷积神经网络（Region-based Convolutional Neural Network，RCNN）模型是一个非常实用的神经网络算法模型，通常应用在视频分析、视频侦测、区域检测等领域，如图 B-16 所示。

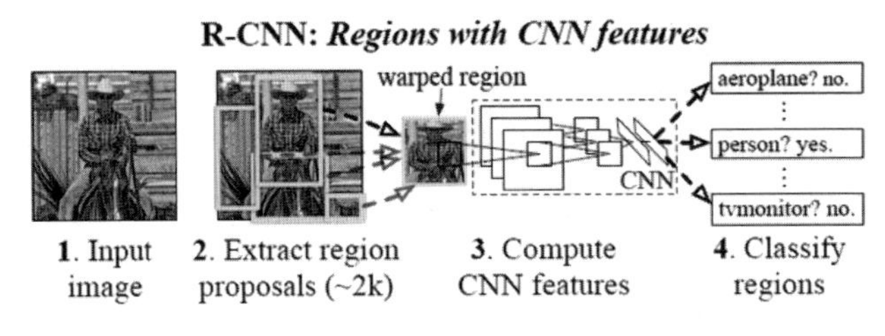

图 B-16　区域卷积神经网络

RCNN 算法的目标是分析图像并正确识别图像中的主要对象，通过边框标出对象的具体位置。

RCNN 算法通过以下操作来完成相关的任务。

- 在图像中提出了多个边框，并判断其中的任何一个边框是否对应一个具体对象。
- 通过多种尺寸的边框进行选择性搜索，查找具有相同的纹理、颜色或强度的相邻像素。
- RCNN 算法通过选择性搜索来创建边框或区域建议（Region Proposal）。
- RCNN 算法使用选择性搜索，通过不同大小的边框分析图像。
- 对于每一个图像块，RCNN 算法尝试通过纹理、颜色或强度等将相邻像素组合在一起，以识别对象。

4. LeNet 模型

如图 B-17 所示是经典的 LeNet 模型结构图。

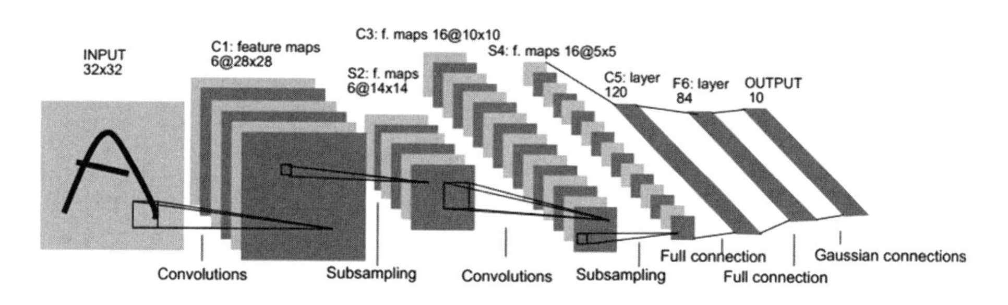

图 B-17 经典的 LeNet 模型结构图

LeNet 模型最早的成功应用案例是对手写字体的识别，就是给出一堆手写的阿拉伯数字，用网络来判断这是什么字。在 LeNet 模型出现以前，传统的分类算法其实已经达到了一个很高的标准，准确率大约为 96%。

横空出世的 LeNet 模型的准确率却达到了 98%，并重新激活了对卷积神经网络的研究，以及对各种神经网络模型、深度学习的研究。

在经典的 LeNet 模型结构图中，包括了卷积层、池化层、全连接层和激活函数层。但是没有丢弃层。因为当时丢弃层还没有出现。

LeNet 模型原型的准确率达到 98%，随后的优化版本结合丢弃层，把准确率提高到 99%以上。从此，人工智能进入神经网络新时代。

5. AlexNet 模型

AlexNet 模型是 Hinton 和他的学生 Alex Krizhevsky 在 2012 年 ImageNet 挑战赛全球图像识别竞赛中使用的模型结构，刷新了图像识别准确率的上限，从此深度学习在图像识别领域开始飞速发展。如图 B-18 所示是 AlexNet 模型结构图。

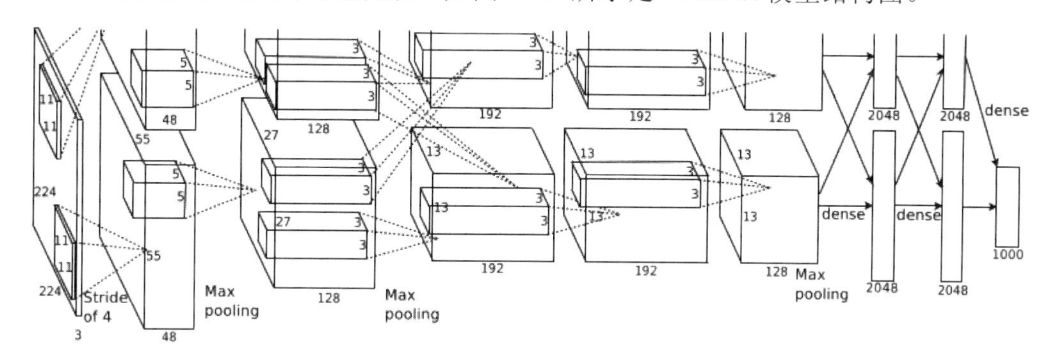

图 B-18 AlexNet 模型结构图

AlexNet 网络模型共有 8 层，其中前五层是卷积层，后三层是全连接层，最后的一个全连接层的输出，是具有 1000 个输出的 Softmax 函数，最后的优化目标是最大化平均的逻辑回归参数。

在第一个 conv1 和 conv2 卷积层之后是标准层，也就是 norm1、norm2 层。在每一个卷积层以及全连接层后紧跟的操作，都是 ReLU 激活函数操作。

最大池化操作，紧跟在第一个 norm1、norm2 标准层，以及第 5 个卷积层，也就是 conv5 卷积层之后。

丢弃层操作，是在最后两个全连接层完成的。

（1）VGGNet 模型

VGGNet 和 GoogLeNet 模型是在 AlexNet 模型之后人工神经网络方面研究的又一里程碑，是 AlexNet 模型的优化版本。

由于 VGGNet 的所有卷积层，使用同样大小的卷积过滤窗口，大小为 3×3，所以它的深度比较容易扩展，同时结构也比较简单。

VGGNet 模型在 AlexNet 的基础上不停地加卷积层，扩展神经网络的深度，并且取得了较好的效果，也让人们认识到加深网络是提高模型质量的一个有效途径。但它同时也面临着参数太多、训练较慢、梯度消失等问题。

VGGNet 模型证明了增加网络的深度能够在一定程度上影响网络最终的性能，所以通过逐步增加网络深度来提高性能，虽然看起来类似于密码破解中的暴力算法，但是确实有效。

（2）GoogLeNet 模型

GoogLeNet 模型与 VGGNet 模型类似，也是 AlexNet 模型的改进版本。GoogLeNet 模型做了更大胆的尝试，为了获得高质量的模型，它也从增加模型的深度（层数）或者宽度（层核或者神经元数）这两个方面来考虑，但是这种思路一般存在以下缺陷。

- 参数太多，容易过拟合，训练数据集有限。
- 网络越大，计算复杂度越大，难以应用。
- 网络越深，梯度越往后越容易消失，难以优化模型。

所以 GoogLeNet 模型进行了全新的结构设计，在增加深度和宽度的同时避免了以上问题，如图 B-19 所示。

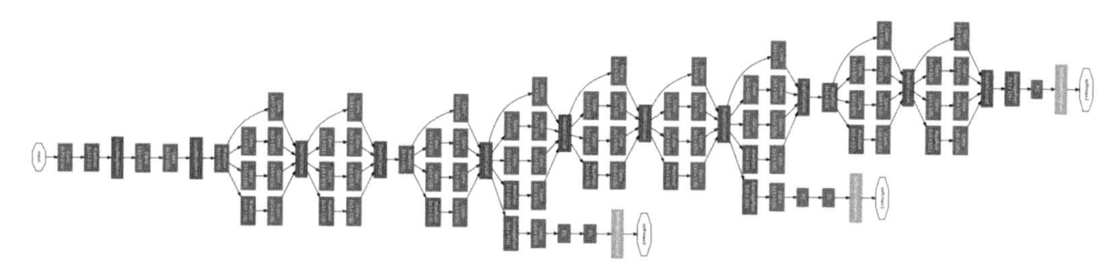

图 B-19 GoogLeNet 模型结构图

GoogLeNet 模型不仅加深了网络，同时也加宽了网络，并且减少了参数个数。

（3）深度残差网络

深度残差网络（ResNet）原理图如图 B-20 所示。

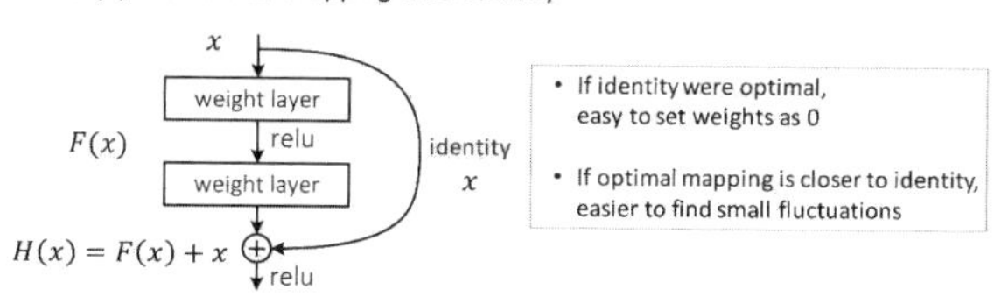

图 B-20 深度残差网络原理图

在深度学习中，使用的模型网络越深，训练误差和测试误差越大，或者说模型网络越深，越不容易收敛，而 ResNet 算法可以有效解决这些问题。

ResNet 网络是非常深的前馈神经网络，有额外的连接将输入从一层传到后面几层（通常是 2~5 层）。

有研究发现，在结构超过 150 层后，ResNet 算法的效果非常理想。ResNet 算法还提出一种 Residual Learning 框架，能够大大简化模型网络的训练时间，使得在可接受时间内，模型能够更深（152 层甚至尝试了 1000 层），该方法在 ILSVRC 2015 上取得了最好的成绩。

ResNet 算法采用最简单的方式，即捷径连接或短路通道来解决梯度消失问题。ResNet 算法在神经网络模型的每一层中设置一个短路通道，使信号的通过更顺畅。短路通道模式简单、直接，类似于编程语言的 goto 语句。

ResNet 网络的设计思想很简单，就是在标准的前馈卷积网络上，加一个跳跃绕过一些层的连接。每绕过一层就产生一个残差块（Residual Block），卷积层预测加输入张量的残差，如图 B-21 所示。

普通的深度前馈网络难以优化，除了深度，所加层使得模型训练和模型验证的错误率增加，即使采用了 Batch Normalization 等技术也是如此。

残差网络结构的解决方案是增加卷积层输出求和的捷径连接。残差网络由于存在捷径连接，网络间的数据流通更为顺畅。ResNet 的作者认为，深度残差网络不太可能由于梯度消失而形成欠拟合，因为这在 Batch Normalized Network 中就很难出现。

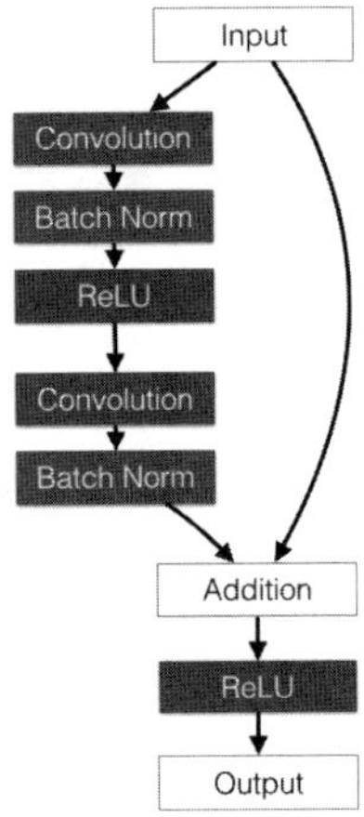

Input
Convolution
Batch Norm
ReLU
Convolution
Batch Norm
Addition
ReLU
Output

图 B-21　ResNet 网络结构图

6．循环神经网络

循环神经网络，也叫递归神经网络，维基百科介绍如下：

递归神经网络（RNN）是两种人工神经网络的总称，一种是时间递归神经网络（Recurrent Neural Network），另一种是结构递归神经网络（Recursive Neural Network）。

循环神经网络通常指的是时间递归神经网络。在任意神经网络中，每个神经元都通过一个或多个隐藏层将很多输入转换成单个输出。循环神经网络会将值进一步逐层传递，让逐层学习成为可能。换句话说，RNN 存在某种形式的记忆，允许先前的输出影响后面的输入，如图 B-22 所示。

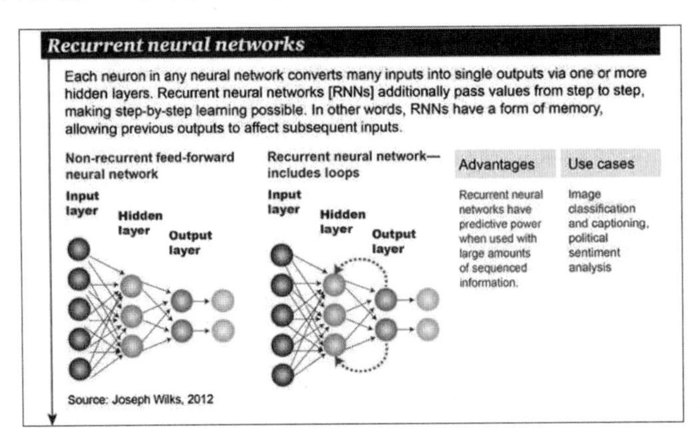

图 B-22　循环神经网络算法

RNN 模型的优点是当循环神经网络存在大量有序信息时，具有很强的预测能力。RNN 模型是一种包含时间序列的前馈神经网络，各个神经元的通道间是有联系的，通过时间进行连接。神经元不仅从上一层神经网络获得信息，而且可以从自身、上一个通道中获得信息。也就是说，输入和训练网络的顺序会变得很重要。

RNN 模型主要用于处理序列数据，自从长短期记忆神经网络（LSTM）和门限循环单元（GRU）出现之后，循环神经网络在自然语言处理中的发展迅速超越了其他模型。它们可以被用于传入向量以表示字符，依据训练集生成新的语句。

RNN 模型是一种调整过的神经网络，在 RNN 模型中之前的网络状态是下一次计算的输入之一，也就是说，之前的计算会改变未来的计算结果，如图 B-23 所示。

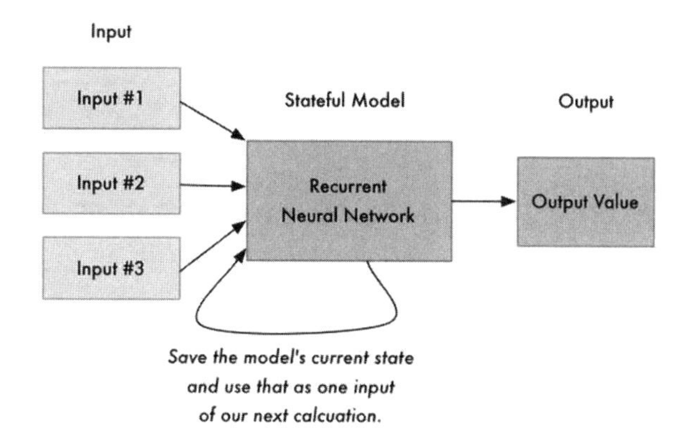

图 B-23　循环神经网络示意图

在传统的神经网络模型中，是从输入层到隐含层再到输出层的，层与层之间是全连接的，每层之间的节点是无连接的。但是这种普通的神经网络模型对于很多问题却无能无力。

RNN 之所以称为循环神经网路，是因为一个序列当前的输出与前面的输出也有关联。具体的表现形式为，网络会对前面的信息进行记忆，并应用于当前输出的计算中，隐藏层之间的节点不再无连接而是有连接的，并且隐藏层的输出不仅包括输入层的输出，还包括上一时刻隐藏层的输出。

梯度数据消失或者溢出是 RNN 算法的一个 Bug,这和使用的激活函数密切相关。不过，在实际工程中，这并不是一个大问题，因为梯度数据只是权重数据，而不是神经元状态。

理论上，RNN 能够对任何长度的序列数据进行处理。但是在实践中，为了降低复杂性，往往假设当前的状态只与前面的几个状态相关。

（1）长短期记忆神经网络

长短期记忆神经网络（Long Short-Term Memory，LSTM）模型是循环神经网络的特殊类型，可以学习长期依赖信息。在很多领域中，LSTM 模型都取得了相当大的成功，并得到广泛的应用。LSTM 模型通过刻意的设计来避免长期依赖问题。在实践中记住长期的信息是 LSTM 的默认行为，而不是需要付出很大代价才能获得的能力。

LSTM 模型是一种时间递归神经网络，由于其独特的设计结构，它适合处理和预测时间序列中间隔和延时非常长的重要事件，如图 B-24 所示。

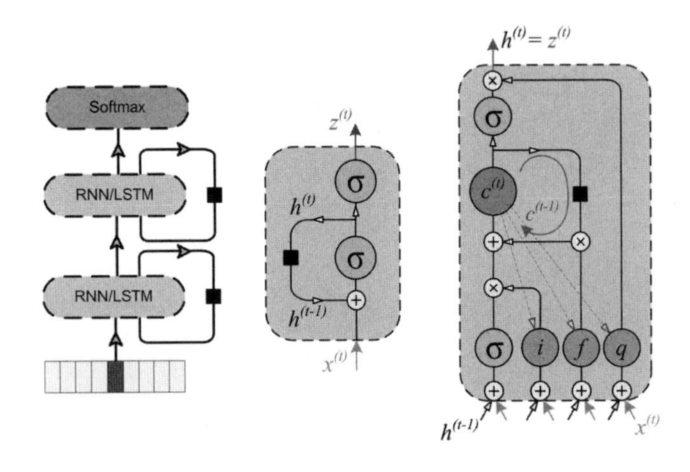

图 B-24　LSTM 模型示意图

在 LSTM 算法中，M 通过引入控制门（Gate）和一个精确定义的记忆单元，尝试解决梯度消失或者爆炸的问题。每一个神经元都有一个存储单元和三个控制门：输入门、输出门和遗忘门。这些控制门的功能是通过运行或者禁止流动来保证信息安全的。输入门决定有多少上一层的信息可以存储到单元中；输出层承担了另一端的工作，决定下一层可以了解这一层的多少信息。

LSTM 算法已经被证明可以学习复杂的序列，包括像莎士比亚一样写作，或者创作音乐。需要注意的是，这些控制门中的每一个都对前一个神经元中的存储单元赋有权重，所以它们一般会需要更多的资源来运行。

LSTM 算法具有 RNN 算法的各种优点，但因为 LSTM 模型有更好的记忆能力，所以效果更佳，如图 B-25 所示。

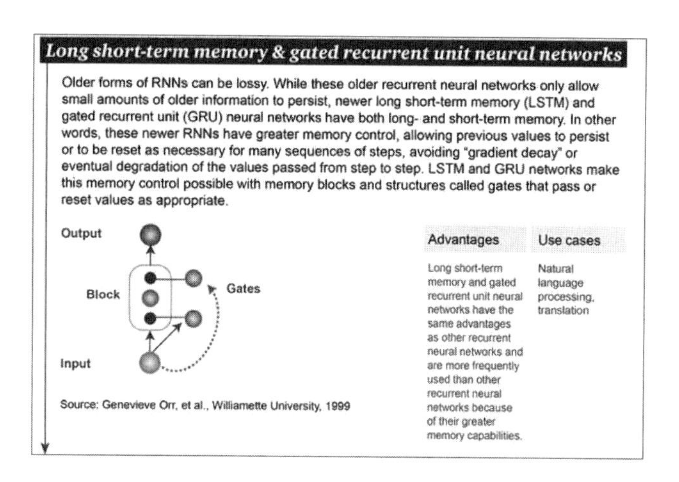

图 B-25　LSTM 算法

（2）门限循环单元

门限循环单元（Gated Recurrent Unit，GRU）模型类似于 LSTM 模型，也是循环神经网络的一种变形，如图 B-26 所示。

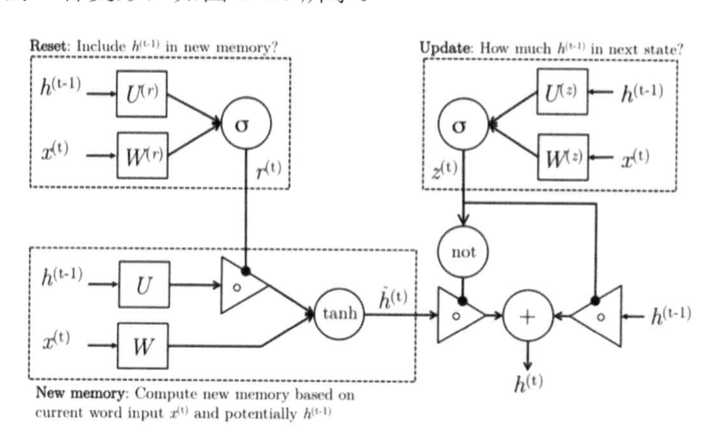

图 B-26　GRU 模型示意图

GRU 模型是 LSTM 的一种轻量级变体，它有一个更新门（Update Gate），没有输入门、输出门和遗忘门。该更新门既决定来自于上一个状态的信息保留多少，也决定允许进入多少来自于上一层的信息。

GRU 模型通过修改 RNN 的结构，使用门限激活函数，使得 RNN 拥有更多持久的记忆。GRU 模型具备 RNN 模型的传统优点，但 GRU 模型具有更好的记忆能力，所以更常被使用。

（3）双向循环神经网络

相对于传统 RNN 算法，双向循环神经网络（Bi-directional Recurrent Neural Network，BRNN）算法的改进之处便是假设当前的输出（第 t 步的输出）不仅与前面的序列元素有关，而且还与后面的序列元素有关。

BRNN 算法是一个相对简单的 RNN 算法，直观的理解是，可以把它看作是由两个 RNN 上下叠加在一起组成的，输出是由这两个 RNN 的隐藏层状态决定的，如图 B-27 所示。

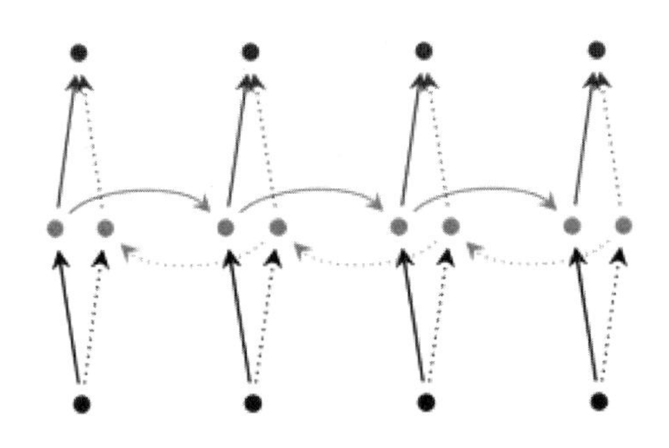

图 B-27　BRNN 算法

BRNN 算法的基本思想是，每一个训练序列向前和向后，分别是两个循环神经网络，而且这两个网络都连接着一个输出层。在输入序列中，每一个点的信息都包含完整的过去和未来的上下文信息。

7. 自组织神经网络

自组织神经网络（Self-Organizing Neural Network，SONN）算法示意图如图 B-28 所示。

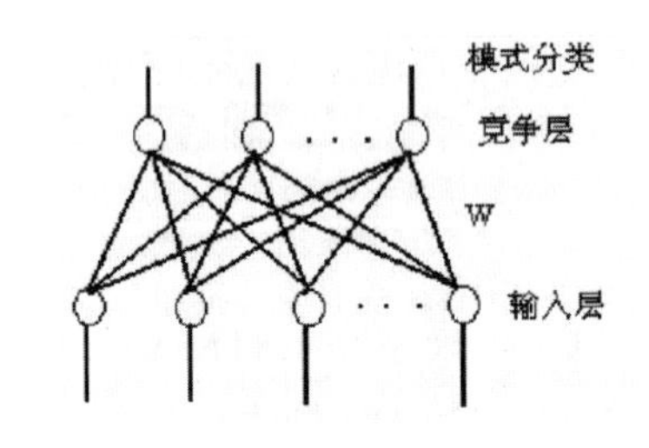

图 B-28　自组织神经网络算法示意图

SONN 算法通过自动寻找样本中的内在规律和本质属性，自组织、自适应地改变网络参数与结构。SONN 算法的自组织功能是通过竞争学习（Competitive Learning）实现的。

SONN 算法主要有以下几种。

- SOCL（自组织竞争学习神经网络）算法
- SOFM（自组织特征映射）算法

- LVQ（学习向量量化网络）算法
- SCP（自组织对偶传播）算法
- ART（Adaptive Resonance Theory，共振理论）算法
- SOINN（自组织增量学习神经网络）算法

（1）SOCL 算法

SOCL（Self-Organizing Competitive Learning Neural Network，自组织竞争学习神经网络）算法模型通常采用由内星规则发展而来的 Kohonen 学习规则，以及和阈值学习规则进行训练，相关的输出神经元之间相互竞争，同一时刻只有一个神经元获胜，如图 B-29 所示。

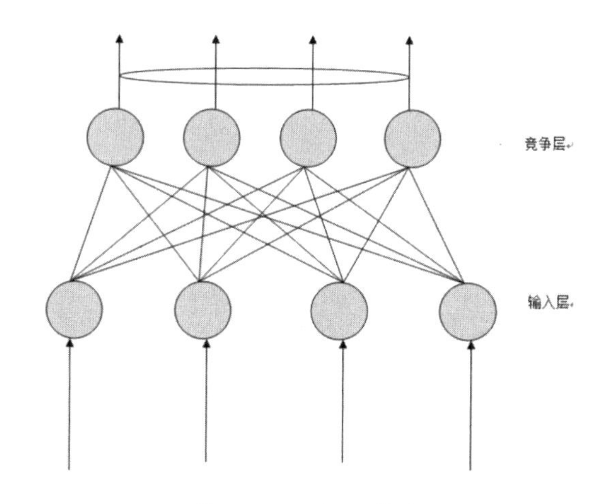

图 B-29　SOCL 算法

典型的 SOCL 算法模型由隐层和竞争层组成，与 RBF 神经网络模型相比，不同的就是竞争传递函数的输入参数不同。

SOCL 算法模型的输出是由竞争层各神经元的输出组成的，除在竞争中获胜的神经元以外，其余神经元的输出都是 0，竞争传递函数输入向量中最大元素对应的神经元是竞争的获胜者，其输出固定是 1。

（2）LVQ 算法

LVQ（Learning Vector Quantization Network，学习向量量化网络）算法模型由一个竞争层和一个线性层组成，竞争层的作用仍然是分类。但是竞争层首先将输入向量划分为比较精细的子类别，然后在线性层将竞争层的分类结果进行合并，从而形成符合用户定义的目标分类模式，因此线性层的神经元个数肯定比竞争层的神经元

个数少，如图 B-30 所示。

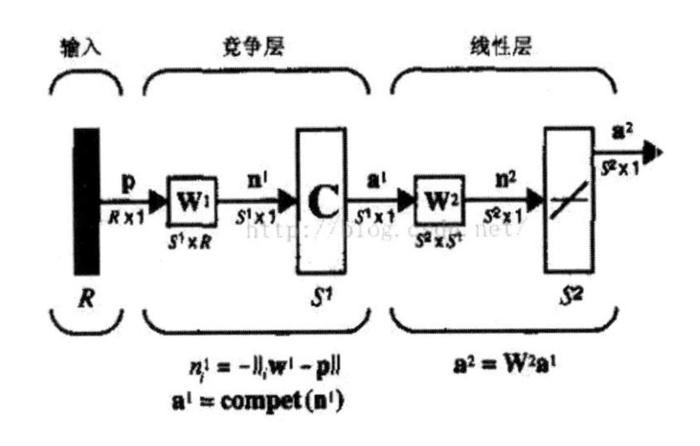

图 B-30 LVQ 算法

在图 B-30 中，第一层的每一个神经元都被指定给某类，常常几个神经元被指定给同一类，每一类再被指定给第二层的一个神经元。第一层神经元的个数，与第二层神经元的个数至少相同，并且通常大一些。

LVQ 算法在建立模型的时候，竞争层和线性层之间的连接权重矩阵就已经确定了。如果竞争层的某一神经元对应的向量子类别属于线性层的某一个神经元所对应的类别，那么这两个神经元之间的连接权值等于 1；否则两者之间的连接权值为 0，这样的权值矩阵就实现了子类别到目标类别的合并。

LVQ 算法是一种混合神经网络算法，在竞争学习的基础上引入了有监督的学习算法，被认为是 SOFM 算法的扩展形式。LVQ 算法通过有监督及无监督的学习来形成分类，特别适合解决模式分类和识别方面的应用问题。

（3）SOINN 算法

SOINN（Self-Organizing Incremental Neural Network，自组织增量学习神经网络）算法包括自组织神经网络在学习、记忆、联想、推理、常识等方面的研究，最终目的是实现能够模拟人类大脑的供智能机械使用的通用型智能信息处理系统——人工脑。该人工脑系统在与环境交互以及与人交流等过程中能够不断发展自己对世界的认知能力。

8．反馈神经网络

在实际应用中，除了前馈神经网络模型，还有另外一种神经网络结构——反馈神经网络（Feedback Neural Network，FNN），它是一种将输出经过处理，再接入到输入层的神经网络系统。

在FNN算法中，信息在前向传递的同时还要进行反向传递，这种信息的反馈可以发生在不同网络层的神经元之间，也可以只局限于某一层神经元上，如图B-31所示。

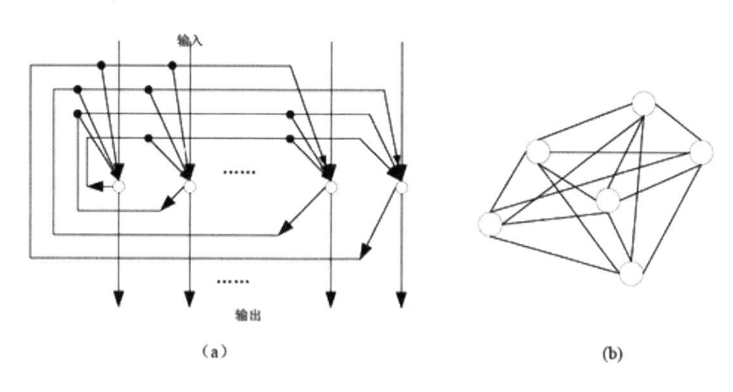

图B-31　FNN算法

FNN算法属于动态神经网络算法，在网络中，每个神经元同时将自身的输出信号作为输入信号反馈给其他神经元，网络需要工作一段时间才能达到稳定状态。

常用的FNN算法有以下两种。

- Elman算法，主要用于信号检测和预测等。
- Hopfield算法，主要用于联想记忆、聚类及优化计算等。Hopfield算法是FNN中最简单且应用广泛的模型，它具有联想记忆的功能，如果将李雅普诺夫函数定义为巡游函数，则Hopfield算法还可以用来解决快速寻优问题。

（1）Elman算法

Elman算法是一种具有局部记忆单元和局部反馈连接的递归神经网络算法。Elman算法模型具有较强的稳定性、良好的泛化能力、较强的通用性和客观性，充分显示出神经网络方法的优越性和合理性。在具有非线性时间序列特征的应用领域中，Elman算法具有较好的应用前景，

Elman算法模型具有与多层前向网络相似的多层结构。其中前馈连接包括输入层、隐含层、输出层，其连接权值可以进行学习修正；反馈连接由一组“结构”单元构成，用来记忆前一时刻的输出值，其连接权值是固定的。

Elman算法模型由若干个隐层和输出层构成，并且在隐层存在反馈环节，具有学习期和工作期，因此具有自组织、自学习特征。

在Elman算法模型中，除普通的隐含层外，还有一个特别的隐含层，称为关联

层（或联系单元层），该层从隐含层接收反馈信号，每一个隐含层节点都有一个对应的关联层节点与之连接。隐层神经元采用正切 sigmoid 函数作为传递函数，输出层神经元传递函数为纯线性函数，当隐层神经元足够多时，Elman 算法模型可以保证网络以任意精度逼近任意非线性函数。关联层的作用是通过连接记忆将上一个时刻的隐层状态连同当前时刻的网络输入一起作为隐层的输入，相当于状态反馈。

在 Elman 算法模型中增加了隐层及输出层节点的反馈，更进一步增强了网络学习的精确性和容错性。

（2）Hopfield 算法

在 Hopfield 算法模型中，反馈神经网络由输出端又反馈到输入端，所以 Hopfield 网络在输入的激励下会产生不断的状态变化。当有输入之后，可以求取出 Hopfield 的输出，这个输出反馈到输入从而产生新的输出，并一直进行下去，如图 B-32 所示。

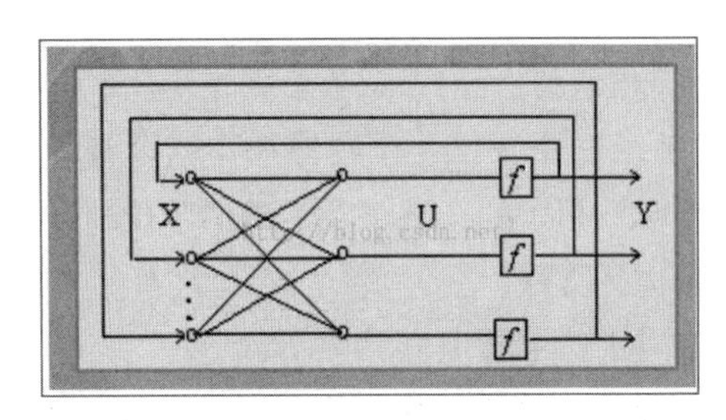

图 B-32　Hopfield 算法

如果 Hopfield 网络是一个能收敛的稳定网络，那么这个反馈与迭代的计算过程所产生的变化就会越来越小，一旦达到稳定平衡状态，Hopfield 网络就会输出一个稳定的恒值。对于一个 Hopfield 网络来说，关键在于确定它在稳定条件下的权系数。

在 Hopfield 算法模型中，所有的神经元都与另外的神经元相连；每一个节点的功能都一样。在训练前，每一个节点都是输入；在训练时，每一个节点都是隐藏的；在训练后，每一个节点都是输出。

Hopfield 算法模型的训练方法是，将每一个神经元的值设定为理想模式，然后计算权重，之后权重不会发生改变。一旦开始训练，网络就会变成之前被训练成的模式，因为整个网络只有在这些状态下才能达到稳定状态。

需要注意的是，Hopfield 算法模型不会总是与理想状态保持一致。网络稳定的部分原因在于总的“能量”或“温度”在训练过程中逐渐缩小。每一个神经元都有一个被激活的阈值随温度发生变化，一旦超过输入的总和，就会导致神经元变成两个状态中的一个（通常是–1 或 1，有时候是 0 或 1）。

Hopfield 算法主要用于联想记忆和优化计算。

- 联想记忆：当输入某一个向量之后，网络经过反馈演化，从网络的输出端得到另外一个向量，这样输出向量成为网络从初始输入向量联想得到的一个稳定的记忆，也就是网络的一个平衡点。
- 优化计算：当某一问题存在多种解法的时候，可以设计一个目标函数，然后寻求满足这一目标的最优解法。例如，在很多情况下都可以把能量函数看作目标函数，要想得到最优解法，需要使得能量函数达到极小值，也就是所谓的能量函数的稳定平衡点。

Hopfield 算法的设计思想，就是在初始输入下，使得网络经过反馈计算，最后达到稳定状态，这时候的输出就是用户所需要的平衡点。

9. 玻尔兹曼机算法

玻尔兹曼机（Boltzmann Machine，BM）算法模型是加拿大多伦多大学教授 Hinton 等人于 1985 年提出的一种随机递归神经网络模型，可以看作是一种随机生成的 Hopfield 网络，是最早的能够通过学习数据的固有内在表示解决学习困难问题的人工神经网络之一，因样本分布遵循玻尔兹曼分布而命名为 BM 算法。

BM 算法的原理起源于统计物理学，是一种基于能量函数的建模方法，能够描述变量之间的高阶相互作用。BM 算法比较复杂，但所建模型和学习算法有比较完备的物理解释和严格的数理统计理论作为基础。

BM 算法在神经元状态变化中引入了统计概率，网络的平衡状态服从玻尔兹曼分布，网络运行机制基于模拟退火算法。

BM 算法结合多层前馈神经网络和离散 Hopfield 网络在网络结构、学习算法和动态运行机制方面的优点，具有学习能力，能够通过模拟退火过程寻求最优解，不过其训练时间比 BP 网络长。

相比于 Hopfield 算法模型，BM 算法的神经元有时候会呈现二元激活模式，但也有些时候则是随机的。

BM 算法模型的训练和运行过程，与 Hopfield 算法模型也非常相似，将输入神经元设定为固定值，然后任由网络自己变化，反复在输入神经元和隐藏神经元之间来回变动，最终网络模型会在恰当的时候达到平衡状态。

BM 算法是一种对称耦合的随机反馈型二值单元神经网络，由可见层和多个隐层组成，网络节点分为可见单元（Visible Unit）和隐单元（Hidden Unit），用可见单元和隐单元来表达随机网络与随机环境的学习模型，通过权值表达单元之间的相关性。

BM 由二值神经元构成，每一个神经元只取 1 或 0 这两种状态，其中状态 1 代表该神经元处于接通状态；状态 0 代表该神经元处于断开状态。

10. 受限玻尔兹曼机

受限玻尔兹曼机（Restricted Boltzmann Machine，RBM）算法是一种可通过输入数据集学习概率分布的随机生成神经网络。

RBM 算法是 BM 算法的一种特殊拓扑结构。Smolensky 提出的 RBM 算法由一个可见神经元层和一个隐神经元层组成，由于隐层神经元之间没有相互连接并且隐层神经元独立于给定的训练样本，这使得直接计算依赖数据的期望值变得容易；可见层神经元之间也没有相互连接，通过在从训练样本得到的隐层神经元状态上执行马尔可夫链抽样过程来估计独立于数据的期望值，并行交替更新所有可见层神经元和隐层神经元的值。

受限玻尔兹曼机是玻尔兹曼机的一种变体，所谓限制就是将完全图变成二分图。如图 B-33 所示，受限玻尔兹曼机模型由 3 个可见层节点和 4 个隐层节点组成。

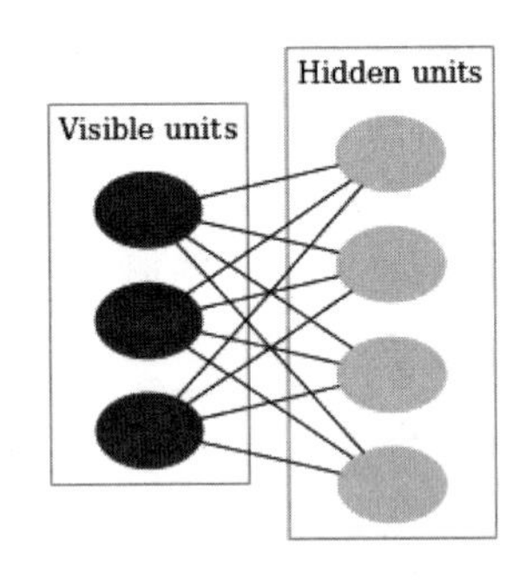

图 B-33　受限玻尔兹曼机模型

在 RBM 模型中，包含对应输入参数的输入（可见）单元和对应训练结果的隐单元，在图（Graph）计算中每条边必须连接一个可见单元和一个隐单元（与此相对，“无限制”玻尔兹曼机包含隐单元之间的边，使之成为递归神经网络）。

这一限定，使得 RBM 模型比一般的玻尔兹曼机拥有更高效的训练算法成为可能，特别是基于梯度的对比分歧（Contrastive Divergence）算法。

RBM 算法可以用于降维（隐层少一点）、学习特征（隐层输出就是特征）与 DBN（深度信念网络，则多个 RBM 堆叠而成）等。

11. 深度信念网络

简单来说，DBN（Deep Belief Network，深度信念网络）算法模型是由 RBM（受限玻尔兹曼机）或 VAE（Variational Auto Encoder，变分自编码器）堆叠而成的网络模型。

事实证明，DBN 算法模型可以堆叠起来高效地训练，这种技术也被称为贪婪训练（Greedy Training），其中贪婪是指得到局部最优的解决方案，从而得到一个合理的但可能并非最优的答案。

典型的 DBN 模型是由若干层 RBM 和一层 BP 模型组成的一种深层神经网络，如图 B-34 所示。

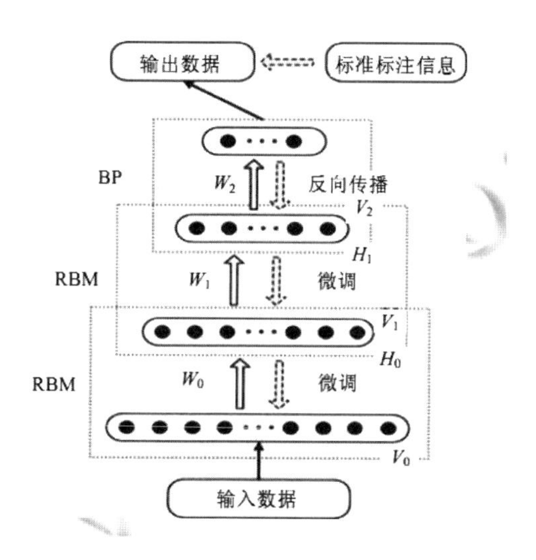

图 B-34 深度信念网络模型

DBN 算法可通过对比发散（Contrastive Divergence）或反向传播进行训练，以及学习将数据表征为概率模型，就像普通的 RBM 或 VAE 一样。一旦通过无监督学习训练或收敛达到一个（更）稳定的状态，该模型就可被用于生成新数据。如果采用对比发散进行训练，它甚至可以对已有的数据进行分类，因为其神经元已经学会了寻找不同的特征。

DBN 算法模型是由多层 RBM 组成的一个神经网络，它既可以被看作生成模型，也可以被当作判别模型，其训练过程是使用非监督贪婪逐层方法进行预训练来获得权值的。

12．其他常用网络模型

（1）GAN 算法

GAN（Generative Adversarial Net，生成对抗网络）算法的设计思想，源自博弈论中的二人零和博弈（Two-Player Game），由 Goodfellow 先生开创性地提出，并在 2014 年的神经信息处理系统大会上公开发布。

机器学习方法主要分为以下两种。

- 生成方法（Generative Approach），对应的模型是生成模型。
- 判别方法（Discriminative Approach），对应的模型是判别模型。

在二人零和博弈中，博弈双方的利益之和为零或一个常数，即一方有所得，另一方必有所失。在 GAN 模型中博弈双方分别由生成模型 G（Generative Model）和判别模型 D（Discriminative Model）充当。

在 GAN 算法中，生成模型 G 捕捉样本数据的分布；判别模型 D 是一个二分类器，估计一个样本来自于训练数据（而非生成数据）的概率，如图 B-35 所示。

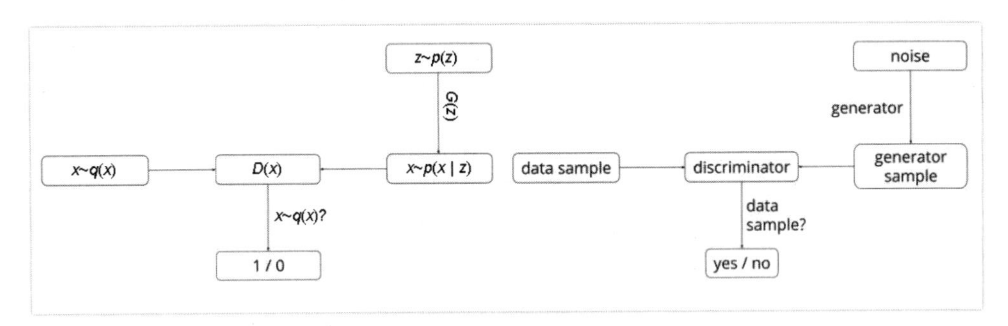

图 B-35　GAN 算法

其中：

- 左图是一个判别模型，当输入训练数据 x 时，期待输出高概率（接近 1）。
- 右图是一个生成模型，输入是一些服从某一简单分布（如高斯分布）的随机噪声 z，输出是与训练图像具有相同尺寸的生成图像。
- 向判别模型 D 输入生成样本，对于判别模型 D 来说，期望输出低概率（判断为生成样本）。

- 对于生成模型 G 来说，要尽量欺骗 D，使判别模型输出高概率（误判为真实样本），从而形成竞争与对抗。

（2）seq2seq 模型

seq2seq 模型是一种“语句到语句”的算法模型，如图 B-36 所示。

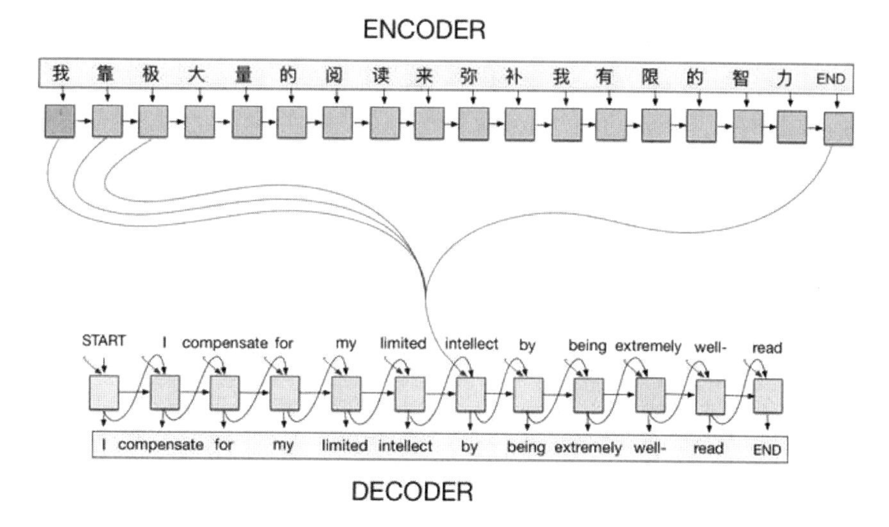

图 B-36　seq2seq 模型

seq2seq 模型主要用于翻译系统，特别是“谷歌神经机器翻译（GNMT）”项目。GNMT 项目已经推出了基于 TensorFlow 平台的开源版本——tf-seq2seq，这是在 TensorFlow 内开源的“语句到语句”框架，帮助大家更方便地使用语句到语句模型，并取得具有最先进水平的成果。

tf-seq2seq 框架支持标准“语句到语句”模型的不同配置，例如编解码深度、RNN 元素类型或约束尺寸等。

除机器翻译之外，tf-seq2seq 还可应用于其他任何语句到语句任务（如学会根据给定的输入语句生成输出语句），包括机器归纳、图片标识、语音识别及会话建模等。

（3）DenseNet 算法

DenseNet（Dense Network，稠密网络）是 ResNet（残差网络）的衍生版本。

DenseNet 算法把捷径连接发扬到了极致。其观点是，如果连接一个从前一层中跳过的连接可以提升性能，那为什么不把每一层和其他所有层连接起来呢？这样，神经网络中的信息反向传播，总是存在捷径连接的通路，如图 B-37 所示。

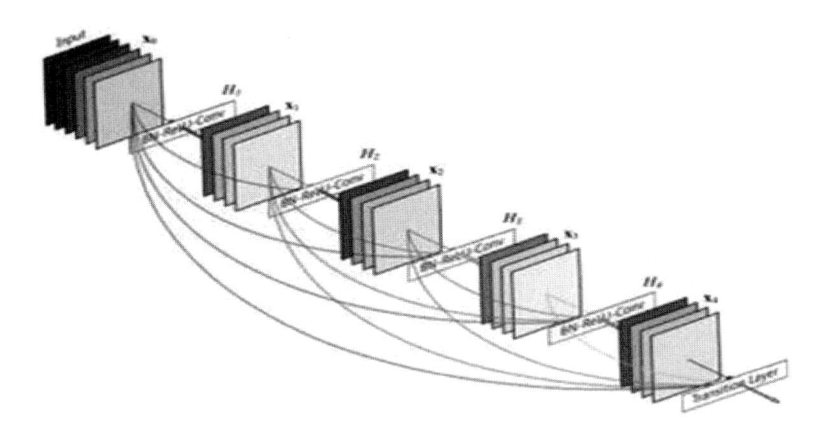

图 B-37　DenseNet 算法

DenseNet 算法的这种结构，在前馈和反馈设置中都有着直观的意义。在前馈设置中，除高层特征激活外，任务还能从低层特征激活中受益。以物体分类为例，在网络中较低的层可以确定图像的边缘，而较高的层可以确定图像中更大范围的特征，例如人的面部。使用有关边缘的信息有助于在复杂场景中正确地确定对象。在反馈设置中，所有的层连接起来可以轻易并快速地把梯度分别传递到各自的位置，如图 B-38 所示。

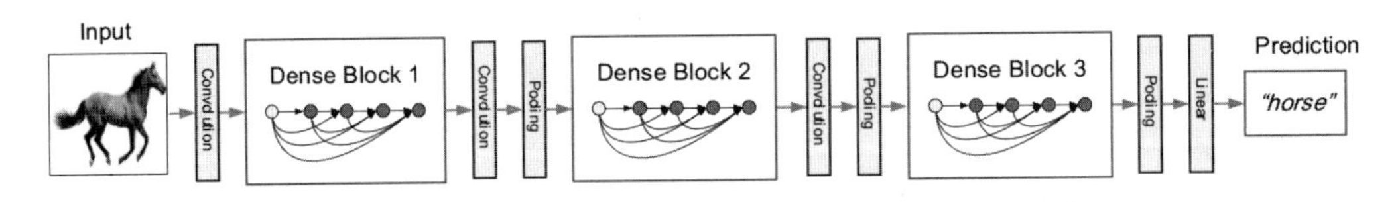

图 B-38　DenseNet 算法结构图

但是在实现 DenseNet 算法时，不能只是把所有层连接起来，因为这样只能把具有相同高度和宽度的层堆叠在一起。因此，首先需要将一系列卷积层稠密堆叠到一起，然后应用跨层（Striding Layer）或池化层（Pooling Layer），再把另外一系列卷积层稠密堆叠到一起。

（4）高速公路算法

高速公路算法是一种超深度神经网络算法，是 ResNet（残差网络）算法的衍生版本。

高速公路算法保留了 ResNet 算法的捷径连接，但是可以通过可学习的参数来加强它们，以确定在哪层可以跳过，在哪层需要非线性连接。

其实无论是 ResNet 算法，还是 DenseNet 算法，其核心思想都是高速公路算法的思想：跳跃连接，对于某些输入数据，不加选择地让其进入之后的网络层，从而实现信息流的整合，避免了信息在层间传递时丢失和梯度消失的问题（还抑制了某些噪声的产生）。

（5）WDM 模型

WDM（Wide & Deep Model，宽深模型）将线性模型与前馈神经网络相结合，使得预测具有记忆和泛化功能，如图 B-39 所示。

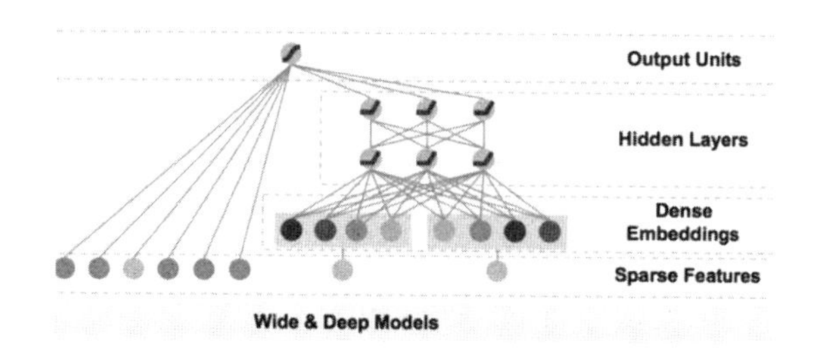

图 B-39　WDM 模型

这种类型的模型可以用于解决分类和回归问题。如图 B-40 所示是 WDM 模型结构图。

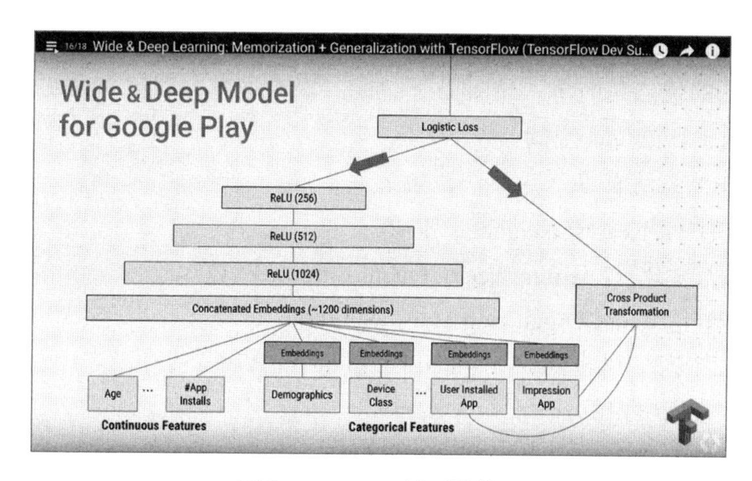

图 B-40　WDM 模型结构图

（6）BRL（贝叶斯强化学习）

贝叶斯理论是最古老的统计学理论，是现代统计学的基础，BRL（Bayesian Reinforcement Learning）模型是这一理论在现代深度学习领域的又一次成功应用。

BRL 模型试图解决立即强化学习任务，在每次试验获得强化值后调整权重，如图 B-41 所示。

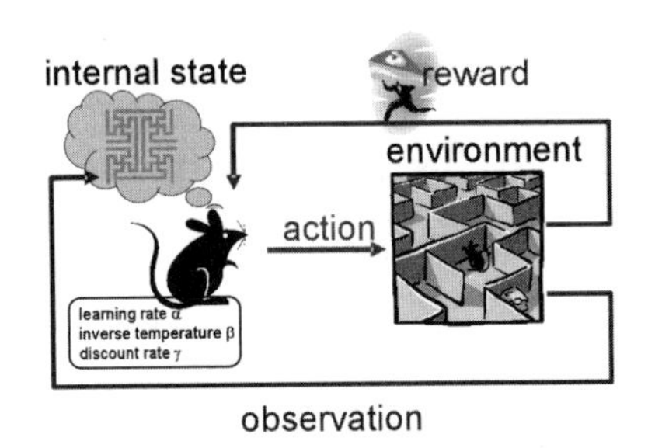

图 B-41 BRL 模型

（7）基于实例的算法

基于实例的算法（Instance-based Algorithm，IBA）有时也称为基于记忆的学习算法，不是明确归纳，而是将新的问题例子与训练过程中见过的例子进行对比，这些见过的例子就在存储器中。

之所以叫基于实例的算法，是因为它直接从训练实例中建构出假设。这意味着假设的复杂度能随着数据的增长而变化，最糟的情况是，假设是一个训练项目列表，分类一个单独新实例计算复杂度为 $O(n)$。

IBA 算法的优点是简单，结果易于解读；缺点是内存利用率非常高，计算成本高，不可能用于高维特征空间。

常用的 IBA 算法有以下几种。

- k 最近邻（k-Nearest Neighbor，kNN）
- 学习向量量化（Learning Vector Quantization，LVQ）
- 自组织映射（Self-Organizing Map，SOM）
- 局部加权学习（Locally Weighted Learning，LWL）

（8）关联规则学习算法

关联规则学习算法（Association Rule Learning Algorithm，ARLA），简称 ARLA 关联算法。

ARLA 关联算法能够提取出对数据中变量之间的关系的最佳解释。比如在一家超市的销售数据中，存在规则{洋葱，土豆}=> {汉堡}，这说明当一位客户同时购买了洋葱和土豆的时候，他很有可能还会购买汉堡肉。

常用的 ARLA 关联算法有以下几种。

- Apriori 算法（Apriori Algorithm）
- Eclat 算法（Eclat Algorithm）
- FP-growth

（9）图模型算法

图模型（Graphical Model）算法，也称作概率图模型（Probabilistic Graphical Model，PGM）算法。图模型算法是一种概率模型，一个图（Graph）可以通过其表示随机变量之间的条件依赖结构（Conditional Dependence Structure）。

图模型算法的优点是模型清晰，容易直观地理解；缺点是确定其依赖的拓扑很困难，有时候模型很模糊。

常用的图模型算法有以下几种。

- 贝叶斯网络（Bayesian Network）
- 马尔可夫随机域（Markov Random Field）
- 链图（Chain Graph）
- 祖先图（Ancestral Graph）

附录 C

机器学习常用算法模型

自从围棋大赛 AlphaGo（阿尔法狗）以全胜姿态战胜人类冠军和职业选手以后，人工智能已经成为自 Internet 以来唯一的黑科技产业。

与此同时，各种机器学习、神经网络模型算法层出不穷。下面我们介绍一些常用的机器学习算法与模型。

由图 C-1 可以看出，深度学习的三大要素分别是数据、算法模型和计算。

- 数据很简单，目前是大数据时代，基本上各行各业都不缺数据，缺乏的是从数据中提炼出有价值的参数。
- 计算也很简单，都有封装好的函数，在学习训练期间使用 fit 训练函数，实盘采用 predict 预测函数，只是不同模型的 API 接口有所差别而已。
- 算法模型需要经验和数据测试，根据不同的项目，挑选不同的模型。

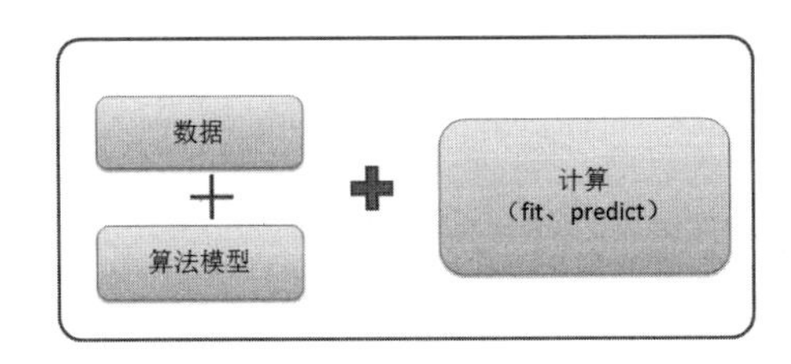

图 C-1　深度学习的三大要素

有专家、学者统计，目前常用的深度学习算法模型有 30 多种，加上衍生版本，一共有 300 多种。每个模型背后都涉及高深、专业的理论知识，如数学、医学、程序，甚至哲学等。

目前人工智能大热，各种算法模型层出不穷，即使是谷歌公司，也无法在TensorFlow中收录所有的算法模型。不过，常用的经典的算法模型基本上都会在第一时间收录到TensorFlow模块库中，即使官方版本没有收录，Github项目网站上的一些第三方TensorFlow扩展模块也会收录。

TensorFlow的出现，让使用神经网络模型的门槛越来越低，对于用户而言，采用黑箱模式，只需要使用TensorFlow模块库中的算法模型或其他TensorFlow第三方软件定制的已经收录的算法模型即可。初学者甚至只需要掌握一些常用的经典的算法模型即可。

目前常用的机器学习算法有以下几种。

- 正则化算法（Regularization Algorithm）。
- 集成算法（Ensemble Algorithm）。
- 决策树算法（Decision Tree Algorithm）。
- 回归算法（Regression Algorithm）。
- 人工神经网络（Artificial Neural Network）。
- 深度学习（Deep Learning）。
- 支持向量机（Support Vector Machine）。
- 降维算法（Dimensionality Reduction Algorithm）。
- 聚类算法（Clustering Algorithm）。
- 基于实例的算法（Instance-based Algorithm）。
- 贝叶斯算法（Bayesian Algorithm）。
- 关联规则学习算法（Association Rule Learning Algorithm）。
- 图模型（Graphical Model）。

目前深度学习、神经网络处于产业前沿，各种算法模型层出不穷，而且经常有跨越原来分类的复合模型出现，但是系统的、科学的神经网络模型分类体系还是个空缺。

1. 回归算法

回归算法（Regression Algorithm），原本是统计学中的主要算法，目前已被纳入统计机器学习中，用于估计两种变量之间的关系的统计过程。当用于分析因变量和一个或多个自变量之间的关系时，该算法能够提供很多建模和分析多个变量的技巧。

具体来说，回归分析可以帮助我们理解，当任意一个自变量变化，另一个自变量不变时，因变量变化的典型值。最常见的是，回归分析能在给定自变量的条件下估计出因变量的条件期望。

在如图 C-2 所示的回归算法案例中，利用回归算法将垃圾邮件和非垃圾邮件进行了区分。

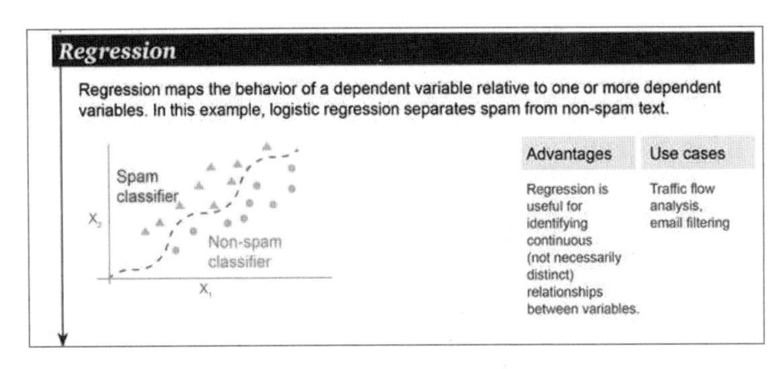

图 C-2　回归算法案例

回归算法可以勾画出因变量与一个或多个因变量之间的状态关系。回归算法的优点是直接、快速，知名度高，可用于识别变量之间的连续关系；缺点是要求严格的假设，需要处理异常值。

常用的回归算法模型有以下几种。

- 普通最小二乘回归（Ordinary Least Squares Regression，OLSR）
- 线性回归（Linear Regression）
- 逻辑回归（Logistic Regression）
- 逐步回归（Stepwise Regression）
- 多元自适应回归样条（Multivariate Adaptive Regression Splines，MARS）
- 本地散点平滑估计（Locally Estimated Scatterplot Smoothing，LOESS）

（1）线性回归模型

有学者称，从本质上说，所有的神经网络模型都是线性回归模型。这句话虽然有些偏激，但也充分说明了线性回归模型的重要性。

线性回归模型是最简单的模型，也是最古老的算法模型，其原理是基于二元一次回归方程，根据 X 值的变化，生成用于分类和回归 Y 值最适合的一条线，如图 C-3 所示。需要指出的是，线性模型可以接受多个 X 特征输入。

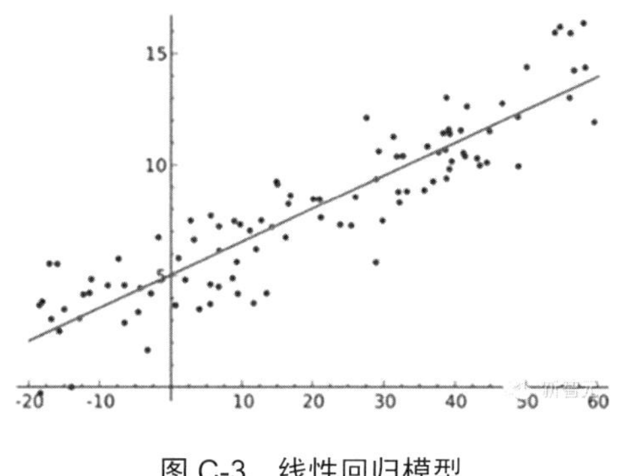

图 C-3　线性回归模型

（2）逻辑回归模型

逻辑回归模型，一种概率型非线性回归模型，是研究二分类结果与一些影响因素之间关系的一种多变量分析方法，通常用来研究在某些因素条件下是否发生某个结果。

逻辑回归模型的理论源自 LR 分类器（Logistic Regression Classifier）。在分类情形下，经过学习后的 LR 分类器是一组权值，当输入测试样本的数据时，这组权值与测试数据按照线性加和得到。

逻辑回归算法是利用后验概率最大化的方式来计算权重的，是处理二分类问题比较好的算法，具有很多的应用场合，如广告计算等。

（3）Softmax 回归算法

Softmax 回归算法可以看成是逻辑回归算法的扩展，传统的逻辑回归算法主要用于二分类，当面对 MNIST 手写数字识别等多分类问题时，逻辑回归算法就无能为力了，而 Softmax 回归算法可以轻松地解决 MNIST 手写数字识别等多分类问题。

Softmax 回归算法有一个不寻常的特点，就是它有一个“冗余”的参数集。在实际应用中，为了使算法实现更加简单、清楚，需要对 Loss 代价函数进行改动：加入权重衰减。权重衰减可以解决 Softmax 回归的参数冗余所带来的数值问题。

Softmax 算法与传统的神经网络相比，只是输出层所使用的函数发生了变化：Softmax 算法使用的是指数函数，而神经网络使用的是 sigmoid 函数。

2. 正则化算法

正则化算法（Regularization Algorithm）通常是回归算法的扩展，正则化算法基于模型的复杂性对其进行惩罚，它喜欢相对简单、能够更好泛化的模型。

正则化算法的优点是惩罚会减小过拟合，可以找到最终结果；缺点是惩罚会造成欠拟合，很难校准模型参数。

常用的正则化算法有以下几种。

- 岭回归（Ridge Regression）
- 最小绝对收缩与选择算子（LASSO）
- GLASSO
- 弹性网络（Elastic Net）
- 最小角回归（Least-Angle Regression）

3. 集成算法

集成算法（Ensemble Algorithm）是由多个较弱的模型集成的模型组，其中的模型可以单独进行训练，并且它们的预测能以某种方式结合起来做出一个总体预测。

集成算法的核心是，找出可以结合的模型算法及方法。这是一种非常强大的技术解决方案，因此广受欢迎。

集成算法的优点是，目前最先进的预测几乎都使用了算法集成，它比使用单个模型预测出来的结果要精确得多；缺点是需要大量的维护工作。

常用的集成算法有以下几种。

- Boosting
- Bootstrapped Aggregation（Bagging）
- AdaBoost
- 层叠泛化（Stacked Generalization）
- 梯度推进机（Gradient Boosting Machine，GBM）
- 梯度提升回归树（Gradient Boosted Regression Tree，GBRT）
- 随机森林（Random Forest）

4. 降维算法

降维算法（Dimensionality Reduction Algorithm，DRA）和集成算法类似，降维算法追求并利用数据的内在结构，目的是使用较少的信息总结或描述数据。

降维算法可用于可视化高维数据或简化监督学习中的数据。降维算法的优点是可处理大规模数据集，无须在数据上进行假设；缺点是难以分析非线性数据，也难以理解结果的意义。

常用的降维算法有以下几种。

- 主成分分析（Principal Component Analysis，PCA）
- 主成分回归（Principal Component Regression，PCR）
- 偏最小二乘回归（Partial Least Squares Regression，PLSR）
- Sammon 映射（Sammon Mapping）
- 多维尺度变换（MultiDimensional Scaling，MDS）
- 投影寻踪（Projection Pursuit）
- 线性判别分析（Linear Discriminant Analysis，LDA）
- 混合判别分析（Mixture Discriminant Analysis，MDA）
- 二次判别分析（Quadratic Discriminant Analysis，QDA）
- 灵活判别分析（Flexible Discriminant Analysis，FDA）

5．聚类算法

聚类算法（Clustering Algorithm），对一组目标进行分类，属于同一组（即一个类，Cluster）的目标被划分在一组中，与其他组目标相比，同一组目标彼此更加相似（在某种意义上）。

聚类算法可以让数据变得更加有意义，不过聚类算法的结果往往难以解读，对于某些特殊数据，结果可能无法使用。

常用的聚类算法有以下几种。

- K-均值（K-Means）
- K-Medians
- 最大期望算法（EM）
- 分层集群（Hierarchical Clstering）

6．决策树算法

决策树算法（Decision Tree Algorithm），使用一棵决策树作为一个预测模型，它将对一个 item（表征在分支上）观察所得映射成关于该 item 的目标值的结论（表征在叶子中），如图 C-4 所示。

在进行逐步应答的过程中，典型的决策树分析会使用分层变量或决策节点。例如，可将一个给定用户分类成信用可靠或不可靠。

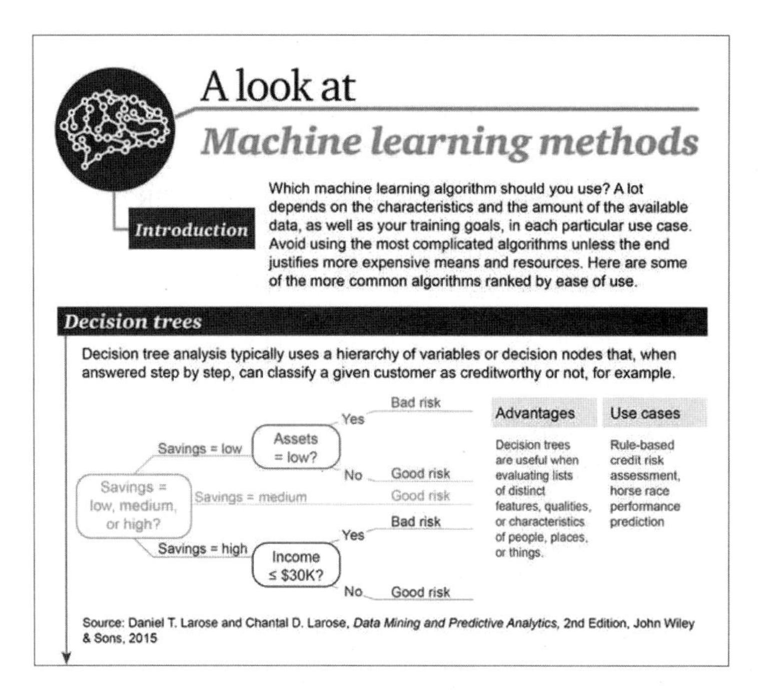

图 C-4　决策树算法

决策树模型中的目标是可变的，可以采用一组有限值，被称为分类树；在这些树结构中，叶子表示类标签，分支表示表征这些类标签的连接特征。

决策树算法的优点是容易解释，非参数型，擅长对人、地点、事物的一系列不同特征、品质、特性进行评估；缺点是趋向过拟合，可能陷于局部最小值中，没有在线学习。

常用的决策树算法有以下几种。

- 分类和回归树（Classification and Regression Tree，CART）
- Iterative Dichotomiser 3（ID3）
- C4.5 和 C5.0（一种强大方法的两个不同版本）

7. 随机森林算法

随机森林（Random Forest，RF）算法，通过使用多个带有随机选取的数据子集的树（Tree），改善了决策树的精确性，如图 C-5 所示。

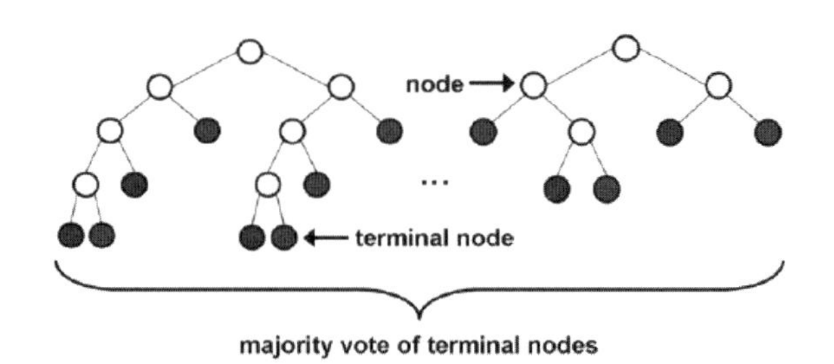

图 C-5　随机森林算法

如图 C-6 所示是一个随机森林算法案例，在基因表达层面上，考察了大量与乳腺癌复发相关的基因，并通过随机森林算法计算出复发风险。

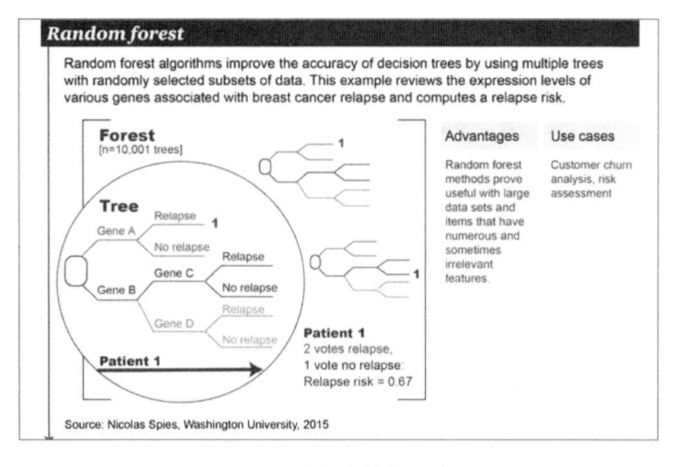

图 C-6　随机森林算法案例

在很多领域中，随机森林算法都是最好的工程解决方案。遗憾的是，随机森林算法背后的理论至今依然是一个黑箱，目前还没有系统科学的理论依据。

在随机森林算法中有很多不同的分类树，每棵分类树都可以投票来对物体进行分类，从而选出票数最多的类别。

随机森林算法最大的特点是，不会过拟合，可以随便增加树的数量，而且执行的速度也是相对较快的。

8. 隐马尔可夫算法

隐马尔可夫（Hidden Markov Model，HMM）算法，通过分析可见数据来计算隐藏状态的发生。随后借助隐藏状态分析，隐马尔可夫算法可以估计出可能的未来观察模式。在如图 C-7 所示的案例中，通过隐马尔可夫算法，可得知高气压、低气压的概率（这是隐藏状态），用于预测晴天、雨天、多云天的概率。

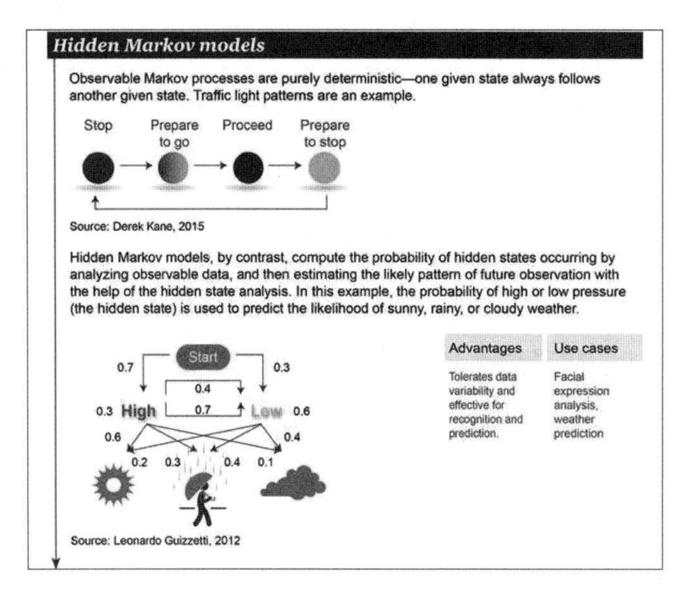

图 C-7　隐马尔可夫算法案例

隐马尔可夫算法的优点是容许数据的变化性，常用于识别（Recognition）和预测操作。

9．线性链条件随机域

线性链条件随机域（Linear Chain Conditional Random Field，CRF）算法，主要用于分析序列数据，如图 C-8 所示。

CRF 算法是根据无向模型分解的条件概率分布模型，可以预测单个样本的标签，保留来自于相邻样本的上下文。CRF 算法类似于隐马尔可夫算法，通常用于图像分割和对象识别、浅分析，以及命名实体识别和基因发现。

10．支持向量机算法

支持向量机（Support Vector Machine，SVM）算法，如图 C-9 所示。

对于二元可分的模式（Pattern），存在线性可分离的最佳超平面（Hyperplane）；对于不可二元分类（线性分离）的数据，我们可以使用内核函数，将原始数据转换为新空间。SVM 算法使分离超平面的边界最大化。

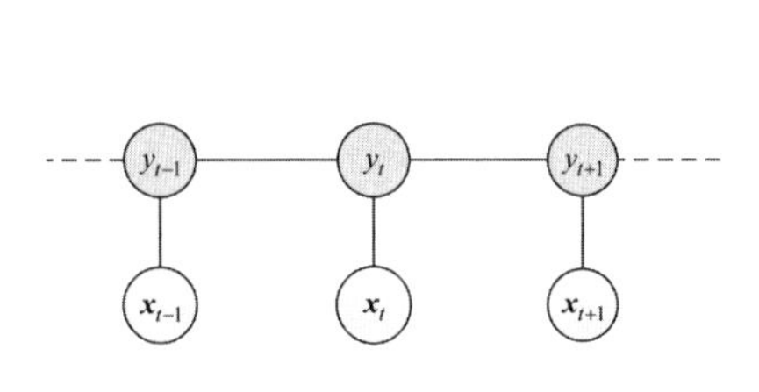

图 C-8 线性链条件随机域算法

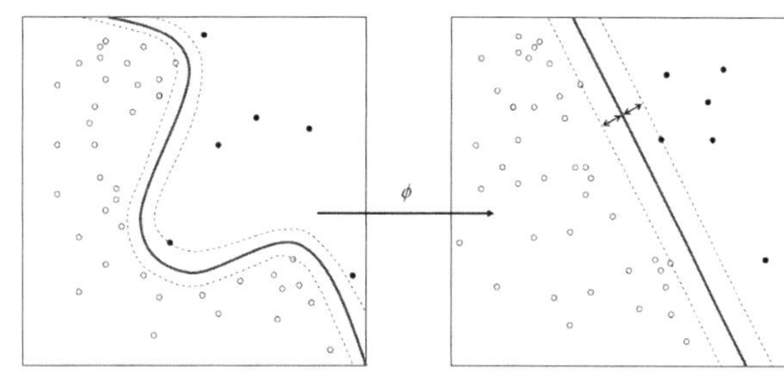

图 C-9 支持向量机算法

SVM 算法在高维空间中表现良好，当维度大于取样的数量时该算法仍然有效。目前 SVM 模型主要用于二进制分类。

SVM 算法的优点是在非线性可分问题上表现优秀，擅长在变量 X 与其他变量之间进行二元分类操作，而不管其关系是否是线性的；缺点是非常难以训练，而且很难理解与解释。

SVM 算法基于超平面，可以轻松地对数据群进行分类。SVM 算法将训练示例表示为空间中的点，它们被映射到一幅图中，由明确的尽可能宽的间隔分开以区分两个类别，如图 C-10 所示。

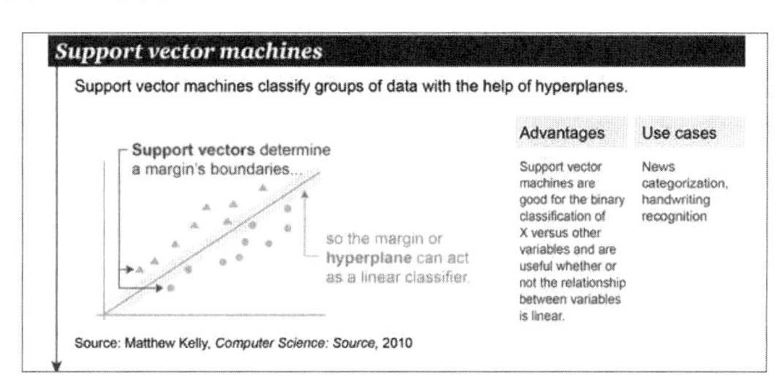

图 C-10 SVM 算法案例

随后，新的示例会被映射到同一空间中，并基于它们落在间隔的哪一侧来预测其属于的类别。

给定一组训练示例，其中每个示例都属于两个类别中的一个，SVM 算法可以在输入新的示例后将其分类到其中一个类别中，使自身成为非概率二进制线性分类器。

11. 贝叶斯算法

贝叶斯算法（Bayesian Algorithm），是指明确应用贝叶斯定理来解决如分类和回归等问题的方法。

常用的贝叶斯算法有以下几种。

- 朴素贝叶斯分类（Naive Bayes Classification，NBC）
- 高斯朴素贝叶斯（Gaussian Naive Bayes）
- 多项式朴素贝叶斯（Multinomial Naive Bayes）
- 平均一致依赖估计器（Averaged One-Dependence Estimator，AODE）
- 贝叶斯信念网络（Bayesian Belief Network，BBN）
- 贝叶斯网络（Bayesian Network，BN）
- 强化学习模型（Bayesian Reinforcement Learning，BRL）。

12．朴素贝叶斯分类算法

朴素贝叶斯分类（Naive Bayes Classification，NBC）算法，主要用于计算可能条件的分支概率，每个独立的特征都是“朴素”的，或条件独立的，因此它们不会影响其他对象。如图 C-11 所示是一个朴素贝叶斯分类算法案例。

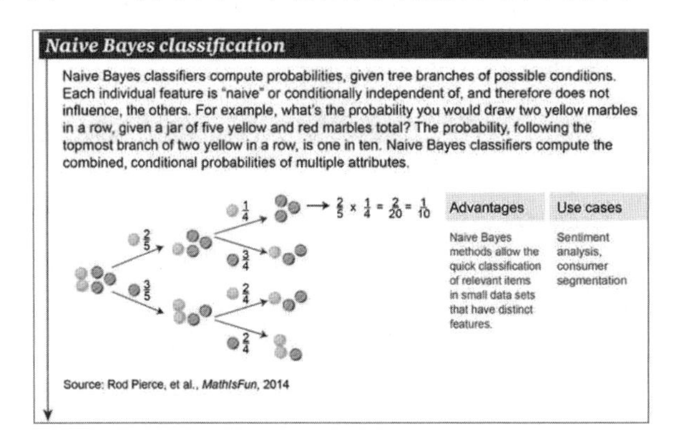

图 C-11　朴素贝叶斯分类算法案例

在一个装有 5 个黄色和红色小球的罐子里，连续拿到两个黄色小球的概率是多少？

从图 C-11 中最上方的分支可见，前后抓取两个黄色小球的概率为 1/10。朴素贝叶斯分类器可以计算多个特征的联合条件概率。

朴素贝叶斯分类算法的优点是快速、易于训练，给出它们所需的资源能带来良好的表现，可对在小数据集上有显著特征的相关对象进行快速分类；缺点是如果输入变量是相关的，则会出现问题。